Ecrire la science

SCIENCE, HISTOIRE ET SOCIÉTÉ

Collection dirigée par Dominique Lecourt

Ecrire la science

Formes et enjeux de la vulgarisation

Yves Jeanneret

Presses Universitaires de France

A Dominique

ISBN 2 13 046185 9
Dépôt légal — 1re édition : 1994, avril

Sommaire

Avant-propos

> *Notre idée était [...] d'organiser aussi fréquemment que possible des débats qui auraient été consacrés à chacun des problèmes. Lorsque notre liste a été dressée, nous nous sommes aperçus qu'avec une centaine de débats — soit deux siècles à raison d'un débat tous les deux ans — nous aurions à peu près fait le tour de la question, si toutefois la question ne s'était pas un peu transformée entre-temps, bien entendu.*
>
> François Le Lionnais[1].

Les initiatives qui visent à communiquer une information sur le travail des scientifiques occupent une place importante dans notre société, qui se veut à la fois rationnelle et communicante. Les effets de la science structurent notre environnement, les disciplines scientifiques connaissent une spécialisation et une abstraction croissantes, les opinions et les actes qui peuvent se fonder sur des raisonnements scientifiques ont une force toute particulière, la démocratie porte le projet de diffuser largement le savoir : autant de considérations qui viennent à l'esprit pour expliquer l'importance de ce phénomène.

Le projet vulgarisateur s'inscrit dans une histoire. A l'époque où il a trouvé sa première expression accomplie, au milieu du XIXe *siècle, il s'est défini comme une croisade généreuse consistant à apporter à l'homme de la rue un savoir simplifié. Il fallait diffuser les lumières, porteuses de la modernité, garantes de l'autonomie de pensée et du progrès social. Depuis, les difficultés d'un tel projet se sont révélées de façon toujours plus manifeste. Quel savoir ? Pour quel public ? Au nom de quels intérêts ? L'institutionnalisation de la recherche et de l'enseignement scientifiques, la diversité des relations au savoir, la professionnalisation des techniques de communication sont venues enrichir — ou perturber — le dialogue du vulgarisateur avec l'autodidacte.*

1. Réunion-débat de l'Association des écrivains scientifiques de France, 22 octobre 1968.

Dès lors, il était indispensable d'étudier avec quelque rigueur la réalité des pratiques vulgarisatrices. Les études se sont multipliées. Elles ont fait apparaître toute la richesse d'une entreprise située au cœur des enjeux modernes. La philosophie a mis en évidence les paradoxes d'une transhumance du savoir ; la sémiologie a fait valoir que vulgariser est avant tout affaire de signes ; la sociologie s'est interrogée sur les acteurs impliqués dans la vulgarisation ; l'histoire a mis au jour l'extrême diversité des formes de l'activité vulgarisatrice. Peu des certitudes d'un Louis Figuier ou d'un Camille Flammarion, écrivains scientifiques glorieux de l'autre siècle, ont résisté à une telle investigation.

Face à cette profusion de questions et de travaux, on peut avoir deux attitudes. Ou bien on conclut que l'idée de vulgarisation est illusoire, qu'il s'agit d'une sorte de mirage, et qu'il vaut mieux aborder la science, la communication, le langage, la démocratie comme autant de questions séparées. Dans ce cas, on en vient bien vite à penser que l'activité des vulgarisateurs est aujourd'hui un peu dérisoire. Ou bien — c'est la piste que je propose de suivre — on prend au sérieux la question que pose le projet vulgarisateur et on fait le pari qu'il n'est pas absolument utopique de la poser encore. Cette question est celle des rapports entre plusieurs idéaux de notre modernité : celui du savoir rationnel, celui de la citoyenneté éclairée, celui de la communication harmonieuse, celui de l'autonomie individuelle. Dans le projet vulgarisateur, davantage qu'ailleurs sans doute, ces idéaux se rencontrent ; dans les avatars de la vulgarisation, mieux que dans d'autres pratiques peut-être, leurs fondements et leurs contradictions se manifestent.

Ce livre propose un parcours au sein de cette tradition. Un parcours, c'est-à-dire un effort pour mettre en relation des analyses que la division des disciplines tend à rendre incompatibles. Peut-être un tel projet reproduit-il en partie les illusions qu'ont caressées les vulgarisateurs, car la vulgarisation fait violence au chercheur qui veut l'étudier de son strict point de vue disciplinaire : à l'épistémologue, elle pose la question du langage, au linguiste, elle interdit de faire de la langue une entité purement formelle. Au littéraire et au scientifique, elle rend insupportables les négations symétriques par lesquelles ils sont tentés de constituer leur identité. Aussi bien ce livre ne fait-il que radicaliser une transgression disciplinaire qu'amorcent tous les travaux approfondis sur le sujet.

Je propose une lecture des faits de vulgarisation, dont la seule prétention est de ne laisser de côté aucune des questions précédemment évoquées. Bien d'autres lectures seraient possibles, et surtout on pourrait choisir de ne pas lire — je veux dire de s'en tenir à tel ou tel point de vue technique *en oubliant les enjeux mentionnés plus haut. Voici ce dont il s'agit ici : identifier quelques constats fournis par les travaux des chercheurs ; mettre ces constats en rapport avec quelques grandes questions philosophiques et avec quelques enjeux sociaux majeurs ; regarder de près les textes, leur organisation, leur thématique, leurs procédures de discours ; proposer des hypothèses sur la façon dont s'articulent la compréhension, le sens et l'idéologie dans ces écritures très étonnantes, très inventives — et très attachantes.*

Cette étude, globale dans son propos, est très partielle dans son objet. L'histoire, la géographie, l'économie de la vulgarisation sont très étendues et encore largement inconnues. La communication scientifique prend des formes diverses : articles, livres, expositions, conférences, théâtre, manipulations, etc. L'analyse qui suit a quelques... centres de gravité (voici la première exploitation manifeste de la vulgarisation). Elle privilégie les textes, sans éluder une réflexion sur la pluralité des signes qu'utilise la « communication scientifique publique ». Elle s'étaie avant tout sur l'histoire française de la vulgarisation, sans écarter totalement la diversité des histoires et des enjeux. C'est le prix à payer pour conserver une problématique de lecture globale : il n'est pas question ici de faire un inventaire, quelle que soit l'utilité par ailleurs d'entreprendre de tels inventaires, pour une forme culturelle injustement méconnue, avec des moyens de recherche plus considérables.

La question la plus importante reste posée : qu'appelle-t-on « vulgarisation » ? Ou, en termes plus radicaux, parler encore de vulgarisation a-t-il un sens aujourd'hui ? Les réponses à cette question ne peuvent être que subjectives. Ma première réponse est littéraire. Les textes que j'analyse appartiennent à une tradition, porteuse de modèles d'écriture, dotée d'une saveur et d'une physionomie particulières. Aucun « écrivain scientifique », si novateur soit-il, ne saurait se couper tout à fait de cette rhétorique qui renvoie à toute une histoire. La seconde réponse est plus fonctionnelle. Un certain type de pari rassemble tous les textes qui présentent la science en dehors de la communauté scientifique. Il y a de ce point de vue quelque chose de commun entre L'astronomie populaire *de Camille Flammarion, un article de* Science et vie *ou de* La

Recherche, *le commentaire qui accompagne les expositions scientifiques et la présentation que fait un chercheur de ses travaux au cours d'un débat.*

Le point commun réside dans la pratique d'une transgression obligée. Le sujet qu'abordent ces auteurs ne doit pas s'exposer dans les formes dont ils disposent pour l'exposer ; leur objet ne peut se dire dans le contexte où ils s'emploient à le dire. Mais une science qui ne se communiquerait que dans le cadre qu'elle se donne n'aurait aucune chance d'exister socialement. Ce paradoxe autorise à reconnaître une problématique cohérente dans la diversité des faits de vulgarisation. Une problématique : une façon de formuler la permanence de certaines questions — et un moyen d'identifier ce qui structure des différences.

En écrivant ce livre, j'ai souhaité proposer l'idée que le domaine de la vulgarisation offrait une cohérence et j'ai voulu respecter sa diversité. J'aimerais aussi contribuer à ce que le travail très difficile des vulgarisateurs apparaisse tel que je le vois : digne de respect et exigeant beaucoup de vigilance.

Cette étude n'aurait pas vu le jour sans Roger Fayolle, qui m'a appris à lire les textes non légitimés, sans Yves Rouchaleau, qui m'a engagé il y a dix ans à travailler sur la vulgarisation, sans Anne Decrosse, qui m'a permis de structurer mon analyse dans le cadre de son séminaire à l'Ecole des Hautes Etudes en Sciences sociales et sans Lilyane Déroche-Gurcel, qui a réussi à me convaincre que ces analyses pouvaient devenir un livre.

Que soient ici remerciés tous ceux qui m'ont apporté leurs lumières et leur soutien : notamment, Patrice Carré, Jacques Clauvel, Nicole Cortesi-Grou, Annie Gentès, Denise Hazebrouck, Olivier Hudry, Marie-Pierre Levallois, Jean-Claude Lévy, Alain Maruani, Bruno Page, Christian Picory, Claude Poher, Marc Pujo, Anne Renaudin, Emmanuël Souchier, Catherine Soudé, et les étudiants de TELECOM *Paris.*

UN NOM COMPROMETTANT

De nos jours, cela s'appelle, hélas ! vulgarisation. Le mot est affreux, la chose l'est souvent.

André George[1].

En latin, le verbe *vulgare* a une acception très générale. Le terme peut renvoyer à une maladie qui se propage — on parlera à l'âge classique, pour désigner les épidémies, de « maladies vulgaires » —, à un bruit qui court, à une dame qui prodigue ses charmes. Certes, l'action ainsi définie n'est pas dénuée de connotations négatives : diffuser, c'est contaminer, c'est éventer, c'est (se) prostituer. Mais la notion, d'abord platement instrumentale, n'est spécifique d'aucune forme sociale, ni même humaine. La sémantique du terme évoque davantage la circulation physique de l'information, ou de toute autre entité, que son traitement.

Toutefois, *vulgare* est voisin de *vulgus,* qui désigne, à proprement parler, une catégorie sociale : le peuple, le vrai peuple, le peuple plein, en quelque sorte, celui que ne distingue pas la possession de la citoyenneté romaine (l'autre se nomme *populus*) ; le *vulgus* n'est pas le peuple qui vote, c'est celui qui existe, qui hante les rues, qui travaille.

Mais, nouveau glissement, cette signification économique a bien de la peine à exister de façon autonome : dès qu'on cherche à la cerner dans le dictionnaire, on la trouve mêlée de considérations culturelles. L'exemple du Gaffiot est presque une définition à lui

1. Servitudes et valeurs de la vulgarisation, *Savoir et vulgarisation,* Centre catholique des intellectuels français, 1962.

seul : « Non est consilium in vulgo », dit-il. Mot à mot : « Il n'y a pas de décision réfléchie dans le peuple. » Roland Barthes aurait pu gloser sur la *connotation* de cet exemple. Si le terme garde dans la phrase un sens social, le choix même de la phrase est comme un signe d'inculturité[1]. Le contraire du *vulgus,* extrémité inférieure de la société romaine s'il en est, ce n'est d'ailleurs pas le riche, mais le sage cultivé *(sapiens). Vulgus :* la faiblesse économique entendue comme étrangeté culturelle, voire comme étrangeté à la culture.

Catégorie sociale, jugement culturel : les dictionnaires classiques français joueront longtemps, avec la plus grande sérénité, de cette ambiguïté. En 1694, le *Dictionnaire de l'Académie* juxtapose deux sens du terme « vulgaire » : tout en désignant ce « qui est communément en usage », l'adjectif peut s'appliquer à « des pensées basses, des sentiments bas, tels que le commun du peuple a accoustumé d'en avoir ». La métaphore spatiale naturalise une confusion qui va de soi. L'équation s'écrit, très exactement : *populaire = bas = fruste.* L'exemple qui illustre le substantif « vulgaire » confirme, s'il en est besoin, cette équivalence entre infériorité sociale et indignité culturelle : « Les habiles gens ne pensent pas ordinairement comme le vulgaire. » On notera l'adresse de la langue classique à placer les termes à cheval, dans un équilibre instable entre le culturel et le social : « habile », rendu célèbre par Pascal, est encore l'un de ceux-là.

Ainsi se crée une notion hybride, tout à la fois liée à l'économie et autonome par rapport à elle. La vulgarité est comme une catégorie sociale suspendue à elle-même : même si *en fait* elle caractérise le plus souvent les conduites et les opinions populaires, elle est *en droit* assignable à tous les milieux.

Les versions ultérieures du *Dictionnaire de l'Académie* conserveront cette logique, tout en la faisant glisser peu à peu vers des formulations moins agressives : on parlera en 1835 de « pensées triviales »,

1. Au sens où Barthes parle de la « basquité » ou de la « sinité » d'un objet, pour évoquer le fait que cet objet « fait basque » ou « fait chinois » (*Mythologies,* Editions du Seuil, coll. « Points », 1957, p. 206).

de « sentiments tels que le commun du peuple est accoutumé d'en avoir ». La qualification péjorative (bas) s'est effacée, au bénéfice de la seule charge implicite d'une périphrase. On remplacera dans la même édition « habiles gens » par « gens éclairés ». Ces modifications ne sont pas négligeables. Elles appartiennent à une sorte d'histoire des différences culturelles, écrite du point de vue du conformisme, histoire tapie à l'arrière-plan de toute entreprise vulgarisatrice. Ce qui était stricte hiérarchie de nature (bassesse) devient degré d'originalité des usages (trivialité) ; ce qui était justification du mérite par un *je ne sais quoi* (habileté) devient référence à une pensée rationnelle (lumière). Mais l'essentiel se conserve, le mouvement de la différence, peu à peu tempéré par la prudence politique : « *Il faut penser avec les habiles gens mais parler avec le vulgaire :* il ne faut pas montrer aux ignorants qu'on les trouve tels », cite le complément de 1862, dans la rubrique « Proverbes »[1]. Dans l'édition de 1935, les formulations les plus abruptes ont tout à fait disparu des définitions, mais les exemples résistent, dernier carré d'un sociocentrisme vivace. La catégorie sociale s'illustre dans le psychologique et le moral : « Des sentiments vulgaires [...], une âme et un esprit vulgaires. » Les attitudes suggérées aux jeunes gens de bonne famille sont d'ailleurs sans ambiguïté : « Il suit en cela l'opinion du vulgaire. Combattre les préjugés du vulgaire. Le vulgaire ignorant. »

Bien entendu, il n'est pas inévitable que les dictionnaires se fassent ainsi les porte-parole d'un préjugé : les jugements précédemment cités appartiennent à la tradition de la lexicographie, non à son essence. Le dictionnaire *Robert* s'emploie, pour sa part, à rendre compte de ce sens avec une distanciation sans nuance : on nomme vulgaire ce qui est « propre aux couches de la société que l'idéologie dominante prétend exclure de son système de valeur » ; « cette acception, précise Robert, non sans un discret humour, est variable selon la position sociale et culturelle du locuteur ». La notion de

1. Bescherelle dira, de même, en 1871 : « Il faut penser avec les honnêtes gens, mais parler avec le vulgaire. »

vulgaire est seulement de celles qui posent problème au discours lexicographique : ou bien elle le prend au piège, convaincu qu'il est d'avoir repris à son compte une idéologie en croyant seulement enregistrer un usage ; ou bien elle le pousse à sortir de la réserve qui fait son élégance, contraint qu'il se trouve d'emprunter un style vigoureux auquel il répugne d'ordinaire.

Ainsi se dessine une étymologie fantasmée du vulgaire, qui véhicule l'idéologie dont l'histoire charge la langue. C'est avec ce statut ambigu, entre le social et le cognitif, que les mots de la racine de *vulgus* entrent en langue. Tel est le terme « vulgariser », apparu au début du XIXe siècle, peu après le désormais désuet « vulgarisme » et la toujours prospère « vulgarité ». C'est en effet la même société qui s'emploie avec Mme de Staël à « proscrire à jamais toutes les formes qui supposent peu d'élégance dans les images et peu de délicatesse dans la situation » et qui s'acharnera à diffuser au plus profond du corps social les conquêtes de la science.

Il y a une liaison entre les deux substantifs dérivés de l'adjectif : la vulgari*té* met à distance la culture d'un autre social et la vulgari*sation* exprime l'effort délibéré pour faire partager à l'autre sa culture propre, réputée universelle. Le même mouvement constate (ou constitue) le fossé et vise à le combler (ou à le reconstruire à l'avantage d'une culture légitime).

La langue classique avait employé deux autres termes pour désigner l'activité proche de ce que nous nommons « vulgarisation ». Le premier est « populariser », qu'on trouve par exemple dans le *Dictionnaire de l'Académie* en 1694 associé à l'exemple : « Il a popularisé la science par ses ouvrages » ; on parle aussi, dans la même édition, de « rendre une science populaire, la répandre en tous lieux, la rendre accessible à tous les esprits ». L'autre terme, non spécifique de la science, est « interpréter », dont Richelet donne une définition générale qui s'applique assez bien à notre domaine. L'interprétation est l' « explication d'une chose difficile à entendre, ou d'une chose que les autres n'entendent pas & qu'on leur fait entendre en parlant un langage qui leur soit intelligible, ou plus facile ». L'idée d'interprétation rapproche donc l'explication scientifique de deux autres pratiques culturelles : celle de la glose des textes sacrés, celle de la traduction des idiomes étrangers. Deux modèles que nous retrouverons souvent.

A ce stade de notre histoire linguistique, l'interpénétration des thèmes est en place. En somme, nous disposons d'un ensemble de termes aptes à mobiliser divers sens et diverses connotations, dans un flottement qu'enregistrent les dictionnaires. La référence la plus explicite, l'activité cognitive-épistémique, ne se dit jamais sans entraîner avec elle, d'abord, le mécanique-spatial (la « diffusion »), puis l'économique-social (la « popularisation »), vite mêlé de culturel-distinctif (la « vulgarité ») et parfois associé au linguistique-discursif (l' « interprétation »).

Au milieu du XIXe siècle, quand se développe l'entreprise vulgarisatrice, les dictionnaires hésitent. Ils abandonnent la perspective discursive que suggérait le terme d'interprétation, gommant, en quelque sorte, l'aspect linguistique de la vulgarisation. L'accent est mis sur la diffusion, mais le type d'extension sociale visé reste à préciser. Par exemple, le *Dictionnaire national* de Bescherelle (1871) associe encore de préférence ce que nous étudions au terme « populariser », pour lequel il cite l'exemple de la science, tout en indiquant « vulgariser » comme un néologisme. *L'Académie* retient en 1879 « populariser » et « vulgariser », avec des définitions à peu près équivalentes. Mais l'édition de 1935 de *L'Académie* enregistre une désuétude dans l'emploi de « populariser », qu'elle définit en ces termes : « Rendre populaire, répandre, vulgariser. *Il a popularisé la science par ses ouvrages.* On dit plutôt aujourd'hui *vulgariser.* »

Le choix que fait notre langue au cours du XIXe siècle me paraît révélateur d'une certaine façon d'articuler les problèmes de connaissance, les jugements sur les conduites et les catégorisations sociales. La bourgeoisie va au peuple, pour l'évangéliser : elle lui transmettra ses savoirs, ceux de rationalité, de connaissance, de technique et de pratique. Mais ces savoirs ne se transmettront qu'en s'altérant. D'où le tremblement sémantique constant entre la valeur positive du terme (vulgariser, c'est un équivalent d'évangéliser) et sa valeur négative (vulgariser, c'est gauchir, fabriquer du vulgaire). Les connotations péjoratives du terme évoquent, indissolublement liées, la bassesse de l'intérêt matériel, la menace d'un mauvais usage que ferait le peuple des connaissances, l'affirmation d'une distinction indélébile entre ceux qui savent et ceux qui ignorent[1].

Il y a ici un décalage instructif : au moment où notre vocabulaire politique abandonne peu à peu la référence au vulgaire, pour parler de Peuple, de République et de Démocratie, il y a dans le champ cognitif quelque chose qui résiste. Ce retour du refoulé est comme l'envers du système démocratique, trahissant la spécificité du savoir dans le champ idéologique bourgeois. Il n'y a pas de terme neutre pour qualifier ce qui est socialement et culturellement inférieur ; il n'y a pas de nom acceptable pour le désigner.

Désormais, on trouve attestée, au fil du discours, l'opposition pertinente, au sens linguistique du terme, entre « savant » et « vulgaire », qui se présente spontanément sous la plume de Louis Figuier :

> [Les lampes Edison] figuraient au nombre des plus intéressantes nouveautés de cette merveilleuse Exposition internationale de l'électricité, qui a été l'un des événements scientifiques les plus importants de notre siècle, car elle révéla aux savants, comme au vulgaire, les progrès extraordinaires qu'avaient faits, dans un bref intervalle, les applications de l'électricité[2].

La comparaison avec l'anglais est à cet égard instructive. L'anglais emploie volontiers le terme de *popularization,* plus conforme sans

1. Il ne s'agit ici que d'un aperçu de l'analyse que ces termes nécessiteraient. Par exemple, la notion de vulgarité désigne souvent la part de son histoire que le bourgeois s'emploie à dénier, celle qui le désignerait comme un marchand vis-à-vis du prince, selon une opposition commentée naguère par Pierre Barbéris (*Le prince et le marchand,* Fayard, 1980). Comme le remarque l'auteur de l'article « Vulgarité » de l'*Encyclopedia Universalis* (« Vulgarité », *Thesaurus,* vol. 3, p. 3142), la vulgarité, c'est le diable de la bourgeoisie, son reflet maudit, la trace indélébile de son caractère roturier. A cet égard, l'industriel, qui se définit comme appartenant aux classes productives de la société, se sent près (trop près) de l'ouvrier. La vulgarité est en quelque sorte l'envers de l'industrialisme. En parodiant une allégorie de Saint-Simon, on pourrait dire que les abeilles se sentent toujours méprisées par les frelons. La vulgarisation mérite d'être reliée, en une filiation complexe, d'une part à la tradition culturelle aristocratique qui nomme « vulgaire » une culture intéressée et d'autre part à la réalité de la révolution industrielle qui place la science au cœur de la légitimité bourgeoise.
2. Louis Figuier, *Les nouvelles conquêtes de la science,* 1888, « L'éclairage électrique », réédition par l'Association pour l'histoire de l'électricité en France, 1985, p. 118.

doute dans sa morphologie à l'idée démocratique moderne. Ce n'est pas qu'il ignore l'autre terme. Mais il n'aborde pas d'emblée l'activité avec les mêmes connotations. C'est pour qualifier les versions supposées indignes de la popularisation que l'anglais aura recours au terme de *vulgarization*. Nous en trouvons l'exemple dans l'étude que Peter Farago consacre à la science dans les médias. Le terme de vulgarisation mérite d'être employé pour qualifier les sources d'erreur :

> La faute de telles incompréhensions est souvent imputée au journaliste scientifique, à son amour pour les histoires à sensation, à ses tentatives pour théâtraliser et vulgariser *(vulgarize)* les réalisations discrètes mais bien réelles des scientifiques[1].

Plus loin, définissant les exigences d'une bonne diffusion des connaissances, le même auteur précise :

> Il ne s'agit même pas de vulgariser *(vulgarize)* — au mauvais sens du mot — en simplifiant à l'excès et en faisant des comparaisons spécieuses entre quelques faits scientifiques et l'expérience quotidienne du public[2].

Les connotations négatives de la vulgarisation ont bien été perçues en France à partir des années soixante-dix. Plusieurs autres expressions sont apparues : information scientifique, communication scientifique, divulgation scientifique, culture scientifique et technique. Le colloque européen organisé en 1970 étudiait la « présentation des sciences au public » ; on a créé une « délégation à l'information scientifique et technique ». Les exemples sont innombrables, dans la muséologie, l'édition, l'action culturelle : le chercheur qui établit une bibliographie sur la question en consultant le catalogue de la Bibliothèque nationale doit changer de rubrique à partir de 1980. Il est en effet renvoyé, à partir de cette date, de « Sciences (vulgarisation) » à « Information scientifique ». Mais la base de données informatisée de la même bibliothèque conserve

1. « Such misunderstandings are often blamed on the science journalist, on his love of the scare story, on his attempts to dramatize and vulgarize the solid if unremarkable achievements of scientists » (Peter Farago, *Science and the Media,* Oxford University Press, 1976, p. 4).
2. « It should not even vulgarize — in the worst meaning of the term — by oversimplification and the drawing of tedious parallels between a few facts of science and the everyday experiences of its market » (*ibid.,* p. 5).

l'entrée « vulgarisation ». Voilà un ensemble d'hésitations qui n'est sans doute pas totalement anodin.

Il n'y a toutefois pas de terme qui fasse l'unanimité et qui qualifie cette activité particulière de diffusion des connaissances à destination des non-spécialistes, comme le fait le terme de vulgarisation. L' « information scientifique » concerne aussi bien la documentation quotidienne du chercheur que l'annonce d'événements d'actualité[1]. La popularisation apporte aujourd'hui d'autres connotations politiques. « Populariser », c'est rendre populaire une idée, une personne, des opinions, c'est déjà du marketing politique et idéologique.

L'impossibilité de remplacer dans notre vocabulaire « vulgarisation » par un équivalent satisfaisant est en elle-même instructive. Elle indique que les confusions relevées ici, dont le caractère n'est pas accidentel mais lié à une histoire, ne sont pas faciles à dissiper. Elle témoigne notamment de ce que la question des rapports entre le savoir et la démocratie n'est pas simple. Elle nous conduit à supposer qu'en se transformant, en s'enrichissant, le projet des hommes du XIXe siècle est resté présent dans les formes actuelles de la communication scientifique[2].

1. La lecture d'une étude intitulée « La culture scientifique et technique, place dans l'entreprise et dans les lieux de recherche », réalisée en mars 1991 pour le ministère de l'Environnement par Dominique Sfez, sous la responsabilité de Jean-Claude Lévy, permet de mesurer l'ambiguïté de ces dénominations. A la question « Qu'entendez-vous par culture scientifique et technique ? », les responsables d'entreprises répondent sur le développement des connaissances, l'acquisition et la maîtrise de nouvelles technologies, l'innovation (55 %) plutôt que sur la diffusion de résultats vis-à-vis de cibles larges, grand public (18 %) ou personnel de l'entreprise (18 %). D'une façon analogue, les responsables de laboratoires de recherche définissent la culture scientifique et technique en termes de connaissances nécessaires aux recherches (53 %) plus souvent qu'en termes d'information du grand public et de vulgarisation (37 %).
2. A cet égard, les diverses solutions proposées pour remplacer la vulgarisation par d'autres termes ne permettent pas tout à fait d'éliminer les problématiques ici identifiées. Marie-Jo Nye et Terry Shinn, tirant les leçons d'un colloque récent, opposent, dans le droit fil des analyses de Canguilhem (Nécessité de la diffusion scientifique, *Revue de l'enseignement supérieur,* 1961), la vulgarisation, qui serait marquée par un ensemble de traits négatifs, à la diffusion, qui aurait un caractère plus synthétique (Vulgariser la science (1919-1939), acteurs, projets enjeux, *Cahiers d'histoire et de philosophie des sciences,* 1988, n° 24, postface, p. 100). Ce n'est possible qu'au prix de la constitution d'idéaux types très tranchés. Pierre Fayard propose, pour sa part, de lire l'évolution récente de ce secteur comme le passage

Peut-être vaut-il mieux prendre au sérieux les difficultés que révèle l'enquête lexicologique, plutôt que de les contourner par l'euphémisme ou l'imprécision. Je propose de retenir de cette brève enquête quelques premières hypothèses.

L'histoire linguistique révèle avant tout les liens très forts qui unissent le savoir et la catégorisation sociale. Dans les sociétés modernes, l'accès au savoir et la qualité de la culture sont des éléments déterminants du statut social ; inversement, il est impossible de tenir un discours public sur la science sans mobiliser une conception du populaire.

A cet égard, en tant que tradition, l'activité de vulgarisation s'inscrit historiquement dans une démarche ambiguë qui caractérise le XIXe siècle triomphant ; le peuple doit être hissé au niveau de la connaissance, mais il conserve en même temps son étrangeté. Celle-ci ne réside plus dans le fait qu'il possède une culture différente, mais dans le fait que sa relation à la même culture est différente. La diffusion de la connaissance aura donc le double effet, contradictoire, de fournir à de nouvelles catégories sociales des moyens de pensée et de mettre à distance leur culture, en donnant à l'ignorance un statut social. Les débats contemporains sur la vulgarisation sont largement marqués par la permanence et la crise de ce modèle.

Issues de cette histoire, les connotations des divers termes nous fournissent des indications pour aborder la façon dont la science étend le champ social de sa pertinence. Les termes les plus courants reposent sur le modèle de la *diffusion,* consistant à rendre public ce qui est caché, à reproduire un message supposé invariant. Mais les

de la vulgarisation à la médiatisation de la science, via l'action culturelle. Nous verrons plus loin (III, p. 229 sq.) l'intérêt sociologique de cette étude. Mais la définition que donne l'auteur de la communication scientifique publique ne peut pas éviter tout à fait de recourir au concept de vulgarisation, si bien que ce terme désigne à la fois une étape historique révolue et une composante de l'étape qui lui succède : « De véritable fin en soi, écrit Pierre Fayard, la vulgarisation se transforme en moyen, en outil au service d'enjeux qui dépassent le seul contenu scientifique du message véhiculé, en l'insérant dans un contexte social et économique plus vaste » (*La communication scientifique publique. De la vulgarisation à la médiatisation,* Chronique sociale, Lyon, 1988, p. 11). On n'en sort pas facilement.

usages contredisent un modèle aussi simplificateur. Ils nous indiquent d'emblée les enjeux politiques et économiques d'une connaissance populaire *(popularisation)* et nous suggèrent qu'un effet de distinction sociale accompagne les différences cognitives *(vulgarisation)*. Ils nous amènent ensuite à considérer l'activité d'*interprétation*, selon un modèle qui présente la vulgarisation comme une traduction linguistique. Enfin, au-delà de cette définition, se profile une *pratique de discours* bien particulière, liée à une histoire, celle de l'exégèse, dont les composantes sont la transcendance d'un texte, la pluralité des niveaux de lecture, l'élaboration d'un texte second adressé dans une situation de communication singulière à un lecteur particulier.

Il faut bien mesurer les effets de cette interpénétration que l'étude lexicale met en évidence, du social et du cognitif, par le truchement du symbolique. Il ne s'agit pas de définir le social par le social (Durkheim) ni de faire une sociologie spécifique de la culture (Bourdieu) ou une histoire des mentalités *(Annales)*. Avec la vulgarisation, nous sommes dans le social en tant qu'il détermine le cognitif et dans le cognitif en tant qu'il constitue du social.

D'où l'intérêt de ne pas fuir simplement le terme par des euphémismes (diffusion, information, etc.). Le mot est là parce que le problème est là. Le mot est gênant parce que le problème est gênant... et donc de nature à nous apprendre quelque chose de notre société.

Nous ne nous déprendrons pas facilement de ces premières perplexités, nées de l'attention portée à un mot et à son histoire.

I

LECTURE D'UNE TRADITION

Pour préciser les pistes suggérées par l'analyse lexicale, nous pouvons reconstituer un horizon d'attente[1] qui détermine en partie la façon dont on peut aujourd'hui écrire la science. Nous sommes en cela héritiers d'une histoire. La tradition nous lègue quelques hypothèses par rapport auxquelles le vulgarisateur, si novateur soit-il, doit se situer.

Le développement d'un discours *de* vulgarisation s'accompagne en effet de l'apparition d'un discours *sur* la vulgarisation. La vulgarisation est d'emblée programmatique. En outre, avant que l'entreprise vulgarisatrice s'institutionnalise, certains penseurs classiques en ont anticipé très précisément certaines composantes. Ces auteurs, qui ont réfléchi sur l'émergence d'une société industrielle et scientifique, formulent précisément quelques options possibles sur le partage des savoirs, options dont on trouve l'écho dans le champ de la vulgarisation contemporaine.

Nous interrogerons donc d'abord ces quelques idéologies représentatives d'un héritage de réflexion. Nous nous emploierons à mettre en évidence les hypothèses essentielles sur lesquelles reposent ces modèles. Cet exposé synthétique aura deux fonctions : il permettra d'abord d'identifier quelques lieux communs dont nous

1. Cette notion est empruntée à Hans-Robert Jauss (*Pour une esthétique de la réception,* Gallimard, 1978).

retrouverons la trace dans l'étude des textes de vulgarisation ; ensuite il nous permettra d'avancer, par le biais d'une critique de ces modèles, vers la formulation d'une problématique plus affirmée.

Aucun des modèles présentés par la suite n'est dénué de fondement ; aucun n'est dépourvu d'attentes illusoires, d'hypothèses réductrices et, plus généralement, de charge idéologique.

Une opération de diffusion ?

Foster the dissemination of accurate information regarding science through all media normally devoted to informing the public.

National Association
of Science Writers (NASW), USA.

Si l'on prend à la lettre le verbe *vulgare,* on se représentera avant tout l'entreprise dont il est ici question comme une action topologique ; il s'agira de répandre les savoirs, de les partager, de les faire circuler, à la manière dont la lumière se diffuse, dont une rivière fait son lit, dont la route conduit le pèlerin à son port *(trivium, quadrivium).* Voici une autre formulation : les savoirs sont une matière première, une ressource disponible qui peut circuler, comme une denrée. D'un côté le cognitif, conçu comme un stock, de l'autre le social, abordé comme un flux. La figure de l'accumulation traduirait aussi bien cette logique. C'est d'ailleurs l'un des présupposés, auquel on ne songe guère, de l'image des nains juchés sur des épaules de géants : l'histoire culturelle ne serait pas croissance, mais cumulation. Cette image apporte avec elle une série de jugements de valeur : la transparence est supérieure à l'opacité, le partage prévaut sur la rétention. La circulation des signes doit être préférée à leur thésaurisation. On parlera de maison de verre ; on fera l'éloge des dettes.

Pour assigner un but à cette diffusion, nous avons le choix entre trois types d'argumentation. Argumentation industrielle : dans le monde moderne, les entreprises sont interdépendantes, nul projet ne peut aboutir sans une circulation des savoirs. Argumentation politique : le partage des connaissances est un élément de la démocratie, c'est un bien commun, dont le stockage peut être assimilé à un privilège. Argumentation écologique : l'individu doit disposer des informations nécessaires à la maîtrise de son environnement et connaître les règles d'hygiène concernant sa santé et celle de son entourage. Ce sont des discours différents, qui se réfèrent à des valeurs différentes. Mais tous actualisent la conception précédemment décrite de la diffusion des savoirs considérés comme une denrée précieuse et, à ce titre, l'argument industriel est dans ce modèle le plus central.

L'idée n'est pas nouvelle, même si elle trouve à s'exprimer de façon particulièrement efficace dans le langage de notre société d'information. La communauté scientifique anglaise, structurée en société savante élitiste au milieu du XVIIe siècle, a vite rencontré la nécessité de diffuser ses connaissances[1]. Il s'agissait en effet d'assurer le rayonnement de la science, condition de sa pérennité, et de modifier dans un sens rationnel les pratiques agricoles et industrielles. Ce projet s'est réalisé dans la société américaine naissante, toute pénétrée d'un tel idéal de renversement des frontières de spécialité et de légitimité au nom d'une efficacité conquérante. La science et l'industrie « populaires » s'y sont nourries d'une frénésie de diffusion des connaissances au profit de desseins pragmatiques, au point de faire un usage immodéré du plagiat ou de l'espionnage industriel[2].

C'est un terrain sur lequel les institutions interviennent : Colbert avait déjà organisé une circulation des données techniques en faisant réaliser une collection méthodique des procédés industriels. Aujourd'hui, un tel souci prend des formes différentes : les lois d'orientation de la recherche et d'organisation des entreprises formulent l'obligation d'assurer un minimum d'information sur l'in-

1. Michaël Hunter, *Science and Society in Restoration England,* Cambridge University Press, 1981. L'historien expose les nombreuses difficultés que rencontre un tel projet.
2. Daniel Boorstin, *Histoire des Américains,* Armand Colin, 1981 (édition originale, 1958). L'auteur donne quelques exemples de cette attitude de diffusion frénétique des informations (t. II, p. 38 sq.).

novation et ses enjeux, des campagnes d'éducation sanitaire sont financées par des organismes publics et privés. C'est également un paradigme d'analyse répandu dans diverses entreprises. Les responsables industriels insistent sur la nécessité de faire circuler les informations. La sociologie de l'organisation reconnaît un pouvoir à l'expert et observe l'existence de zones d'incertitude. Les affaires juridiques liées à l'éthique professionnelle des scientifiques font une grande place aux accusations de rétention d'information.

Cette conception industrialiste de la vulgarisation a pu occuper à l'occasion une place importante dans le discours de certains responsables des pays communistes. Lorsque Jozef Hurwic, professeur à l'Ecole polytechnique de Varsovie, vient faire une conférence à Paris en 1961[1], il ne met pas l'accent comme on pourrait s'y attendre sur la démocratisation du savoir, mais sur le besoin qu'ont les industries des pays socialistes d'une large diffusion des connaissances utiles. Ce diagnostic est confirmé par l'analyse proposée par Michal Sewerski, auteur en 1968 d'une thèse sur la vulgarisation en Pologne[2] rédigée à partir d'une enquête de terrain auprès de lecteurs et de bibliothécaires, qui met en évidence le rôle de promotion professionnelle de la vulgarisation. Sen Chenru évoque la même exigence à propos de la Chine populaire lors d'une rencontre organisée par l'Unesco en 1986[3] : son récit évoque de façon savoureuse la carrière des « dieux de la richesse », les agrotechniciens qui diffusent dans les campagnes un savoir opérationnel. Nous sommes dans une logique qui présente « l'autodidactisme comme moyen de passer de l'état de cultivateur à celui d'expert ».

Notre société où l'information est regardée comme une res-

1. *Les méthodes de vulgarisation dans les pays de l'Est,* Académie polonaise des sciences, conférence faite à Paris, à la Maison de la chimie, le 25 octobre 1961.

2. Michal Sewerski, *Spoleczna rola literatury populanonaukowej (Le rôle sociologique de la littérature populaire scientifique),* Wroclaw, 1968 (résumé en français). L'auteur cherche à cerner la fonction sociale de la vulgarisation grâce à une série d'entretiens menés auprès de conférenciers, de bibliothécaires et d'autodidactes.

3. Sen Chenru, La vulgarisation scientifique en Chine rurale, 800 millions d'agriculteurs s'initient à la science, *in* La vulgarisation scientifique, son histoire, ses succès, ses échecs, *Impact, science, société,* Unesco, 1986.

source stratégique a systématisé ce point de vue sur la vulgarisation[1]. L'éditorial du premier numéro de la revue *Sciences et techniques,* sous-titrée « pour la révolution de l'intelligence », expose de façon très complète ce type d'argumentation :

> Nous ne sommes pas malades du progrès, écrit André-Yves Portnoff, mais de n'avoir pas assez profondément et assez tôt innové. L'innovation profite aux entreprises qui innovent et à leurs personnels, comme le montre notre enquête « radiographie des PME innovatrices ». Dans ces conditions, il n'y a pas de tâches plus urgentes que celle d'accélérer la diffusion des informations scientifiques et techniques, et de rester à l'écoute des besoins[2].

Ce constat débouche tout naturellement sur la définition d'un usage de la vulgarisation :

> Si chacun estime qu'il est à peu près bien informé dans son propre domaine, la quasi-totalité des responsables interrogés regrettent de ne pas posséder une bonne vision globale du progrès technique ! Sans cette approche, comment déceler, dans la multitude des nouveautés techniques, celles qui vont affecter votre secteur, vos activités ?

D'une façon plus générale, ces analyses ont trouvé leur accomplissement à la faveur des théories de l'information[3], dont elles partagent les forces et les faiblesses. L'information est jugée plus déterminante que l'énergie ; les faits culturels sont décrits en termes de flux d'information, de processus de régulation circulaires, de niveaux de complexité ; les activités humaines apparaissent comme analogues au traitement matériel de signaux électroniques[4]. C'est

1. Georges Canguilhem s'inspire de la théorie de l'information pour définir la diffusion scientifique (Nécessité de la diffusion scientifique, *Revue de l'enseignement supérieur,* 1961). Guy Barbichon exploite et discute l'idée de diffusion (La diffusion des connaissances scientifiques et techniques, aspects psychosociaux, *in* S. Moscovici (éd.), *Introduction à la psychologie sociale,* Larousse, 1973).
2. *Sciences et techniques,* n° 1, février 1984, p. 3.
3. Je renvoie pour une situation plus complète aux ouvrages de Yves de La Haye (*Dissonances, critique de la communication,* La Pensée sauvage, 1984), de Lucien Sfez (*Critique de la communication,* Editions du Seuil, 1988), de Bernard Miège (*La société conquise par la communication,* Presses Universitaires de Grenoble, 1989) et de Philippe Breton (*L'utopie de la communication,* La Découverte, 1992).
4. Le succès de ces thèmes est dû précisément en partie à la vulgarisation intense dont les théories informatiques ont fait l'objet, et, plus largement à la fascination qu'elles ont exercé sur les sociologues et les littéraires ces dernières années. Aussi bien retrouverons-nous ce thème lorsque nous explorerons les enjeux idéologiques de la vulgarisation (V, p. 362 sq.).

dire quel bénéfice nous pouvons tirer de ce type d'analyse, mais aussi quelles en sont les limites. Ce modèle schématique a la vertu d'inscrire la vulgarisation dans un « réseau » matériel. Il attire notre attention sur le fait que le savoir constitue une denrée recherchée, surveillée, contrôlée ; il conduit à expliciter les structures de diffusion des connaissances, les médias, les circuits d'information ; il aide à repérer les zones d'ombre, les perturbations conscientes ou inconscientes du processus de communication[1].

Toutefois, la faiblesse essentielle de ce modèle est la représentation beaucoup trop réductrice qu'il produit des faits de langage et de communication.

Dans sa version industrialiste, ce courant se fixe trop exclusivement sur la qualité du message initial que divers moyens de transport auront ensuite à diffuser. Le prosélytisme scientifique développé à l'époque de la restauration anglaise était souvent irréaliste : les savants ont proposé des messages sans rapport avec les besoins des hommes d'industrie[2]. On perçoit le même type de simplification hasardeuse chez Jozef Hurwic lorsqu'il exprime la certitude que si la vulgarisation est assurée par un spécialiste éminent elle ne peut aboutir qu'à un succès. Aujourd'hui, le même thème s'exprime d'une façon un peu différente. Usant et abusant de l'image informatique et télématique, ce courant de pensée tend à ramener les « messages » à des entités logiques, transmissibles sans variation, dénuées d'ambiguïté. Il y gagne un traitement formel très rigoureux de réalités qui échappaient précédemment au calcul, mais c'est au prix d'une simplification considérable de leur objet.

1. Etienne Allemand utilise par exemple la notion d'information pour montrer que les émissions scientifiques de télévision sont mystifiantes. Il écrit : « Il n'y a pas [dans la vulgarisation télévisée], bien qu'on veuille en donner l'apparence, information comme transmission de connaissance et, par la suite, acquisition effective de connaissance par le spectateur » (*L'information scientifique à la télévision,* Anthropos, 1983, p. 100). Mais cette mise en évidence d'une distorsion se paie du recours à un modèle de la transmission. Etienne Allemand parle, par exemple, de « rupture de communication comme transmission d'information-connaissance ».

2. Michaël Hunter, *op. cit.,* notamment p. 108-109.

Le modèle de la transmission d'information appelle donc, comme son complément, une réflexion sur ce que représente, dans une communauté humaine, la réappropriation d'un message. Il est nécessaire de s'attarder un peu sur les processus qui conduisent à l'adoption d'un savoir, avant de vouloir en représenter ou en mesurer la diffusion.

La psychosociologie et l'analyse de discours nous apportent ici quelques précisions. Elles montrent avant tout qu'il y a plusieurs façons de connaître. Notre comportement n'est pas celui de la conversion. L'acquisition d'un nouveau savoir ne s'accompagne pas nécessairement d'un abandon des anciennes croyances. Par exemple, dans une classe de collège où le processus de la circulation du sang a été appris et peut-être récité, des conceptions plus anciennes, comme l'idée de poumons qui pomperaient pour faire fonctionner le cœur, seront de nouveau invoquées dans la vie courante, ou encore présupposées lorsqu'il s'agira d'aborder une nouvelle question physiologique. Autre exemple : il est devenu de pratique courante d'organiser en médecine des « conférences de consensus », dont le but est de déterminer, à l'aide des meilleurs spécialistes, ce qu'on doit retenir d'une question scientifique ou d'un protocole thérapeutique. Mais l'écho de ces conférences n'est pas aussi grand qu'on pourrait le prévoir[1]. Ce n'est pas faute que les résultats soient diffusés, ni même que les médecins en prennent connaissance ; en effet, pour diverses raisons liées à leur intérêt professionnel, à leur statut dans le corps médical, aux habitudes de pensée acquises au cours de la formation universitaire, les praticiens de ville peuvent ne pas tenir compte de résultats qu'ils jugent pourtant avérés. On peut résumer ce stade de l'analyse dans les termes suivants : l'homme étant sujet à des désirs, et de surcroît sujet clivé de désirs contradictoires, il ne transporte pas l'information comme un simple vecteur. Pour formuler explicitement les difficultés aux-

1. Caroline Weil, Attitudes professionnelles et diffusion de la connaissance scientifique : les conférences de consensus sont-elles susceptibles de modifier le comportement des praticiens ?, *Sciences sociales et santé,* vol. VIII, n° 4, décembre 1990.

quelles aboutit ce modèle, nous aurons donc à réfléchir sur le désir qui conduit à l'apprentissage et sur la façon dont une connaissance se transforme ou plus exactement se reconstruit au cours de cet apprentissage.

Il est nécessaire d'aller plus loin, et de comprendre les limites des images communicationnelles du « filtrage », de la « compression » de l'information, du « bruit », des « pertes ». Le placage de ces analogies produirait une analyse du discours de vulgarisation peu adéquate. Les formateurs en communication connaissent le « jeu du téléphone » : il s'agit de transmettre en chaîne un message, par exemple la description d'une image. Les observateurs notent une dégradation du message, que certains, nourris du modèle informationnel, nomment « entropie » ; en effet, le plus souvent, la longueur du message se réduit et certains détails disparaissent en cours de route. Toutefois les plus attentifs des participants remarquent aussi que quelque chose se construit au fil de ces reformulations successives. Le discours se donne une cohérence propre, au détriment des éléments qui n'y trouvent pas leur place et au bénéfice de nouveaux détails aptes à compléter un système devenu lacunaire. S'il est vrai que l'écoute subjective conduit souvent un locuteur à abandonner l'impression dans laquelle il ne se reconnaît pas, il est tout aussi fréquent que ce dernier vienne enrichir de son imaginaire le récit qu'il a entendu. Ceci tient au fait que les éléments de l' « information » ne sont pas des signaux, ni le discours dans lequel ils s'inscrivent un « message » ; ce sont des signes, linguistiques et comportementaux, qui ont la particularité d'être ambigus, ouverts à l'association morphologique (jeux du signifiant), syntaxique (réorganisations) et sémantique (connotations). On connaît le résultat de ces glissements : dans une image représentant un noir et un blanc côte à côte dans un train, le couteau passera de l'un à l'autre ; dans un dessin humoristique, un homme semblable à un pantin deviendra une véritable marionnette.

Il serait naïf de penser que, par nature, les informations scientifiques soient à l'abri de ce genre de destinée. Les exemples de ces reconstitutions sont au contraire innombrables. Il n'est pas étonnant que beaucoup de personnes aient compris, dans les premiers temps de l'information sur le SIDA, qu'elles pourraient contracter la maladie en donnant leur sang ou en subissant la piqûre d'un insecte, même informées très clairement du contraire. On connaît en effet la charge fantasmatique que comportent le sang qui s'écoule de l'organisme ou la pénétration de ce dernier par un corps étranger — la même « piqûre » qui était miraculeusement apparue dans la rumeur d'Orléans[1]. Cette composante de réinterprétation créative, cette poétique de la lecture sont présentes dans la réception de toute théorie scientifique nouvelle. Il n'est pas plus étonnant que, comme le remarque Jean-Marc Lévy-Leblond,

> le caractère choquant de certains aspects des théories relativistes, leurs paradoxes apparents, largement et exagérément mis au premier plan par une vulgarisation avide de sensationnel, comptent pour beaucoup dans la constitution du mythe einsteinien[2],

ni d'ailleurs que

> l'exploitation des théories d'Einstein au profit du relativisme philosophique, savant ou populaire (« tout est relatif, comme dit Einstein »), témoigne de la même confusion et [ne soit] pas pour rien dans la persistance du mythe[3].

Jean-Marc Lévy-Leblond souligne à juste titre, à propos de l'exemple d'Einstein, le rôle joué par les vulgarisateurs dans ce processus de transformation de la théorie en autre chose qu'elle-même. Il montre à cette occasion comment se rencontrent, dans la lecture-réécriture de la relativité, des enjeux géopolitiques, un état d'esprit d'époque et une conception populaire de la nouveauté scientifique. Roland Barthes, commentant pour sa part les fantasmes cristallisés par le cerveau d'Einstein[4], avait très précisément montré les contradictions de l'imaginaire mobilisé par cet

1. Edgar Morin, *La rumeur d'Orléans,* Editions du Seuil, coll. « Points », 1969, p. 44-48.
2. Jean-Marc Lévy-Leblond, L'arbre et la forêt : le mythe Einstein, *Le Monde,* 14 mars 1979, repris dans *L'esprit de sel,* Editions du Seuil, coll. « Points », 1984, p. 164.
3. *Ibid.,* p. 164-165.
4. Roland Barthes, Le cerveau d'Einstein, *Mythologies,* Editions du Seuil, coll. « Points », 1957, p. 91 sq.

objet emblématique : conception à la fois magique et mécanique de la pensée, simplicité et inaccessibilité de la découverte.

Faut-il pour autant juger « exagérée » cette exploitation ? C'est moins sûr ou, plus exactement, il faudrait donner de cette exagération une définition précise. Ce n'est pas un énoncé de la théorie totalement dépouillé de toute dimension fantasmatique, un exposé simplifié mais conforme, une « compression des données », qui aurait permis une meilleure assimilation de la théorie. Car les gens comprennent ce qu'ils désirent comprendre et croient ce qu'ils désirent croire. C'est la façon de capter ce désir et de le conduire qui constitue le métier des vulgarisateurs, et c'est à la façon d'en jouer que leurs productions doivent être jugées. C'est précisément ce qui fait que, dans le travail du vulgarisateur, nous retrouverons toujours le fait littéraire.

Critiquer ce modèle de la transmission d'information nous conduit donc à regarder du côté du langage et à définir la vulgarisation comme une opération discursive. Un autre modèle se situe d'emblée sur ce terrain, c'est celui de la traduction.

UN PROCÈS DE TRADUCTION ?

Il y en a, quand vous les entendez parler d'informatique, vous croyez entendre une langue étrangère.

Publicité radiophonique.

Les *Entretiens sur la pluralité des mondes* s'ouvrent, selon l'usage du temps, sur une préface destinée à expliciter le projet d'écriture. Le champion des « modernes » s'y place en parallèle avec Cicéron. Le projet d'expliquer la science (ou plutôt, dans les termes de l'époque, la « philosophie »[1]) aux « gens du monde » lui paraît analogue à la tentative de Cicéron de « mettre en sa langue des

1. Il ne s'agit pas de synonymes parfaits : nous retrouverons cette question à propos des publics de Fontenelle (III, p. 165 sq.).

matières de philosophie, qui jusques-là n'avoient été traitées qu'en Grec »[1]. Ce qu'il y a de commun à ces deux tentatives, c'est la difficulté d'une telle traduction, et le risque que son auteur court d'un double échec : que ceux qui savent déjà préfèrent la langue originale, que ceux qui se détournent du savoir quand il s'exprime dans sa langue ne s'y intéressent pas davantage dans la leur.

Le succès de cette métaphore est immense : il est presque impossible de lire une étude sur la vulgarisation sans la trouver. Elle fait l'unanimité des scientifiques, des journalistes, des linguistes, des sociologues, des amateurs. Une lettre reçue par les organisateurs d'un débat de l'Association des écrivains scientifiques de France résume ce point de vue dans les termes suivants :

> La technique littéraire de la vulgarisation scientifique a bien des traits communs avec celle de la traduction. Il s'agit en effet, à partir d'un texte rédigé dans une langue ignorée — suppose-t-on — du futur lecteur, de lui offrir un texte parfaitement intelligible.

Il est question de traduction dans les échanges des intellectuels catholiques, dans les colloques interdisciplinaires, dans les interviews de journalistes scientifiques ou de prix Nobel. Daniel Jacobi reprend, à propos du texte et des images de vulgarisation, le terme de Roman Jakobson : « traduction intersémiotique »[2].

Nous pouvons résumer ce modèle, dans la version très pure qu'en propose Fontenelle, par les composantes suivantes : deux groupes sociaux (en l'occurrence, celui des « sçavans » et celui des « gens du monde ») s'ignorent scandaleusement et ne peuvent se comprendre parce qu'ils ne parlent pas le même langage, parce qu'ils sont, en quelque sorte, étrangers l'un à l'autre dans un même

1. Bernard Le Bovier de Fontenelle, *Entretiens sur la pluralité des mondes,* 1686, édition d'Alexandre Calame, Didier, 1966, préface, p. 3, l. 2-4.

2. Daniel Jacobi, Le discours de vulgarisation scientifique, problèmes sémiotiques et textuels, *in* D. Jacobi et B. Schiele (éd.), *Vulgariser la science, le procès de l'ignorance,* Champ Vallon, 1988. Il s'agit d'un phénomène courant dans la littérature sur la vulgarisation ; l'auteur emploie la métaphore après l'avoir critiquée, comme si cette idéologie de la vulgarisation piégeait les auteurs à leur insu. La notion de traduction intersémiotique avait été proposée, dans une acception métaphorique, par Roman Jakobson (Aspects linguistiques de la traduction, *Essais de linguistique générale,* Editions du Seuil, coll. « Points », 1963, p. 79).

pays. Un médiateur va entreprendre de créer un lien entre ces deux communautés, avec le risque d'être symétriquement rejeté, mais aussi avec l'espoir de dissiper les effets d'un clivage social. L'outil de la médiation sera une activité linguistique, transformant des propositions exprimées dans la langue obscure de la science spécialisée en formules conformes à l'usage, plus ou moins largement répandu, de la langue ordinaire[1]. Donc : clivage culturel et social, rôle structurant de la langue, médiation par l'opération de traduction.

Nous avons affaire ici à un nouveau modèle métaphorique, dont l'essentiel est, en amont de la traduction, l'assimilation de certains langages de spécialité (technolectes) à des langues étrangères. Ce modèle permettra à la fois de définir les méthodes du vulgarisateur, d'illustrer le caractère professionnel de son métier et de justifier l'importance de son action. Il fournira aussi à la polémique sur la réappropriation des connaissances la force de ses simplifications : aux uns, le discours scientifique apparaîtra comme un « jargon », langage inutilement compliqué et machiavéliquement fermé à tout partage ; d'autres argueront de l'originalité absolue de la langue scientifique, de ses caractères particuliers, du fait qu'elle est nécessairement gauchie dès qu'elle est traduite *(traduttore, traditore)*.

La métaphore est commode et parlante. Elle nous invite à deux constats essentiels. D'une part, s'il est nécessaire de traduire, c'est que dans une même société nous ne parlons pas tout à fait la même langue, et cette hétérogénéité linguistique a des conséquences en termes de culture et de pouvoir. D'autre part — et en cela ce modèle est moins naïf que celui de la diffusion — qui dit traduction dit travail d'écrivain, avec ses mots, ses procédés de style, son contrat d'écriture-lecture. En somme, la vulgarisation comme traduction, c'est la conscience que le cognitif est avant tout du linguistique, que notre connaissance est structurée comme un langage.

Cela dit, il faut à présent marquer les diverses difficultés auxquelles ce modèle peut conduire.

1. En termes plus techniques : la vulgarisation transformerait des « énoncés-sources » en « énoncés-cibles ».

La première de ces difficultés est que le terme de traduction peut recevoir des significations très variées, certaines d'entre elles étant on ne peut plus floues. Il peut d'abord désigner simplement l'effort pour combler le fossé entre deux cultures, pour permettre un rapprochement entre elles. « Le véritable vulgarisateur, déclare par exemple Etienne Borne[1], doit avoir le don des langues, être capable de traduire une culture dans le langage d'une autre culture. Il assure une communication entre les cultures, dont on a assez dit qu'elle était la vérité et la vie de la culture. » Nous trouvons ici le thème des deux cultures cher à Charles P. Snow, auteur d'un livre remarqué contre le clivage entre littéraires et scientifiques[2], thème repris récemment par Michel Serres dans plusieurs livres et causeries : il s'agit d'une intention, fort louable, mais dont la nature exacte et les formes concrètes demandent à être précisées. Le modèle doit alors, pour avoir quelque pertinence, prendre en compte une analyse plus concrète de la culture sociale et de ses clivages. On verra plus loin que l'une des grandes questions du XIXe siècle est par exemple de savoir si la littérature sera une « petite main » de la science ou si elle a quelque forme particulière de savoir à constituer; c'est encore sans doute ce qui est en jeu dans la mode actuelle des « humanités » dans les institutions scientifiques et industrielles. Pour prendre un exemple extrême — ils ont une vertu dans l'examen des questions apparemment évidentes —, la rencontre des cultures ne se définit pas dans les mêmes termes lorsqu'on parle par exemple de pays du Tiers Monde. M. Scharafuddin, physicien, expert du gouvernement du Bengladesh, mettait naguère ce thème en relation avec l'opposition entre la pensée traditionnelle et la connaissance scientifique.

> C'est ainsi, écrivait-il, que le « syndrome » des deux cultures (l'une littéraire, l'autre scientifique) que déplorait Charles P. Snow, se manifeste par un gouffre culturel encore plus profond au sein des sociétés du monde en dévelop-

1. Etienne Borne, Pour une philosophie de la culture, in *Savoir et vulgarisation,* Centre catholique des intellectuels français, cahier n° 39, Fayard, 1962, p. 21.
2. *Les deux cultures,* J.-J. Pauvert, 1963.

pement que dans celles des pays développés. Alors qu'en Occident la démarche rationnelle et logique de la science va de soi, les peuples d'Orient ont souvent tendance à s'en remettre à la fatalité et à l'autorité[1].

On voit bien dans ce cas que l'énoncé d'un objectif de traduction soulève en fait un ensemble de problèmes liés au classement et à l'assimilation des cultures. Ainsi entendu, le thème de la traduction doit pour aboutir se muer en enquête sur le champ culturel de la vulgarisation, historiquement et socialement située.

D'une façon peu différente, Peter Farago voit dans l'aptitude à « traduire » une exigence primordiale du métier de *scientific communicator.* « Le langage de la science doit être traduit »[2], écrit-il. Mais ce terme désigne une démarche bien plus globale que celle du traducteur. Il s'agit, en réalité, de toute une stratégie textuelle : « Pour que la traduction réussisse, la logique interne de la science doit être présentée d'une façon à la fois attrayante et accessible pour le lecteur »[3] ; et même de toute une stratégie sociale, consistant à « passer outre sa propre modestie scientifique sans aller jusqu'à susciter la colère des autorités scientifiques »[4], ce qui rejoint, dans des termes plus radicaux, l'embarras de Cicéron et de Fontenelle...

Première difficulté donc : quels sont ces deux mondes et ces deux langues que le médiateur veut faire se rencontrer ? Cette question apparemment simple nous conduit bien vite à repérer certaines faiblesses de ce modèle social[5]. D'abord, l'idée d'une coupure entre deux

1. M. Scharafuddin, Point de vue sur la vulgarisation scientifique dans l'optique du Tiers Monde, *in* La vulgarisation scientifique, son histoire, ses succès, ses échecs, *Impact, science, société,* Unesco, 1986, p. 405.
2. « The language of science must be translated » (*op. cit.,* p. 10).
3. « For the translation to be successful, the internal logic of science must be presented in a way that is both attractive and accessible to the reader » (*ibid.,* p. 10).
4. « Overcome scientific diffidence without arousing professorial wrath » (*ibid.,* p. 10).
5. Je m'inspire ici, notamment, de l'enquête sur le métier de vulgarisateur présentée par Philippe Roqueplo dans *Le partage du savoir,* Editions du Seuil, 1974, p. 27 à 80, des Actes du colloque : *Vulgariser : un défi ou un mythe ?* (Claire Belisle et Smaïl Aït El Hadj (éd.), Chronique sociale, Lyon, 1985) et de l'introduction de la thèse de Marie-Françoise Mortureux, consacrée en partie à une définition sociale de la vulgarisation (*La formation et le fonctionnement d'un discours de la vulgarisation scientifique au XVIIIe siècle à travers l'œuvre de Fontenelle,* Atelier national de reproduction des thèses, Université Lille II, diffusion Didier Erudition, 1983).

langues rend très diffuse la définition d'un destinataire de l'écrit de vulgarisation : quel est ce public indistinct ? peuple ? pratiquant de la langue ordinaire ? mais y a-t-il *une* langue française, par exemple ? homme de la rue[1] ? Ce qui conduit bien vite à une seconde perplexité : le clivage entre expert et profane n'est pas, si l'on y regarde d'un peu près, aussi facile à définir qu'il y paraît. Lorsqu'ils s'expriment sur ce point, les journalistes scientifiques mentionnent en fait deux catégories de clivages : un clivage vertical, entre savants et ignorants, qui évoque la traditionnelle coupure entre culture populaire et culture savante ; des clivages horizontaux, entre littéraires et scientifiques, entre spécialistes de diverses disciplines, que renforcent de plus en plus les logiques d'éclatement et d'hyperspécialisation des connaissances.

En outre, cette pluralité des disciplines, si on l'inscrit dans une perspective historique, fait apparaître que c'est en des sens divers qu'il pourrait s'agir de traduction. A l'origine de la science moderne, la traduction n'est pas une métaphore : l'ouvrage scientifique est écrit en latin, langue dont l'usage est artificiellement maintenu en religion et en philosophie. Les pièces de Molière nous montrent des pédants qui parlent un langage réellement étranger, un chapitre de Rabelais met en scène un écolier limousin tellement nourri de latin qu'il en truffe son français jusqu'à le rendre obscur[2]. L'autonomisation de l'activité scientifique et la division des disciplines modernes s'accompagnent de la création de codes dont le statut sémiologique est très divers : langage algébrique rendu difficile d'accès par son extrême abstraction, nomenclatures dont le mode d'organisation et l'étendue échappent au profane, terminologies techniques liées à un processus matériel complexe, langages informatiques artificiellement créés jusque dans leur syntaxe, etc. Les spécialistes développent des systèmes de communication iconiques, images, graphes, tableaux,

1. Le début de la troisième partie du présent livre (p. 165 sq.) propose quelques pistes plus précises sur la sociologie du lecteur.
2. *Pantagruel, Roy des Dipsodes,* 1542, chap. 6 : « Comment Pantagruel rencontra un limosin qui contrefaisoit le langaige Françoys », chapitre où l'idéal de rejet du jargon est défendu de façon on ne peut plus « parlante ».

courbes, qui ne sont pas lisibles sans une initiation. Aussi devrons-nous regarder de plus près les particularités de ce matériel sémiologique très complexe de la science pour formuler une problématique linguistique cohérente. Chacun de ces « langages » n'est une langue que par approximation, chacun pose à la « traduction » des problèmes différents. Dans le même temps, l'époque contemporaine redécouvre l'existence d'une *véritable* langue des scientifiques et des technocrates, l'anglo-américain simplifié, si bien que les exigences de traduction au sens strict du terme interfèrent de façon complexe avec le traitement des terminologies[1].

La première difficulté décrite jusqu'ici pourrait se résumer ainsi : la vulgarisation comporte bien une composante linguistique liée à la pluralité des moyens d'expression — et donc de pensée — dans une société nationale ; mais cette activité se déroule dans des contextes très variés, opérant sur des systèmes linguistiques ou quasi linguistiques de statut différent ; en outre, elle présente toujours des caractères distincts de ceux qui définissent la traduction interlinguale au sens strict[2].

Nous pouvons à présent comprendre la seconde difficulté, qui tient à la forme et au sens mêmes de l'opération de (quasi)-traduc-

1. Le cas le plus évident est celui où le lecteur français de vulgarisation apprend le sens courant en anglais d'un terme qui lui est présenté comme scientifique (par exemple : « digital », qui est de la famille du mot anglais *digit* qui signifiait « nombre » bien avant l'invention de l'informatique). Moins évident est le cas du scientifique qui utilise un terme sans savoir que pour son collègue américain il évoque une réalité concrète très ordinaire et beaucoup plus large. Pour beaucoup d'informaticiens français qui lisent des articles scientifiques, *to implement* est un terme exclusivement réservé à leur domaine et chargé d'une grande technicité ; pour leurs collègues américains, il évoque le fait de réaliser concrètement un dispositif, qu'il soit mécanique ou électronique. Le rapport de ces deux sujets à leur travail scientifique n'est pas le même, parce que le rapport à la langue qui le décrit n'est pas le même.
2. Les études les plus récentes sur la traduction proprement dite en ont montré la complexité, mettant en particulier en évidence le fait que traduire un texte est moins une simple activité de transcodage qu'une sorte de négociation constante entre deux systèmes linguistiques structurés différemment et ne pouvant pas à proprement parler dire la même chose. Ce phénomène est d'ailleurs exemplairement illustré par le recueil *Le langage et son double* de Julien Green. Sans doute une partie de cette problématique est-elle voisine de celle qui est exposée dans le présent livre ; toutefois, la traduction proprement dite aboutit toujours au résultat d'effacer le texte à partir duquel elle a été élaborée et pour le lecteur elle en est une sorte de représentant.

tion. S'il s'agissait en effet d'une traduction, nous disposerions de deux énoncés distincts, l'un formulé au sein de la communauté scientifique, l'autre présent dans l'espace public, et le travail du journaliste scientifique consisterait à rendre le second énoncé aussi proche que possible du premier sur le plan sémantique, les limites résidant dans les moyens offerts par l'une et l'autre langue.

De fait, utilisant le modèle de la traduction, Marie-Françoise Mortureux s'emploie à en décrire précisément le fonctionnement d'un point de vue linguistique[1]. Toutefois, prendre ainsi au sérieux le modèle de la traduction, sans se contenter d'en user comme d'une métaphore commode, conduit paradoxalement à en faire apparaître les limites. C'est ce que confirme l'examen des principales difficultés rencontrées.

Pour mesurer des écarts linguistiques, l'enquête doit se donner une matière première discursive. Marie-Françoise Mortureux est conduite à chercher des énoncés-sources, ayant prétention à être de vrais énoncés scientifiques, pour ensuite étudier la distribution des termes qu'ils contiennent, leur paraphrase et leur environnement textuel. Elle ne trouve pas ces énoncés dans le texte lui-même mais dans le paratexte : elle retient pour thème de chaque soirée[2] son sous-titre. Elle attribue ainsi à certains textes marginaux des *Entretiens* la qualité d'énoncés scientifiques. Par exemple, en vertu de cette méthode, l'énoncé-source scientifique de la première soirée serait le suivant : « Que la Terre est une planète qui tourne sur elle-même, et autour du Soleil », et la première soirée serait consacrée à diverses paraphrases de cette proposition. C'est acceptable, à ceci près que le terme « tourner » n'est déjà plus un terme scientifique (on parle alors, plus exactement, de « faire sa révolution »). Mais que dire du titre du cinquième soir, par exemple ? Affirmer que « les étoiles fixes sont autant de soleils, dont chacun éclaire un monde », c'est déjà jouer sur des approximations qui n'ont rien à voir avec un discours scientifique

1. Marie-Françoise Mortureux, *op. cit.*
2. Je rappelle que les *Entretiens sur la pluralité des mondes* sont divisés en six soirs, chaque soir se présentant comme la transcription d'une conversation consacrée à un thème particulier.

pur. Le prétendu énoncé de base contient déjà deux équivalents métaphoriques tirés de l'expérience ordinaire, clairement trivialisés par leur emploi avec l'article pluriel (« soleils », « mondes »). On pourrait chercher à franchir cette difficulté en allant quérir ailleurs des énoncés-sources plus fiables, par exemple dans tel ou tel traité de Descartes, de Galilée ou de Copernic[1]. Je propose plutôt de regarder cette difficulté comme non contingente. Elle tient au fait que le projet que poursuit le vulgarisateur n'est pas de *reproduire* des énoncés préexistants de la science, mais plutôt de *construire* un discours sur le monde, discours informé par l'activité des savants mais d'une nature profondément différente. Ce discours s'emploie à élaborer une représentation du monde ; quand le vulgarisateur utilise des termes scientifiques ou quand il décrit en langage courant des phénomènes que les scientifiques peuvent nommer avec leurs concepts, c'est toujours dans un cadre et avec des finalités particuliers, distincts de ceux des chercheurs ou des pédagogues. La paraphrase d'énoncés savants, si elle existe vraiment, est un cas particulier et très limité du discours de vulgarisation, dont la dynamique est profondément distincte de celle d'une traduction. Si l'on admet cette hypothèse, on pourra difficilement adresser au discours vulgarisateur le reproche d'être une « belle infidèle », faute d'avoir une définition de la fidélité et de disposer d'une version originale du texte scientifique.

Nous pouvons à présent comprendre les difficultés auxquelles aboutit l'enquête de Marie-Françoise Mortureux. Il n'y a pas, à proprement parler, de transformations d'énoncés. Le texte comporte bien des séries de synonymes appartenant à des niveaux linguistiques différents : on peut supposer, et, dans une certaine mesure, établir que les termes : « mondes », « soleils », « étoiles » — ou, dans une autre série, « faire sa révolution », « tourner », « décrire des cercles », « accompagner » sont des équivalents. Cependant il n'y a pas passage d'un lexique à un autre, mais plutôt coexistence, juxtaposition, tour-

1. Marie-Françoise Mortureux compare ensuite certains traits des *Entretiens* avec des textes de Descartes et des « professeurs de science cartésienne ». Mais il s'agit alors des caractères généraux des discours et non de la traduction repérable de tel ou tel énoncé.

niquet entre les termes scientifiques et les termes courants. Marie-Françoise Mortureux interprète ce phénomène comme l'indice que ce qui se joue est autre chose que l'appropriation d'un vocabulaire technique par un public profane : « Le discours, écrit-elle[1], n'a [...] pas pour fonction sur ce point de substituer quelques termes scientifiques monosémiques à une quantité de lexèmes autrement polysémiques et susceptibles de figurer dans des discours bien différents. »

La question de l'hétérogénéité linguistique est bien centrale en vulgarisation ; mais le modèle de la traduction ne rend pas compte de son traitement discursif réel. Le discours de vulgarisation utilise des signifiants empruntés aux terminologies scientifiques ; mais il a un mode de construction spécifique, lié aux conditions de son élaboration et de sa diffusion, à sa tradition rhétorique, aux effets de sens qu'il poursuit. Le vulgarisateur ne rencontre pas la réalité comme le chercheur : la parole du premier ne s'élabore pas comme le simple écho du discours du second[2].

La sociologie des sciences nous fournit des pistes d'interprétation de ces ambiguïtés. En effet, l'observation attentive du champ scientifique lui-même et de l'activité des chercheurs dissipe bien vite le mythe d'un discours de la science qui serait précisément identifié et disponible pour être traduit. Même si certains chercheurs opposent un « forum constituant », dans lequel la communication entre les pairs est réglée par des principes et des procédures explicites, et un « forum officieux »[3] où les stratégies argumentatives sont beaucoup plus ouvertes, ils mettent aussi en évidence la complexité des activités

1. Marie-Françoise Mortureux, *op. cit.*, p. 267-268.
2. D'un point de vue technique, la métaphore de la traduction conduit à aborder les textes de vulgarisation à partir des microstructures discursives : tenant pour acquis que le message a été élaboré ailleurs, on ne porte attention qu'aux procédures de sa reformulation. A l'inverse, les éléments de poétique présentés plus loin visent à identifier principalement les grandes structures des textes ou à mettre les microstructures en rapport avec un projet global d'écriture. En somme, il ne suffit pas de regarder les productions de vulgarisation comme des échantillons de *discours,* il faut leur reconnaître le statut de *textes,* au sens plein.
3. Cette opposition est résumée et discutée par exemple par Harry M. Collins et Trevor J. Pinch, The construction of the paranormal, nothing unscientific is happening, traduit sous le titre En parapsychologie, rien ne se passe qui ne soit scientifique, *in* M. Callon et B. Latour (éd.), *La science telle qu'elle se fait,* La Découverte, 1990, p. 297 sq.

de communication qui se déploient au sein du forum constituant. Ils nous décrivent, non une communauté scientifique qui énoncerait des propositions, mais un ensemble d'institutions, de formes de communication, de pratiques expérimentales assorties de leurs commentaires et traversées par des stratégies de reconnaissance[1].

C'est ce qui conduit par exemple Daniel Jacobi à contester la conception d'un vulgarisateur qui occuperait la fonction d'agent de médiation entre le public et la communauté scientifique. Cette conception, celle du « troisième homme », se rattache au premier modèle de la diffusion de l'information : il s'agit d'une rationalisation illusoire qui présente les médias comme une instance de relais socialement neutre. Daniel Jacobi formule une thèse diamétralement opposée : pour lui, la vulgarisation appartient pleinement au champ scientifique.

> Nous proposons, écrit-il[2], de substituer à l'image véhiculée par la rhétorique de la vulgarisation une autre représentation de la réalité. Il n'y a pas d'un côté un discours scientifique source, discours incompréhensible par le public moyen et de l'autre un discours second, reformulation et paraphrase du premier, destiné au plus grand nombre, mais un continuum dans lequel les scripteurs, leurs textes et leurs diverses intentions se mêlent intimement.

Cette thèse actuellement dominante, que nous nommerons « thèse du continuum », engendre l'idée féconde d'un discours de vulgarisation lié au champ scientifique. Dans ce cadre, chaque ensemble discursif, en recherche, en pédagogie ou dans la presse, a ses conditions de communication propres. Le discours de vulgarisation apparaît dès lors en relation étroite à d'autres textes, mais rien n'autorise à y voir l'écho plus ou moins dégradé d'un autre discours. L'idée de continuum implique d'autre part que la vulgarisation contribue à la controverse scientifique, ce qui interdit d'analyser un article comme un simple discours didactique, abstraction faite de ce projet et de ces enjeux.

1. On trouvera par exemple une analyse de la prolifération des colloques dans C. Tapia, Tables rondes et colloques, *in* L. Sfez (éd.), *Dictionnaire critique de la communication,* vol. 2, p. 1462 sq., Presses Universitaires de France, 1993.
2. Daniel Jacobi, *Diffusion et vulgarisation : itinéraires du texte scientifique,* Annales littéraires de l'Université de Besançon, Editions Les Belles Lettres, 1986, p. 21-22.

Toutefois, la thèse du continuum ne règle pas définitivement la question posée par le modèle de la traduction. En radicalisant cette thèse, on manquerait même une dimension importante du sens culturel de la vulgarisation. En effet, s'il convient de relier la vulgarisation aux autres discours sur la science, il n'est pas moins important de tenir compte du statut particulier de ce discours, aux limites du champ scientifique. Même s'il *n'est pas* la simple médiation qu'il prétend être, le discours de vulgarisation *se présente* comme une médiation. Tout se passe comme si le discours de la science existait. La vulgarisation produit en somme la fiction d'un discours absent dont elle dessine la figure par approximation, qu'elle désigne et entoure sans jamais l'énoncer[1]. Mais la question linguistique est à présent posée : elle a pu l'être en admettant l'idée d'un rôle social spécifique du discours de vulgarisation. Evaluer ce rôle est l'affaire des traditions qu'il nous reste à visiter.

UNE ÉDUCATION SOCIALE ?

> *Lorsque les hommes sauront ce que c'est que la Terre, et connaîtront la modeste situation de leur planète dans l'infini ; lorsqu'ils apprécieront mieux la grandeur et la beauté de la nature ; ils ne seront plus aussi fous, aussi matériels d'une part, aussi crédules d'autre part ; mais ils vivront en paix, dans l'étude féconde du Vrai, dans la contemplation du Beau, dans la pratique du Bien, dans le développement progressif de la raison, dans le noble exercice des facultés supérieures de l'intelligence.*
>
> Camille Flammarion[2].

Le mouvement encyclopédiste du XVIIIe siècle nous fournira quelques points de repère pour définir les fondements d'un troi-

1. Nous rencontrons ici une exigence qui se présentera tout au long de nos analyses : celle de regarder le discours de vulgarisation tel que nous pouvons l'observer sans négliger les modèles normatifs, si illusoires soient-ils, dont il se réclame. En effet, l'organisation d'un texte se fait au double plan du modèle auquel il se conforme et des opérations qu'il met en œuvre.
2. *L'astronomie populaire,* Marpon et Flammarion, 1890, t. I, p. 16.

sième point de vue, longtemps dominant voire exclusif, sur la vulgarisation. L'article « Encyclopédie », attribué à Diderot, en définit parfaitement le projet. Il y est question de transmettre le système général des connaissances à la postérité,

> afin que les travaux des siècles passés n'aient pas été des travaux inutiles pour les siècles qui succéderont ; que nos neveux[1], devenant plus instruits, deviennent en même temps plus heureux et plus vertueux.

Ce texte exprime bien, de façon on ne peut plus abrupte, la croyance qui va fonder beaucoup de croisades vulgarisatrices. Repliant successivement la vertu sur la connaissance, puis le bonheur sur la morale, il formule une logique de souverain bien moderne.

Ce programme brutal se fonde sur deux présupposés majeurs :

1 / *si je sais, je suis vertueux,* ce qui signifie tout simplement qu'il n'y a pas de question morale, il n'y a que des illusions subjectives que le savoir objectif dissipe ;

2 / *si je suis vertueux, je suis heureux,* ce qui mobilise une plus complexe théorie du social : les désirs ne s'affrontent pas, ils sont en harmonie virtuelle, le désir n'est pas une force sociale destructrice[2].

Voici sans doute la plus simple des façons d'articuler le cognitif et le social. Il y a ici une mathématique des facultés, qui veut que leur développement soit lié par raison directe.

Nous trouvons chez le mathématicien Condorcet une version plus explicite et plus subtile de ces rapports. Cette théorie de la divulgation comporte plusieurs aspects : une définition de la dynamique culturelle, une conception des rapports entre science et politique, entendus comme une dialectique de la découverte et de la communication et, enfin, une philosophie de l'histoire juxtaposant deux logiques, l'une, inéluctable, de la lumière naturelle, l'autre, accidentelle, de la perversion.

1. « Neveux, au plurier, se dit de tous les hommes qui viendront aprés nous, de la postérité » (Furetière).
2. André Comte-Sponville fait un sort à cette illusion dans la première partie de son *Traité du désespoir et de la béatitude* (*Le mythe d'Icare,* Presses Universitaires de France, 1984).

Avant tout, on retrouvera, sans cesse affirmée, l'idée d'un progrès parallèle de la connaissance et de la morale. Voici la formulation la plus directe, choisie parmi une multitude de variantes, dans les discours et écrits du philosophe : « Les progrès de la vertu ont toujours accompagné ceux des lumières. »[1] Cette loi fondamentale repose à la fois sur un constat pessimiste et sur un principe optimiste. Le peuple est plongé dans une ignorance dangereuse : le peuple, c'est-à-dire « ces classes nombreuses qui n'existent que par les préjugés, ne vivent que d'erreurs, ne sont puissantes que par la crédulité »[2]. C'est de nature à écarter toute valeur propre — on pourrait dire : toute existence positive — d'une culture de source populaire. Le peuple est passif chez Condorcet ; il sera capable de grandes choses s'il a reçu des hommes éclairés l'enseignement qui peut le guider. Mais la nature est bonne et si l'on fait sauter l'obstacle que constitue cet abrutissement, les hommes ne peuvent que reconnaître leur devoir et leur destin. En d'autres termes, le pessimisme sur le peuple s'accompagne d'une conception optimiste de la communication. En effet,

> toutes les erreurs en politique, en morale, ont pour base des erreurs philosophiques, qui elles-mêmes sont liées à des erreurs physiques. Il n'existe, ni un système religieux, ni une extravagance naturelle, qui ne soient fondés sur l'ignorance des lois de la nature[3].

On aura reconnu une variante naturaliste du très platonicien « nul n'est méchant volontairement ». La catégorie intermédiaire du préjugé, notion à la fois cognitive, morale et politique — le préjugé est une idée à la fois fausse et chargée de subjectivité et d'intérêt — permet ce glissement insoupçonné de la sphère de la connaissance aux sphères de la morale et de la politique. En combattant le préjugé, la diffusion des lumières fait en quelque sorte coup double : elle éclaire l'esprit et brise les ressorts pratiques du despotisme.

A l'issue du développement des connaissances et de leur diffusion, l'épiphanie conjointe du savoir, de la vertu et de la justice est

1. *Esquisse d'un tableau historique des progrès de l'esprit humain, Œuvres complètes,* publiées par Mme de Condorcet, Barbier, Cabanis, Garat, Brunswick et Paris, 1804, t. XVIII, p. 96.
2. *Ibid.,* p. 252.
3. *Ibid.,* p. 300-301.

promise, en fonction de la garantie d'une loi naturelle : l'*Esquisse* se propose de montrer

> par quels liens la nature a indissolublement uni les progrès des lumières et ceux de la liberté, de la vertu, du respect pour les droits naturels de l'homme, comment ces biens réels, si souvent séparés qu'on les a crus même incompatibles, doivent au contraire devenir inséparables, dès l'instant où les lumières auront atteint un certain terme dans un grand nombre de nations à la fois et qu'elles auront pénétré la masse entière d'un grand peuple, dont la langue serait universellement répandue, dont les relations commerciales embrasseraient toute l'étendue du globe[1].

Ce texte que j'ai choisi de citer un peu longuement fournit tous les ingrédients d'un système explicatif[2].

Premier principe : *il y a un lien indissoluble entre la connaissance et l'action juste.* Ceci tient essentiellement à trois raisons. Les domaines de l'analyse et de l'action sont homogènes ; l'habitude de bien penser acquise en étudiant les sciences est transposable aux autres domaines de l'expérience ; les peuples qui ne sont pas tenus dans la dépendance et dans l'ignorance ne retournent pas leur force aveuglément contre les intérêts de la science.

Deuxième principe : *l'histoire est un espace lisse où se déploie le pouvoir de connaissance de l'homme.* Ce n'est pas, comme on le verra, que les conflits, les atrocités ou les conditions économiques et politiques n'aient pas de rôle. Mais ce rôle est secondaire ou, mieux, apparent. Aucune de ces réalités ne fournit à l'histoire son moteur. Elles peuvent tout au plus influer marginalement sur un processus dont l'essentiel réside dans le pari et l'entreprise de connaître. Comme le remarque Jean Varloot : « Condorcet [...] n'envisage qu'un progrès de l'esprit par l'esprit, c'est-à-dire par la science, et n'aperçoit comme obstacles que la superstition et le despotisme. »[3] Cette surestimation de l'autonomie des activités cognitives marquera durablement la presse et l'édition de vulgarisation, comme d'ailleurs l'épistémologie, jusqu'à un passé récent.

1. *Ibid.*, p. 14-15.
2. La question de la langue universelle sera analysée plus loin (II, p. 107 sq.).
3. Jean Varloot, Des lumières à la Révolution, Condorcet et l'idée de progrès, *Histoire littéraire de la France,* Editions sociales, t. 6, 1976, p. 376.

Troisième principe, issu des précédents : *le destin des sociétés dépend de la capacité qu'ont les savants d'y occuper une place réellement centrale, mais aussi d'adopter une attitude centrifuge.* C'est la subtile dialectique de l'excellence et de son partage, ou de la connaissance et de la communication. Le développement de connaissances nouvelles et la diffusion des connaissances acquises sont dans un rapport de dépendance mutuelle. Le savant doit pour remplir efficacement sa mission s'assurer le concours de deux forces symétriques, situées aux deux pôles de l'organisation sociale : à un pôle, le peuple, dont l'ignorance peut faire obstacle aux progrès des lumières, à l'autre pôle les puissants, qui ont la capacité, s'ils sont éclairés, de donner au savant les moyens d'agir. C'est pourquoi les sociétés où les savants se murent dans leur petite communauté sont condamnées à terme à péricliter. Triangle des catégories sociales : le savant, le peuple, le puissant. Double vecteur du progrès : la lutte du savant contre l'obscurité de la nature et contre ses propres préjugés, l'action des communicateurs qui peuvent tirer le peuple de sa superstition et se concilier les bonnes grâces du pouvoir. D'où l'hommage appuyé que délivre Condorcet au mouvement encyclopédiste, aux hommes qui

> mirent leur gloire à détruire les erreurs populaires, plutôt qu'à reculer les limites des connaissances humaines ; manière indirecte de servir à leurs progrès, qui n'était ni la moins périlleuse, ni la moins utile[1].

Le prospectus du *Journal d'instruction sociale,* entreprise portée par Condorcet en 1793, résume de la façon la plus limpide possible le principe général de ce système.

> Les ouvrages philosophiques, lit-on dans le prospectus, ont pour but, les uns le progrès, les autres la propagation des lumières. Les premiers ne sont écrits que pour les hommes déjà instruits de tout ce qui est connu, parce qu'en général eux seuls peuvent acquérir ces connaissances nouvelles et en profiter. Les autres doivent être mis à la portée du plus grand nombre des lecteurs, mais le travail nécessaire pour atteindre à ce degré de clarté a des difficultés réelles, et le peu de gloire qu'il en résulte ne dédommage pas de ce qu'il en a coûté pour les vaincre[2].

1. *Esquisse d'un tableau historique des progrès de l'esprit humain, Œuvres complètes,* XVIII, p. 249.
2. Prospectus du *Journal d'instruction sociale, Œuvres de Condorcet,* publiées par A. Condorcet-O'Connor et F. Arago, Didot, 1847-1849, vol. 8, p. 610-611.

Véhément, ce projet vulgarisateur n'est pas dénué de complexité, ni même d'ambiguïté. Il faut distinguer dans cette perspective les vertus de la connaissance et l'usage qu'en font pratiquement les hommes. Il y a indiscutablement un optimisme quant au savoir, qui se traduit par deux convictions : celle du bénéfice de comprendre :

> Toute découverte dans les sciences est un bienfait pour l'humanité ; aucun système de vérités n'est stérile[1],

celle de l'intérêt d'apprendre :

> L'avantage général du genre humain, d'une nation, d'un corps d'hommes est de connaître la vérité sur les objets généraux de la société, quelle que soit cette vérité[2].

Mais dans les faits le savoir n'entraîne la vertu que s'il est partagé. Il peut aussi bien œuvrer à l'asservissement, au maintien des préjugés et au clivage de la société. Condorcet sait bien que le savoir peut asseoir le pouvoir quasi religieux de la caste des savants qui, dans certains cas, ont pu « employer [les connaissances] qu'ils avaient à tromper le peuple, à dominer les esprits » : Dans ce cas, il y a une mise en scène mystifiante du savoir.

> Ils ne lui montraient rien [au peuple] sans y mêler je ne sais quoi de surnaturel, de sacré, de céleste, qui tendît à les faire regarder comme supérieurs à l'humanité, comme revêtus d'un caractère divin, comme ayant reçu du ciel même des connaissances interdites au reste des hommes[3].

La science peut donc être aussi bien une force éclairante qu'une puissance trompeuse. C'est la communication ou le secret qui détermine en quelque sorte sa *polarité* sociale. Polarité qui justifie un combat :

> L'égalité de stupidité n'en est pas une, parce qu'il n'en existe point entre les fourbes et leurs dupes ; et que toute société qui n'est pas éclairée par les philosophes est trompée par des charlatans[4].

1. *Discours de réception à l'Académie française, Œuvres complètes,* 1804, t. X, p. 102.
2. Dissertation philosophique ou réflexions sur cette question : s'il est utile aux hommes d'être trompés, *Œuvres complètes,* 1804, t. X, p. 206.
3. *Esquisse d'un tableau historique des progrès de l'esprit humain, Œuvres complètes,* 1804, t. XVIII, p. 63. Il s'agit en l'occurrence du stade des peuples agriculteurs jusqu'à l'invention de l'écriture alphabétique.
4. Prospectus du *Journal d'instruction sociale, Œuvres de Condorcet,* 1847-1849, vol. 8, p. 612.

Nous sommes ici confrontés à une difficulté, voire à une contradiction de la pensée de Condorcet[1]. Par nature, l'histoire humaine exclut tout effet négatif du savoir, et, corrélativement, toute oppression par les savants. C'est la logique profonde de la pensée de Condorcet. Mais l'histoire offre manifestement le spectacle d'une perversion de ce principe : elle permet l'émergence des castes, des préjugés et du despotisme. L'ordre de la *nature* humaine et celui de sa *perversion* sont totalement étrangers l'un à l'autre ; on passe de l'un à l'autre par la conversion, celle que permet précisément, en l'occurrence, la diffusion du savoir. Le plan de la nature prime en définitive, et donne à la perversion le statut d'épisode erratique, mais provisoire. Le savant qui cherche et le publiciste qui divulgue les résultats ne font rien d'autre que de hâter un résultat de toute façon inéluctable.

Même si la pensée de Condorcet concerne la question de l'éducation en général, il s'agit bien ici d'une réflexion qui inclut le rôle spécifique de la vulgarisation. Les nombreux émules de Condorcet au siècle suivant ne s'y tromperont pas : la connaissance évoquée est une connaissance dégradée et limitée[2]. Il s'agit moins en effet d'un usage complexe du jugement que d'une instruction quasi automatique :

> Le projet de rendre tous les hommes vertueux est chimérique, écrit Condorcet : mais pourquoi ne verrait-on pas un jour les lumières, jointes au génie, créer, pour des générations plus heureuses, une méthode d'éducation, un système de lois, qui rendraient presque inutile le courage de la vertu[3] ?

En outre, cet apprentissage ne s'organise pas autour d'un désir de connaître, mais s'inscrit dans un cadre strictement pragmatique

1. Condorcet partage cette difficulté avec d'autres auteurs du siècle, y compris ceux qui, comme Jean-Jacques Rousseau, pensent très différemment sur l'utilité des sciences empiriques. Il y a en effet deux plans distincts de l'explication, chez l'un et l'autre auteur : celui du principe et celui de sa perversion.
2. La différenciation des fonctions de l'instruction publique, de la vulgarisation et de la formation permanente est un processus historique postérieur à la pensée de Condorcet, même si ce dernier milite tout particulièrement pour une institutionnalisation de l'éducation (cf. III, p. 200 sq.).
3. *Discours de réception à l'Académie française, Œuvres complètes,* 1804, t. X, p. 108.

qui en borne l'ampleur : il s'agit essentiellement de maîtriser le quotidien, d'exercer sa citoyenneté et de se soustraire à la dépendance des charlatans et à l'emprise des préjugés. Enfin, le facteur temps pèse lourdement sur cet apprentissage : outre le petit nombre des premières années, le peuple pourra consacrer au savoir quelques heures de loisir. C'est pourquoi

> en parlant raison au peuple, en ne lui apprenant que des choses vraies, dans le petit nombre d'instants qu'il peut donner à la culture de son esprit, on pourrait l'instruire du peu qu'il lui est nécessaire de savoir[1].

La pensée de Condorcet est centrale pour notre sujet. L'esprit encyclopédiste, pleinement accompli dans ces textes, correspond en effet à une conscience aiguë de l'impact social du savoir et de sa vertu libératrice. Elle a également le mérite de ne pas être manichéenne : elle admet que, sans viser à une connaissance parfaite, on peut détenir suffisamment d'autonomie de pensée pour échapper à la dépendance. Catherine Kintzler a précisément reconstruit la cohérence de ces convictions[2], qui consistent pour l'essentiel à tirer les conséquences de la philosophie cartésienne. Elle met en évidence la solidarité entre une véritable démocratie et un partage du savoir et observe à juste titre qu'en l'absence de tout lien avec la connaissance le jugement pratique ne peut se définir que comme une pure forme.

Mais la radicalité de ce rationalisme, le caractère quasi automatique de l'équivalence qu'il établit entre la connaissance, notamment celle des sciences expérimentales et formelles, et des catégories éthiques ou politiques, explique quelques-uns des déboires qu'une telle conception de la vulgarisation a pu connaître. Peut-être même une réflexion sur ce point peut-elle nous indiquer pourquoi, paradoxalement, le prosélytisme du savoir a pu nourrir la défiance contre la science.

1. Dissertation philosophique ou réflexions sur cette question : s'il est utile aux hommes d'être trompés, *Œuvres complètes,* 1804, t. X, p. 220. Condorcet expose, dans son *Troisième mémoire sur l'instruction publique,* les principes d'une instruction continuée.
2. Catherine Kintzler, *Condorcet. L'instruction publique et la naissance du citoyen,* Folio, « Essais », 1984.

Jürgen Habermas[1] exhibe dans la théorie de Condorcet quatre présupposés que les auteurs ultérieurs ont pu critiquer : interpréter le progrès comme un processus cumulatif et quasiment mécanique ; croire à la possibilité de dissiper comme des illusions les formes de pensée non constituées en sciences, notamment les idées métaphysiques, politiques et religieuses ; poser comme allant de soi que les sciences déterminent également le perfectionnement moral de l'homme ; enfin, croire à l'efficace sociale, pratique et empirique du savoir. Autant d'hypothèses dont il montre aisément qu'ils conduisent à des apories, ou du moins à de grosses réductions des phénomènes. On peut ajouter : autant de principes dont le concept essentiel — la faiblesse essentielle — est une idéalisation de la communication scientifique.

Sans entrer dans le détail de cette controverse, on pourra en retenir quelques repères pour la lecture des textes de vulgarisation. En droit, la logique cognitive et ses prolongements instrumentaux n'ont pas vocation à constituer le tout de l'histoire ni autorité à détruire les autres formes culturelles. En fait, les idées ne gouvernent pas le monde et croire à un lien automatique entre évolutions du savoir et progrès social témoigne d'un grand aveuglement quant aux médiations par lesquelles passe toute action politique. En principe, le conflit, la diversité des avis, les rapports de force ne sont pas simplement un stade préhistorique de la société mais une réalité humaine précieuse ; notamment, la diversité des cultures nationales et sociales n'est pas une aberration destinée à être dépassée par l'universalité lisse d'une rationalité totale. Plus globalement, il n'y a pas d'identité ni même de continuum entre les savoirs expérimentaux et formels d'une part et ce qu'on peut nommer la rationalité en général, si bien que la tentative de ramener la seconde aux premières est une façon de « faire main basse sur la raison », pour reprendre les termes de Michel

1. *Théorie de l'agir communicationnel,* Editions Fayard, 1987, t. 1, p. 161 à 171 : exposé synthétique de la « philosophie de l'histoire » de Condorcet, repérage et critique de ses présupposés, étude de sa postérité.

Serres[1]. Aussi certains pourront-ils aujourd'hui reprocher à Condorcet d'être à l'origine d'une sorte de coup de force :

> Voici, écrit Michel Serres[2], le précurseur du pouvoir moderne, qui passe par le langage et les discours : nul ne pourra s'opposer au savoir, toujours vrai, ni à l'information circulante et séductrice, présente partout, ni aux gestionnaires, organisant l'ordre social, sous peine d'erreur, de silence ou d'illégalité.

Mais il ne suffit pas de réfuter ce modèle, dont les limites sont aujourd'hui souvent soulignées, même s'il gouverne encore secrètement certains projets de divulgation des sciences. Il faut comprendre ce qu'il nous indique du discours vulgarisateur. La science communiquée n'est pas quelque chose qui se situerait à côté de l'opinion et qui aurait le pouvoir de la dissiper. C'est un discours qui, dès qu'il se déploie, s'inscrit, comme tout discours, dans des croyances, adopte une orientation argumentative, milite pour des idées. Dès qu'un savoir s'engage dans un processus de communication tel celui que rêve et décrit Condorcet, il devient plus et autre chose qu'un savoir. Il entre dans le continent rhétorique. Il est porteur, de façon ouverte ou latente, de stratégies, d'idéologies ; il contribue à instituer certains types de rapports sociaux. Les auteurs qui proposent une réflexion critique sur l'*Encyclopédie,* qu'il s'agisse de défenseurs de la culture classique comme Palissot ou de penseurs de la petite bourgeoisie comme Rousseau, dénoncent clairement les aspects intéressés de l'entreprise et militent pour distinguer l'utile du bon ou l'expérimental du vécu. Mais il s'agit d'un combat illusoire. Le texte de vulgarisation ne trouve pas sa pleine rationalité dans la transmission d'un savoir. Il répond à des questions, défend des positions. Rien ne peut dissiper complètement l'espace du rhétorique. Le projet encyclopédiste, regardé dans sa réalisation et non plus seulement dans ses intentions, l'atteste lui-même. Prétendant reconstituer la chaîne des sciences, il propose une lecture particulière de l'histoire de la connaissance, dans laquelle cette dernière apparaît comme l'émergence gra-

1. Michel Serres, Paris 1800, in *Eléments d'histoire des sciences,* sous la direction de Michel Serres, Bordas, 1989, p. 342.
2. *Ibid.,* p. 339.

duelle du contrôle, de l'objectivité et du sens. Entendant fonder une politique et une philosophie naturelles, il argumente de métaphores physiques appliquées au droit pour légitimer des positions et des formes de législation particulières. D'ailleurs, c'est toute une forme moderne d'intériorisation du contrôle social que comporte le culte de la rationalité encyclopédiste.

C'est sans doute de la contradiction entre le projet encyclopédiste et ses œuvres que s'autorise la contestation radicale de l'entreprise vulgarisatrice.

UN ERSATZ DE SAVOIR ?

Mieux vaudrait une ignorance complète qu'une connaissance privée de son principe fondamental.

Gaston Bachelard[1].

La condamnation de la vulgarisation est contemporaine du combat pour les lumières. Les partisans des philosophes donnent un nom à cette position critique : l' « obscurantisme » et à ses adeptes : les « obscurants ». Le militant de l'obscurantisme n'est pas ennemi du savoir, comme on le croit parfois ; il s'oppose à la diffusion sociale du savoir. Le débat sur ce point est assez intense au fil du XIXe siècle pour que le dictionnaire de Bescherelle prenne vivement parti : l'obscurant est un

> écrivain ennemi de la lumière et de la philosophie, qui voudrait éteindre le flambeau des sciences, proscrire l'exercice de la raison parmi les hommes et plonger le genre humain dans l'état de stupidité des siècles d'ignorance et de superstition.

Et, comme il arrive aux dictionnaires de porter quelques jugements péremptoires dans les grandes occasions, nous lisons à l'article « Obscurantisme », à la place d'une définition que nous cher-

1. *La formation de l'esprit scientifique,* Vrin, 1975, p. 40.

cherons en vain : « L'obscurantisme s'explique par ce passage de l'écriture : "celui qui agit mal hait la lumière". » Voilà qui n'est pas y aller par quatre chemins. Il fallait sans doute posséder un esprit réactionnaire pour être obscurantiste au XIXe siècle, mais il fallait également une bonne dose de courage.

Ce type de diatribe est au siècle dernier l'un des plus beaux motifs de la rhétorique scientiste. Victor Meunier nous donne un spécimen de ce que peut donner ce *topos,* interpellant dans le premier numéro de *L'Ami des sciences* les obscurantistes en termes très imagés :

> Les hiboux, les chouettes, les effraies, les chats-huants, les chevêches, les scops, les ducs, les grands ducs et autres rapaces modernes[1].

Dans le contexte historique où ils ont été rédigés, le dictionnaire et la revue frappent juste, pour l'essentiel. Le camp obscurantiste partage globalement une idéologie pleine de nostalgie, qu'il fallait combattre pour créer un esprit républicain. Mais comme toute idéologie, celle-ci a des arguments, non dénués de pertinence, dont certains ont pu réapparaître récemment, dans un esprit très différent de celui des obscurantistes d'autrefois. Si nous essayons aujourd'hui de comprendre comment un tel courant a pu se constituer, nous retrouvons deux grandes questions : Les sociétés sont-elles capables de bien user du savoir qui leur est confié ? La science transportée hors du champ scientifique est-elle encore la science ? Ces problèmes ne sont pas illusoires ; chacun mérite au contraire d'être discuté sans précipitation ni prévention.

Le premier axe de réflexion peut simplement renvoyer à une position sociopolitique platement réactionnaire. L'idée est simple : les classes populaires (mal nées, non instruites, avilies par la misère, etc.) sont dotées d'un jugement malsain et utilisent à mauvais escient toutes les ressources dont elles disposent. Sans doute s'agit-il ici du noyau dur de l'obscurantisme. Pour certains penseurs, dont René Guénon serait un assez bon exemple, l'élitisme lié

1. *L'Ami des sciences,* n° 1, 7 janvier 1855.

à une conception initiatique du savoir va de pair avec le plat mépris de l'homme ordinaire. Guénon s'emploie à combattre la facilité d'une pensée moderne recourant selon lui sans cesse au faux-semblant de la connaissance. La vulgarisation constitue à ce titre une cible privilégiée pour ses attaques. Il fustige

> une certaine sorte d'ignorance [...] celle qui n'est aucunement consciente d'elle-même, qui se permet d'affirmer d'autant plus audacieusement qu'elle sait et comprend moins, et qui est par là même, chez celui qui en est affligé, un mal irrémédiable[1].

Pour cet auteur profondément élitiste, il ne s'agit pas d'un phénomène accidentel, mais d'un effet nécessaire de l'ignorance et de la stupidité qui sont, pour lui, la chose du monde la mieux partagée.

> En parlant de concessions faites à l'incompréhension, écrit-il par exemple, nous pensons notamment à la vulgarisation sous toutes ses formes ; vouloir « mettre à la portée de tout le monde » des vérités quelconques, ou ce que l'on considère tout au moins comme des vérités, quand ce « tout le monde » comprend nécessairement une grande majorité de sots et d'ignorants, peut-il en effet être autre chose que cela en vérité[2] ?

Un tel point de vue, proprement obscurantiste, trouve d'ailleurs sa cohérence en se radicalisant. De telles options conduisent très logiquement à contester l'intérêt de l'instruction publique,

> diffusion inconsidérée d'une « instruction » qu'on prétend distribuer également à tous, sous des formes et avec des méthodes identiques, ce qui ne peut aboutir qu'à une sorte de nivellement par le bas[3].

Plus généralement, le thème récurrent chez Guénon de la vulgarisation ne se développe jamais sans s'épanouir en une contestation de l'attitude scientifique elle-même.

Nous ne nous attarderons pas ici sur cette tradition de pensée. Une version plus intéressante de la question serait assez bien illustrée par le *Discours sur les sciences et les arts* de Jean-Jacques Rousseau, contemporain de l'entreprise précédemment évoquée de l'*En-*

1. René Guénon, *Initiation et réalisation spirituelle,* chap. 1 : « Contre la vulgarisation », Editions traditionnelles, 1990, p. 13.
2. *Ibid.,* p. 14.
3. René Guénon, La diffusion de la connaissance et l'esprit moderne, *Etudes traditionnelles,* mai 1940, repris dans *Mélanges,* Gallimard, p. 141.

cyclopédie, à laquelle il participe. Rousseau présente sans doute la contestation la plus radicale de l'équation que proposent les rédacteurs de cette dernière : savoir = vertu = bonheur. Il prête d'ailleurs à un Socrate fictivement revenu parmi nous une attitude qui sonne comme le désaveu anticipé de l'article « Encyclopédie » :

> Cet homme juste continuerait de mépriser nos vaines sciences ; il n'aideroit point à grossir cette foule de livres dont on nous inonde de toutes parts, et ne laisserait, comme il a fait, pour tout précepte à ses disciples et à nos Neveux, que l'exemple et la mémoire de sa vertu[1].

Rousseau ne conteste pas la valeur du savoir ni l'utilité des sciences et des techniques[2]. Il insiste sur le fait que celles-ci ne se développent pas selon leur propre logique, de façon autonome : elles sont inscrites dans un mouvement social, la civilisation, qui leur donne sens et oriente leur développement. Or la civilisation est pour Rousseau un processus contradictoire : si elle contribue au développement de l'individu, elle entraîne également la décrépitude de l'espèce. Le luxe, l'égoïsme, la division du travail et l'inégalité des statuts et des richesses se développent en connivence avec la diffusion des savoirs. Les ouvrages ultérieurs de Rousseau — et très rapidement les échanges de correspondance que suscite la publication de son *Discours* — conduiront le Genevois à analyser de façon plus subtile l'histoire des inégalités. Mais le constat initial du premier discours n'aura pas à être démenti sur un point : la diffusion du savoir ne peut être interprétée indépendamment d'un contexte social plus large, dont les composantes sont, par exemple : Dans quel débat est impliquée la diffusion du savoir ? Quelle interprétation l'accompagne ? Quels acteurs l'organisent ?, etc.

Cependant, ce premier axe de réflexion débouche plus naturellement sur une contestation de l'activité scientifique elle-même,

1. Jean-Jacques Rousseau, *Discours* de 1750, *Œuvres complètes,* Gallimard, Bibliothèque de la Pléiade, t. III, 1964, p. 14.
2. Il a l'occasion de combattre cette interprétation de sa pensée au cours de la controverse qui suit la publication de son discours. Dans la réponse adressée à Stanislas, il écrit par exemple : « Il s'étend encore sur les divers genres d'utilité que l'Homme peut retirer des Arts et des Sciences ; et j'en aurois volontiers dit autant, si cela eût été de mon sujet » (*Œuvres complètes,* t. III, 1964, p. 36).

notamment dans ses dimensions industrielles, que sur un obscurantisme, au sens strict du terme. Par exemple, l'histoire contemporaine aura fourni une matière abondante pour alimenter la crainte de la science, avec les expériences médicales des camps nazis, la bombe atomique américaine, les désastres écologiques ou les manipulations génétiques. La renaissance du courant rousseauiste dénoncera donc plus naturellement les responsabilités mêlées des directeurs de laboratoires et des technocrates que les effets du journalisme scientifique.

Cette thèse doit être radicalisée pour atteindre l'entreprise vulgarisatrice elle-même. Elle l'est dès lors que l'on regarde un intérêt excessif du public pour la science comme une source du mal précédemment décrit. Si la science devient une nouvelle religion, elle aura les mêmes effets délétères que tout autre fanatisme. C'est dans cet esprit que Brunetière lance par exemple, à la fin du siècle dernier, la campagne sur la faillite de la science. La critique de Brunetière vise l'activité scientifique elle-même, responsable selon lui de nouvelles formes de misère ; toutefois, c'est en tant qu'il répand une idéologie fallacieuse que le scientisme doit être combattu. Comme le remarque Pierre Thuillier :

> La « science » était présentée fréquemment comme une source de vérités; mieux encore, comme capable de fournir des fondements solides à l'éthique et à la politique. C'était cela, essentiellement, que Brunetière se refusait à accepter[1].

Le point de vue de Brunetière était indiscutablement celui d'un spiritualiste chrétien : s'il condamnait la nouvelle religion des lumières, c'était pour défendre le territoire de l'ancienne : coupable de « supprimer le mystère »[2], la science devait restituer à la métaphysique religieuse la place qu'elle avait usurpée. Toutefois, dégagée de

1. Pierre Thuillier, Un débat fin de siècle : la « faillite de la science », *La Recherche*, n° 234, juillet-août 1991, p. 951. Cet article expose très clairement les données de la controverse et son contexte à la fin du siècle dernier ; il montre bien notamment le lien entre l'idéologie scientiste et la réaction spiritualiste, dont il ne cache pas le caractère intelligent.
2. Ferdinand Brunetière, *La science et la religion*, Perrin, 1916, p. 12, cité par Pierre Thuillier, art. cité.

ses arrières-pensées spiritualistes les plus évidentes, cette critique de l'impact social et culturel de la science, plus ou moins directement adressée à la vulgarisation, méritait sans doute d'être approfondie. Elle a été méthodiquement développée par des penseurs inspirés par le kantisme et s'est constituée en école de pensée avec les ouvrages de l'école de Francfort[1], les analyses de la technocratie d'Ellul, l'initiative prise par Jürgen Habermas de regarder *la Technique et la Science comme « idéologie »,* l'affirmation par Hans Jonas d'un *Principe de responsabilité.* Pour l'essentiel, ces positions s'étayent sur une ontologie kantienne. Elles posent en principe la distinction d'un horizon de connaissance et d'un horizon d'action et tiennent l'éthique pour un domaine doté d'autonomie par rapport au champ du savoir. Elles refusent à la science la capacité de définir sa propre orientation et, *a fortiori,* de fonder sur ses propres certitudes ou sur sa propre méthode un modèle social et politique. L'émergence progressive de ce courant de pensée a peu à peu modifié de façon radicale le regard porté sur la communication des connaissances scientifiques.

Cette réflexion nous invite à ne pas considérer *a priori* que la diffusion des connaissances exerce la seule fonction d'éclairer et d'instruire ; elle constitue donc une réponse cohérente à la prétention encyclopédiste. La publication du savoir n'est jamais seulement un énoncé du savoir. C'est toujours aussi une idéologie, un ensemble de positions, que vient légitimer leur participation au type de certitude que comportent les résultats scientifiques. Mais en radicalisant cette analyse, on peut aboutir à trois thèses simplistes : si l'on pose que les questions éthiques et politiques n'ont rien à voir avec le savoir, si l'on impute à la dynamique scientifique la responsabilité des contradictions de notre société, ou encore si l'on regarde la diffusion des connaissances comme un danger. Nous voici débarrassés de toute conception angélique ou barbare du développement scien-

1. Notamment Max Horkheimer et Theodor Adorno (*Dialectique de la raison,* 1947), Herbert Marcuse (*L'homme unidimensionnel,* 1964), Jürgen Habermas (*La technique et la science comme « idéologie »,* Denoël, 1978 ; *Connaissance et intérêt,* Gallimard, 1976). Cf. François Guéry, L'Ecole de Francfort et la problématique de la vulgarisation scientifique, *in* L. Sfez (éd.), *Dictionnaire critique de la communication,* Presses Universitaires de France, 1993, t. 2.

tifique. Pour la première fois ici, la responsabilité des vulgarisateurs vient occuper le centre du débat.

La seconde question posée par la tradition obscurantiste est plus délicate sans doute que les précédentes. Elle tient à la nature du savoir que peut fournir la vulgarisation. La thèse la plus radicale pourrait être résumée de la façon suivante : les recherches scientifiques sont présentées au public dans des conditions tellement dégradées que le résultat est la parodie d'un apprentissage.

Le thème, que nous avons entrevu chez Guénon, peut s'apparenter simplement à l'ésotérisme. Il consiste à défendre la clôture d'une petite communauté d'esprits, dûment contrôlée et choisie. Nous devons reconnaître avant tout le rôle que jouent ici les logiques de distinction, au sens que donne à ce terme Pierre Bourdieu, c'est-à-dire de justification d'une différence sociale par un trait prétendu naturel. La distinction se traduit particulièrement par des manifestations négatives : elle se complaît dans le

> refus de ce qui est facile au sens de simple, donc sans profondeur, et à bon marché, puisque le déchiffrement en est aisé et peu « coûteux » culturellement[1] ;

elle conduit immanquablement à exclure

> toutes les formes (tenues à un moment donné pour) inférieures de l'activité intellectuelle (ou artistique), objets vulgaires, références indignes, modes d'exposition platement didactiques, problèmes « naïfs » [...] ou « triviaux »[2].

Nous pouvons être certains qu'une telle logique de coupure sociale est présente, dans chacun des procès par lesquels se constituent les cénacles, semblables en cela à l'abbaye de Thélème, lieu de liberté absolue pour les élus mais d'interdit non moins absolu pour ceux qui ne seraient pas des « gens libères, bien néz, bien instruicts, conversans en compaignies honnestes »[3]. Il n'y a pas de raison de penser que les communautés proprement scientifiques seraient à l'abri de ce phénomène : il y a un effet de distinction lors-

1. Pierre Bourdieu, *La distinction,* Editions de Minuit, 1979, p. 566.
2. *Ibid.,* p. 585.
3. Françoys Rabelais, *La vie très horrificque du Grand Gargantua,* 1535, chap. LVII : « Comment estoient reiglez les Thélémites à leur manière de vivre », Gallimard, Bibliothèque de la Pléiade, 1955, p. 159.

que les savants anglais organisent à la fin du XVIIe siècle la Royal Society de Londres comme un club de *gentlemen* très fermé[1] ou lorsque le royaliste Biot combat en 1837 la publication des comptes rendus de l'Académie des sciences dans la presse[2].

Toutefois, ce niveau de l'analyse, ici encore, ne suffit pas à évacuer le problème posé par le courant obscurantiste. Ce serait sans doute être victime de l'illusion populiste de penser que la différence des cultures n'est qu'apparence, effet des rapports de force, illusion. Il y a bien une différence de nature entre le savoir du chercheur et celui du public, comme d'ailleurs entre tout savoir résultant d'un travail et sa version spontanée. C'est une autre façon de regarder la réalité de l'ésotérisme, non moins importante que la précédente. La lettre célèbre de Karl Marx à l'éditeur français du *Capital,* Maurice La Châtre, exprime ce point de vue d'une façon très complète :

> J'applaudis, écrit Marx, à votre idée de publier la traduction de *Das Kapital* en livraisons périodiques. Sous cette forme l'ouvrage sera plus accessible à la classe ouvrière et pour moi cette considération l'emporte sur toute autre. Voilà le beau côté de votre médaille, mais en voici le revers : la méthode d'analyse que j'ai employée et qui n'avait pas encore été appliquée aux sujets économiques, rend assez ardue la lecture des premiers chapitres, et il est à craindre que le public français, toujours impatient de conclure, avide de connaître le rapport des principes généraux avec les questions immédiates qui le passionnent, ne se rebute parce qu'il n'aura pu tout d'abord passer outre. C'est là un désavantage contre lequel je ne puis rien si ce n'est toutefois prévenir et prémunir les lecteurs soucieux de vérité. Il n'y a pas de route royale pour la science et ceux-là seulement ont chance d'arriver à ses sommets lumineux qui ne craignent pas de se fatiguer à gravir ses sentiers escarpés[3].

Laissons de côté les traces idéologiques d'une psychologie des peuples et d'une épistémologie de la lumière et tenons-nous-en aux aspects les plus essentiels de ce texte, dont le mérite n'est pas son originalité (le motif de la *via per ardua* est une sorte de cliché) mais sa densité. Deux problèmes essentiels, très souvent repris dans les

1. Cf. Michael Hunter, *op. cit.* L'auteur montre que la clôture du cercle des *fellows* est sociale, autant que scientifique.
2. Cf. Daniel Raichvarg et Jean Jacques, *Savants et ignorants, une histoire de la vulgarisation scientifique,* Editions du Seuil, 1991, p. 68-69.
3. Karl Marx, Lettre au citoyen Maurice La Châtre, 18 mars 1872.

études sur la vulgarisation et, plus généralement, dans les débats épistémologiques, sont ici formulés et articulés. Le premier tient à l'intérêt que le public (français ou non...) peut porter à la science et, plus généralement, à la démarche intellectuelle du lecteur. Le second concerne les relations entre la recherche et ses résultats.

Le public est « avide de connaître le rapport des principes généraux avec les questions immédiates qui le passionnent ». Il souhaite, en somme, des connaissances à la fois simples et appliquées. Au sens strict, de telles connaissances n'existent pas. Seules les lois abstraites sont simples. Le concret est complexe (*concretus* : agglutiné, condensé, compact) ; le chemin qui le rattache aux principes généraux est long. La demande du non-spécialiste est donc paradoxale, et c'est avec ce paradoxe que doit composer le vulgarisateur. La question est d'abord matérielle, elle est inscrite dans le temps. Il s'agit de faire l'économie de tous les détours nécessaires à l'élaboration des notions. Double raccourci temporel : le lecteur n'a pas le passé de formation qui serait nécessaire à cette étude, il n'a pas le loisir de lire un texte trop long. Mais il ne s'agit pas que de contingences ; il y a aussi un obstacle de principe, qui tient à ce que le lecteur n'aborde pas la réalité comme le savant : son point de vue est pratique, utilitaire, performatif, éventuellement lié à des questions existentielles. Pour lui, la science doit servir, apporter des réponses, dire quelque chose. Pour le chercheur, la science ne sert à rien et ne dit rien ; elle opère sur son objet et se développe.

Cette difficulté rejoint la seconde thèse, exprimée dans la lettre citée plus haut sous la forme d'un récit allégorique, et qu'on pourrait reformuler dans ces termes : *les résultats de la science ne sont pas autre chose que l'itinéraire de recherche qui conduit à eux*. C'est la justification de toutes les initiations, et la raison pour laquelle celles-ci ne peuvent être racontées, ni à l'avance (parce qu'elles s'évanouiraient), ni rétrospectivement (parce qu'elles s'aplatiraient). Ce n'est d'ailleurs pas propre à la science, c'est vrai aussi bien d'une psychanalyse que de *La recherche du temps perdu*. Mais, précisément, l'épistémologie contemporaine, celle que formulera Bachelard, avec l'idée d'une polémique contre l'erreur, pose pour la science cette identité du résultat et de la démarche. Face à cette réalité, que la qualité de notre savoir n'est rien d'autre que l'effort que nous avons consenti pour le construire, le public ici évoqué par Marx ressemble à Bouvard et Pécuchet. Le désarroi de ces derniers personnages tient en effet à ce qu'ils ne parviennent jamais à l'exhaustivité ni à la certitude. Ils sont en quête d'un monde plein, étiqueté, transparent, clos, prévisible, sans risque. Aussi sont-ils condamnés à vivre sans cesse l'alternance de l'euphorie, qui accompagne la découverte d'une nouvelle discipline pleine de promesses, et de l'abattement, qui suit la stupeur d'être confronté à l'incertitude. Pécuchet s'initie-t-il à la botanique ? Il tempête contre la divergence des opinions :

> J'exige qu'on m'en donne la raison ! Et non seulement chaque espèce réclame des soins particuliers, mais encore chaque individu, suivant le climat, la température, un tas de choses ! Où est la règle[1] ?

La règle ? Pécuchet se heurte précisément à la dure réalité mentionnée par Marx : il n'y a pas de principe général qui rende compte de la particularité, et ceci parce que le savoir consiste en son propre mouvement, contient sa propre histoire. Mais Pécuchet ne sait pas tirer parti de ce constat : abandonnant chaque discipline au moment précis où il pourrait commencer à la comprendre, il court sans cesse vers de nouveaux objets et vers de nouvelles déceptions, dans une fuite que peut seule interrompre la mort, celle du personnage ou, mieux, celle de son auteur. Les termes de la question sont à présent tout à fait clairs : si la vulgarisation se donne un lecteur semblable à Bouvard et Pécuchet, cette fuite mortelle — il s'agit, le plus souvent, d'une « petite mort » éditoriale, qui consistera à fermer définitivement le livre — ne peut être conjurée que par une duperie : celle qui consiste à fournir de fausses certitudes, de commodes simplifications. Reste à savoir dans quelle mesure le vulgarisateur est condamné à se donner un tel lecteur.

A ce stade de notre analyse, les éléments sont en place pour une philosophie du soupçon appliquée à la vulgarisation. D'un côté

1. Gustave Flaubert, *Bouvard et Pécuchet, Œuvres,* vol. 2, Gallimard, Bibliothèque de la Pléiade, p. 749.

(Rousseau et Brunetière), la diffusion des connaissances peut servir d'autres intérêts que l'éducation et faire le lit d'une nouvelle superstition ; de l'autre (Marx et Bachelard), la prétention de l'autodidaxie est profondément étrangère au mouvement de la recherche scientifique. C'est sous cette paternité assez hétéroclite que je place les études menées dans les années soixante-dix sur le rôle idéologique de la vulgarisation. Par la synthèse qu'il opère de thèmes habituellement disjoints, ce courant de pensée aboutit à des thèses provocatrices et fécondes.

L'ouvrage de Philippe Roqueplo, *Le partage du savoir,* formule l'essentiel des thèses de cette philosophie du soupçon[1]. Philippe Roqueplo a consacré une analyse très fouillée au fonctionnement du système de la « VS » (l'abréviation a depuis fait fortune). Sa thèse est que la vulgarisation constitue un détournement d'itinéraire : elle se substitue à un processus social qui pourrait (devrait) viser l'accès direct, en situation, au savoir. Cet auteur décrit en effet la société actuelle comme technocratique : le savoir nécessaire à une maîtrise toujours plus difficile de la nature se transforme, entre les mains de ceux qui en disposent, en une idéologie de la compétence, instrument d'un pouvoir bien réel sur les gens. Selon cette logique, transmettre le savoir n'est pas souhaitable pour ceux qui le détiennent ; ces derniers s'emploient, bien au contraire, à édifier des barrières destinées à en interdire l'accès. Oublier un tel cadre historique serait se condamner à une vision naïve, utopique du système médiatique de la vulgarisation.

1. Je m'en tiens ici aux thèses qui me semblent les plus essentielles, simplifiant considérablement le livre de Philippe Roqueplo, partant de l'hypothèse que le lecteur lira le livre dans son ensemble, l'un des tout premiers à lire sur la vulgarisation. Je renvoie également, pour un panorama plus général de ce courant, aux travaux de Daniel Jacobi, et notamment à l'article Sémiotique du discours de vulgarisation scientifique, publié dans *SEMEN,* 2, 1984, et repris dans *Diffusion et vulgarisation : itinéraires du texte scientifique,* Annales littéraires de l'Université de Besançon, Editions Les Belles Lettres, 1986. Daniel Jacobi nomme le courant que je décris ici : « rhétorique de la vulgarisation ». Je ne reprends pas ce terme, qui me semble suggérer l'idée d'une étude formelle précise des discours de vulgarisation. Or, s'il me paraît indiscutable que l'ensemble des chercheurs évoqués par Daniel Jacobi partagent bien les hypothèses théoriques qu'il identifie, leur étude des textes réels produits par les vulgarisateurs est d'une précision très variable et, le plus souvent, leur attention à la forme discursive reste lointaine.

Franchissant encore une étape dans la critique, Philippe Roqueplo s'emploie à démontrer que le travail de diffusion du savoir n'est alors pas seulement difficile mais impossible. Dans cette perspective, il développe une analyse du statut épistémologique de la vulgarisation, à partir d'une réflexion sur la nature de la pensée et de l'apprentissage scientifiques. La science est définie comme la confrontation au sein d'une pratique d'une logique et d'une expérience. Or la diffusion par les médias d'un discours présenté comme scientifique mais privé de la pratique qui lui donne sens est une sorte de malentendu ou, pis, de contrat de dupes. Le processus central de cette opération médiatique consiste à rompre le lien réglé entre un calcul et une expérience pour attribuer aux modèles un rôle de référence directe à la réalité, selon une organisation toute différente du système scientifique. Un exemple de cette « surmodélisation » pourrait être fourni par les articles qui représentent la maladie comme une guerre livrée par un pays à une puissance étrangère. L'essentiel de la démarche scientifique, le rôle opératoire des notions dans le cadre d'un calcul ou d'une expérimentation, est perdu au bénéfice d'une vision ontologique de la vérité scientifique, apparaissant comme la révélation d'une réalité existant, de façon stable, non dynamique, chosifiée, indépendante de l'activité humaine. René Guénon avait déjà proposé de telles analyses. Parlant par exemple de la représentation des atomes, il écrivait :

> « Imagerie », disons-nous, car ce n'est sans doute que cela dans la pensée des physiciens ; mais le « grand public » croit fermement qu'il s'agit d' « entités » réelles, qui pourraient être vues ou touchées par quelqu'un dont les sens seraient suffisamment développés ou qui disposerait d'instruments d'observation assez puissants ; n'est-ce pas là de la « mythologie » de la sorte la plus naïve[1] ?

Le rôle de la vulgarisation n'est pas, dans ces conditions, et comme le prétendent les acteurs qui y sont impliqués, de transmettre un savoir, mais plutôt de participer à l'activité de représen-

1. René Guénon, *Le règne de la quantité et les signes des temps*, chap. XVIII : « Mythologie scientifique et vulgarisation », Gallimard, coll. « Idées », 1945, p. 166.

tation sociale de la réalité quotidienne et notamment de construire un modèle de l'activité scientifique fait de spectacle et de religiosité.

De nombreuses études appartenant au même courant de pensée développent, dans un esprit comparable, l'idée que la vulgarisation poursuit des buts différents de son objectif affirmé. Le discours de vulgarisation feint d'éclairer mais ne propose que des mystifications logiques, grâce à des procédés rhétoriques : il remplace par exemple l'explication d'une découverte par la succession d'événements spectaculaires qui l'ont précédée, comme si ceux-ci pouvaient faire comprendre celle-là ; il préfère à la description des effets d'un procédé technique l'accumulation des chiffres qui en manifestent symboliquement l'importance. Au lieu d'exposer un savoir scientifique, la vulgarisation ne fait que réexprimer, dans un langage sophistiqué, les préjugés que partagent le journaliste et le lecteur sur les questions les plus diverses. L'effet de ces pratiques est de rendre encore plus lointain et intouchable le monde des activités scientifiques dont elles prétendent nous rapprocher. Loisir sérieux et socialement gratifiant, la lecture des revues de vulgarisation s'accommode du faux-semblant et de la tautologie : dans bien des cas, le discours est incohérent et inintelligible, ne définit pas les concepts de base, n'assure pas l'acquisition des notions. Le seul résultat tangible de la vulgarisation médiatique en termes de culture semble être de valider des choix de gestion qui, sans la caution du discours scientifique qui les accompagne, seraient tout à fait discutables. Bref il s'agit d'un *ersatz* ou d'un alibi de formation, d'une culture en simili, tout entière marquée par le charme illusoire de la facilité.

En nouant entre elles les deux composantes de la critique évoquée précédemment, ce courant de pensée a beaucoup enrichi la réflexion sur la vulgarisation, trop souvent enfermée dans les seules difficultés didactiques ou campée dans le geste flatteur du prosélytisme. La philosophie du soupçon nous détourne de prendre seulement à la lettre les prétentions des vulgarisateurs quant à leur pratique et nous invite à regarder le champ de la vulgarisation comme une formation sociale complexe, marquée par la pluralité des enjeux. S'il s'agit bien d'instruire le lecteur (hypothèse que je propose de retenir), il ne s'agit jamais seulement de cela. L'analyse du texte de vulgarisation ne saurait en conséquence se réduire à une simple rhétorique du discours didactique. Il n'est pas davantage contestable que ce qui est transmis par la vulgarisation est d'une autre nature que le savoir scientifique et que cette forme de communication ne doit donc pas être pensée simplement comme un partage, une duplication ou une diffusion. Sur tous ces points, il conviendra d'approfondir l'analyse : nous le ferons dans la seconde partie de ce livre en examinant de façon un peu structurée les rapports entre la connaissance commune et la connaissance scientifique, et nous retrouverons ces préoccupations en analysant la rhétorique du discours de vulgarisation.

Avant d'aborder cette réflexion, je voudrais marquer les limites de ce point de vue, limites héritées à mon avis de son lien secret avec la tradition obscurantiste. Le modèle du soupçon comporte une série de réductions schématiques, très fécondes pour provoquer à la réflexion, mais qu'il s'avère nécessaire de nuancer pour regarder les textes réels de vulgarisation[1].

La première réduction est celle du champ de la littérature de vulgarisation à certaines de ses formes. Les analyses sur l'incohérence des articles et sur l'absence d'appropriation réelle du savoir sont évidemment plus parlantes lorsqu'il s'agit de revues de très grande consommation. Mais si l'on regarde la diversité des productions de vulgarisation, en y incluant par exemple de grandes œuvres de la tradition ou des publications comme *La Recherche,* on verra apparaître une multiplicité de formes d'apprentissage et de stratégies textuelles, qui se plie mal à la seule logique d'un spectacle illusoire de la science.

1. Philippe Roqueplo indique à plusieurs reprises que la vulgarisation, si elle est inapte à transmettre le savoir scientifique, remplit des fonctions culturellement constructives ; il donne d'ailleurs, dans un autre ouvrage, un exemple qui montre le rôle créateur d'une démarche de vulgarisation (ou plus exactement, selon la terminologie adoptée dans le présent livre, de quasi-vulgarisation) : la rédaction d'une description des fours à micro-ondes (*Penser la technique,* Editions du Seuil, 1983, p. 201 à 216). Mais l'accent qu'il a mis dans son ouvrage sur le caractère illusoire et mystifiant de la vulgarisation a en quelque sorte fait disparaître cette idée, comme si rien ne pouvait émerger de la vulgarisation qu'un spectacle vide.

La seconde réduction est celle du champ scientifique aux sciences mathématiques et physiques, notamment à leur appareil formel. Ici encore, on durcit l'opposition entre deux formes de langage et de pensée aussi différents l'un de l'autre qu'il est possible de l'imaginer. La frontière entre le scientifique et le non-scientifique apparaît dans ce cadre cristalline, incontestable, parfaite. Le risque est alors de gauchir, symétriquement, et la pensée scientifique, un peu vite assimilée à un formalisme parfait ou à un langage totalement univoque, et la pensée sociale quotidienne, brutalement traitée comme une méprise absolue.

La troisième réduction que l'on peut reprocher à une méthode ancrée sur le soupçon est celle du texte de vulgarisation à ses conditions de possibilité. L'essentiel des analyses proposées par exemple par Roqueplo consiste, par l'argumentation épistémologique de principe, à démontrer qu'il n'est pas possible que la vulgarisation transmette un réel savoir. Le stade virtuel de l'analyse me paraît insuffisant, tout simplement parce que les écrivains passent leur temps à faire des choses impossibles, dans la mesure où les ressources de la langue et du discours sont immenses. A l'inverse, les risques sont grands d'une position platonicienne qui se profilerait derrière cette thèse : dans leur infinie diversité, les textes de vulgarisation ne seraient que la réalisation d'une essence générale, celle du faux-semblant, et peu importerait, au fond, à quel degré ils réalisent cette essence puisque, de droit, le sociologue serait autorisé à les y ramener.

La perspective adoptée dans le présent livre se situe à l'opposé de cette dernière thèse. Elle consiste à considérer que les textes de vulgarisation ne sont pas équivalents, bien qu'ils ne puissent être réduits à leur dimension didactique et bien qu'ils appartiennent à une forme de pensée différente de celle du chercheur. Mieux, les différences qui les séparent sont la chose la plus importante à analyser. On doit s'accommoder du fait que la communication absolue des savoirs et des pratiques n'existe pas, plutôt que de le regretter, en une sorte de misanthropie élitiste.

Enfin, le pouvoir tend dans ces analyses à s'assimiler à une manipulation. Tout se passe comme si un dessein machiavélique présidait à la rédaction de ces textes. C'est-à-dire qu'à l'horizon de cette sociologie des médias se profile une société totalitaire, tout entière livrée à un fantasme de domination et peuplée d'acteurs pleinement dévoués, consciemment ou non, à perpétuer cette domination, tout-puissants à en assurer la légitimité. Ce modèle ne va pas sans postuler quelque métasujet pervers, omniscient et omniprésent, une sorte de divinité. Il ne faut bien sûr pas tomber dans l'excès inverse, qui consisterait à décrire une société angélique et totalement dépourvue d'inégalité ; il faut reconnaître ici la place de la contradiction.

Au fond, ces quatre réductions, de la vulgarisation à ses formes les plus schématiques, de la science aux énoncés formels, de la rhétorique des vulgarisateurs à son modèle virtuel, du social au manipulatoire, contribuent à une simplification encore plus essentielle, celle qui consiste à ne regarder la vulgarisation que comme une activité mystifiante. Il me paraît plus intéressant d'y voir une activité marquée par des contradictions et pouvant aboutir à des effets opposés. En adoptant cette position, nous n'en avons pas fini avec les questions que nous a posées la philosophie du soupçon ; mais nous évitons, en acceptant trop vite ses réponses, de tenir pour négligeable un fait que les historiens ne cessent de remarquer : que les peuples s'enrichissent sans cesse des acquis de la science.

Une interprétation de la nature ?

> *Par ce titre de* L'Ami des sciences, *nous voulons protester de notre indéfectible confiance [...] dans le caractère sacré de la bible de l'univers, dont elles sont la progressive interprétation.*
>
> Victor Meunier[1].

On pourrait résumer ce que nous avons constaté jusqu'ici en une formule : la vulgarisation est une lecture de la science. Car on ne peut rien écrire sans le lire, par le mouvement même de l'écri-

1. *L'Ami des sciences,* n° 1, 7 janvier 1855.

ture. Par-delà ses limites, l'intérêt de la vulgarisation est précisément qu'elle rend la science lisible, pour le non-scientifique, mais peut-être aussi pour le scientifique lui-même. Reste à savoir, à partir de là — et nous rencontrons sans doute ici une vraie question, bien posée — ce qu'on peut appeler « lire la science ».

La question ainsi posée est plus ancienne que le projet social de large diffusion des savoirs ; elle apparaît dès qu'il s'agit de regarder la science comme une source de culture. C'est pourquoi nous trouvons une première réponse à cette question dans les ouvrages d'apologétique et de pédagogie aristocratiques : celui du pasteur anglican Guillaume Derham, *Théologie astronomique ou démonstration de l'existence de Dieu par l'examen et la description des cieux*[1], celui de l'abbé Pluche, *Le spectacle de la nature ou Entretiens sur l'histoire naturelle et les sciences*[2].

Pour comprendre le modèle proposé par ces deux ouvrages, celui du spectacle, il suffit de prendre au sérieux la métaphore sur laquelle il se fonde. On la trouve rapidement formulée chez Guillaume Derham. Ce dernier commente l'invention du télescope dans les termes suivants :

> Par le moïen de cet admirable instrument, on a fait d'amples découvertes des ouvrages de Dieu : il nous fait voir un nouveau théâtre de ces ouvrages, une plus magnifique scène, un appareil beaucoup plus grand, plus noble et plus parfait qu'on ne se l'imaginait[3].

Voilà pour l'usage professionnel de l'instrument scientifique. Reste à étendre largement ce bienfait.

> Au reste, ajoute Derham, comme ces observations nous doivent ouvrir une nouvelle scène dans les cieux, un nouveau tableau, un admirable théâtre des ouvrages de Dieu, si les choses sont telles que je me les figure : j'en ai recommandé instamment la recherche à ceux qui prennent plaisir à ces sortes de matières[4].

1. *Astro-theology or a Demonstration of the being and attributes of God, from a survey of the Heavens,* 1726.
2. Noël-Antoine Pluche, *Le spectacle de la nature ou Entretiens sur l'histoire naturelle et les sciences,* Paris, Estienne-Desaint, 1732.
3. Guillaume Derham, *Théologie astronomique ou démonstration de l'existence de Dieu par l'examen et la description des cieux,* édition française, Paris, Chaubert, 1729, discours préliminaire, p. IV.
4. *Ibid.,* p. XXXVIII.

Donc : la réalité est disponible, mais invisible ; le geste de la science la rend visible ; on conçoit bien comment la vulgarisation peut transformer cette épiphanie en spectacle agréable et accessible à tous.

On trouve dans le livre de Pluche, dont le titre est comme la citation de ce thème, un modèle plus explicatif de cette idéologie. L'hypothèse essentielle est la lisibilité de la nature elle-même et, par-delà sa lisibilité, son caractère intentionnel.

> Tout [dans la nature] est capable de plaire et d'instruire, écrit Pluche, parce que tout est rempli de desseins, de proportions, de précautions. Tous les corps qui nous environnent, les plus petits comme les plus grands, nous apprennent quelques vérités : ils ont tous un langage qui s'adresse à nous, et même qui ne s'adresse qu'à nous[1].

Le caractère apologétique de ce type de déclaration est manifeste : en cela, ces traités paraissent aussi opposés que possible aux textes de la tradition vulgarisatrice proprement dite. Ils appartiennent, comme les *Bridgewater treatises,* vaste somme destinée à déployer parallèlement les acquis de la science et la puissance divine, à une tradition rhétorique, dans laquelle l'exposé scientifique est un argument majeur destiné à prouver l'existence de Dieu. La vulgarisation y est comme le grossissement de la preuve cosmologique. Mais si nous ne restons pas à ce seul stade de l'analyse, il est possible d'identifier l'épistémologie sous-jacente à ces déclarations, qui est celle de la transparence de la nature. C'est une thèse qu'exprime bien une autre métaphore, celle du livre de la nature.

> Enfin, déclare plus loin Pluche, l'on peut dire que la nature est le plus parfait de tous les livres propres à cultiver notre raison, puisqu'il renferme à la fois les objets de toutes les sciences, et que l'intelligence n'en est bornée ni à aucune langue, ni à aucunes personnes[2].

On aura reconnu la même image, radicalisée, dans la citation donnée en exergue, sous la plume d'un anticlérical résolu, le socialiste Victor Meunier. De ce point de vue, l'apologiste aristocratique et le

1. Noël-Antoine Pluche, *op. cit.,* p. iv.
2. *Ibid.,* p. v. C'est à la même confusion de la science et de son objet que renvoie la formule de Galilée selon laquelle la nature serait écrite en langage mathématique.

socialiste scientiste *communient* dans la même épistémologie. La science qui décrit le monde s'y confond avec le monde lui-même.

Le rôle du vulgarisateur est dès lors clair. Son interprétation est homogène à la fois au discours scientifique et à la réalité ; interpréter la science est possible, dans la mesure où la science et la nature sont déjà une seule et même chose, dans la mesure où regarder et (re)connaître sont une seule et même activité.

> C'est de ce livre exposé à tous les yeux, et cependant assez peu lu, que nous entreprenons, pour ainsi dire, de donner un extrait, dans le dessein de faire connoître aux jeunes lecteurs des richesses qu'ils possédoient sans en jouir, et de rapprocher sous leurs yeux ce que l'éloignement, la petitesse ou l'inattention leur déroboit.

Les limites de cette idéologie, qu'on pourrait nommer « paresseuse » — le moins qu'on puisse dire est qu'elle n'expose pas le lecteur à *déroger* — sont très perceptibles quand on rapproche ses métaphores de celles qu'utilisent d'autres auteurs.

S'agit-il de théâtre ? Fontenelle propose à la marquise avec laquelle il converse le thème de l'opéra, mais dans des termes très différents de ceux de Derham. Il écrit, dans un passage célèbre de ses entretiens :

> Je me figure toujours que la Nature est un grand Spectacle qui ressemble à celui de l'Opéra. Du lieu où vous êtes à l'Opéra, vous ne voyés pas le Théatre tout-à-fait comme il est ; on a disposé des décorations et des Machines, pour faire de loin un effet agréable, et on cache à notre vûë ces rouës et ces contrepoids qui font tous les mouvemens[1].

La métaphore dramaturgique, qui milite chez Derham pour un savoir sans peine, réactive chez Fontenelle l'allégorie platonicienne de la caverne, qui nous dit que notre perception du monde est d'une nature différente de celle du savoir rigoureux. Le texte de Fontenelle est célèbre ; on sait moins que Pluche a adressé au philosophe la réponse d'un homme du monde :

> Pour nous, nous croyons qu'il nous convient mieux de nous en tenir à la décoration extérieure de ce monde, et à l'effet des machines qui forment le spec-

1. Bernard Le Bovier de Fontenelle, *Entretiens sur la pluralité des mondes,* 1686, édition d'Alexandre Calame, Didier, 1966, p. 17.

tacle. Nous y sommes admis. On voit bien même qu'il n'a été rendu si brillant que pour piquer notre curiosité. Mais, contens d'une représentation qui remplit suffisamment nos sens et notre esprit, il n'est pas nécessaire de demander que la salle des machines nous soit ouverte[1].

Cette position n'est possible toutefois que dans une épistémologie de l'emboîtement, dans laquelle la connaissance spécialisée n'est pas d'une nature différente de la connaissance ordinaire, puisque connaître n'est rien d'autre que voir, avec plus ou moins de précision.

S'agit-il du livre de la nature ? Einstein et Infeld prennent, dans leur ouvrage de vulgarisation de la physique, l'image du chercheur comparé à un lecteur de roman à mystères. Mais c'est pour très vite marquer les limites de cette métaphore.

En un point essentiel, cette comparaison doit être regardée comme très superficielle. Dans la vie aussi bien que dans les romans policiers le crime est un fait donné. Le détective doit rechercher les lettres, les empreintes digitales, les balles, les armes, mais il sait du moins qu'un crime a été commis. Il n'en est pas de même du savant [...] Le savant doit, au moins en partie, commettre lui-même le crime et en même temps faire l'enquête[2].

C'est sans doute pourquoi les auteurs précisent plus loin :

La science n'est pas et ne sera jamais un livre achevé. Tout progrès important fait surgir de nouvelles questions. Tout développement révèle, à la longue, de nouvelles et plus grosses difficultés[3].

Vertus de l'humour. La promenade dans les coulisses de l'opéra et la transformation de la Bible en faux roman policier discréditent définitivement toute prétention du vulgarisateur à *lire la nature* de façon immédiate.

L'idéologie de la continuité culturelle, l'idéologie unitaire, peut s'exprimer d'une autre façon. On dira alors : la vulgarisation extrait la philosophie de la science. Entendez : elle explique (au sens étymologique du terme, elle déploie) la philosophie que contient secrètement la science. Le célèbre ouvrage d'Ernst Häc-

1. Noël-Antoine Pluche, *op. cit.*, p. X-XI.
2. Albert Einstein et Léopold Infeld, *L'évolution des idées en physique*, 1936, édition française, Champs-Flammarion, 1983, p. 73.
3. *Ibid.*, p. 272.

kel *Les énigmes de l'Univers* expose avec une clarté remarquable cette conception de l'interprétation. Son projet est tout simplement d'énoncer une philosophie qui serait scientifique, de livrer, selon la formule de l'auteur, un « fruit mûr de l'arbre scientifique »[1]. Il vise à combler le déséquilibre entre la recherche et son interprétation :

> A ces progrès énormes des connaissances empiriques dans notre *siècle de la science* ne répondent guère ceux accomplis dans leur interprétation théorique et dans cette connaissance suprême de l'enchaînement causal de tous les phénomènes que nous appelons *la philosophie*[2].

L'idée qui préside à ce type d'interprétation est que la science contient la réponse à nos interrogations philosophiques, pour peu que nous prenions la peine de l'y chercher avec attention. Häckel combat donc la thèse du physicien berlinois Emile du Bois-Reymond, visant à donner un statut non contingent à certaines de nos ignorances (thèse dite de l'*ignorabimus*). Mais il la combat pour proposer une position complètement symétrique : celle selon laquelle la science contiendrait, par elle-même, la réponse aux interrogations philosophiques majeures[3].

La question mérite qu'on s'y attarde un peu, car elle est centrale, dès lors qu'on se propose d'écrire la science. Le travail des scientifiques est de nature à faire changer certaines questions de statut. Il conduit à donner un caractère scientifique à des questions jusque-là considérées comme relevant du mythe, de la religion ou de l'argumentation courante : il le fait en constituant ces questions en problèmes scientifiques. Sans doute un rôle important de la vul-

1. Ernst Häckel, *Les énigmes de l'Univers*, édition française, Rheinwald, Schleicher, 1902, préface, p. II.
2. *Ibid.*, p. I.
3. Il ne faut pas caricaturer la pensée de Häckel. Häckel ne prétend pas conférer un statut scientifique aux questions morales : de ce point de vue, il ne tombe pas, me semble-t-il, sous le coup des critiques postkantiennes contre le scientisme, telles que je les ai brièvement évoquées dans le chapitre 3. Il ne prétend pas non plus dissiper toute question métaphysique : la conclusion de son ouvrage affirme que la nature et l'origine de la substance dont la loi gouverne l'univers sont indécidables. Mais Häckel pense qu'une loi unique peut être tirée de la connaissance scientifique et que cette loi s'applique uniformément à toutes les réalités physiques, biologiques, sociales, etc.

garisation consiste-t-il à faire connaître ces transformations. Mais la position de Häckel est contestable sur deux points : lorsqu'il prétend que la science pourrait se passer de philosophie, que la philosophie ne serait qu'un prolongement ou une glose de la science, et lorsqu'il assigne à l'interprétation de la science la tâche de généraliser, sans contrôle méthodologique, certaines lois scientifiques en leur conférant le statut de lois unitaires de l'univers. Double violence faite, par un discours proféré en marge de la philosophie et de la science, et au questionnement philosophique, et à la méthode scientifique. En ce sens, le texte de Häckel est bel et bien une *exploitation* du travail scientifique, exploitation de nature à valider certaines positions idéologiques.

Empiriquement observée dans le texte, la philosophie de Häckel n'est d'ailleurs pas ce qu'elle prétend être, c'est-à-dire une philosophie scientifique ; elle consiste plutôt à transporter certains énoncés scientifiques en dehors de la sphère de leur validité ; elle est, par là même, une façon de masquer le caractère idéologique de certaines assertions, en les soustrayant au contrôle de leur véracité. Häckel croit pouvoir repérer dans le corpus des sciences la prééminence évidente d'une loi de généralité absolue, la loi de substance.

> Cette « loi cosmologique fondamentale », qui démontre la permanence de la force et celle de la matière dans l'Univers, écrit Häckel, est devenue le guide le plus sûr, pour conduire notre philosophie moniste, à travers le labyrinthe compliqué de l'énigme de l'Univers, vers la solution de cette énigme[1].

On ne peut guère faire mieux en matière d'interprétation : par-delà la diversité de leurs paroles, les scientifiques veulent tenir un seul et même discours, que le vulgarisateur, pour sa part, énonce.

Que cette philosophie prétendument tirée de la science, prétendument homogène avec elle, se traduise inévitablement par des opinions particulières, il suffit de lire aujourd'hui les chapitres des *Enigmes de l'Univers* pour le constater. Un seul exemple suffira, car il concerne un thème auquel le XXe siècle devait donner, sous plu-

1. Ernst Häckel, *op. cit.*, p. 5.

sieurs formes, des développements tragiques. Parlant de la lutte pour la vie dans le monde animal, Häckel demande :

> En irait-il peut-être autrement dans l'histoire des peuples, dans cette histoire que l'homme, en proie qu'il est au délire anthropistique[1] des grandeurs, se plaît à nommer l' « histoire universelle » ? Peut-on y découvrir, partout et en tout temps, un principe moral suprême ou un sage régent de l'univers ? [...] Les destinées des diverses branches de l'espèce humaine qui, en tant que races et nations, luttent depuis des milliers d'années pour conserver leur existence et poursuivre leur développement — sont soumises aux mêmes « grandes et éternelles lois d'airain », que l'histoire du monde organique tout entier qui, depuis des millions d'années, peuple la Terre[2].

Ce qu'on pourrait nommer la tentation homogénéisante, tentation qui menace en permanence le discours vulgarisateur, peut aboutir à l'exploitation idéologique de la science. D'ailleurs, c'est bien de cela qu'il s'agissait en réalité, sous une autre forme, dans le projet de l'abbé Pluche. L'invitation à admirer le spectacle de la nature se traduisait par l'obligation de reconnaître, dans le plus repoussant des insectes, la perfection que manifeste, pour celui qui sait regarder, toute la Création.

C'est sans doute la même chose d'abandonner l'illusion d'une simple continuité entre science et culture et de reconnaître à la vulgarisation un caractère créateur. On renonce dès lors à l'hypothèse, commune sans doute à toutes les idéologies évoquées jusqu'ici, que la vulgarisation devrait constituer pour l'essentiel un écho, fidèle ou infidèle, de la science. L'interprétation de la science apparaît, dans une telle perspective, comme une production culturelle spécifique. Victor Meunier, déjà cité, est un militant de cette idée, car le thème ici abordé est un point de tension dans la pensée du scientiste anti-académique[3]. Le travail des savants lui paraît souvent menacé par l'aveuglement de la spécialisation. Certains savants

1. Häckel reproche à la philosophie de surestimer la spécificité des caractères humains : il fustige l'anthropocentrisme, l'anthropomorphisme et l'anthropolâtrie. Cette critique met dans le même sac (anthropistique) la projection naïve de caractères humains dans la nature et la réflexion sur les spécificités des activités humaines. Unité du monde oblige.
2. Ernst Häckel, *op. cit.*, p. 309.
3. Cf. Catherine Glaser, Journalisme et critique scientifique : l'exemple de Victor Meunier, *Romantisme*, n° 65, 1989.

concourent à l'établissement de la science comme l'homme qui broie des mortiers concourt à la construction d'un édifice, sans rien voir au-delà du travail infime qui les occupe. [...] Le vulgarisateur voit les choses dans leurs rapports et dans leur destination. Il doit conduire son auditoire sur les chantiers où se préparent les édifices d'avenir[1].

C'est cette conviction qui fonde le projet éditorial de *L'Ami des sciences* :

Sa spécialité, explique Meunier, est celle des gens qui n'en ont pas, ou plutôt de ceux qui aspirent à s'en faire une de l'étude de la philosophie théorique et pratique des sciences; spécialité bien utile à créer, dont les principaux éléments existent et qui n'attend qu'un architecte[2].

Ce projet réactive sans doute l'une des composantes du projet de Diderot et d'Alembert :

Comme *Encyclopédie,* écrivait ce dernier[3], [l'ouvrage] doit exposer autant qu'il est possible l'ordre et l'enchaînement des connaissances humaines.

Il ne s'agit plus ici de faire sortir la philosophie tout armée de la science, mais d'assigner à la vulgarisation un rôle spécifique, de nature à permettre de penser la science. Ce projet était au centre d'un débat organisé par le Centre catholique des intellectuels français en 1962. L'examen des communications de ce débat permet d'en préciser les fondements, et d'en marquer aussi bien les difficultés. La conviction centrale pourrait être résumée par une formule d'Etienne Borne : « La puissance de la vulgarisation est quelque chose d'autre et non quelque chose de moins que le génie de la création. »[4] Ce principe a souvent été réaffirmé depuis par les vulgarisateurs; un ouvrage récent en fournit une expression radicale :

Une interprétation saisissante d'une sonate de Beethoven est considérée comme un plus grand exploit que la composition d'un morceau de second ordre. Je n'hésiterai pas à soutenir que la présentation claire d'un aspect de la

1. *Science et démocratie,* 1865-1866, cité par Daniel Raichvarg et Jean Jacques, *op. cit.*
2. *L'Ami des sciences,* n° 1, 7 janvier 1855, p. 2.
3. D'Alembert, *L'Encyclopédie ou dictionnaire raisonné des sciences, des arts et des métiers*, discours préliminaire.
4. Etienne Borne, Pour une philosophie de la culture, in *Savoir et vulgarisation,* Recherches et débats du Centre catholique des intellectuels français, cahier n° 39, Fayard, 1962, p. 21.

science moderne a plus de valeur qu'un fragment d'une prétendue recherche originale, du genre de ce que l'on trouve dans certaines thèses de doctorat, et demande plus de maturité et d'invention[1].

L'idée majeure qui fonde cette prétention est celle des effets de la spécialisation disciplinaire. Au cours du débat évoqué plus haut, René Royer analysait les dangers de l'hyperspécialisation, définie comme une « maladie de l'esprit moderne »[2]. L'excès de spécialisation entraîne d'après cet auteur deux graves conséquences : d'une part elle morcelle les connaissances et risque de faire oublier aux scientifiques l'origine, le sens et la complémentarité de leurs recherches; d'autre part — et ce thème est exprimé ici dans une thématique morale —, elle « dresse [...] des barrières entre les hommes, au détriment de l'universalité où tend la culture »[3]. L'idée de synthèse a donc une face épistémologique et une face éthique. La face épistémologique consiste à éclairer l'entreprise scientifique :

> [La science] devient culture quand elle s'interroge sur sa valeur, quand elle se situe dans une plus vaste histoire de l'esprit, quand elle découvre combien l'imagination poétique ou l'audace philosophique l'ont faite avancer beaucoup plus que la prudence positiviste et prosaïque, bref lorsqu'elle trouve réintroduits en elle le débat, le combat, l'anticipation obscure, la contradiction, l'énigme[4].

La face éthique concerne le fait de communiquer sur des enjeux qui concernent tous les hommes. Il y a, à cet égard, pour nos auteurs, une « charité intellectuelle » qui s'oppose à l' « égoïsme intellectuel ». Ces deux composantes, exigence de communication et nécessité du recul interprétatif, se conjuguent dans un mouvement qui milite pour inscrire l'activité scientifique dans les enjeux d'une société, et plus largement d'une destinée humaine[5]. C'est le

1. Victor Weisskopf, *La révolution des quanta,* Hachette, 1989, p. 72.
2. René Royer, Spécialisation et culture, *Savoir et vulgarisation,* Recherches et débats du Centre catholique des intellectuels français, cahier n° 39, Fayard, 1962, p. 29.
3. *Ibid.*, p. 39.
4. Etienne Borne, Pour une philosophie de la culture, in *Savoir et vulgarisation,* Recherches et débats du Centre catholique des intellectuels français, cahier n° 39, Fayard, 1962, p. 18.
5. Jean-Marc Lévy-Leblond s'est employé à expliciter, au fil de ses ouvrages, cet effort pour « mettre la science en culture ».

physicien Robert Oppenheimer qui formule cette double exigence, témoignant clairement du rôle que jouent dans son émergence les traumatismes de l'histoire récente :

> J'ai été très frappé, écrit Oppenheimer, par le fait que, dans ce monde de changement et de développement scientifique, nous ayons dans une certaine mesure perdu la faculté de nous parler les uns aux autres. A la suite de cette succession d'importantes découvertes, nous nous sommes éloignés les uns des autres dans notre tradition et pour beaucoup dans notre langage [...] C'est ainsi que l'aspect public de notre vie, ce que nous avons de commun, a souffert, comme l'éclat des arts, l'approfondissement de la justice et de la vertu, et l'ennoblissement de la puissance et du discours familier des hommes. Nous nous sommes amoindris en tant qu'hommes[1].

Sans doute la vulgarisation a-t-elle un rôle polémique à jouer par rapport au savoir scientifique. Polémique et respectueux. La vulgarisation n'est pas une simple dégradation de l'activité scientifique, mais elle a vocation à formuler sur la science un point de vue que la pratique de la recherche spécialisée ne peut faire émerger seule. La revendication du vulgarisateur trouve en effet sa légitimité dans le fait qu'aucun savoir ne peut prétendre à totaliser l'expérience du monde, ni à réaliser pleinement un idéal de clôture. C'est pourquoi

> la vulgarisation ne peut être distinguée de la science de manière drastique que si celle-ci se prend à son propre mythe et oublie que ses fondements ne sont pas donnés mais conquis[2].

Plutôt que le tableau flatteur d'une science corrompue par sa divulgation, il faut admettre l'idée d'une dépendance réciproque des deux savoirs et des deux expressions de la science, close sur elle-même et exposée à la lecture. Les efforts qui sont aujourd'hui faits pour pousser les chercheurs à communiquer devant un large public témoignent de cette interdépendance[3].

Symétriques par rapport à ce pouvoir de la vulgarisation, les

1. Robert Oppenheimer, Réflexions sur la science et la culture, in *Savoir et vulgarisation,* Recherches et débats du Centre catholique des intellectuels français, cahier n° 39, Fayard, 1962, p. 117.
2. Jean-Claude Beaune, La vulgarisation scientifique, l'ombre des techniques, *in* D. Jacobi et B. Schiele (éd.), *Vulgariser la science, le procès de l'ignorance,* Champ Vallon, 1988, p. 48.
3. Cf. *infra,* III, p. 205 sq., les aspects sociologiques de cette question.

réticences à vulgariser manifestées par certains chercheurs ne renvoient pas seulement à des refus mais aussi à des carences : ignorance des chercheurs sur l'histoire de leur discipline, absence de formation philosophique, maladresse et angoisse dans la rencontre d'un public[1]. L'idée est de plus en plus souvent émise que la vulgarisation peut donner au chercheur une meilleure connaissance de sa discipline et un regard critique sur son travail.

> Faire de la vulgarisation amène à faire un minimum d'épistémologie, écrit Jean-Marie Albertini[2] [...] Pour faire de la vulgarisation, il faut commencer par s'interroger sur sa propre science. Peut-être [les scientifiques] retrouveront-ils ce principe du grand vulgarisateur qu'était Léonard de Vinci : « N'est science que science transmissible. »

Il est en effet d'expérience courante que, quand un chercheur expose ses travaux, les moments où il devient obscur pour le non-spécialiste sont ceux qu'il ne maîtrise pas vraiment[3]. Le décentrement du regard peut contribuer à éclairer les zones les plus obscures de la théorie.

Les difficultés de la vulgarisation sont peut-être l'envers des difficultés de la science : si le discours de vulgarisation développe une interprétation toujours contestable de la science, c'est parce que la science ne sait pas résoudre autrement qu'en marchant le problème de sa méthode ; si la vulgarisation pose toujours de façon obstinée la question du sens de la science, c'est parce que la coupure que la science institue avec le destin individuel et social n'est jamais absolue. « La vulgarisation, écrit Jean-Claude

1. Daniel Kunth, *La place du chercheur dans la vulgarisation scientifique,* rapport rédigé pour la Délégation à l'information scientifique et technique, ministère de la Recherche et de l'Espace, septembre 1992.
2. Les confessions d'un vulgarisateur devenu chercheur, *in* S. Aït el Hadj et C. Belisle (éd.), *Vulgariser, un défi ou un mythe ?,* Chronique sociale, Lyon, 1985, p. 57.
3. Marie-Françoise Mortureux observe, à propos du détournement que fait Fontenelle de certaines comparaisons de Descartes, qu'il s'agit précisément de questions particulièrement difficiles pour la théorie mécaniste ; elle formule à partir de là l'idée d'un rôle critique de la vulgarisation. « C'est lorsqu'on veut diffuser une théorie — l'enseigner, mais plus encore la vulgariser — qu'on peut prendre le mieux conscience de ses difficultés, des problèmes qu'elle pose et ne résout pas » (*op. cit.,* p. 589). Cette fonction existe ; cela dit, ce n'est sans doute pas le seul regard critique sur les théories, et il est difficile de dire si c'est le meilleur.

Beaune[1], est l'expression la plus relative et la plus exemplaire des creux, incertitudes et errances partagées de la science. » En d'autres termes, elle est la manifestation tangible du risque que comporte la recherche.

Nous sommes assez près de définir l'espace dans lequel peut se déployer aujourd'hui l'activité de vulgarisation. A condition toutefois d'éviter une dernière illusion, qui serait de vouloir dire, de l'extérieur, la vérité sur la science. Ecrire la science, c'est tenir un discours qui dialogue avec d'autres discours, c'est proposer un regard synthétique sur certains aspects de la pratique scientifique. Synthétique, non pas en tant qu'il totaliserait les savoirs scientifiques[2], ni même en ce qu'il pourrait en révéler l'essentiel. Synthétique, en ce qu'il s'organise, ouvertement, comme un point de vue porté par un auteur sur la science, un point de vue d'où la science peut être regardée. Car le vulgarisateur n'est pas davantage que le chercheur capable de *dire la vérité* de la science, même si sa perspective est plus globale.

Nous rejoignons ici les conclusions auxquelles aboutissait la critique du modèle de la traduction. Une dernière variante de ce modèle, que j'emprunte à Michel Callon[3], permettra de clore ce moment de la discussion. Michel Callon propose l'exemple d'un ensemble technico-social simple, éloigné des spéculations les plus générales, mais tout à fait suffisant pour la question qui nous intéresse, dans sa plus grande généralité, celui d'une boulangerie. Il montre que la perception des processus techniques liés à la préparation du pain varie beaucoup selon qu'il s'agit du client, du boulanger, de la boulangère et du mitron. Chacun de ces acteurs a un

1. Jean-Claude Beaune, La vulgarisation scientifique, l'ombre des techniques, *in* D. Jacobi et B. Schiele (éd.), *Vulgariser la science, le procès de l'ignorance,* Champ Vallon, 1988, p. 62.
2. Auguste Comte serait représentatif d'une telle prétention (cf. François Dagognet, Histoire et principes de la vulgarisation, *in* L. Sfez (éd.), *Dictionnaire critique de la communication,* Presses Universitaires de France, 1993).
3. Michel Callon, Boîtes noires et opérations de traduction, *Economie et humanisme,* n° 262, novembre-décembre 1981, p. 53 à 59. Ici encore, une analyse en elle-même fondée recourt abusivement à la métaphore de la traduction. Ce qui est ici défini ne constitue pas un ensemble de traductions, mais de formations discursives originales.

langage propre, ainsi qu'une connaissance limitée du système socio-technique, connaissance ici représentée par l'image d'une série de boîtes noires enchâssées.

> Une boîte noire, explique Michel Callon, en cache toujours une autre ou plutôt plusieurs autres. Qui entre dans l'arrière-boutique et croit comprendre ce qui s'y passe lorsqu'il découvre le four, le boulanger, la farine et le mitron, est rapidement entraîné vers l'obscurité et n'en finit pas de plonger dans le noir : comment marche le four, pourquoi le mitron accepte-t-il cette vie de chien, pourquoi le boulanger ne laisse-t-il pas tout tomber ? Le discours *dans* la boîte noire est aussi un discours *sur* d'autres boîtes noires[1].

Dans cette perspective, l'activité réalisée par exemple par la boulangère, quand elle joue un rôle de médiation entre le discours du boulanger et celui du client (activité que Michel Callon nomme après d'autres « traduction »), est une « opération qui réduit un discours dans une boîte noire en un discours sur cette boîte noire (ou *vice versa*) »[2]. C'est-à-dire qu'il ne s'agit toujours pas, bien sûr, d'une traduction, mais de la production d'un nouveau discours, construit à partir d'un autre point de vue.

J'économiserais volontiers la métaphore de la boîte noire qui me paraît doublement gênante, assimilant un peu vite le savoir humain à un processus mécanique de traitement de l'information et plaçant sur le même plan des entités sur lesquels savoir quelque chose n'a pas le même sens, comme un four et un mitron. Mais je propose de retenir de cet exemple que tout discours définit en s'énonçant les frontières de son savoir et de son ignorance, qu'il se tient doublement, de ce qu'il donne à connaître et de ce qu'il ignore. « N'importe quel discours est réducteur. Il simplifie la réalité pour en parler »[3], il a besoin pour exister de cette simplification réaliste. Toute forme de discours articule des savoirs et des ignorances. Par exemple, certaines formes de communication scientifique sont réglées pour assurer un contrôle strict des méthodes et pour se défendre contre la force de conviction du style ; en

1. *Ibid.*, p. 55.
2. *Ibid.*, p. 56.
3. *Ibid.*, p. 55.

revanche, elles conduisent à mettre entre parenthèses les conditions sociales et économiques de la recherche, la relation subjective du chercheur à son travail, les enjeux sociaux ou éthiques des découvertes. Il n'y a pas de discours de la vérité tous azimuts. Chaque stratégie de discours est un ensemble de choix plus ou moins conscients sur ce qu'on fait savoir et ce qu'on laisse ignorer.

Notre analyse des textes de vulgarisation correspondra à l'idée d'une production textuelle ayant, dans une situation de communication particulière, une dynamique particulière et aboutissant à une répartition particulière des savoirs et des ignorances. Une répartition différente de celle des divers discours des spécialistes, différente aussi d'autres discours de vulgarisation. Nous essaierons de faire davantage : de voir comment les choix formels au sein du discours de vulgarisation contribuent à cette répartition du savoir et de l'ignorance.

II

PROBLÉMATIQUE DE L'APPROPRIATION DES SAVOIRS

Chacune des idéologies étudiées jusqu'ici associe à sa façon les réalités que l'étymologie nous avait fait rencontrer : langage, savoir, organisation sociale. Le modèle de la diffusion repose sur une conception industrielle du social, dont l'efficacité va de soi, puisque le savoir équivaut à une information et la langue à un vecteur ; la métaphore de la traduction attribue un rôle au langage, mais replie, au prix d'une extrême simplification, les questions sociales et épistémologiques sur une technique linguistique ; l'idée d'une éducation sociale assimile communication, connaissance et démocratie, réalités dont elle postule la convergence naturelle ; le courant du soupçon, hanté par la pureté du savoir, voit dans le langage et la socialisation des sources de dégradation ; les militants d'une culture de synthèse posent, non sans ambiguïté, la responsabilité d'un discours qui construit, à sa manière, à partir d'une lecture de l'activité scientifique, une proposition de sens et une relation culturelle.

Chemin faisant, la critique des modèles simplificateurs nous révèle quelques sources de perplexité. Par-delà le constat de l'hétérogénéité irréductible du langage de la vulgarisation, nous pouvons entreprendre de décrire la façon dont se constituent et se tissent les diverses terminologies. Une autre difficulté concerne les rapports entre la science et les autres formes de connaissance, rapports qui ne prennent jamais la forme d'une simple duplication. Enfin, la responsabilité du vulgarisateur résiste à toute tentative pour enfermer son travail dans une logique sociale et politique ; même si les effets de mode intellectuelle conduisent tantôt à l'apologie de l'entreprise vulgarisatrice, tantôt à sa contemption, il est clair que la vulgarisation des sciences peut aussi bien être une ressource pour l'autonomie qu'un instrument de soumission.

Il est nécessaire de regarder de près ces questions que désignent les idéologies, par l'effort vain qu'elles font pour y répondre. Il est en outre une quatrième question tout aussi présente à l'horizon de la vulgarisation, du simple fait que le métier de vulgarisateur consiste notamment à procurer au lecteur un certain plaisir de lecture. Cette question, étrangement absente des modèles étudiés précédemment parce qu'elle semble aller de soi, pourrait se formuler ainsi : pourquoi souhaiterions-nous savoir ?

Ces quatre questions se croisent, ce qui n'est pas pour nous surprendre. Leurs conclusions conduiront à identifier quelques-uns des enjeux que doivent avoir présents à l'esprit l'auteur et le lecteur de vulgarisation.

Les mots qui disent la science

> Sans sacrifier en rien le sérieux du message que nous avons à transmettre, nous mettons à profit la liberté du journaliste en employant, par exemple, le langage de tous les jours, pour nous exprimer, alors que les scientifiques utilisent la langue codifiée de leurs laboratoires[1].

Cette déclaration du journaliste vénézuélien Aristides Bastidas résume bien le pari et le parti traditionnels du vulgarisateur en matière de langue. Son parti est celui des gens qui s'abstiennent du jargon, de l'ésotérisme. Son pari est que le savoir peut se dire dans un langage différent de celui dans lequel il a été élaboré. Une telle

1. Aristides Bastidas, journaliste scientifique à *El Nacional* (Venezuela), discours de réception du prix Kalinga 1980, Unesco. Le prix Kalinga a été institué en 1951 pour récompenser des auteurs de vulgarisation du monde entier.

bonne volonté linguistique, une pareille générosité dans la communication sont précieuses ; sans elles, la tradition vulgarisatrice ne se serait pas développée. Mais elles cachent la complexité réelle des faits de langue liés à l'élaboration des savoirs, à leur institutionnalisation et à leur réappropriation. Peut-être même faut-il parler à ce propos de myopie linguistique. C'est comme si, en matière de langage scientifique, vouloir suffisait pour pouvoir. Le colloque tenu en 1968 par l'Association des écrivains scientifiques de France[1] sur le thème « la langue de la vulgarisation scientifique » témoigne de cette situation étrange. On y aborde beaucoup de questions *voisines* de ce projet linguistique : les néologismes des scientifiques, le franglais, les fautes de français des prix de concours général, les inexactitudes scientifiques permises au journaliste, la correction grammaticale ; mais la façon dont les vulgarisateurs emploient les termes scientifiques et les introduisent dans leurs explications, les ressorts dont ils disposent pour les faire comprendre, restent dans les marges du débat, n'y apparaissant que furtivement. Le sujet paraît trop simple, ou trop douloureux, pour être concrètement abordé, au-delà des déclarations d'intention.

Comme nous l'avons observé en critiquant le modèle de la traduction, l'hétérogénéité des pratiques et des ressources linguistiques n'est pas seulement dans les coulisses de la scène vulgarisatrice, elle est manifestée, désignée, voire construite au fil du texte. C'est ce qui fait de la vulgarisation un objet privilégié pour les linguistes qui étudient la diversité des pratiques dans une même communauté. Le discours de vulgarisation constitue un exemple de communication confrontée à ses limites. A la lecture de la vulgarisation, nous reproduisons inlassablement un même constat : *la* langue que les linguistes ont cherché à isoler de la parole depuis Saussure, ce capital commun aux membres d'une même communauté, n'est au mieux qu'un idéal, au pis qu'un fantasme ; il faut même un projet éditorial et une straté-

1. Association des écrivains scientifiques de France, sixième réunion-débat, « La langue de la vulgarisation scientifique », Palais de la Découverte, 22 octobre 1968.

gie de discours particuliers pour surmonter, partiellement et provisoirement, la profonde hétérogénéité d'une langue.

Avec les études que les linguistes ont consacrées depuis une dizaine d'années aux procédures discursives de la vulgarisation, le problème commence à être posé en termes rigoureux. Pour le vulgarisateur, le langage scientifique n'est pas seulement la *source* du discours, comme le texte original l'est pour le traducteur ; il est aussi l'*objet* même du discours. Là où le traducteur propose un texte lisible à la manière du texte original, le vulgarisateur désigne sans cesse un texte absent, qui serait celui de la vraie science[1]. Ce qui se réalise n'est pas l'effacement d'une langue au bénéfice d'une autre, mais la construction d'une configuration linguistique complexe. La question n'est toutefois complètement posée que si l'on ne traite pas trop vite l'existence d'une langue scientifique comme un fait non problématique. Car la première difficulté que rencontre le vulgarisateur est la diversité des pratiques linguistiques de la communauté scientifique elle-même et la pluralité des modes d'interprétation qu'elles autorisent. La chose est assez fondamentale pour qu'il soit nécessaire d'évoquer brièvement la nature des terminologies scientifiques et les rapports qu'elles peuvent avoir avec les langues d'usage courant dans la société, avant de revenir aux conditions de leur intervention dans le discours de vulgarisation.

Les systèmes symboliques auxquels recourt la science sont partie intégrante de la démarche de constitution des savoirs. Rappelant que la formulation d'une connaissance scientifique, sa présentation iconique ou verbale, n'est pas la simple expression comme allant de soi d'une conceptualisation déjà formée, André Giordan déclarait au cours d'un colloque récent :

> La démarche scientifique articule continuellement des activités d'investigation et des activités de symbolisation, de formulation et de communication[2].

1. Jacqueline Authier, La mise en scène de la communication dans des discours de vulgarisation scientifique, *Langue française*, n° 53, février 1982, p. 34-47.
2. *Signes et discours dans l'éducation et la vulgarisation scientifiques*, sixièmes Journées internationales sur l'éducation scientifique, janvier 1984, André Giordan et Jean-Louis Martinand (éd.), p. 36.

Une formulation plus fondamentale de ce constat est proposée par Anne Decrosse :

> Le média[1], écrit-elle, est toujours-déjà présent dans l'univers des pratiques scientifiques d'une façon spécifiée : concept, théorie, doute, erreur, controverse médiatisent l'impensable qui, de ce fait, devient nommable[2].

La science se définit dès lors comme un procès particulier et réglé d'élaboration du sens, une sémiose spécifique, dans laquelle la nature des signes et les caractères de la connaissance ne peuvent être dissociés. Aussi la recherche scientifique ne se distinguera pas de la vulgarisation comme le savoir pur de son expression rhétorique, mais comme deux médiations différentes pour construire, corrélativement, des représentations de mots et des représentations de choses. Le pouvoir médiateur des signes ne fait pas incursion avec la vulgarisation. Il est déjà présent dans toute formulation de savoir.

De ce point de vue, le langage utilisé dans la vie courante présente plusieurs défauts aux yeux du scientifique : il est chargé de subjectivité, s'inscrit dans une relation d'interaction, convoque des associations de termes et d'images. Aussi les langues de spécialité constituent-elles un effort pour s'affranchir de ces menaces, pour mettre en place les conditions d'une communication sans ambiguïté, universalisable, aussi indépendante que possible de la situation et de l'événement. Mais — c'est ici que réside la complexité du problème — elles ne peuvent le faire qu'en tentant une sorte de coup d'état linguistique, fonctionnant comme des langues dans la langue. Bernard Quemada définit ainsi cette tension :

> Les impératifs généraux de la communication technique font que, si elle n'échappe pas aux phénomènes généraux du langage, elle doit, en toute hypo-

1. Il faut entendre ici ce terme comme désignant un ensemble de matériaux symboliques affectant les modalités de construction du savoir et non un dispositif technologique pris pour lui-même.
2. Anne Decrosse et Jean-Paul Natali (éd.), *Sciences et médias, penser, imaginer, connaître,* Didier Erudition, 1988, p. 7.

thèse, mettre en œuvre des palliatifs propres à lui permettre d'assurer ses fonctions particulières[1].

C'est sans doute dans ce double statut du langage scientifique, à la fois plongé dans la langue et artificiellement arraché à elle, que réside la principale difficulté linguistique rencontrée par le pari d'écrire la science.

La tentation est forte de prendre pour un fait avéré la norme que se donne ce projet. Il existe en effet des descriptions du langage scientifique qui lui attribuent les caractères évoqués plus haut. Certaines comparaisons en règle entre langue scientifique et langue commune proposent les traits distinctifs suivants : la langue scientifique est plus précise, plus univoque (moins ambiguë), plus économe, plus objective et neutre[2]. Ces tendances méritent d'être notées; elles éclairent certaines des difficultés que rencontre le vulgarisateur. Mais les analyses empiriques de la communication entre spécialistes fournissent bien des occasions de contester une telle simplification, de montrer que les « langages » scientifiques n'échappent pas tout à fait à la complexité des faits de langage tout court.

La première remarque est qu'il n'existe pas, en toute rigueur, de « langue » scientifique, mais plutôt des incursions limitées et plus ou moins méthodiques au sein de l'univers linguistique. La plus évidente de ces incursions est lexicale. Il s'agit de la terminologie : à partir du XVIIIe siècle une langue savante et unifiée de la technique se met en place, qui donne lieu à une activité particulière, la « technologie ». Le dictionnaire de Bescherelle définit d'ailleurs encore en 1871 la technologie comme « explication des termes propres aux différents métiers »[3]. Le langage méthodique de la chi-

1. Bernard Quemada, Technique et langage, *in* B. Gille (éd.), *Histoire des techniques,* Gallimard, Encyclopédie de la Pléiade, 1978, p. 1147. Il s'agit ici des terminologies techniques, qui comme on va le voir présentent des différences importantes avec les terminologies scientifiques ; mais dans sa généralité cette remarque peut s'appliquer aux unes comme aux autres.

2. On trouvera une synthèse de ces études suivie de leur critique dans Bernd Spillner, Textes médicaux français et allemands, contribution à une comparaison interlinguale et interculturelle, *Langages,* n° 105, mars 1992.

3. Bescherelle, *Dictionnaire national,* 1871, vol. 2, p. 1441.

mie, « méthode de *nomenclature* » (et non plus simplement « nomenclature ») élaborée à la fin du XVIIIe siècle par un collectif sous l'égide de Guyton de Morveau, touche plus profondément peut-être l'organisation de la langue : la morphologie est concernée, puisqu'il s'agit de faire en sorte que la forme du mot indique la composition des substances. Le lecteur averti associe un type de formule chimique aux suffixes « -ate », « -eux », « -ique ». Avec les « langages » informatiques se crée une quasi-syntaxe (il s'agit d'un élargissement des possibilités de l'algèbre), avec ses règles de formation et d'articulation des énoncés.

Sommes-nous pour autant parvenus, peu à peu, à la création d'une véritable langue artificielle de la science ? Il n'en est rien. La lecture des revues de spécialité (dites « primaires ») et la fréquentation des colloques nous placent devant le constat qu'aucune communication acceptable entre scientifiques ne peut se réaliser par le seul moyen de telles ressources symboliques. Les termes techniques, les équations, les lignes de programme informatique sont des éléments, dont le sens et la pertinence s'inscrivent dans un discours formulé en langage courant, même si ce discours est laconique et marqué par certaines contraintes stylistiques : recours à des tournures stéréotypées, évitement de la subjectivité, etc.

Les chercheurs qui ont réfléchi sur les difficultés d'apprentissage du langage mathématique ont d'ailleurs fait de cette hétérogénéité symbolique un point sensible. L'étude des discours (articles de recherche, manuels d'enseignement, devoirs, thèses) fait apparaître la nécessité de combiner plusieurs systèmes de signification, avec des signifiants communs aux différents systèmes.

> En ce qui concerne plus précisément le langage scientifique, celui-ci s'avère source de difficultés ; il ne constitue en effet ni une langue particulière, ni une variante des langues naturelles, ni une simple juxtaposition des deux, mais un amalgame de ces composantes qui élabore un système de signification spécifique[1].

1. Sixièmes Journées sur l'éducation scientifique (janvier 1984), *Signes et discours dans l'éducation et la vulgarisation scientifiques,* synthèse rédigée par Viviane Vuilleumier, Genève, Giordan et Martinand (éd.), 1986, p. 14.

L'une des difficultés rencontrées par les élèves de mathématiques est d'ailleurs

> l'interaction entre les deux codes utilisés dans un texte mathématique, à savoir la langue naturelle et l'écriture symbolique, formée de signes extérieurs à la langue naturelle, tels les parenthèses[1].

Cette maîtrise d'un usage hétérogène (discours/formule) est l'une des difficultés de l'apprentissage scolaire des sciences. L'aptitude à lire un texte sémiologiquement hétérogène est pareillement l'une des exigences implicites, probablement assez sélective, de la vulgarisation[2].

Les ressorts de la création terminologique ne méritent pas davantage d'être prématurément considérés comme profondément étrangers à la vie habituelle des mots. Les considérations linguistiques sur la terminologie scientifique reposent parfois sur l'illusion d'une création méthodique et raisonnée, à partir de considérations purement conceptuelles : les terminologies scientifiques seraient l'exemple même de l'arbitraire du signe linguistique. Peut-être est-ce le cas dans les sciences mathématiques — ce n'est pas ce que disent tous les mathématiciens[3]. Mais Bernard Quemada observe la tension qui existe entre le langage scientifique et le langage technique, trop souvent masqué par le premier. Les terminologies techniques sont marquées par une profusion, une instabilité qui témoignent de leur forte dépendance vis-à-vis de l'histoire ; en regard,

> les terminologies scientifiques apparaissent d'autant plus stables et homogènes qu'à la spontanéité des précédentes, à leurs trouvailles lexicales elles opposent les caractères d'une néologie artificiellement raisonnée, [qu'elles] visent à construire artificiellement des métalangages systématiquement hiérarchisés

1. *Ibid*, p. 85. L'ouvrage propose une revue des diverses sources d'incompréhension dans le discours pédagogique des sciences, p. 75-94.
2. Cf. *infra* (V, p. 339 sq.), l'exemple d'un article employant plusieurs termes courants dans des sens spécialisés.
3. Au cours du colloque « Quelles langues pour la science ? » (Cité des sciences et de l'industrie, 9-10 janvier 1990), le mathématicien Jean-Pierre Kahane citait des expressions destinées à nommer un concept en cours de constitution : crottes de mouche, gouttes de rosée sur une toile d'araignée...

(taxinomies), alors que les précédentes doivent faire face, par des nomenclatures ouvertes, aux sollicitations innombrables et parfois redondantes de la dénomination descriptive ou évocatrice[1].

Sans doute faudrait-il même parler d'une telle tension au sein de la science, qui a toujours quelque base technique, et au sein de la technique, qui tend à se faire technologie. L'opposition du conceptuel et du pittoresque, que nous retrouverons au cœur d'une poétique de la vulgarisation, habite déjà discrètement le langage de spécialité[2]. La difficulté d'apprendre se modifie ainsi au rythme de la façon de nommer. L'effort pour conceptualiser une terminologie jusque dans sa structure a profondément marqué par exemple le langage de la chimie : d'un étiquetage du divers, celui-ci est devenu un moyen de reconnaissance de l'identique, grâce à sa morphologie raisonnée. Il s'agit à la fois d'un processus de simplification, d'abstraction et de remotivation des signes. C'est sans doute ce qui fait dire à P. Farago qu'il est plus facile d'apprendre la chimie aujourd'hui qu'à l'époque des alchimistes[3]. Plus facile, certes, car le lexique est plus ordonné et plus condensé ; mais aussi plus difficile, car la médiation du concept est devenue inévitable.

Le langage dans lequel les résultats de la science sont formulés est donc très complexe et plus proche qu'on ne croit du langage « ordinaire », ce qui ne le rend pas, paradoxalement, et loin de là, plus accessible. Mais il ne s'agit là que d'un aspect de la question que nous considérons. En outre, l'exposition des résultats ne doit pas être confondue avec la science dans son ensemble. Les conversations de laboratoire, les premières hypothèses que peut formuler un chercheur se présentent très différemment : les termes évocateurs, plus ou moins métaphoriques, l'argot de laboratoire, plus ou moins imagé, y jouent un rôle important. Georges Ricco évoque les

1. Bernard Quemada, Technique et langage, *op. cit.*, p. 1154.
2. Rotislav Kocourek définit triplement la notion de spécialité : comme un domaine spécifique du savoir, comme un niveau d'intellection, comme un degré de particularisation des objets. Chacune de ces définitions de la spécialité entraîne un regard sur le langage de spécialité (*La langue française de la technique et de la science,* Wiesbaden, Brandstetter, 1982).
3. *Op. cit.*, Is science too difficult ?, p. 15.

conversations téléphoniques qu'il a eues avec le mathématicien Morin, atteint de cécité : l'aptitude hors du commun qu'avait ce dernier à se représenter les transformations géométriques les plus complexes s'exprimait par des métaphores très matérielles.

> Pour me décrire les images qu'il voyait, raconte Georges Ricco, il utilisait le langage commun. Il était question de boudins, grosse cuisse, tranche de mandarine, lanterne vénitienne, lèvres, blagues à tabac et autres[1].

Jean-Claude Beaune parle, à ce propos, de « pré-langage de la science »[2]. Le formalisme dans lequel s'expriment les résultats met en forme et légitime un processus linguistique beaucoup plus vaste. Le chercheur est en effet, comme le lecteur de vulgarisation, « immergé dans un réseau de sens multiples et pas forcément cohérents », condition de sa créativité. « L'avant-science et l'après-science ne sont guère scientifiques sans doute, ajoute Jean-Claude Beaune, mais sans eux la science ne serait qu'une nov-langue orwellienne, une *syntaxe automatique.* »

Cette remarque concerne la créativité scientifique et le risque qu'on encourt de la rater si l'on cherche à cerner un langage scientifique bien arrêté[3]. Marie-Françoise Mortureux fait à propos de la cosmologie cartésienne des remarques du même ordre. Ce que les professeurs de physique de l'époque présentent comme une collection intangible de notions apparaît chez Descartes comme la création de concepts à partir d'une métaphore. La question concerne bien sûr directement le projet vulgarisateur : si le vulgarisateur se donne pour objet de transmettre le langage le plus formalisé, il risque de fixer abusivement la pensée scientifique dans l'un de ses états, fallacieusement promu au rang de vérité dernière. C'est le travers de certains discours pédagogiques. Le choix de Fontenelle est différent : il consiste à jouer de la métaphore, comme le théori-

1. Georges Ricco, Images et mathématiques, *in* La science à l'écran, *Cinémaction,* n° 38, Cerf, 1986, p. 50.
2. Jean-Claude Beaune, La vulgarisation scientifique, l'ombre des techniques, in *Vulgariser la science, le procès de l'ignorance,* p. 62.
3. Jean-Marc Lévy-Leblond insiste sur le rôle joué dans la recherche par la communication orale, apte à donner à la pensée la spontanéité nécessaire à l'invention (Une recherche qui se fait comme elle se parle, *Le Monde diplomatique,* janvier 1990).

cien, et même de façon encore plus systématique, mais à effacer l'opération de construction du concept au bénéfice d'une dilution dans le langage ordinaire. Là où chez Descartes, le terme de « tourbillon » renvoie à un modèle explicitement hydraulique de l'univers, chez Fontenelle le bateau qui vogue vers l'Amérique glisse doucement à la place de quelque engin spatial possible. Mais ne parle-t-on pas aujourd'hui, très sérieusement, de « vaisseau spatial », alors même que la théorie des tourbillons a fait long feu ?

Plus globalement, l'analyse de la communication des spécialistes montre que les scientifiques, quelque effort qu'ils fassent pour user d'un langage artificiel, n'en communiquent pas moins selon les ressorts ordinaires du langage, dont on doit rappeler pour clarifier le débat qu'il n'est pas *naturel* mais *social.* Aussi l'analyse des termes scientifiques ne doit-elle pas se cantonner à la fonction opératoire que ces termes reçoivent dans la théorie, fonction qui constitue, en quelque sorte, un seul versant de leur signification. Il ne suffit pas par exemple de décider qu'un terme n'aura qu'une signification pour faire disparaître toutes les dimensions de sens qui peuvent s'attacher à son étymologie, à son usage courant, aux conditions de son choix, aux connotations de sa forme, bref, à tout ce qui l'inscrit dans une *histoire.* Il n'est pour s'en convaincre que de lire le texte grec des *Eléments* d'Euclide. Les termes employés pour désigner les entités mathématiques évoquent le tracé des figures du géomètre (celui qui mesure le sol). La ligne est une trace, le point est un repère, les droites (directes) sont projetées et tombent les unes sur les autres. Le cinquième postulat, le célèbre « postulat d'Euclide », se présente moins comme l'énoncé d'une vérité générale que comme la demande qu'une construction laborieuse aboutisse à un certain résultat[1]. Peut-être la confusion que ces formulations ont pu

1. Je propose la traduction littérale suivante pour le texte grec : « Il est demandé que si une directe tombant sur deux directes fait des angles de l'intérieur du même côté inférieurs à deux droits, les directes projetées vers l'infini tombent l'une sur l'autre du côté où sont les angles inférieurs à deux droits. » Il s'agit du texte le plus ancien parvenu jusqu'à nous, édité au début du XIXe siècle après sa redécouverte au moment de la campagne d'Italie. Le texte grec peut être consulté dans l'édition de Georges Kayas, CNRS, 1978.

entretenir entre la mesure d'un espace concret et la construction d'un espace idéal est-elle pour quelque chose dans la longue réticence à regarder le système euclidien comme un système réellement axiomatisé ? Même si l'on a pu dire que les entités géométriques peuvent recevoir n'importe quel nom, le cinquième postulat ne nous est pas parvenu dans ces termes, empruntés à l'Oulipo :

> Si deux drôles situés dans un plancher font avec une même sécession des angoisses intérieures de la même côtelette dont le sommeil soit plus petit que deux droitures, ces deux drôles se rencontrent dans cette côtelette.

En somme, ce que l'étude des langages de la science nous propose, c'est la tension la plus extrême entre une norme et son usage. La radicalisation de ce phénomène est propre à la science, non ce phénomène lui-même, qui se rencontre partout où l'homme cherche à enfermer sa pratique dans un code. Nous retrouverons le même paroxysme de cette tension à propos de la méthode scientifique.

Plus largement, les termes scientifiques n'échappent pas au phénomène sémiologique plus général de la connotation qui fait que le sens d'un signe ou un ensemble de signes peut toujours être le point de départ d'une interprétation seconde. Il y a par exemple dans notre société une forte connotation positive des termes scientifiques. Cela signifie qu'employer un terme de spécialité évoque, outre le sens propre de ce terme, tout ce que peut suggérer dans une situation déterminée le choix même de recourir à une terminologie savante, et à telle ou telle terminologie savante. La « courbe de Gauss » est un signe extérieur de scientificité, pour le technocrate qui la cite et pour la mesure qu'il propose, en même temps qu'elle désigne un type de distribution statistique. L'exemple de l'emploi des termes scientifiques dans la publicité est classique. L'idée n'est pas nouvelle. Lors du débat de l'Association des écrivains scientifiques de France précédemment cité, l'un des participants citait avec inquiétude un article d'Yves Alexandre énonçant crûment ce phénomène :

> Il peut être utile, écrivait le publicitaire, de glisser quelques termes savants, voire pseudo-scientifiques, auxquels les lecteurs la plupart du temps ne comprendront rien, mais qui aideront à donner une impression de sérieux.

Pierre Bourdieu dénonce de même la rhétorique de la scientificité chez les (autres) sociologues. Par exemple, il observe que les marques de distance entre langage scientifique et langage courant peuvent avoir deux fonctions bien différentes. Dans un usage construit du langage scientifique, les guillemets indiquent que le concept est méthodiquement redéfini ; chez les faux scientifiques, en revanche, les « doxosophes », les mêmes guillemets peuvent manifester une distance fictive avec la pensée commune, en réalité totalement réactivée par le discours apparemment scientifique[1]. Ce dernier exemple nous rappelle que la terminologie fonctionne également comme signe de sérieux ou de distinction au sein de la communauté scientifique, sans que cette fonction puisse être vraiment coupée de la fonction de formalisation des concepts. Certains scientifiques vont jusqu'à dénoncer chez leurs pairs ce recours systématique à une terminologie artificielle. Jean Hamburger écrit par exemple, à propos de ses collègues médecins :

> Pour revenir à l'étiologie, il arrive qu'on emploie ce mot d'une façon totalement erronée. L'étiologie est la science de la cause, ce n'est pas la cause elle-même. Il est impropre de dire qu'une maladie n'a apparemment pas d'étiologie (voulant dire qu'elle n'a pas de cause apparente), comme il serait impropre de dire que la Hollande n'a pas d'œnologie pour exprimer qu'on n'y fait pas de vin. En outre, c'est tellement plus simple d'énoncer : « Je n'ai pas trouvé la cause de la maladie » au patient que de dire : « Je n'ai pas trouvé son étiologie »[2].

On notera au passage que l'abus du jargon est ici critiqué du double point de vue de la clarté de la pensée et de la sociabilité de la conversation.

L'emploi des termes scientifiques en vulgarisation n'échappe pas à cette logique : un terme scientifique peut être un simple signe de crédibilité[3] ; sa présence donne au lecteur l'occasion d'exhiber

1. Pierre Bourdieu, The specificity of the scientific field and the social conditions of the progress of reason, *Information sur les sciences sociales,* 1975, XIV, 6, p. 35 et Le champ scientifique, *Actes de la recherche en sciences sociales,* 1976, 2-3.
2. Jean Hamburger, *Introduction au langage de la médecine,* Flammarion, 1982, p. 15.
3. Baudouin Jurdant nomme ce phénomène « vraisembilisation » : il s'agit de parsemer un discours tout à fait idéologique d'un ensemble de « signifiants conformes » qui peuvent faire croire que le discours est semblable au vrai (Vulgarisation scientifique et idéologie, *Communications,* n° 14, 1969).

une familiarité gratifiante[1]. Toutefois, ce phénomène n'est pas créé *ex nihilo* par la vulgarisation, car la sélection des termes légitimes par la communauté scientifique n'est jamais dépourvue de connotations.

> Le recours aux préfixes savants [...] a lieu sous la double impulsion de la langue commerciale, toujours avide de créations marquantes, et des modèles anglo-américains à travers lesquels ils apparaissent souvent[2].

D'ailleurs l'histoire de la terminologie scientifique est une illustration très riche du sens de ces sélections : on y voit le refoulement de certains parlers populaires, le rejet de certaines métaphores tirées du métier, au bénéfice d'autres modes de désignation. Le choix de la terminologie est lui-même un enjeu social, comme le montre la citation de Furetière que donne Bernard Quemada :

> Un mathématicien pour parler de l'Appuy d'un levier a recours au grec, et l'appelle hypomoclion, parce qu'il ne sait pas le nom françoys que luy donnent les ouvriers, qui l'appellent orgueïl, et ainsi des autres[3].

Cet exemple, où Furetière place malicieusement, soit dit en passant, l'ignorance du côté du savant, est de nature à relativiser la tentation de faire du terme retenu par l'usage scientifique un type de langage purement codé ou dénué d'ambiguïté. Le choix est signifiant ; il mobilise toute une dimension de signification connotative, évoquant dans un cas la technicité maîtrisée de la construction étymologique[4], dans l'autre la désignation de rapports sociaux et moraux par le biais des objets techniques. Ces connotations jouent un rôle dans une économie linguistique particulière aux « tribus »

1. Ces phénomènes sont en rapport avec le statut culturel de la science dans une société : l'acquisition d'un vocabulaire savant n'a pas du tout le même sens au sein des sociétés où le travail et l'activité professionnelle doivent être bannis des conversations, comme c'est le cas dans la sociabilité aristocratique et lorsque la rationalité des conduites et la réussite des entreprises techniques sont la marque de l'excellence. Cf. *infra,* III, p. 166 sq. et 195 sq.
2. Bernard Quemada, *op. cit.,* 1200.
3. Factums, cité par Bernard Quemada, *op. cit.,* p. 1152.
4. La terminologie scientifique et technique se rattache aux faits linguistiques par ses modes de formation, historiquement situés et morphologiquement descriptibles. Bernard Quemada et Rotislav Kocourek *(op. cit.)* détaillent ces procédures.

techniques, qui fait sortir le linguiste de sa réserve et le pousse à la normativité :

> L'innovation permanente, le mythe du progrès et la concurrence de principe ajoutent à l'intense prolifération des terminologies et des techniques, qui caractérise l'âge industriel et commercial. Cela ne va pas sans favoriser aussi une forte néologie parasitaire faite de créations parallèles, d'emprunts superflus, de surenchères sans objet ou de superpositions imprécises[1].

C'est dire que, du point de vue de la linguistique, la construction du langage scientifique ne saurait reposer sur une simple nécessité fonctionnelle. C'est dire aussi qu'à la limite la création néologique peut se retourner contre la clarté méthodologique dont elle s'autorise, car la langue ne se laisse pas définitivement canaliser dans la méthode.

Le choix, l'illustration, la définition des termes scientifiques dans les textes de vulgarisation mobilisent toute cette épaisseur du langage scientifique ; ils restituent même une partie de ce qui rend ce dernier vivant, à l'inverse du discours du traité, qui feint le plus souvent de n'avoir jamais été créé et de ne pouvoir être transformé. C'est ce qui définit la responsabilité du vulgarisateur, et aussi sa position particulière par rapport à la terminologie scientifique, position qui apparaît manifestement dans le débat de l'Association des écrivains scientifiques de France. On y observe le paradoxe suivant : dès le départ, le débat a glissé comme on l'a dit du langage employé par le vulgarisateur vers celui du scientifique et son éthique : place de la néologie, américanismes, rigueur de la création des termes, etc. Tout se passe comme si les vulgarisateurs ne pouvaient rester à leur place et devaient se poser en juges des pratiques linguistiques des savants. En même temps, ce lieu privilégié pour questionner le langage scientifique est celui où l'on se déclare totalement impuissant à sa transformation. L'un des participants le dit, vers la fin des débats, avec un humour un peu tragique :

> En réalité, cette discussion, au moins sur le vocabulaire, est presque sans objet, parce que je crois que vous demandez aux vulgarisateurs des choses qu'ils ne

1. Bernard Quemada, *op. cit.*, p. 1236-1237.

> peuvent pas vous donner. Quand un concept scientifique, une invention, arrive au stade de la vulgarisation, il est trop tard, elle représente déjà une chose qui est établie, et c'est au stade de la création qu'il faudrait reprendre le vocabulaire[1].

Au premier abord, la langue scientifique est transcendante au discours de vulgarisation, à la manière d'un texte religieux. C'est ce que laissait entendre la définition de la vulgarisation comme interprétation, comme herméneutique de la science : la vulgarisation n'a pas, pour sa part, en principe à réaliser une création néologique. Cela tient au statut différent des vocabulaires, celui de la science et celui de la vulgarisation des sciences, exprimé en ces termes par François Le Lionnais :

> Le vocabulaire de la science est autre chose que le vocabulaire de la vulgarisation scientifique. La vulgarisation scientifique est bien forcée de prendre à la science un certain nombre de mots quelle n'a pas le droit de changer. Mais, à côté de cela, elle peut tenter d'expliquer ces termes scientifiques dans le langage ordinaire, et c'est cela qu'on doit lui demander dans beaucoup de cas : donner le terme scientifique et le faire suivre de son explication d'une manière simple.

Notion de langue héritée, de langue reçue, de langue transcendante. La pratique de la citation, de l'exégèse, du commentaire est à l'arrière-plan du travail du vulgarisateur.

Mais cette réponse simplifie à l'excès les choses. La vulgarisation joue un rôle essentiel en sélectionnant et en banalisant les termes scientifiques qui passent dans l'usage courant. En outre, le récit vulgarisateur autorise les explications historiques, les commentaires et jugements qui contribuent à définir un regard sur la néologie. Enfin, comme on l'a vu, les scientifiques ne sont pas insensibles à l'anticipation du succès que leurs termes pourront avoir dans le public, au caractère évocateur de leur forme, à leur aptitude à s'inscrire dans une rhétorique : c'est très sensible par exemple dans l'informatique. Le modèle peut, en quelque sorte, se retourner partiellement. La vulgarisation n'est pas seulement

1. Association des écrivains scientifiques de France, sixième réunion-débat, p. 50. La citation de François Le Lionnais est tirée du même débat.

sujette du discours scientifique ; elle peut, dans une certaine mesure, en apparaître comme l'ordonnatrice. C'est une responsabilité dont les vulgarisateurs font état, par exemple, lorsqu'il s'agit de l'américanisation des termes. La science s'exprime de plus en plus dans une sous-langue de l'américain : la vulgarisation doit, entend-on, choisir son camp par rapport à l'importation des vocables ou à leur traduction. La preuve en est que le débat sur la responsabilité des vulgarisateurs en matière de soumission à l'anglo-américain n'a pas été clos par la réponse de François Le Lionnais. Il était encore par exemple au centre des discussions du Forum de la communication scientifique et technique intitulé « Quelles langues pour la science ? », organisé à la Cité des sciences et de l'industrie en janvier 1990.

Ce jeu de soumission ambiguë du vulgarisateur au langage de la science se déploie de façon très démonstrative dans un passage de Louis Figuier concernant un terme devenu aujourd'hui fort banal, passage qui mérite d'être cité *in extenso*.

> Les appareils dans lesquels on recueille l'électricité résultant de l'accomplissement d'une action chimique s'appellent *piles.* C'est par une étrange paresse d'esprit, chez les savants de tous les pays, que ce mot de *pile,* employé en 1800 par Volta, pour désigner la première forme que le célèbre physicien d'Italie donna à son merveilleux appareil, est conservé de nos jours, et sert, depuis près d'un siècle, à désigner des appareils qui, par leur forme et leur objet, jurent véritablement avec le nom qu'on leur donne. Appeler *pile* l'instrument que Volta construisit pour produire un courant électrique, et qui se composait de la superposition d'un grand nombre de couples de zinc et de cuivre formant un entassement, une *pile* de couples métalliques, semblables à une *pile d'assiettes,* cela peut se concevoir, puisque c'est le nom que Volta lui donna, mais donner le même nom aux vases de Grove, de Bunsen, de Leclanché, de Grenet et à l'interminable série d'appareils analogues créés depuis Volta, c'est un étrange non-sens. Pourquoi ne pas employer, par exemple, le mot de *générateur d'électricité,* ou un vocable analogue ? Mais nous n'avons pas la prétention de réformer le langage scientifique, et cette protestation une fois faite contre le mot bizarre et suranné, nous l'emploierons comme tout le monde, afin d'être compris[1].

1. Louis Figuier, L'éclairage électrique, *Les nouvelles conquêtes de la science,* 1888, réédité in *Les merveilles de l'électricité,* Association pour l'histoire de l'électricité en France, 1985, p. 128.

Ce passage résume peut-être tous les paradoxes de la posture vulgarisatrice vis-à-vis de la terminologie scientifique. Derrière l'acte final d'allégeance, auquel la déclaration de Le Lionnais fait parfaitement écho, se cache tout le pouvoir réel du vulgarisateur sur le langage scientifique, pouvoir de l'écrivain sur les mots dont il use. Le vulgarisateur jouit de la liberté de juger le terme, alors que le chercheur a coutume de le reprendre. Il peut en remotiver le sens, arrachant le terme à son statut de *code* et lui imposant une conformité à l'*usage* : si ça ne ressemble pas à une pile (d'objets), ça ne doit pas se nommer « pile » (électrique). Il place le terme dans une perspective historique, dans laquelle la pensée métaphorique a toute sa place. En un mot, le vulgarisateur ne se contente pas de citer et d'expliciter : il dispose d'un savoir que le praticien de la science a perdu — et il l'expose.

S'il est nécessaire de rappeler que le langage scientifique n'échappe pas à la complexité des faits symboliques et se prête à une pluralité d'interprétations, ce constat n'équivaut pas à nier le caractère particulier des faits de signification liés à la connaissance. Il serait tout aussi erroné d'assimiler simplement le langage de la recherche et celui de la vulgarisation que d'isoler artificiellement les terminologies scientifiques de la vie sociale.

La coupure linguistique entre la communauté scientifique et le public de la vulgarisation peut être interprétée en termes de pouvoir social. Parler ou ne pas parler la même langue est sans doute la condition fondamentale du débat ou de l'exclusion. La partie la plus visible — la plus légitimement visible — de cette question est l'accusation couramment adressée au scientifique de se protéger contre le contrôle de son activité ou contre le développement d'une démocratie de la science par l'usage de son jargon. Voici une version radicale de cette accusation, dans la bouche de l'ingénieur Louis Armand :

> La compréhension de la technique permet d'échapper à ceux dont la spécialité est de tromper les ministres et les citoyens par des exposés ésotériques et qui ont le cynisme de s'en vanter entre eux[1].

1. Association des écrivains scientifiques de France, sixième réunion-débat, p. 8.

Sans évoquer nécessairement une telle malhonnêteté, de nombreux journalistes pourraient souscrire à une déclaration comme celle de Martine Barrère : « Lorsqu'un journaliste se présente dans un laboratoire, *a fortiori* s'il n'a jamais lui-même appartenu à un moment ou à un autre au milieu scientifique, il y a une barrière invisible qui se met en place, de par la façon qu'a le scientifique de présenter les choses, une barrière telle que non seulement le journaliste ne comprend rien, mais souvent il n'ose même plus poser de questions. »[1]. Cette violence symbolique de la langue, par laquelle le débat peut être rendu impossible, est l'un des thèmes de la vulgarisation militante du siècle dernier. Même si cette question acquiert aujourd'hui une acuité particulière, sa problématique est fort ancienne. La question de la différence des langues joue par exemple un rôle essentiel dans le procès de Galilée. A partir du moment où le savant décide d'écrire en langue vulgaire son *Dialogue sur les deux plus importants systèmes du monde* (choix dont on notera qu'il s'accompagne de choix stylistiques qui se rattachent plus généralement à la logique de la vulgarisation[2]), la solution d'abord envisagée de cantonner la doctrine de Copernic au statut de pure hypothèse, exposée « *ex supposi-*

1. Martine Barrère, Les principales difficultés dans la vulgarisation scientifique viennent du milieu scientifique lui-même, *in* C. Belisle et S. Aït El Hadj (éd.), *Vulgariser : un défi ou un mythe ?*, Chronique sociale, 1985, p. 20.

2. Parmi les griefs qui sont adressés à Galilée, la forme littéraire de son texte joue un rôle important. Il est de fait que le dialogue et les caricatures implicites qu'il autorise ne s'accordent guère avec la prétention affichée par le Pisan d'exposer objectivement les pièces de la controverse. Le *Dialogue sur les deux principaux systèmes du monde* opère deux glissements parallèles : il fait passer la discussion du cadre social de la controverse cléricale à celui de la propagande publique et du statut de critique d'hypothèses théoriques à la confrontation de représentations du monde. Ce passage au rhétorique est sans doute une faute essentielle de Galilée. Dans le dossier constitué à la demande d'Urbain VIII, on reproche par exemple à Galilée d' « avoir placé la médecine finale [l'énoncé de la doctrine officielle] dans la bouche d'un sot, et dans une partie que l'on ne réussit même pas à trouver, si ce n'est avec difficulté ; l'avoir fait approuver ensuite froidement par l'autre interlocuteur, et en faisant à peine allusion à ce qui est bien, sans le faire ressortir, ce qui veut dire qu'on en parle à contre-cœur ». La postérité n'a sans doute pas assez mesuré que ce qui est en jeu dans ce procès, c'est aussi la transgression, au bénéfice de ce qu'il faut bien appeler une première tentative de vulgarisation, des règles de l'écriture scientifique.

tione »[1] au sein des cénacles de spécialistes, ne tient plus. Les registres du procès[2] ne font état que de diffusion dans le peuple et de conversations indiscrètes. Le choix de langue est un choix, conscient ou non, de public, de mode de discussion, d'alliances politiques. Choix qui, à court terme, manque en l'occurrence de réalisme politique, mais, à long terme, érige une controverse scientifique en mythe constitutif de la modernité démocratique[3].

Toutefois, l'idée d'un jargon monopolisé par une caste pourrait nous faire manquer l'essentiel de l'analyse. Ici, la question linguistique se pose dans le cadre d'une relation à la connaissance.

> En fait ou en droit, toute langue technique conserve le caractère initiatique inclus dans l'obligation de n'accéder au sens des mots qu'après avoir été instruit du secret des choses[4].

On pourrait en conclure un peu vite qu'il suffirait de bannir les termes scientifiques pour que les barrières culturelles et sociales tombent. La question linguistique se noue ici à la question épistémologique, car ce qui est en jeu, nous l'avons déjà rencontré à propos de la lettre de Marx à La Châtre, c'est le caractère construit du savoir.

Le versant linguistique de la question est savoureusement exposé par Thomas de Quincey, dans un chapitre de ses *Lettres à un*

1. Il semble que lors du voyage de Galilée à Rome, en 1615, Bellarmin lui aurait demandé, non d'abandonner totalement la théorie de Copernic, mais de ne l'enseigner que sous la forme d'une hypothèse, commode pour les calculs, mais dénuée de valeur spécifique de vérité. Les pièces du procès de 1633 font état au contraire, à propos de cette conversation, d'une interdiction inconditionnelle de professer cette théorie *(quovis modo teneat, doceat, aut defendat, verbo aut scriptis)*. Il n'est pas interdit de penser qu'entre-temps la publication en langue vulgaire d'un dialogue mettant en scène des personnages concrets, avec leur pouvoir de conviction et leur ridicule, a rendu impossible la solution de compromis.
2. Les pièces du procès sont recueillies et situées dans le livre de François Lo Chiatto et Sergio Marconi, *Galilée entre le pouvoir et le savoir,* Alinéa, 1988. C'est à cet ouvrage que sont empruntés les éléments des notes précédentes.
3. Pour ce qui est de la scientificité des thèses héliocentriques, notre époque a conclu que Galilée avait raison, et elle regarde l'héliocentrisme comme le prototype du savoir moderne assuré. Sans doute Galilée avait-il raison contre Ptolémée. Quant à savoir si la Terre tourne autour du Soleil, ou l'inverse, Einstein et Infeld font justement remarquer que la question n'a guère de sens en soi, et que sa formulation dépend du système de coordonnées choisi (*L'évolution des idées en physique,* Gallimard, Champs, 1983, p. 200).
4. Bernard Quemada, *op. cit.*, p. 1148.

jeune homme dont l'éducation a été négligée[1]. A propos du vocabulaire philosophique difficile de Kant, l'auteur fait dire à un contradicteur imaginaire : « Or donc, si les écrits de ce Mr Kant ont un sens, mettez-nous ça en bon vieil anglais. » L'auteur assortit cette prosopopée du commentaire suivant :

> ce qui revient, en d'autres termes, à transférer dans le langage non scientifique de la vie des notions et des relations scientifiques qu'il n'est pas fait pour exprimer. L'adversaire procède ici de l'erreur commune qui consiste à supposer que toutes les idées pleinement développées existent *in esse* dans tous les entendements — ergo dans le sien ; et toutes celles qui sont dans le sien, il pense qu'on peut les exprimer en anglais[2].

Au rebours de cette théorie naïve, qui fait du vocabulaire scientifique un parasite superficiel de la pensée, de Quincey rappelle que

> la terminologie de Kant, donc, n'a pas servi à rebaptiser des idées qui existaient déjà dans la conscience universelle ; elle est en partie un élargissement de l'entendement à de nouveaux territoires [...] et en partie une meilleure réglementation de son ancien territoire[3].

Encore la métaphore choisie par de Quincey est-elle trompeuse, car elle suggère une conquête géographique alors que la terminologie est le produit d'une construction. « Aucune terminologie, conclut de Quincey, éprouvée (ni même seulement plausible) ne peut être inventée si elle ne présuppose pas une théorie éprouvée. »[4]

On retrouve ici l'une des thèses de la théorie du soupçon étudiée précédemment, qui oppose l'usage scientifique du vocabulaire scientifique et son détournement par la vulgarisation. Baudouin Jurdant formulait une telle opposition, souvent reprise par la suite, au cours du débat de l'Association des écrivains scientifiques de France déjà cité, débat dans lequel il était le seul à poser le problème linguistique au sein du discours de vulgarisation lui-même. Il proposait de distinguer deux lectures du terme scientifique, celle qui le relie au langage courant et le charge de subjectivité, celle qui

1. Publiées en 1823, réédition en français, José Corti, trad. Sébastien Marot, 1991.
2. Lettre V, p. 121
3. *Ibid.*, p. 122.
4. *Ibid.*, p. 123.

le rattache à un ensemble conceptuel structuré et à l'objectivité de l'usage scientifique. Selon lui, un malentendu marquait le texte de vulgarisation : si le journaliste était conscient de ces deux « niveaux de lecture », le lecteur ne prenait pour sa part le terme qu'au niveau subjectif, se méprenant sur sa réelle signification scientifique. Baudouin Jurdant précisait ainsi sa pensée dans une lettre ensuite adressée aux organisateurs du colloque :

> Au moment de sa réception par un lecteur de niveau moyen, l'article forme un tout appréhendé à un seul niveau : celui de la subjectivité. Par hypothèse, le lecteur ne connaît pas (ou connaît mal) le sens scientifique des termes employés et tendra naturellement à « substantialiser » (selon l'expression de Gaston Bachelard) les concepts qu'il rencontrera au cours de sa lecture. En d'autres termes, il tendra à donner aux concepts un contenu concret extra-linguistique alors que l'adéquation du discours proprement scientifique à la réalité ne se situe pas au niveau des concepts mais plutôt au niveau de la structure[1].

Le caractère tranché du clivage entre les deux types d'interprétation renvoie à des simplifications déjà critiquées. Mais il faut retenir de ces analyses que le sens d'un terme scientifique aura à se construire au sein même du texte de vulgarisation, car son emploi, et même sa définition sont insuffisants à en assurer l'acquisition. D'ailleurs l'observation de Baudouin Jurdant peut être étendue jusqu'à rendre impossible toute démarcation tranchée entre un lexique scientifique et un lexique « courant ». En réalité, tous les modes de relation au terme scientifique, de la représentation quotidienne la plus fruste à la conceptualisation opératoire, sont possibles. L'informaticien construit des interfaces, le technocrate demande à son directeur des Ressources humaines de jouer les interfaces ; Mandelbrot élabore le concept de fractale, Michel Serres parle de conception fractale de l'histoire. S'agit-il encore du même mot ?

> On peut, écrit Bernard Quemada, pour une première approche, admettre que tous les membres d'une communauté donnée sont « initiés » à une ou plusieurs techniques, plus ou moins « sensibilisés » à d'autres et parfaitement « étrangers » à la plupart. Ainsi le niveau de technicité des dénominations, en fonction des interlocuteurs, pourra-t-il être élevé, moyen ou nul[2].

1. Association des écrivains scientifiques de France, sixième réunion-débat, p. 60.
2. Bernard Quemada, *op. cit.,* p. 1150.

Inversement, les termes scientifiques sont souvent constitués par détournement de termes d'usage courant : masse, ensemble, catastrophe. Sans doute faut-il parler, à propos de cet ensemble de phénomènes, d'une plasticité sémiotique.

Ces réflexions concernent en effet la très difficile question du sens des mots et de leur rapport à la réalité. Ici encore, le cas de la vulgarisation pose un problème aux théories linguistiques issues de Saussure. Selon la conception désormais classique de la langue, le signe est une réalité double ; il est constitué du couple *signifiant* matériel / *signifié* conceptuel, couple relié de façon arbitraire à un objet dans le monde, généralement nommé *référent*. Cette conception de la langue autorise une éthique de la communication qu'exprime très clairement Etiemble :

> Aussi longtemps que les écrivains scientifiques de vulgarisation n'auront pas compris que le signe n'est pas une définition, que « cheval » ne décrit pas un animal, mais simplement nous renvoie à quelque chose, on ne peut pas faire de vulgarisation scientifique. Si l'on entend que chaque mot soit une définition de l'objet qu'il désigne, c'est la fin du langage[1].

Cette déclaration est une mise en garde nécessaire contre le cratylisme que peut susciter l'usage de terminologies abstraites comme celle de la chimie : l'illusion de pouvoir employer un langage naturellement relié à la substance des choses. Le langage scientifique est bien un langage construit et arbitrairement relié à la réalité.

Mais de quelle *réalité* s'agit-il ? La citation d'Etiemble évoque un étiquetage, comme semble le faire également Bernard Quemada dans sa définition des traits spécifiques du langage technique.

> Les termes composant les vocabulaires techniques, appliqués exclusivement à des choses, à des actions ou à des qualités concrètes, définies et stables, postulent une relation aussi directe, univoque et universelle que possible entre le signe et ce référent. Distincts en cela des précédents [les signes du langage courant], leurs significations (désignations) « étiquettent » en quelque sorte l'univers du réel[2].

1. Association des écrivains scientifiques de France, sixième réunion-débat, p. 28.
2. Bernard Quemada, *op. cit.*, p. 1149.

On peut douter de la pertinence de cette métaphore. Les termes de spécialité désignent des concepts abstraits ; d'ailleurs, ils ne pourraient prétendre ni à l'universalité ni à la permanence s'ils étaient concrets. Leur référent est problématique : pour l'essentiel, il semble se définir davantage comme une pratique (théorique, expérimentale, industrielle) que comme une réalité extérieure. D'ailleurs Bernard Quemada adopte un peu plus loin ce point de vue, lorsqu'il définit les termes techniques comme « par excellence des "opérateurs" chargés de traduire l'expérience de la praxis humaine et de la transmettre à travers le temps et l'espace »[1].

On voit bien ici que le cas de la vulgarisation rend particulièrement problématiques les rapports entre les signes et leurs référents. D'un côté, le scientifique ne peut définir l'objet qu'il analyse autrement que par les médiations qu'il se donne pour le saisir, et, indissolublement, pour le construire. De l'autre, le lecteur de vulgarisation prétend accéder à certaines réalités en même temps qu'il entreprend de les nommer. Nous sommes confrontés, à la limite, à deux discours qui s'emploient à circonscrire ensemble leur absence de référent.

Les mathématiques ont bien été décrites dès l'âge classique comme une science dont l'objet est imaginaire. Le code mathématique tire précisément sa rigueur du fait qu'il tend à ne rien désigner dans le monde. Certes, le mathématicien se représente quelque chose ; certes, les termes mathématiques évoquent des images concrètes ; certes, les mathématiques sont subventionnées parce qu'elles permettent d'agir sur les choses. Mais pour être efficace, opératoire dans son ordre, le langage mathématique doit s'affranchir de toute attache concrète à un objet observable. Or ce phénomène gagne aujourd'hui les sciences expérimentales, par le biais de leur mathématisation et du caractère très abstrait de leurs raisonnements expérimentaux. Dans la physique contemporaine, les termes qui désignent les particules n'étiquettent pas un ensemble d'objets directement observables ; elles concernent plutôt

1. *Ibid.*, p. 1149.

des entités idéelles rendues nécessaires pour expliquer, indirectement, des résultats expérimentaux. Ces résultats sont d'ailleurs eux-mêmes produits à travers des dispositifs reposant sur de larges abstractions : il s'agit, plus que jamais, de la concrétisation matérielle d'un ensemble de concepts. Si bien que pour « voir » les résultats, il est nécessaire de passer par des médiations de plus en plus complexes, médiations dont l'importance se manifeste dans les controverses d'interprétation des expériences.

Symétriquement, le langage de la vulgarisation pourrait en première analyse être décrit comme un langage étrangement privé de référent. Le terme scientifique n'a pas de correspondant concret dans l'expérience du monde du lecteur. Ce dernier peut n'avoir jamais écrit ni lu les lignes de code par lesquelles se définit la fonctionnalité d'une « interface », ni assisté à l'assemblage des composants physiques qui en supportent le fonctionnement ; un signal « digital » évoquera peut-être pour lui un doigt, pas nécessairement le travail pour transformer des variations continues en informations discrètes, encore moins les calculs mathématiques qui permettent de réaliser une telle transformation. Quant aux bosons, au silicium ou à la transaminase, ils risquent d'être livrés au libre jeu de leur signifiant et des associations phoniques qu'il peut susciter. Les poètes ont d'ailleurs été sensibles à ce caractère particulier, quasi magique, des signes scientifiques pour le lecteur non scientifique. Raymond Queneau en a systématisé l'exploitation dans sa *Petite cosmogonie portative,* qui permet une pluralité de lectures, conciliables entre elles, de celle de l'expert qui peut vérifier la validité scientifique du texte à celle de l'amateur qui se laissera porter par les sonorités et les trouvailles.

L'homme recréateur vivifiera le gel
La vitrification et le quartz rhomboèdre
en échos inconnus et carbonifériens
Le métal à castrolle un peu plus haut nommé
répand sa quantité sur l'astringent alun
le calcium près du fer s'était déjà montré
et le sodium arrive à leur queue océane
poudres cendres de pot salpêtres et vinasses
amorces et poissons les varechs les cautères

les polyphores et la liqueur de cailloux
incarnent de kali la flamme turbulente
incarnat violette et qui dans la carnalite
voisine avec le feu de la fée autographe[1].

Peu de vulgarisateurs se livrent à ce type d'exercice de façon aussi systématique. Mais que pense le lecteur qui a choisi un article sur les systèmes experts et qui tombe sur les premiers mots suivants : « Un gisement de porphyre de molybdène d'une valeur estimée de cent millions de dollars »[2] ?

En termes strictement logiques, nous sommes face à une aporie. Le texte de vulgarisation a le redoutable rôle de faire exister en quelque sorte ce qu'il décrit et ce qu'il explique. Mais l'absence de référent signifie ici, comme d'ailleurs pour le langage mathématique, une absence de référent distinct et clairement assignable au terme. En réalité, la construction d'un concept, chez le chercheur comme chez le lecteur de vulgarisation, devra s'appuyer — fût-ce pour polémiquer avec elle — sur l'expérience du monde et sur les représentations du sujet.

La question du sens des termes s'ouvre dès lors concrètement sur la nature des signes qui vont contribuer à définir ce référent. L'image, les objets semblent les moyens les plus directs de constituer un référent. C'est l'une des raisons pour lesquelles la manipulation et la démonstration ont été très tôt cultivées par les vulgarisateurs. Mais le recours à ces procédés pose la question de la pratique à laquelle peut accéder le public de la vulgarisation[3]. Plus fondamentalement, la vulgarisation ne peut guère se passer du récit pour faire exister la réalité qu'elle décrit. C'est ce qui explique la place considérable de la narrativité dans le texte de vulgarisation. De ce point de vue, comme on le verra, le projet du vulgarisateur n'est pas très éloigné de celui du romancier réaliste : il s'agit de pro-

1. Raymond Queneau, *Chêne et chien* suivi de *Petite cosmogonie portative,* 1950, réédition, Gallimard, coll. « Poésie », p. 130-131. On trouvera dans la préface d'Yvon Belaval à cette édition quelques exemples de « décryptage » de ce type de poésie, décryptage qui ne constitue, bien entendu, qu'un des modes de lecture du texte.
2. Eric Seyden, Systèmes experts, simuler l'intelligence, *Sciences et techniques,* mai 1984.
3. Cf. *infra,* III, p. 261 sq.

duire un univers imaginaire et de le charger de (l'illusion d'une) réalité.

Une analyse de l'hétérogénéité linguistique du texte de vulgarisation met en évidence une grande complexité. Elle exige que nous reconnaissions les différences qui séparent l'usage réglé des termes, tel que la communauté scientifique l'institue et le défend, de leurs divers usages dans les situations sociales courantes ; elle interdit toutefois d'oublier que dans un cas comme dans l'autre la pratique linguistique est liée à un mode de construction de l'objet, prise dans des enjeux et des phénomènes de signification en grande partie incontrôlables, compréhensible dans le mouvement d'un acte de communication, inscrite dans une histoire.

Le constat d'une résistance effective de l'hétérogénéité du langage à toute simplification pourrait fournir son terme à notre analyse. Mais l'écriture de la vulgarisation ne pose, on l'a vu, la question de la différence linguistique, *qu'en se donnant le projet de la dépasser*. C'est en quoi l'entreprise vulgarisatrice est potentiellement porteuse d'un mythe de la communication, mythe qui s'autorise à la fois de la clarté absolue d'un langage scientifique (parfaitement univoque) et de la diffusion universelle d'un langage démocratique (prétendument accessible à tous). D'un côté, la vulgarisation montre, plus que toute autre pratique de communication, que rien ne va de soi : ni le rapport de l'expression à la réalité, ni l'intercompréhension des membres d'une société. De l'autre, elle tend vers une langue apte à franchir toutes les barrières sociales et culturelles.

Condorcet, une fois de plus, nous donne une version particulièrement accomplie de cette utopie, dont il n'est pas l'inventeur, dans son *Esquisse d'un tableau historique des progrès de l'esprit humain,* où nous avions déjà vu intervenir la langue universelle comme une condition décisive du progrès.

> Une langue universelle, écrit Condorcet, est celle qui exprime par des signes soit des objets réels, soit des collections bien déterminées qui, composées d'idées simples et générales, se trouvent les mêmes, ou peuvent se former également dans l'entendement de tous les hommes ; soit enfin des rapports généraux entre ces idées, les opérations de l'esprit humain, celles qui sont propres à chaque science, ou les procédés des arts. Ainsi, les hommes qui connaîtraient

> ces signes, la méthode de les combiner, et les lois de leur formation, entendraient ce qui est écrit dans cette langue, et l'exprimeraient avec une égale facilité, dans la langue commune du pays[1].

C'est ici la première étape de l'utopie : une langue qui aurait le double mérite d'avoir communication avec l'être et d'être totalement simple et rigoureuse. Cette utopie est celle du positivisme logique[2], régulièrement réactivée, parfois à leur insu, par les concepteurs de syntaxes informatiques.

Jusque-là, on peut croire que la problématique évoquée ne concerne que la langue des spécialistes. La suite du texte corrige cette hypothèse :

> Une telle langue, poursuit Condorcet, n'a pas l'inconvénient d'un idiome scientifique, différent du langage commun. Nous avons observé déjà que l'usage de cet idiome partagerait nécessairement les sociétés en deux classes inégales entr'elles ; l'une composée des hommes qui, connaissant ce langage, auraient la clef de toutes les sciences ; l'autre de ceux qui, n'ayant pu l'apprendre, se trouveraient dans l'impossibilité presque absolue d'acquérir des lumières. Ici, au contraire, la langue universelle s'y apprendrait avec la science même, comme celle de l'algèbre ; on connaîtrait le signe en même temps que l'objet, l'idée, l'opération qu'il désigne[3].

Ici, nous trouvons le tableau accompli d'un *autre du langage*. Cette langue est universelle, parlée par tous ; elle désigne directement des objets réels ; parfaitement rigoureuse, pleinement repliée sur la grammaire et la logique, elle manifeste des idées simples ; traductible dans tous les idiomes, elle est inaltérable (coupée de tout usage). C'est une langue tellement transparente qu'elle n'intervient que pour disparaître...

Cette linguistique spontanée de la vulgarisation est à la jonction du projet politique d'abolir les clivages et de l'aspiration épistémique d'adhérer à l'être. Elle n'est bien sûr pas affirmée

1. Condorcet, *Esquisse d'un tableau historique des progrès de l'esprit humain, Œuvres complètes,* 1804, t. XVIII, p. 368-369.
2. Dominique Lecourt critique (dans *L'ordre et les jeux, le positivisme logique en question,* Grasset, 1981) la prétention de ce courant philosophique à constituer une langue universelle dans laquelle les autres langues pourraient lire et énoncer leur vérité, prétention qui n'est peut-être que la radicalisation d'une idéologie spontanée des philosophes.
3. Condorcet, *op. cit.,* p. 369-370.

telle quelle dans tous les projets vulgarisateurs. Mais elle s'y manifeste en filigrane dès lors qu'elle n'est pas explicitement combattue, car elle tient au statut du langage scientifique dans notre imaginaire social. Par exemple, lorsqu'il met en scène de façon caricaturale la distance entre le savant et l'ignorant, le discours d'une certaine vulgarisation réactive indirectement ce fantasme.

> Nous avons vu combien le discours de V. S. dit qu'il est approximatif, hétérogène, dialogique, écrit Jacqueline Authier; mais dire l'approximatif c'est renvoyer implicitement à l'absolu... Aussi ce discours est-il le lieu où se célèbre, absent, un discours absolu, homogène, monologique, dont lui-même ne serait qu'une image dégradée. De ce fonctionnement, le discours scientifique tire évidemment un effet de sacralisation, mais surtout c'est la mise en scène de la communication qui bénéficie de la force des schémas mythiques qu'elle fait jouer : celui, nostalgique, de la Langue originelle, parfaite, dont les langues ne seraient que des dégradations; et, plus encore, celui [...] de la pensée selon lequel notre pensée « pure » avant les mots, avant les autres, est trahie par les mots dont il faut la vêtir pour la communiquer à autrui[1].

Les jeux textuels auxquels nous invite une poétique de la vulgarisation se déroulent dans la tension ici saisie : la vulgarisation montre mieux que toute autre pratique de communication l'hétérogénéité irréductible de nos langages, mais elle s'ancre dans le projet de dépasser cette irréductibilité. Dans l'épistémologie-linguistique classique, la vulgarisation ne peut exister, puisqu'il n'y a qu'une façon rationnelle de dire les choses, dont les variantes ne sont que des figures; dans l'épistémologie-linguistique positiviste, la vulgarisation ne peut aboutir, puisque l'emploi du langage scientifique en dehors de son cadre réglé n'engendre que le spectacle du malentendu.

Rassurons-nous : en littérature, l'impossible et l'inexistant ont une place de choix.

Science, savoir, connaissance du monde

L'opposition proposée par Gaston Bachelard entre connaissance commune et connaissance scientifique est à juste titre une référence

1. Jacqueline Authier, *op. cit.*, p. 46.

majeure chez les théoriciens du soupçon. En effet, l'idée que la vulgarisation pourrait être un équivalent simplifié du savoir scientifique est illusoire, comme nous avons déjà eu l'occasion de le remarquer. Il n'est sans doute pas inutile de rappeler avant tout les acquis de l'analyse bachelardienne.

Bachelard s'oppose dans *La formation de l'esprit scientifique*[1] à toute illusion d'une continuité entre l'expérience directe du monde et la construction d'une théorie scientifique. Loin de constituer un appui sur lequel pourrait s'étayer une telle construction, notre connaissance ordinaire, avec ses fausses évidences, ses généralisations prématurées, ses visées intéressées, ses associations incontrôlées, a pour le savant moderne le statut d'obstacle, de tentation dangereuse. Cette position, paradoxale pour le bon sens empiriste, est cohérente avec la conviction que la science ne réside pas en une accumulation de certitudes tangibles, mais plutôt en un sens du problème et en un détour contrôlé par l'abstraction. Le philosophe propose à partir de là une revue sans indulgence des errements d'une science pittoresque, telle qu'il la traque dans les pratiques des alchimistes ou l'observe dans les succès de la mondanité classique : il touche alors aussi bien de plein fouet le projet vulgarisateur des journalistes et écrivains du XIXe siècle. Le recours abusif à l'expérience immédiate du lecteur, la recherche immodérée de la généralisation, l'exploitation systématique des métaphores évocatrices mais trompeuses, le souci obsessionnel de l'utilité, la croyance naïve en l'existence de substances contenant les phénomènes sont quelques-unes des tares de la connaissance ordinaire, lieux communs

1. Philippe Roqueplo rappelle quelques-unes des idées essentielles de Bachelard dans une partie de son livre *Le partage du savoir* (chap. 4 : « Pratique et discours : le soupçon épistémologique et pédagogique »). Etienne Allemand étaye sur les principales distinctions bachelardiennes entre connaissance scientifique et connaissance commune son analyse du discours télévisé sur la science, destiné à montrer que les émissions scientifiques, loin de transmettre un savoir effectif, justifient par la caution d'un discours d'autorité un ensemble de choix de gestion (*L'information scientifique à la télévision*, Paris, Editions Anthropos, 1983). On trouvera dans ces deux ouvrages une analyse plus complète que celle qui est donnée ici des différences qui séparent, dans leurs versions les plus contrastées, le savoir scientifique et le discours de vulgarisation.

disponibles pour des variations inépuisables sur les vices irrémédiables de la vulgarisation.

Cette distinction entre ce qui ressortit à l'entreprise réglée du savoir scientifique et ce qui s'inscrit dans notre relation au monde tient avant tout aux caractères particuliers du langage pratiqué dans la communauté scientifique, tels que nous avons pu les définir dans le chapitre précédent. Mais plus généralement ce projet d'une pensée scientifique en polémique contre la pensée spontanée institue un ensemble de coupures constitutives. Le discours dans lequel le scientifique expose ses résultats doit présenter une autonomie absolue par rapport aux conditions dans lesquelles il est émis. Discours sans subjectivité repérable, il doit pouvoir être reproduit à travers le temps et l'espace, il est destiné à perdre toute dépendance par rapport à la pensée de celui qui l'a d'abord constitué[1] ; indépendant du moment historique et du cadre géographique dans lesquels il a été élaboré, il est en quelque sorte dénué de signification extérieure à lui-même ; en tout cas il ne saurait se tenir de la considération des buts pour lesquels il a été produit ou de l'interprétation que l'un ou l'autre pourrait en avoir dans la conduite de sa vie.

> De par sa nature même, écrit Baudouin Jurdant[2], le discours objectif des sciences est universellement partageable. Tous peuvent l'énoncer, pourvu que chacun, en l'énonçant, s'efforce d'éliminer de son discours tout élément subjectif susceptible de le rendre imparfaitement reproductible par un autre. Si l'on pouvait repérer par exemple, dans l'énoncé de la théorie de la relativité, quelque indice de la subjectivité particulière d'Einstein, comment les autres physiciens pourraient-ils en reproduire l'énoncé — et en conserver le sens défini par son auteur — sans buter sur l'obstacle de cet indice de subjectivité, non partageable par définition ?

C'est dire que la science est en elle-même rebelle à tout discours qui la réénoncerait, en introduisant toutes les composantes évoquées plus haut : histoire des intérêts personnels, des errements, des

1. K. R. Popper a systématisé cette thèse idéale sur la science dans *La connaissance objective (Objective knowledge,* 1972, traduction 1978) sous la forme d'une distinction stricte entre trois mondes : celui des objets physiques, celui des états de conscience et celui des contenus de pensée objectifs. Cette thèse de l'autonomie du troisième monde par rapport au second apporte un fondement à l'exigence pratique et rhétorique ici rappelée.
2. La vulgarisation scientifique, *La Recherche,* n° 53, février 1975, p. 147.

négociations qui ont entouré sa naissance, interprétation de ses résultats en termes de conception du monde. Le scientifique n'apporte pas, en qualité de scientifique, sa caution à de telles tentatives et il serait déraisonnable d'attendre de lui qu'il le fasse. L'opacité du travail scientifique pour l'observateur social (journaliste, opinion publique, etc.) n'est pas accidentelle : elle ne tient pas seulement à une maladresse ou à un manque de simplification, mais aux principes de la pratique scientifique. Dans une telle perspective, le discours de vulgarisation est à la fois nécessaire — car il est l'un des lieux où la science peut être regardée — et nécessairement extérieur à la science — car il repose sur ce dont l'exclusion est constitutive pour le travail scientifique. Tout discours, nous l'avons dit, inscrit son savoir dans son ignorance. La vulgarisation choisit d'ignorer quelque chose du travail scientifique pour le rendre pensable comme activité sociale.

Puisque les analyses de Bachelard nous détournent de penser en termes de continuité la pratique des scientifiques et la culture sociale et nous invitent à distinguer d'emblée deux dynamiques culturelles, nous pouvons à présent regarder plus attentivement cette « connaissance commune » encore assez mystérieuse et nous interroger sur les rapports qu'elle peut entretenir avec le travail des scientifiques.

L'idée de « connaissance commune » est chez Bachelard une sorte de repoussoir, un négatif de la pensée scientifique. L'analyse des textes de vulgarisation attire plutôt l'attention sur les aspects positifs de la connaissance ainsi décrite. Le lecteur de vulgarisation peut arguer de ce qu'il trouve normal de chercher à connaître ce qui le concerne, qu'il n'a pas de raison de couper *a priori* la connaissance de l'action, que telle ou telle théorie scientifique l'intéresse dans la mesure précisément où elle peut concerner sa vie, toucher ses affaires, contribuer à apporter une signification à certains éléments de son existence. Il a raison, aussi raison, de son point de vue, que le chercheur qui s'emploie à faire abstraction des mêmes réalités. Tel est bien le caractère intéressé, au double sens du mot, de nos démarches de connaissances.

C'est précisément à définir comment se constitue notre savoir ordinaire que s'emploie l'analyse des représentations sociales : aussi l'étude de la vulgarisation fait-elle assez systématiquement référence aujourd'hui à ce courant de la psychologie sociale. Le terme de « représentation sociale », employé par Serge Moscovici à propos de la diffusion de la psychanalyse dans le grand public[1], désigne les connaissances acquises socialement, dont les individus font usage dans leur relation au monde. Le terme d'*idéologie* serait sans doute aussi adapté pour désigner ce dont il s'agit ici, l'idéologie étant une construction à la fois théorique et pratique, vision du monde et moyen (imparfait) d'adaptation pratique aux situations vécues. Mais le terme de « représentations sociales » s'est imposé, en opposition avec une conception de l'idéologie comme système explicatif constitué et partial.

La première caractéristique des représentations sociales ainsi définies est la grande hétérogénéité de leur matériau constitutif : dans notre pensée courante, nous faisons flèche de tout bois.

> La représentation est organisation d'éléments divers — idées, images, opinions, concepts, attitudes — en un objet mental dont le statut est intermédiaire entre le concept et le percept[2].

Le type de pensée ici évoqué est donc un mixte de perceptif (de présence concrète d'un objet) et de conceptuel (d'aptitude à le penser en son absence) : la représentation sociale s'exprime donc de façon privilégiée dans le modèle imagé (la boule de l'atome) ou dans le schéma fonctionnel (tableaux, diagrammes). Les sources auxquelles ce système emprunte sa matière sont multiples : par exemple, les perceptions que les salariés ont des nouvelles technologies[3] sont marquées par l'expérience pratique, par le « discours cir-

1. L'ouvrage de Serge Moscovici, *La psychanalyse, son image et son public* (Presses Universitaires de France, 1961), est l'étude fondatrice de ce courant de recherche ; ses thèses sont reprises dans de nombreux débats sur la vulgarisation. Un état des recherches dans ce domaine est proposé par D. Jodelet (éd.), *Les représentations sociales,* PUF, 1993.
2. Claire Belisle et Smaïl Aït el Hadj, Eléments pour une analyse des représentations, *Vulgariser : un défi ou un mythe ?,* p. 64.
3. Jean-Blaise Grize, Pierre Vergès, Ahmed Silem (éd.), *Les salariés face aux nouvelles technologies,* Editions du CNRS, 1987.

culant » de l'idéologie, par des matrices culturelles plus anciennes dont les conditions de production sont effacées, mais qui restent très prégnantes ; elles sont profondément structurées par les contraintes linguistiques de l'argumentation. C'est par le jeu de ces composantes que les représentations se configurent en un système souple de connaissance assez adéquat aux besoins de l'individu[1]. Constituée de matériaux divers, créée au fil de nos expériences, une telle pensée a une cohérence opératoire : la représentation socialise l'individu, elle crée l'arrière-plan culturel commun à un groupe, en termes empruntés à la philosophie allemande, elle structure le « monde vécu » d'une culture. Elle permet à l'individu de se situer dans les choix quotidiens que suppose la conduite de sa vie : elle oriente son action, elle est structurée par ses choix, elle porte la trace de son expérience.

Nous sommes dans un univers qui s'accommode particulièrement mal des règles de la pensée scientifique pour trois raisons essentielles. La première est le mélange permanent du normatif et du cognitif. La connaissance courante n'est pas une connaissance désintéressée. C'est une connaissance utile, souvent partiale. Les psychologues soulignent le primat de la conclusion sur le raisonnement : le sujet cherche le plus souvent à éviter les situations de « dissonance » en intégrant du mieux qu'il peut les informations nouvelles à ses croyances anciennes. Un autre trait original de la pensée courante est le fait qu'elle manie des catégories floues. Les objets que nous avons à penser dans notre action courante ne se plient pas, le plus souvent, à la conceptualisation stricte : nos catégories se recoupent, elles ne sont que partiellement définies, elles n'excluent pas les contradictions. Enfin, plus généralement, la

1. On trouve dans l'étude citée à la note précédente une description précise des configurations de thèmes associés aux nouvelles technologies. Il en ressort un optimisme modéré des salariés dont les auteurs pensent qu'il est assez fondé (l'attitude radicalement critique étant considérée comme excessive). Sans souscrire nécessairement à ce jugement, on peut observer que le modèle présent à l'esprit des salariés « fonctionne », c'est-à-dire qu'il leur permet de penser les phénomènes dans lesquels ils sont impliqués. C'est un caractère de l'idéologie, que de se montrer partiellement adéquate. Une idéologie manifestement en contradiction avec la pratique est vouée à dépérir ou à se transformer.

représentation sociale est marquée par la « pression à l'inférence »[1]. La vie courante ne nous donne pas le temps de suspendre tout jugement pour nous assurer d'une méthode optimale de réflexion. La morale par provision de Descartes[2] illustre assez bien cette idée. Nous ne pouvons être toujours irrésolus en nos actions, même si notre raison nous oblige de l'être dans nos jugements. Mais nous ne pouvons être résolus en nos actions que si nous nous donnons des jugements en faisant quelque violence à notre raison. Cette urgence explique le « formalisme spontané » de nos raisonnements, qui se développent selon des formes stéréotypées. Ainsi nous avons recours à des formes multiples de causalité, difficilement conciliables, incluant aussi bien le finalisme que l'anthropomorphisme.

Le bénéfice essentiel de ces analyses est de fournir un cadre pour penser *le savoir de l'ignorant*. Le projet vulgarisateur issu des lumières reposait assez largement sur la conviction que l'esprit de l'ignorant est vide, ou, ce qui est presque la même chose, occupé par des préjugés qu'il suffirait de dissiper : psychologie sociale spontanée que matérialise l'image de la lumière se répandant dans la nuit. Par-delà la diversité de leurs conclusions, les études sur les représentations sociales de la science partagent au contraire le choix de prendre au sérieux les modes de raisonnement du lecteur. L'économiste Jean-Marie Albertini témoigne par exemple de la modification de ses propres attitudes : après avoir lutté simplement contre les « idées fausses », il a découvert peu à peu que ces idées avaient leur propre validité.

> Les non-spécialistes, écrit-il[3], se constituent, à partir de leur pratique et de leurs informations, des grilles cohérentes d'analyse (des ensembles cohérents

1. Une description plus fouillée du système cognitif de la représentation sociale est donnée dans un chapitre du livre cité (Serge Moscovici, *op. cit.*, chap. X : « La pensée naturelle : observations faites au cours des entretiens », p. 246 à 290). La notion de pression à l'inférence est décrite p. 250-251.
2. *Discours de la méthode*, troisième partie. Il s'agit pour le philosophe de se doter de croyances dans la vie courante, même si en termes méthodologiques il a pris la décision de douter de tout savoir. Utilisant pour exprimer un tel paradoxe la métaphore de l'abri dont doit disposer celui qui reconstruit sa maison, Descartes justifie sa morale par provision en ces termes : « afin que je ne demeurasse point irrésolu en mes actions, pendant que la raison m'obligerait de l'être en mes jugements. »
3. Les confessions d'un vulgarisateur devenu chercheur, *Vulgariser : un défi ou un mythe ?*

> de représentations) de l'environnement scientifique et technique dans lequel ils vivent. Ces grilles sont adéquates aux objectifs qu'ils poursuivent, et cohérentes avec leur environnement à condition d'adopter, pour juger de cette cohérence, le point de vue et les objectifs des non-spécialistes lorsqu'ils observent l'économie.

En d'autres termes, la connaissance commune n'est pas seulement une pensée incomplète ou erronée ; il s'agit au contraire d'une formation cognitive efficace, au regard de ses propres objectifs.

> On assiste bien à une confrontation-confirmation de connaissances ayant déjà un degré d'élaboration symbolique non négligeable. Aussi ces connaissances peuvent-elles s'articuler sans difficulté et donner lieu à des schématisations dont la cohérence et la complexité donnent à réfléchir,

observent les auteurs de l'étude précédemment citée sur l'impact des nouvelles technologies, concluant :

> Nos enquêtés sont loin d'être des exclus de la culture économique et sociale de notre société[1].

Il ne faudrait pas croire d'ailleurs que le mode de connaissance ici décrit caractérise de façon exclusive la pensée d'un groupe social, une sorte de pensée *du* vulgaire, opposée à la pensée *des* scientifiques. N'oublions pas Descartes. La plus grande part de la pensée de chacun, y compris la pensée du scientifique lui-même, obéit aux caractéristiques ici évoquées : mélange de la connaissance et de l'action, raisonnements plastiques, catégories floues, ontologisation hâtive. D'ailleurs la langue porte dans sa structure, avec la présupposition, la trace de ce que tout ne peut être questionné à la fois. A cet égard, la distinction aristotélicienne, fondatrice de la rhétorique, entre ce qui peut se démontrer rigoureusement et ce qui appartient à l'argumentation reste valide, même si la limite de ces domaines se déplace sans cesse et varie d'un individu à un autre, d'un groupe social à un autre.

Puisque notre pensée quotidienne se distingue de la méthode scientifique autrement que par une simple différence de degré, l'intervention des théories scientifiques au sein des représentations

1. Jean-Blaise Grize, Pierre Vergès, Ahmed Silem, *op. cit.*, p. 181.

sociales engage un processus de transformation. L'appropriation sociale d'une discipline comme la psychanalyse[1] est une sorte d'élaboration secondaire de la théorie reposant sur deux processus principaux, l'objectivation et l'ancrage. Par l'objectivation, quelques notions (ou plutôt les termes qui les désignent) se trouvent arrachées aux relations conceptuelles par lesquelles elles se définissent dans la théorie pour se trouver comme naturalisées en un schéma concret d'attributs quasi physiques des personnes : on *a* un complexe, on *est* refoulé ; ces termes prennent dès lors, comme on l'a vu, un sens très différent de celui que leur donne la théorie. Cette observation linguistique trouve ici son explication cognitive. Dans ce processus, les concepts sont coupés du principe explicatif autour duquel ils s'organisent (en l'occurrence, la libido), pour être réinvestis dans un univers empirique très proche de la psychologie la plus traditionnelle : le complexé n'est pas si loin d'être un timide. L'ancrage correspond pour sa part à la valorisation des notions, à leur implication dans des enjeux sociaux, à leur investissement : la psychanalyse pourra être dévalorisée comme une pratique de femme oisive, utilisée polémiquement pour discréditer une demande, sollicitée pour apporter son concours à la « gestion des ressources humaines ». Les exemples d'objectivation et d'ancrage sont légion en sciences naturelles : le débat sur le darwinisme[2] nous en fournit un bel exemple : si l'on croit que Darwin dit que l'homme est petit-fils du singe (objectivation), voici une belle raison pour juger une théorie répugnante ou inversement pour projeter sur la vie sociale une sorte de loi de la jungle biologiquement patentée (ancrages).

Le risque que comportent ces phénomènes conduit les théoriciens du soupçon à ne voir dans la vulgarisation qu'un faux-semblant dangereux. Pour Baudouin Jurdant, la lecture d'un texte de

1. Serge Moscovici, *op. cit.*
2. On trouve dans le livre de Dominique Lecourt, *L'Amérique entre la Bible et Darwin,* PUF, 1992, l'analyse de plusieurs situations publiques de débat où les arguments de vulgarisation se déploient, notamment la séance de 1860 de l'Association for the Advancement of Science, le « procès du singe » de 1925, le procès « épistémologique » de 1981.

vulgarisation ne ferait que renforcer une vision du monde préexistante : de ce point de vue, elle ne serait rien que la transposition d'un raisonnement scientifique dans les catégories substantialistes et conservatrices de l'idéologie dominante. On ne peut dans une telle logique qu'apprendre ce qu'on savait déjà. Le travail du vulgarisateur est placé en contraste avec celui de l'enseignant : au rebours de l'initiation à laquelle procède la démarche pédagogique, la vulgarisation consiste à exploiter un véritable problème scientifique pour lui donner la forme d'une interrogation vraisemblable. « Le déjà-là des questions marque les limites des réponses que sont les résultats scientifiques vulgarisés », conclut Baudouin Jurdant[1].

Le réalisme en la matière n'impose pas la politique du pire. Je préfère l'idée d'une négociation entre les deux processus de pensée à celle d'une perversion radicale du savoir, dont on peut se demander si elle existe ailleurs que dans les modèles d'une sémiologie du soupçon. Il est en effet difficile de penser qu'introduire un élément de connaissance peut se faire sans affecter si peu que ce soit l'économie de la pensée ordinaire. Même si le lecteur d'un article de physique se représente l'atome comme un petit système solaire constitué de minuscules billes, sa conception de la matière est différente de l'impression de celui qui croit à la continuité massive du réel ; même si derrière le fait de baptiser une personne « complexée » se cache une psychologie de l'affirmation naïve de soi ou une morale de l'adaptation sociale, l'importance de l'histoire personnelle et de ses contradictions a fait une timide entrée dans l'idéologie courante.

Plus généralement, il faut se garder d'une erreur, qui consisterait à partir de là à faire l'hypostase du savoir scientifique, à le regarder comme une forme de connaissance dont la nature serait radicalement différente des autres, au point de ne plus pouvoir entretenir avec le monde de relation que celle d'une objectivité absolue — et de n'avoir avec la culture d'une époque qu'un rapport de malentendu. Bachelard utilise pour caractériser deux pôles de la connaissance ce qu'on pourrait nommer, dans l'esprit

1. Vulgarisation scientifique et idéologie, *Communications,* n° 14, 1969, p. 158.

de Max Weber, deux idéaux types : les versions qu'il nous donne de la connaissance commune et de l'esprit scientifique sont d'autant plus parlantes qu'elles s'opposent comme deux extrêmes. Dans la réalité, la coupure décrite par cette épistémologie est l'effet du travail scientifique : elle ne constitue pas un acquis définitivement attaché à quelque aspect du travail scientifique, son instrumentation, son langage, sa logique. Elle est le produit d'un effort sans cesse réitéré pour détacher la science d'enjeux, de croyances, d'idéologies dans lesquelles elle est tout entière plongée. L'accès à l'objectivité n'est pas de droit. Il se construit dans la pratique du chercheur, une pratique qui prend des formes multiples : isolement d'un objet par abstraction, formulation d'un problème, définition d'un concept en relation avec d'autres concepts, choix d'une méthode d'investigation et de critères de validation des hypothèses, construction de protocoles d'expérimentation, calcul. C'est cette pratique réglée[1] qui permet au scientifique de prendre ses distances par rapport à l'imaginaire social et aux habitudes de pensée dont il est héritier.

Cet autre versant du travail scientifique, par lequel il est immergé dans son temps et porté par ses acteurs, n'est pas moins vrai, d'un autre point de vue, que celui par lequel il établit les conditions fragiles de son universalité. Il n'est sans doute pas plus facile de se débarrasser de ce paradoxe que de celui qui marque la création artistique, et que Proust croit résoudre en opposant radicalement le moi artistique du créateur à son moi social[2]. C'est

1. Le livre de Ian Hacking, *Concevoir et expérimenter* (Christian Bourgois, 1989), scrute cette épaisseur pratique de la science, ce savoir-faire des chercheurs, dans la théorie et dans l'expérience. Il défend l'idée que la pratique expérimentale n'est pas la simple révélation d'une théorie déjà là, mais qu'elle aboutit à de réelles découvertes. Toutefois, il s'agit d'une pratique éclairée par un professionnalisme et étayée sur des principes méthodologiques.
2. Ces thèses sont exposées dans le *Contre Sainte-Beuve,* rédigé en 1909, dans lequel Proust écrit par exemple : « Un livre est le produit d'un autre moi que celui que nous manifestons dans nos habitudes, dans la société, dans nos vices. » Position qui dans sa radicalité est inapte à régler le problème qu'elle pose. Comme l'écrit Roger Fayolle : « Il se pose toujours la même question, la question fondamentale de la critique : quels sont les rapports de l'art et de la vie ? » (*La critique,* Armand Colin, 1978, p. 158).

plutôt une question de regard, une affaire de point de vue, et divers points de vue sont nécessaires à l'existence sociale de la science. De cette inscription sociale du travail scientifique, on peut évoquer rapidement quelques thèmes, dans lesquels on reconnaît sans peine quelques-uns des lieux communs du récit vulgarisateur. Si l'exposition des résultats de la science est régie par des contraintes logiques drastiques, la découverte suit des voies imprévisibles et déconcertantes. De la connaissance intuitive à la théorie scientifique, ce n'est pas la nature du savoir qui est différente, mais plutôt le caractère plus ou moins méthodique, plus ou moins explicite de ce savoir. Il y a d'ailleurs des effets importants d'homologie entre les idées à la mode dans une époque et l'élaboration des modèles sur lesquels reposent les sciences[1]. En effet, des notions empruntées à certains champs disciplinaires dominants, nouveaux ou prestigieux sont exploitées par des chercheurs appartenant à d'autres domaines : des exemples comme celui de l'organisme politique ou des animaux-machines à l'âge classique, celui de la sociologie pensée comme un marché où l'on anticipe des profits et où l'on engage un capital symbolique, celui du code génétique sont assez patents. On y voit les logiques de la vulgarisation *à l'origine même de la fécondité des théories scientifiques* — et, bien sûr, à la source de leurs limites.

D'ailleurs, la frontière entre ce qui est scientifique et ce qui ne l'est pas, frontière fondatrice des coupures précédemment décrites, fait l'objet d'une constante redéfinition. Le déplacement de cette frontière est lié à la fois à la maturation des questions méthodologiques, à la découverte de modalités de recherche inédites, aux évolutions que connaît le cadre institutionnel et économique de la recherche. Tout cela constitue le « métier » des chercheurs. On peut donner un exemple rapide de chacun de ces trois ressorts.

1. Reprenant une notion proposée par Irme Lakatos, Eric Fouquier observe que les « themata », représentations du monde et questionnements liés à la culture du chercheur, s'ils sont systématiquement gommés dans l'exposé des résultats, sont exprimés de façon privilégiée dans la démarche de vulgarisation, y compris par l'homme de science lui-même (*Les spectacles scientifiques à la télévision,* Paris, La Documentation française, 1985, p. 36-38).

Mise au point méthodologique : Steven Shapin montre[1] comment ont pu être réunies à l'époque de la restauration anglaise autour de Robert Boyle les conditions permettant d'établir des faits scientifiques, à partir d'un modèle social de la communauté savante, d'une réglementation de l'expérimentation et d'une rhétorique d'exposition des résultats. Modalités de travail : la possibilité de simuler des phénomènes de plus en plus complexes à l'aide de logiciels informatiques a conduit à admettre comme mode de validation de certaines hypothèses le fait d'en fabriquer des artefacts performants, ce qui est un écart important par rapport à l'usage de construire une théorie à partir de l'expérience pour la rapporter à l'expérience[2]. Cadre institutionnel : le développement de dispositifs techniques de très grande ampleur (la *big science*) a conduit à de nouveaux rapports entre science et technique : la technique apparaît moins que jamais comme la simple application de la science, l'investissement technique et la recherche théorique occupant l'un vis-à-vis de l'autre le rôle de garant, dans une sorte de jeu de miroirs[3].

S'il est vrai qu'on ne saurait faire passer le discours de vulgarisation pour un équivalent, même simplifié, de la théorie scientifique, il serait tout aussi erroné de séparer ces deux manifestations de l'activité scientifique de façon excessive. Le rapport entre la représentation et la théorie n'est pas descriptif mais dynamique. La vulgarisation ne saurait en particulier être combattue au nom de l'illusion, partagée par certains philosophes, qu'il y aurait une théorie scientifique de la nature du travail scientifique. La cité scientifique définit ses contours, tout à la fois par le travail de critique qui se développe en son sein et par les éclairages que le discours social de la vulgarisation apporte de l'extérieur. En tout cas, il est clair, au moins depuis Wittgenstein, que

1. Pump and Circumstances, Robert Boyle's Literary Theory, *Social studies of science*, vol. 14, 1984, p. 481-520, trad. franç. : Une pompe de circonstance, la technologie littéraire de Boyle, *in* M. Callon et B. Latour (éd.), *La science telle qu'elle se fait,* La Découverte, 1990.
2. La question de savoir si un théorème peut être démontré par le calcul informatique n'est pas seulement théorique : elle se pose très concrètement à propos du coloriage des pavages du plan (théorème des quatre couleurs).
3. Philippe Roqueplo analyse ce jeu de caution mutuelle dans *Penser la technique,* Editions du Seuil, 1983, notamment p. 127 sq.

le jugement qui définit les limites de la science n'est pas en lui-même scientifique. Ceux qui ont cru pouvoir faire un partage, de façon prévisible et définitive, entre ce qui est scientifique et ce qui ne l'est pas n'ont fait le jeu que d'une certaine technocratie. Quant au débat qui se tient de l'extérieur sur le statut de la science, son « histoire » et sa « géographie », il est, pour le meilleur et pour le pire, composante essentielle de la façon dont une société peut contribuer à assigner un sens à l'activité scientifique. Si la coupure méthodique de la science positiviste a été nécessaire pour permettre l'exercice d'un savoir réglé et efficace, livrée à elle-même, elle ne conduit selon la formule de Michel Serres qu'à la « thanatocratie » : codification *a priori* des démarches acceptables et même des questions autorisées, mise en coupe réglée de l'activité des exécutants scientifiques, dépossédés du sens de leur propre travail[1]. Le discours social sur la science est l'une des conditions du travail scientifique. Toute la difficulté est alors que ce discours ne prenne pas à son tour le statut d'une vérité totalitaire, apte à imposer aux scientifiques une réglementation de leur pratique.

L'ensemble de cette problématique s'organise autour du statut des savoirs. Notre société caresse l'illusion d'un savoir scientifique extensible à toute réalité, illusion parfois prolongée par l'idée que certaines personnes — celles qui ont une éducation scientifique — raisonneraient scientifiquement sur tous les sujets. On a vu que cette idée n'avait aucun fondement réaliste. La science est une activité qui ne peut se développer que dans une sphère limitée. Représentations sociales et connaissance scientifique n'embrassent pas le monde de la même façon.

> Le scientifique se donne comme objet de connaissance non pas la totalité du réel, tout ce qui peut être objet de la pensée, mais uniquement ce qui dans le réel est mesurable et quantifiable[2]. C'est là une formidable réduction du champ de la connaissance, mais c'est à ce prix que l'approche scientifique a pu connaître de si profonds développements[3].

1. Michel Serres, *Hermès III, la traduction,* Editions de Minuit, 1974, p. 73 à 104.
2. Il serait plus exact de dire : tout ce qui dans le réel peut être saisi explicitement par la méthode adoptée (qui n'est pas nécessairement purement quantitative).
3. Claire Belisle, Faire comprendre la science ou la spécificité d'une démarche opératoire, *Vulgariser : un défi ou un mythe ?,* Chronique sociale, Lyon, 1985, p. 71.

Chaque forme de connaissance s'exerce donc dans son ordre, et l'érection de la méthode scientifique en modèle absolu de rationalité est une illusion violente. Pour un philosophe comme Michel Henry, cette l'illusion prend même le tour d'une tragédie.

> L'hyperdéveloppement d'un hypersavoir, écrit-il, dont les moyens théoriques et pratiques marquent une rupture complète avec les connaissances traditionnelles de l'humanité, a [...] pour effet d'abattre non seulement ces connaissances données comme autant d'illusions, mais l'humanité elle-même[1].

Nous retrouvons ici les préoccupations de ceux qui, comme Robert Oppenheimer, croient à la valeur humaine de la synthèse. Mais il n'y a pas lieu de conclure trop vite à la réalisation de cette hypothèse catastrophiste, car la pluralité des savoirs est bien vivante dans notre société, quelque effort que fassent certains technocrates pour la nier. On ne peut que souscrire, en revanche, à l'idée qui fonde cette déclaration, qu'une réduction du savoir à la science serait létale pour l'humanité ; on ajoutera qu'elle pourrait d'abord être létale pour la science, en suscitant de telles accusations. La science a besoin de se situer par rapport aux autres modalités de la connaissance pour jouer un rôle dans la société et pour survivre.

Le double écueil à éviter est en la matière celui de l'utopisme et celui du relativisme. Utopisme : mesurer le discours de vulgarisation — le discours social sur la science en général — aux critères de la validation scientifique. Par ce biais, on ne pourra guère instituer que *l'omerta*. Pour éviter l'erreur, il n'y aurait en effet que l'inintelligibilité ou le silence. Relativisme : tenir pour équivalents tous les discours, et renvoyer dos à dos (en ce qui regarde la physique) le physicien et le client du café du commerce. Cela arrive plus souvent, il est vrai, avec le linguiste ou le sociologue. La seule façon d'échapper à ce dilemme est de reconnaître une place à la diversité des modalités de connaissance. Si les notions scientifiques sont destinées à nourrir l'imaginaire social, elles ne peuvent le faire que

1. Michel Henry, *La barbarie,* Grasset, 1987.

détournées de leur mode d'emploi pour laboratoires et donc, d'une certaine façon, marquées par l'erreur.

> Avec l'essor du savoir et la division du social, écrit Serge Moscovici, nous sommes devenus tous polyglottes. Outre le français, l'anglais et le russe, nous parlons le médical, le psychologique, le technique, le politique, etc. Nous assistons probablement à un phénomène analogue pour la pensée[1]. D'une manière globale, on peut estimer que la coexistence dynamique — interférence ou spécialisation — de modalités distinctes de connaissance, correspondant à des rapports définis de l'homme et de son entourage, détermine un état de *polyphasie cognitive*[2].

La position ainsi formulée reprend en termes modernes la pensée d'Aristote, pensée qui légitime l'espace du rhétorique en distinguant ce qui peut faire l'objet d'une démonstration formellement établie et ce qui est du ressort de l'argumentation[3].

A l'issue de cette exploration des modalités de la connaissance, l'idée si souvent reprise de confronter le discours de vulgarisation à la norme scientifique apparaît assez frivole. Ce qui peut être analysé, c'est la nature des transformations que permet la vulgarisation. Voici deux exemples tirés de ma propre expérience. Ma fille (9 ans) regarde une cassette vidéo consacrée à une présentation de l'informatique. Je l'interroge. Elle formule les choses ainsi (je transcris une partie du dialogue) :

> L'ordinateur fonctionne avec le système binaire, qui est constitué de 1 et de 0. Donc l'électricité, quand elle passe ça fait 1 et quand elle ne passe pas, ça fait 0. Nous, on fonctionne avec le système décimal.
> — On fonctionne ?
> — On ne fonctionne pas, on calcule.

Ces propos font apparaître des ambiguïtés et des confusions possibles ; ils n'en sont pas moins très différents de dialogues plus anciens

1. Nous avons vu plus haut (I, p. 30 sq.) que cette métaphore de la traduction masque une partie de la réalité.
2. Serge Moscovici, *op. cit.*, p. 286.
3. Chaïm Perelman et Lucie Olbrechts-Tyteca soulignent dans leur *Traité de l'argumentation* (Editions de l'Université de Bruxelles, 1988) les enjeux auxquels répond l'existence de la rhétorique, définie comme une pratique de l'argumentation loyale. Si l'on ne reconnaît comme rationnelle que la démonstration formellement acceptable pour la science, on livre une grande part des problèmes, non accessibles à une telle démonstration, au jeu libre de la violence.

dans lesquels l'ordinateur apparaissait comme une sorte de personne artificielle. L'idée d'un mode de fonctionnement fondé sur les flux d'énergie a été intégrée. Autre exemple, celui de réunions d'information sur le SIDA organisées dans un lycée au début des campagnes de prévention scolaire, au milieu des années 1980. Les reformulations que fournissent les adolescents après ces réunions permettent de faire la part de ce qu'ils ont compris : ils savent que le virus entre dans le corps avec le sang ou le sperme. Ils ont pris quelque distance par rapport à certaines représentations erronées : ils ne craignent plus les vêtements, ils ont moins peur de donner leur sang, ils savent que la pilule ne protège pas. En revanche, leur représentation du processus de la maladie est assez sommaire, et les infections opportunistes n'y jouent presque aucun rôle : le virus apparaît comme une sorte de bombe à retardement qui éclate dans le corps.

Dans un cas comme dans l'autre, la connaissance est imparfaite et marquée par certains des traits dénoncés par Bachelard ; dans un cas comme dans l'autre, les représentations précédentes n'ont pas été totalement dissipées. Mais la connaissance construite a sa *pertinence* sociale et personnelle[1].

Pour ne pas tomber dans l'illusion relativiste mentionnée plus haut, sans s'enfermer dans les critères de telle ou telle discipline, il est souhaitable de faire état d'un caractère essentiel de la rationalité moderne, la réflexivité. Jürgen Habermas formule ainsi cette exigence :

> La tradition culturelle doit autoriser une relation réflexive à elle-même ; elle doit être dépouillée de son dogmatisme de façon à permettre que les interprétations alimentées par la tradition soient fondamentalement mises en question et soumises à une révision critique. Les relations internes de sens peuvent alors faire l'objet d'un travail systématique, tandis que des interprétations alternatives peuvent être tentées[2].

1. Cette analyse ne disqualifie pas une évaluation de la qualité du discours de vulgarisation (de sa valeur aléthique). Mais celle-ci ne peut s'évaluer une fois pour toutes, indépendamment de la situation et du discours. Pour aborder sérieusement cette question, il faut, comme nous le ferons dans la quatrième partie, regarder le mouvement du discours explicatif.
2. Jürgen Habermas, *Théorie de l'agir communicationnel*, Fayard, 1987, t. I, p. 87.

Dans cette perspective, la qualité d'un savoir se définit davantage par la conscience de son statut que par la précision de ses contenus. Un vulgarisateur qui privilégie cette problématique pourra s'exprimer ainsi :

> Nous sommes en présence d'un choc entre deux modalités de la connaissance. Il ne suffit pas de simplifier, de situer. [...] Peut-être un premier objectif du vulgarisateur pourrait être le suivant : amener à une double distanciation, amener un groupe ou un lecteur à comprendre qu'il voit le problème d'un certain point de vue, et que si l'on décale le point de vue légèrement, chacun va être amené à voir les choses différemment[1].

Cette formulation quasi brechtienne des objectifs de la vulgarisation a de quoi satisfaire ceux qui lui assignent pour principal objectif d'aider à mieux penser.

D'évidence, l'accusation de non-réflexivité touche au premier chef nos représentations courantes du monde.

> La représentation [...] transforme en qualités, attributs d'un objet [...], chosifie les phénomènes [...] C'est à cause de cette fonction des représentations comme cadres permettant d'organiser « la réalité », qu'elles se construisent autour des schèmes sensoriels de la connaissance empirique. Leur caractéristique serait alors leur transparence, leur capacité à être non pas une « représentation », mais « la représentation » du réel, à être vécues comme réelles, naturelles et universelles et non pas construites[2].

Certains programmes des vulgarisateurs affichent une telle prétention à dire la réalité, et font ainsi, à leur insu, du savoir scientifique un matériau de la croyance. La science des astres, écrit par exemple Camille Flammarion au début de son *Astronomie populaire,* « devient véritablement universelle, et chacun sent aujourd'hui le besoin de se rendre compte de LA RÉALITÉ »[3] ; le même auteur amorce ensuite son exposé en ces termes : « Ne suivons pas la méthode ordinaire des traités d'astronomie qui commencent par décrire les apparences, dont ils sont obligés ensuite de démontrer la fausseté. Commençons tout de suite par la réalité. »

1. Jean-Marie Albertini, Les confessions d'un vulgarisateur devenu chercheur, *Vulgariser : un défi ou un mythe ?,* p. 56-57.
2. Claire Belisle et Smaïl Aït el Hadj, Eléments pour une analyse des représentations, *Vulgariser : un défi ou un mythe* ?, p. 66.
3. Camille Flammarion, *Astronomie populaire,* Marpon et Flammarion, p. 4.

Toutefois, une telle prétention à adhérer au réel n'est pas l'apanage de la vulgarisation. Elle est même plus typique d'un certain discours pédagogique sur la science, dont on doit rappeler qu'il est la principale forme d'acquisition des savoirs. Marie-Françoise Mortureux le montre à propos des professeurs de science cartésienne qu'elle étudie.

> Dans leur discours, écrit-elle[1], le lien est effacé entre la comparaison (rare) et la définition de nom (surabondante), et par la suite entre le raisonnement par analogie, instrument de connaissance, et le vocabulaire scientifique, son résultat. Ce qui s'impose au lecteur, à travers la terminologie insérée dans le traité, c'est le résultat, le produit (linguistique) du processus scientifique, non le processus lui-même : c'est en cela qu'on pourrait opposer ces discours « savants » au discours « scientifique » de Descartes.

Disons plutôt : une certaine forme de discours didactique à une certaine forme de discours de recherche. Beaucoup de traités se présentent comme la plate description du monde et escamotent sans vergogne les hypothèses sur lesquelles reposent les théories. Mais on peut ajouter que beaucoup de chercheurs, plongés dans le bain de la compétition entre les équipes, victimes de la division du travail scientifique et pénétrés des hypothèses d'un paradigme, accèdent peu à la dimension de la réflexivité. Le travail scientifique est générateur d'un certain type d'opacité pour le chercheur lui-même. Louis Althusser observait que les scientifiques

> sont dans la culture comme des poissons dans l'eau : mais les poissons ne voient pas l'eau dans laquelle ils baignent. Car tout en eux s'oppose à la perception exacte de la place qu'occupe, dans la société, la culture dont ils sont nourris, l'enseignement qui la dispense, les disciplines qu'ils pratiquent — sans parler de la place qu'ils occupent eux-mêmes comme intellectuels, universitaires et chercheurs dans cette société. [...] Leur pratique, qu'ils exercent dans un cadre défini par des lois qu'ils ne dominent pas, produit ainsi spontanément une idéologie dans laquelle ils vivent sans avoir de raisons de la percer[2].

1. Marie-Françoise Mortureux, *op. cit.*, p. 585-586. L'auteur commente les œuvres de Rohault (*Traité de physique,* 1671) et Régis (*Système de philosophie,* 1691).
2. Louis Althusser, *Philosophie et philosophie spontanée des savants,* cours de philosophie pour scientifiques professé à l'Ecole normale supérieure en 1967, publié en 1974, Maspero, p. 43-44.

La vulgarisation pourrait même avoir quelque mérite à cet égard par rapport au discours « savant », car elle ne présente que de façon rarissime en pratique ce type de structure, même si son programme la donne pour un tableau de la réalité. L'auteur de vulgarisation a en effet des contraintes textuelles fortes : il doit raconter (ce qui suppose un mouvement), il doit intéresser (ce qui suppose un dialogue). Le texte de vulgarisation ne peut donc pas tout à fait effacer la pluralité des points de vue, ni le fait qu'ils ont émergé au fil d'une histoire. Cela ne signifie pas qu'il ne puisse être affecté de multiples formes de myopie.

L'idée de réflexivité nous offre donc un critère, distinct de l'opposition fuyante entre la science et son extérieur, pour décrire les démarches de connaissance. Appliquée au texte de vulgarisation, la question prend des formes concrètes : le texte fait-il apparaître le caractère construit de la connaissance ? Définit-il le cadre et les limites de l'analyse ? Formule-t-il les questions auxquelles une recherche vise à répondre ? Fait-il état de la diversité des points de vue ? Ces questions sont au cœur d'une poétique de la vulgarisation, qui leur apporte le plus souvent une réponse faite de compromis. La vulgarisation n'a pas à devenir un discours purement méthodologique, qui se bornerait à exposer longuement les propédeutiques d'une connaissance ; elle ne doit pas davantage faire œuvre de prestidigitation en escamotant les incertitudes. Le travail scientifique lui-même consiste d'ailleurs à articuler soigneusement les deux mêmes exigences : élucider les principes méthodologiques, enrichir les lectures de la réalité. La démarche du vulgarisateur procédera par choix. Dans les conditions d'une communication limitée dans son volume et soucieuse de pertinence vis-à-vis du public qu'elle se donne, il privilégiera une perspective, en faisant éventuellement en sorte de ne pas sacrifier la perspective complémentaire. Tout cela est affaire de trajet, d'énonciation, de point de vue.

Savoir, pouvoir, démocratie

Le projet des lumières, tel qu'il est exprimé par Condorcet, contient, on s'en souvient, l'ambiguïté suivante : fondé sur une confiance en la rationalité scientifique, il peut aussi bien s'ouvrir sur la nécessité d'un partage du savoir que se clore sur la confiscation du politique par un corps de scientifiques patentés. La réponse qu'apporte Condorcet à cette contradiction, dont il est conscient, est faite de pragmatisme. Le peuple doit disposer à son avis de la part de savoir qui lui permet de ne pas être dépendant, pour les enjeux qui le concernent, de l'expertise de quelques-uns.

La contradiction n'en est pas moins réelle, et elle va se développer dès que prendra corps le projet vulgarisateur. Le courant Saint-Simonien cherche à traduire en modes d'organisation sociale l'intention de Condorcet. Certains membres de ce courant exploitent et radicalisent une idée présente dans la pensée encyclopédiste, celle d'un rôle quasi politique des corps académiques. Condorcet n'omet pas de mentionner ce que pourrait être l'effet pervers d'une disjonction radicale entre ceux qui savent et ceux qui ignorent :

> J'entends ici, écrit-il, la formation d'une classe d'hommes dépositaires des principes des sciences, ou des procédés des arts, des mystères et des cérémonies de la religion, des pratiques de la superstition, souvent même des secrets de la législation et de la politique. J'entends cette séparation de l'espèce humaine en deux portions : l'une destinée à enseigner, l'autre faite pour croire ; l'une cachant orgueilleusement ce qu'elle se vante de savoir, l'autre recevant avec respect ce qu'on daigne lui révéler ; l'une voulant s'élever au-dessus de la raison, l'autre renonçant humblement à la sienne et se rabaissant au-dessous de l'humanité, en reconnaissant dans d'autres hommes des prérogatives supérieures à leur commune nature[1].

1. *Esquisse d'un tableau historique des progrès de l'esprit humain, Œuvres complètes,* 1804, t. XVIII, p. 27-28. Ce risque, énoncé à propos d'un stade primitif de l'humanité, celui des peuplades, guette tout système qui s'autoriserait de la science pour justifier une disjonction du social, en fonction de l'interdépendance du savoir et de la communication.

La radicalisation du projet de Condorcet en exacerbe les contradictions et en produit la perversion, l'*épistémocratie*. Cette radicalisation s'exprime, dans les termes de l'époque, à travers une définition des rôles respectifs de la littérature, de la science et de l'industrie[1]. Saint-Simon, dans un stade positiviste de sa pensée, procède à une critique du projet encyclopédiste : il reproche à Diderot d'avoir constitué essentiellement une équipe d'artistes, alors qu'une véritable encyclopédie devrait être le fait de « savants positifs ». Derrière ce grief particulier adressé aux artistes se profile un système réglé de rapports entre des groupes sociaux et des formes de pensée. Il faut remplacer la papauté par un « conseil de Newton », détenteur d'un pouvoir spirituel, mais aussi apte à exercer en ce nom un magistère sur l'histoire des sociétés. Il convient d'instituer une frontière entre gouvernants et gouvernés telle que les premiers aient la plus grande supériorité d'intelligence possible sur les seconds.

Dans la forme la plus radicale de ce système, la division du travail est simple : aux savants positifs appartient le rôle de formuler les savoirs, aux autres intellectuels revient la mission de vulgariser pour le peuple des généralités sur ces savoirs. C'est le triomphe de la notion de « science politique », définie comme la formulation méthodique par les savants d'un système rationnel apte à convenir à l'époque industrielle. L'imagination remplit alors un rôle subalterne, celui de la propagation des idées. Selon la formule de Philippe Régnier, les littérateurs deviennent dans ce contexte les « intellectuels organiques de l'industrie ». Un ensemble de textes programmatiques, d'initiatives éditoriales, de manifestations accompagne cette conception des rapports entre politique et science, dans laquelle s'inscrit une bonne part de l'activité vulgarisatrice du XIXe siècle.

Si l'on y prête attention, on reconnaît ici une version moderne

1. Philippe Régnier expose les enjeux de cette entreprise dans sa thèse, *Les idées et les opinions littéraires des Saint-Simoniens*, Université de Paris III, 1983. On y voit comment se construit le système de pensée ici décrit succinctement, mais aussi sur quelles controverses et sur quelles contestations il débouche.

du thème du Philosophe-Roi, tel qu'il se développe dans la *République* de Platon. Moderne, en un quadruple sens : le prince est devenu un corps collectif; la science, autrefois propédeutique à la réflexion philosophique, apparaît comme un savoir absolu; la Cité ne vise plus le triomphe de la justice mais l'efficacité de la production; les créateurs soumis au contrôle ne sont plus les poètes épiques mais les écrivains scientifiques.

Toutefois, les idées essentielles qui structurent la politique platonicienne sont ici reprises. Le gouvernement d'un Etat ne peut être rationnel que si le pouvoir politique est détenu sans partage par ceux à qui leur formation a permis d'accéder à la rationalité. Car le social est comme la métaphore d'un organisme clivé. Aux bas instincts du ventre correspondent les mouvements irréfléchis du peuple, par nature assimilable à un gros animal qui nomme bon ce qui le réjouit et mauvais ce qui l'importune, sans pouvoir légitimer autrement ces qualifications, animal dont on devient esclave si l'on ne le dompte pas[1]. Aussi le pouvoir juste ne peut-il être le résultat d'un contrôle populaire, qui le livrerait à la démagogie et à l'erreur; il relève d'un mode d'éducation qui impose au chef l'acquisition de dispositions raisonnables, mais par là même le soustrait à tout contrôle qui lui serait étranger.

Il est clair que l'apparente rationalité de ce système, qui est en lui-même un exemple de ce qu'il voudrait promouvoir, la politique fondée sur le raisonnement scientifique, cache une sorte de coup de force. Une lecture attentive du *Politique* le met en évidence, puisqu'elle nous permet de voir sur quel type de malentendu repose la revendication d'une scientificité du politique, dans le texte même qui prétend la fonder. Le dialogue procède comme une approche réglée de la science politique. Rien de plus méthodique, de plus binaire même que les distinctions successives qu'il nous propose entre les sciences. Prenons garde toutefois à un glissement qui s'introduit, par le jeu du langage, au sein de l'activité classificatoire. L'étranger qui conduit ici la discussion propose

1. Notamment *Gorgias,* 481 et 513.

à son interlocuteur, Socrate le Jeune, une équivalence apparemment anodine :

> L'ÉTRANGER : Quel nom donnerons-nous donc à cette partie de l'élévage[1] des vivants qui nourrit collectivement des groupes entiers, celui d'élevage de troupeaux ou celui d'élevage collectif?
> SOCRATE LE JEUNE : L'un ou l'autre, au gré du raisonnement.
> L'ÉTRANGER : A la bonne heure, Socrate! Si tu persévères dans ce détachement à l'égard des mots, tu te montreras plus riche en sagesse à mesure que tu avanceras en âge[2].

Ne soyons pas dupes de cette flatterie (l'interlocuteur, qui s'appelle tout de même Socrate, ne doit pas l'être tout à fait). La dévalorisation des mots — si caractéristique de la politique qui prétend se soustraire au débat — est la condition pour accepter que le collectif humain soit assimilé à un troupeau et son chef à un pasteur. Un second incident vient d'ailleurs souligner ce thème. Socrate le Jeune propose une nouvelle distinction, celle de l'homme et de la bête. La distinction sera rejetée en ce qu'elle oppose une partie au tout qui la contient. Cette réfutation, recevable en droit, conduit à valider une simple équivalence, c'est-à-dire une assimilation du peuple à un troupeau d'animaux. La distinction réglée des notions a fait place, subrepticement, au jeu langagier de la catégorisation, et ceci d'autant plus sûrement qu'elle semblait s'affranchir des ambiguïtés du langage.

Ce texte du *Politique* a le mérite, dans sa brutalité, de désigner le caractère aristocratique d'une politique fondée sur la domination exclusive du savant et d'éclairer ainsi le lien qui unit, dans la *République,* l'assimilation de la Cité à un organisme et le thème du Philosophe-Roi. Si les thèses fondatrices de ce règne de l'intelligence sont retenues, la démocratie n'a guère de sens. La politique se réduit à la pédagogie et une certaine vulgarisation occupe tendantiellement la totalité de l'espace culturel.

Si l'on reprend à présent l'avertissement de Condorcet, le rôle

1. Le texte grec contient des termes de la famille du verbe *trophein* qui signifie à la fois nourrir et élever, s'appliquant indifféremment à des animaux et à des enfants.
2. Platon, *Politique,* 261 *e,* trad. d'Auguste Diès, Editions des Belles Lettres, 1950.

de la vulgarisation s'avère plus complexe que le thème du Philosophe-Roi, individuel ou collectif, ne le laisse entendre. L'invocation du discours scientifique peut devenir un argument d'autorité, un moyen de légitimer des choix sans avoir à recourir au débat. Le point de vue rhétorique ainsi défini peut se formuler dans les termes suivants : prétendre qu'une politique est scientifique, c'est attribuer à un choix subjectif, fondé sur des arguments contestables, porté par des intérêts particuliers, l'apparente caution du type de crédibilité dont jouissent les démonstrations scientifiques.

Le socialisme scientifique et la politique technocratique sont deux avatars bien connus d'une telle exploitation rhétorique de la science. André Comte-Sponville a exposé le mode de fonctionnement du socialisme dit « scientifique » et démontré son appartenance au modèle de la politique platonicienne[1]. La principale mystification que cache l'idée de politique scientifique est la confusion du jugement de droit et du jugement de fait, la prétention que professe le communisme « scientifique », comme l'idéalisme platonicien, que ce qui *est* — en profondeur, de façon essentielle — suffit à définir ce qui *doit être*. Comte-Sponville reconnaît dans la politique stalinienne les thèses constitutives d'un tel platonisme : la politique, révélée et descendante, reçoit une définition religieuse ; le changement est impossible au sein d'un modèle profondément conservateur, malgré sa revendication « progressiste » ; les décisions prétendument fondées sur la science ont un caractère dogmatique ; ceux qui détiennent le savoir exercent un pouvoir absolu ; l'accès au pouvoir est réservé, dans la plus pure tradition aristocratique, à une minorité. L'intérêt de l'analyse de Comte-Sponville est de faire apparaître que la trahison de l'idéal révolutionnaire, loin d'être un simple effet des aléas de l'histoire, est inscrite comme possibilité dans les principes qui fondent cette politique platonicienne. Je ne crois pas forcer sa pensée en ajoutant, dans la perspective qui nous concerne ici, que c'est par le biais de l'argument rhétorique précédemment repéré, celui qui consiste à

1. André Comte-Sponville, *op. cit.*, chap. 2 : « Les labyrinthes de la politique ».

masquer des choix par une prétendue scientificité, qu'a pu se rendre crédible le rôle dirigeant de la classe ouvrière, ou plutôt la prétention de certains dirigeants à jouer le rôle de la classe ouvrière. C'est-à-dire que l'image sociale de la science est ce sur quoi s'appuie la confiscation du pouvoir.

Un épisode de notre histoire intellectuelle permet de caractériser très précisément les enjeux d'une telle prétention à fonder scientifiquement la politique. Il s'agit de la controverse qui a opposé, en 1921-1922, Henri Barbusse et Romain Rolland, controverse dans laquelle les positions exprimées sont bien, comme l'écrit Rolland, irréductibles[1]. Henri Barbusse avait interpellé les « rollandistes » dans un article de la revue *Clarté* intitulé L'autre moitié du devoir. Il invitait ceux qui s'étaient distingués par la critique de l'ordre social à ne pas se cantonner, au nom de l'indépendance de l'esprit, à un rôle purement négatif. Barbusse assignait aux intellectuels un rôle positif, jouant sur l'ambiguïté du terme lui-même : acte « positif » en ce qu'il apportait un soutien à la construction d'une nouvelle société, l'engagement pour la révolution russe était également la reconnaissance dans l'action politique d'une « science positive et appliquée », au sens qu'Auguste Comte, explicitement cité par Barbusse, aurait pu donner à cette expression. A l'origine de cette controverse, Barbusse réactivait l'opposition du littéraire et du scientifique, attribuant au premier une « fonction d'ornementation et de publicité », destinée à « faire valoir les régimes, les institutions consacrées, comme les mœurs et les idées admises ». En regard de cette tradition réactionnaire, le collectivisme se réclame sans réserve de la science pour fonder ses thèses et son action.

> La science, écrit Barbusse, de par ses obligations organiques précises, a dû suivre une autre voie, la bonne. Elle est rectificatrice par essence. L'esprit critique est sa raison d'être, non son luxe, comme pour la poésie. Elle est une systématisation réfléchie qui se dessine, inflexible, à l'encontre du désordre et de

1. Romain Rolland, La révolution et les intellectuels. Lettre aux amis communistes, *L'art libre,* avril 1922, et Romain Rolland, *Textes politiques, sociaux et philosophiques choisis,* recueil de Jean Albertini, Editions Sociales, 1970, p. 227 (recueil qui reproduit l'ensemble de la controverse). Les références suivantes renvoient à cette dernière édition.

l'obscurantisme des contingences naturelles ou des traditions, et des illusions de l'apparence. Et l'on peut dire que les intellectuels se sont élevés en originalité et en pureté révoltées — et ont donné prise à l'excommunication — dans la mesure où ils ont cessé de ressembler à des pontifes pour ressembler à des savants[1].

Cette première exploitation de la science joue un rôle, en lui-même contestable, de modèle analogique. Mais dans la suite de cet article, l'invocation de la science prend un caractère de plus en plus fondateur pour la politique. Il s'agit d' « édifier contre l'ordre social qui est la vérité de fait un ordre idéal qui n'est tout d'abord que vérité théorique, œuvre spirituelle, comme une science ». Barbusse reproche aux rollandistes de « se [tenir] systématiquement à l'écart des logiciens et organisateurs sociaux », au lieu de reconnaître qu' « il ne peut y avoir de fautes de calcul dans cette géométrie sociale révolutionnaire que les principes généraux de *Clarté* bornent et encadrent », en fonction de l' « infaillibilité des lois fondamentales des sciences appliquées ».

Ce thème ne constitue qu'une composante de cette vaste controverse, dans laquelle le spiritualisme de Rolland le conduit également à tenir sur certains points des propos caricaturaux ; mais c'est bien un thème central, comme le remarque Rolland, à la différence de Barbusse qui verra dans la critique de la géométrie sociale une manœuvre de diversion par rapport à ce qui lui semble le véritable enjeu, l'engagement dans un camp. Car le recours à l'autorité de la science a deux effets que la réponse de Romain Rolland indique clairement. Il offre d'abord un fondement transcendant à ce que Rolland nomme justement le « credo communiste » et lui confère, au nom de la science, un caractère religieux. D'où le conseil de Rolland : « Le plus grand service que vous puissiez rendre à la cause communiste, ce n'est pas d'en faire l'apologie, mais la critique franche et vraie. » En outre, la logique scientiste — plus exactement techniciste — invoquée par Barbusse conduit à penser la politique comme un ensemble de moyens ordonnés par

1. *Ibid.*, p. 191.

une fin préconstruite : transportée hors de son espace de pertinence, la logique des fins et des moyens conduit tout simplement à privilégier la raison d'Etat. Rolland fait sur ce point deux remarques essentielles : qu'il n'y a pas lieu de se rendre à une raison d'Etat plutôt qu'à une autre et que les moyens employés par l'action politique façonnent plus sûrement l'avenir que les fins qu'elle poursuit. L'histoire lui a donné tragiquement raison.

De quoi s'agit-il en l'occurrence quand on parle de science ? De plusieurs choses bien différentes. D'abord, la science se définit comme un mouvement de recherche ; puis elle prend la forme d'un corps de doctrine incontestable ; enfin, Barbusse la traite comme le témoignage brut de la force des choses. Dans le *post-scriptum* à l'un des articles suivants, Rolland discute en deux temps l'expression « géométrie sociale » : d'une part, il rappelle que les lois des sciences expérimentales sont des constructions de l'esprit, toujours reconsidérées, d'autre part, il montre que l'assimilation de la sociologie à la géométrie fait l'impasse sur les difficultés particulières d'une connaissance de l'homme. C'est l'absence même de cette réflexion philosophique qui permet au système de la politique scientifique d'exister. C'est en se méconnaissant que la science peut apporter sa caution à la politique. Le jugement de Rolland est sur ce point sans appel. « Si vous croyez que les lois de la nature ont une existence concrète, au livre de la nature, vous êtes, Barbusse, un mystique sans le savoir. » L'utilisation métaphorique de cautions scientifiques comme la *géométrie* ou la *logique* ne fonctionne qu'à condition de masquer la véritable nature du travail scientifique, qui est la construction toujours recommencée d'hypothèses. Aussi bien est-ce celui qui ne se réclame pas du modèle de la science qui propose une attitude politique réellement inspirée de celle du scientifique : « Travaillez à corriger incessamment votre œuvre, en osant signaler vous-même ses erreurs et à combattre ses abus. » C'est la raison pour laquelle la communication de la science ne peut éviter d'alimenter une nouvelle religion qu'en se faisant effort pour montrer le mouvement de la recherche, qu'en incluant des considérations historiques et philosophiques.

Il ne faudrait pas croire que le socialisme scientifique possède l'exclusivité des effets ici mentionnés. Sans doute est-ce l'un des mouvements politiques qui ont exploité le plus systématiquement la caution de la science et qui en ont tiré les conséquences les plus extrêmes. Toutefois, comme on l'a vu, il est dans cette logique l'héritier du Saint-Simonisme et de la pensée industrialiste, dont il a largement repris les thèses, quitte à en modifier, au moins dans son programme, l'orientation sociale. C'est pourquoi nous retrouvons une telle exploitation de la science dans le discours technocratique qui régit une bonne part de notre société. Etienne Allemand a pu montrer, dans son analyse des émissions scientifiques télévisées[1], comment l'information scientifique pouvait jouer le rôle de simple caution du discours gestionnaire. Etudiant un à un quelques-uns des critères essentiels proposés par Bachelard pour définir l'esprit scientifique, Etienne Allemand montre qu'ils sont subvertis au bénéfice d'un privilège des catégories de l'expérience commune, si bien que loin de percevoir le sens du problème qui fait la démarche du savant, nous pouvons croire assister à une description estampillée de la réalité. Cette mystification épistémique permet de présenter les choix de gestion, contestables et intéressés, comme de simples conséquences de l'explication des faits. Il faut bien voir que l'effet technocratique (ou épistémocratique) ici décrit ne se limite pas à justifier telle ou telle décision ponctuelle. De la même façon qu'on manque le ressort idéologique essentiel de la publicité si l'on s'emploie à mesurer l'influence qu'elle exerce sur l'achat d'un produit particulier, on définirait mal la technocratie par la seule collection des décisions qu'elle justifie. Comme l'écrit Philippe Roqueplo,

> en évoquant, pour justifier leurs décisions de gestionnaires, les techniques et les sciences dans lesquelles ils sont censés être experts, les membres de la « technostructure » utilisent précisément la science et la technique pour justifier idéologiquement non telle ou telle décision, mais *leur propre pouvoir décisionnel,* qui doit être accepté *comme allant de soi,* comme aussi « naturel » qu'était en 1789 le droit de propriété[2].

1. Etienne Allemand, *L'information scientifique à la télévision,* Paris, Anthropos, 1983.
2. Philippe Roqueplo, *Penser la technique,* p. 57.

Ce type de politique prétendument scientifique est à l'œuvre, sous des espèces multiples, dans la gestion des entreprises. L'un de ses avatars est le recours à l'expertise pour trancher des questions controversées ; une autre forme de cette action est la mise en place de techniques de gestion qui conduisent, sous l'apparence d'une approche objective, le plus souvent chiffrée, à faire prévaloir tel ou tel aspect de la réalité et telle ou telle forme d'action. Par exemple, le fait de quantifier certains indicateurs peut s'apparenter à un coup de force : coefficients d'efficacité, indicateurs de gestion, calculs de pondération, chiffres de production, etc. Bachelard était conscient du fait que la quantification n'était pas un critère de scientificité. « L'excès de précision, dans le règne de la quantité, écrivait-il, correspond très exactement à l'excès du pittoresque, dans le règne de la qualité. »[1] Sa critique s'applique fort bien à certaines pratiques technocratiques :

> Mesurer exactement un objet fuyant ou indéterminé, mesurer exactement un objet fixe et bien déterminé avec un instrument grossier, voilà deux types d'occupations vaines que rejette de prime abord la discipline scientifique[2].

C'est bien en l'occurrence une conception *fausse mais répandue* de la science, selon laquelle serait objectif ce qui est mesuré, qui permet un coup de force politique : celui qui consiste à obtenir qu'une décision ne soit pas argumentée, voire que sous la complexité des calculs les critères sur lesquels elle repose ne soient pas identifiés. Louis Pinto a proposé des analyses analogues sur l'usage qui se répand dans les entreprises du graphique comme mode d'expression des problèmes[3], usage qui tend à valider comme objective une approche hyperfonctionnelle des relations de travail et qui connote, à peu de frais, à l'intention de cadres pressés, les dehors d'une conceptualisation.

Selon les points de vue qu'elle privilégie dans la présentation de la science, la vulgarisation scientifique, comme d'ailleurs l'enseigne-

1. *La formation de l'esprit scientifique*, p. 212.
2. *Ibid.*, p. 213.
3. Louis Pinto, Graphique et science d'entreprise, *Actes de la recherche en sciences sociales*, n° 69, septembre 1987.

ment scientifique, pourra tout aussi bien contribuer à une telle mystification ou au contraire fournir des ressources pour distinguer ce qui ressortit réellement à la démarche scientifique et ce qui est de l'ordre de son exploitation rhétorique.

C'est dans le contexte de ces risques que se pose la question de la démocratie en matière scientifique et technologique, qui entretient avec la précédente un rapport complexe. Vouloir militer pour le partage du savoir s'apparente à l'idée d'une valeur politique de la science par le pari qu'un citoyen éclairé dispose de moyens de réflexion meilleurs, c'est-à-dire, comme on l'a vu plus haut, qu'une disjonction absolue de la rationalité pratique et de la rationalité théorique n'est pas pertinente. Toutefois, l'intérêt des vulgarisateurs qui se réclament de cette perspective n'est pas d'attribuer à une décision politique une forme scientifique ; il est avant tout de cerner la part d'information scientifique qui permet l'exercice de la citoyenneté. Les données de cette question sont très marquées par l'histoire, histoire de la pratique scientifique elle-même, histoire des exigences de la démocratie en termes de savoir.

Ce problème a acquis aujourd'hui une acuité particulière, au point qu'il est peut-être devenu un point d'achoppement de la démocratie.

Une première difficulté provient de ce que, selon les termes de Philippe Roqueplo, la technique est devenue un opérateur social[1]. Les dispositifs techniques qui nous entourent sont le produit d'une histoire, ils enregistrent et pérennisent des rapports sociaux, ils façonnent discrètement notre relation au monde. L'usage des objets techniques se répand, mais la compréhension des mécanismes et des hypothèses scientifiques qui les fondent ne sont pas accessibles à tous, si bien que certains peuvent avoir une relation aliénée et dépendante à eux. Or le véritable enjeu est le caractère médiateur de ces objets, à travers lesquels c'est une dépendance entre des hommes qui s'établit.

1. P. Roqueplo, La technique, opérateur social, *Penser la technique,* p. 15 à 38.

> Chaque objet technique, écrit Philippe Roqueplo, est la pétrification de rapports sociaux qu'il contribue à instaurer, à perpétuer et à modifier, et c'est précisément en cela qu'il est possible d'apercevoir la caractéristique sociale essentielle de la technique[1].

Bien que cette logique de la technique ne doive pas être confondue avec celle de la science, l'information sur les concepts et les démarches scientifiques est une condition pour que le citoyen ne subisse pas simplement les effets d'une organisation technique : il n'évitera de penser celle-ci en termes de destin ou de magie que s'il en comprend les principes.

Avec les nouvelles possibilités d'action offertes par la science, les choix scientifiques ont un impact croissant sur la vie sociale et politique et plus largement sur la façon dont se définissent les grands ancrages de notre culture[2]. Les événements qui ont conduit, à partir de certains choix de stratégie de recherche en physique, à mettre entre les mains de certains dirigeants des instruments de destruction massive ont sans doute constitué un moment décisif de cette réflexion. Ce traumatisme majeur a suscité une réflexion critique sur la science et la technique, parfois poussée jusqu'au fantasme apocalyptique. Mais d'autres enjeux plus discrets s'apparentent au même phénomène : effets rampants de l'informatisation du travail, destructions écologiques dont les effets ne sont perceptibles que longtemps après les décisions techniques qui les ont graduellement provoquées. Le cas des recherches biologiques et génétiques, porteuses de menaces incluant la perspective d'un nouvel eugénisme, en même temps qu'elles permettent d'espérer des victoires contre la maladie, souligne spectaculairement le processus que recèle ce pouvoir de la technique : en repoussant les limites de ce que nous subissons comme notre destin, et en étendant l'espace de notre liberté, la science et la technique nous placent devant des responsabilités personnelles, collectives et internationales nouvelles. Ces enjeux font que la

1. *Ibid.*, p. 32.
2. Ces enjeux sont exposés dans le livre de Dominique Lecourt, *Contre la peur. De la science à l'éthique une aventure infinie*, Hachette, 1990.

démocratie est interpellée aujourd'hui, pour survivre, par la question suivante :

> Quel mécanisme de décision mettre en place qui permette à l'ensemble des citoyens de faire valoir leur point de vue, non sur la recherche elle-même, mais sur les questions posées par les applications de la recherche ?[1].

Seule une prise en compte de cette problématique peut éviter le basculement, sans doute générateur de nouveaux drames, de notre époque dans un rejet épidermique de la rationalité.

Un second thème de réflexion concerne le caractère économiquement et techniquement très lourd de certaines activités de recherche scientifique. L'activité scientifique s'organise en programmes structurés dans de gigantesques organisations de travail ; elle se dote d'instruments dont la conception, la réalisation et le financement exigent de véritables entreprises industrielles ; les programmes de recherche sont de plus en plus intégrés et reliés à des enjeux économiques. Pour toutes ces raisons, les décisions déjà prises pèsent lourdement sur l'action future et les marges de manœuvre sont toujours limitées, déterminées qu'elles sont par un ensemble de contraintes.

D'autre part la décision prend un caractère très abstrait et très complexe, peu accessible au sens commun. C'est-à-dire que les enjeux eux-mêmes peuvent difficilement être identifiés, dans la mesure où ils peuvent se situer au coeur même du raisonnement scientifique.

L'affaire du sang contaminé[2] nous fournit un exemple de la façon dont cette complexité peut envahir, à certains moments théâtraux, l'espace public. Au premier abord, il s'agit d'une affaire banale, spontanément pensée en termes d'honnêteté et de malhonnêteté. Sans doute le jugement moral doit-il conserver en

1. Dominique Lecourt, *ibid.*, p. 34.
2. Il s'agit de l'émoi suscité dans l'opinion par la découverte que des produits sanguins contaminés par le virus du SIDA avaient été transfusés à des malades à un moment où les moyens techniques de chauffer ces produits existaient, et de la série de procès que ce scandale a suscités.

l'occurrence une primauté, mais les conditions de sa juste formulation ne vont pas de soi. Le développement des procès a conduit à faire apparaître — d'une façon insuffisante, aux yeux des défenseurs des accusés — que la décision n'était pas transparente. Le contexte s'est vulgarisé au fil du procès, si bien que le public a pu découvrir peu à peu, et partiellement, des problèmes : l'historique et les procédures de fabrication des dérivés sanguins, les enjeux économiques multiples auxquels ils renvoient, la chronologie des informations relatives aux risques, les technologies de test et de préservation des produits sanguins, les procédures organisationnelles de la décision, la difficulté d'établir précisément la liste des victimes, etc. Le constat apparemment empirique de la responsabilité d'un médecin prend dès lors la forme d'une *controverse* relative à l'interprétation d'un ensemble de données, comme dans le cas des théories scientifiques elles-mêmes. Mais cette controverse prend un tour particulier. En regard de la complexité des dossiers, le discours des médias et celui des hommes politiques proposent des conclusions péremptoires et des indignations véhémentes. Dans ce contexte, l'existence d'une information sur cet événement ne signifie pas nécessairement que les citoyens ont eu l'occasion d'en comprendre les enjeux. On voit par exemple persister dans les propos échangés à l'occasion de cette affaire l'illusion très fondamentale et très souvent dénoncée par les médecins, qu'un acte médical quel qu'il soit pourrait être inoffensif et neutre. Or l'un des enseignements de ce procès, qui en explique largement le caractère scandaleux, est qu'il a révélé, dans le drame, que des décisions importantes se prenaient en dehors du champ de l'opinion publique. Si cette affaire est apparue dans l'espace public, bien des décisions se prennent aujourd'hui dans le même secret, des décisions relatives au commerce des organes, à l'expérimentation génétique, au développement de divers systèmes d'automatisation, etc.

Sans doute l'une des données contemporaines les plus cruciales, marquant un degré de plus dans les enjeux d'appropriation des savoirs, est-elle l'incursion dans la décision politique, au sens strict, de la complexité des données scientifiques et techniques[1], le plus souvent — mais pas exclusivement — relatives aux sciences sociales. Le référendum destiné à ratifier les accords sur l'Union européenne en 1992 en est un bon exemple. La difficulté de lecture du texte, la complexité des mécanismes juridiques et économiques qu'il proposait, la nécessité de faire des hypothèses de nature économique et financière pour pouvoir en penser les effets les plus immédiats ont fait que la campagne s'est déroulée en grande partie comme une entreprise de vulgarisation — intéressée — de l'histoire, de l'économie et des formes constitutionnelles de l'Etat. On a vu paraître par exemple des ouvrages qui proposaient non un commentaire du texte du traité, mais un catalogue ordonné des questions et des arguments qui pouvaient être proposés pour et contre la ratification du traité. Mais l'effort d'explication n'a pas été sans accroître paradoxalement la distance à la question posée, le citoyen ayant toujours davantage à se situer par rapport aux analyses des commentateurs, tandis que l'accès au texte lui-même paraissait de plus en plus impossible. D'ailleurs, les résultats ont été analysés par la presse et les hommes politiques selon l'hypothèse que le vote n'a pas porté, pour une grande part de l'électorat, sur la question posée. En outre, à supposer que les dispositifs de gestion et les modèles économiques sur lesquels reposait le traité aient été correctement expliqués, le scrutin n'avait pas eu lieu que les données en étaient déjà modifiées, par le jeu d'un ensemble de régulations financières à caractère technique.

Sans doute ces dernières considérations conduisent-elles à regarder sans optimisme excessif les possibilités d'intervention réelle du citoyen dans les composantes scientifiques de la décision politique. Il s'agit aujourd'hui d'un *point critique pour le système démocratique.* Car c'est l'idée de démocratie qui pourrait devenir ridicule ou sophistique à ce compte. Toutefois, on doit remarquer également que l'obligation de communiquer sur la science devient, de plus en plus,

1. On pourrait discuter le fait que le phénomène soit véritablement nouveau. On se bornera ici à constater qu'il fait une incursion manifeste au sein du débat public.

une disposition importante des textes officiels. La communication des scientifiques vis-à-vis des citoyens a toujours été encouragée, comme un mouvement charitable. Mais le ton a changé. Les textes qui définissent les missions de la recherche scientifique comportent désormais des dispositions explicites dans ce sens[1]. Beaucoup de chercheurs du CNRS considèrent la vulgarisation de leur travail comme un devoir, certains parlant même de rendre des comptes à ceux qui par leurs impôts permettent aux recherches de se poursuivre. Ici encore, l'affaire du sang contaminé est exemplaire : elle attire notre attention sur les formes multiples de l'obligation d'informer et d'être informé. Le débat médiatique porte sur ce que les responsables du Centre national de transfusion sanguine, et les technocrates en général, savaient et ne savaient pas (qu'il y avait contamination — qu'il existait des moyens de contrôle, etc.) et sur les informations qu'ils ont ou n'ont pas diffusées. Parallèlement, les médecins traitants sont accusés s'ils n'ont pas averti les patients du risque qu'ils encouraient. Le savoir ou l'ignorance des hémophiles définit, symétriquement, leur caractère de responsables ou de victimes, quant à leur propre santé. Les présupposés du débat, qui sont que tout médecin a l'obligation symétrique d'être informé sur les plus récentes hypothèses scientifiques et de diffuser cette information auprès des patients et des décideurs[2] sont révélateurs de l'importance désormais centrale que prennent les problématiques de diffusion du savoir. L'une des conséquences de cette situation est d'ailleurs que les instances scientifiques se dotent de moyens de communiquer avec le public, dans un esprit qui ne répond pas exclusivement à des préoccupations démocratiques ou « philanthropiques », selon le terme consacré au XIXe siècle, mais dans le

1. La notion de diffusion de l'information scientifique et technique apparaît plusieurs fois dans le texte de la loi d'orientation et de programmation de la recherche du 15 juillet 1982. Le métier de chercheur comporte notamment, selon ce texte, la mission suivante : « Diffusion de l'information et de la culture scientifique et technique dans toute la population, et notamment parmi les jeunes. »
2. Principe qui montre une profonde mutation de la profession médicale : le serment d'Hippocrate comporte l'engagement de ne pas divulguer les savoirs aux profanes.

souci de protéger la recherche et l'activité industrielles contre d'éventuelles remises en question publiques. C'est un phénomène dont nous aurons à tenir compte en décrivant le champ de la vulgarisation contemporaine.

Eclairée par ces enjeux politiques, la position radicale, précédemment évoquée, qui consiste à dire qu'un savoir privé de ses principes est pire que l'ignorance, mérite d'être soigneusement nuancée. Les initiatives publiques de présentation de la science et de débat sur l'usage que nous voulons en faire ne sont pas à la hauteur de ces enjeux. Une lecture platement critique de la communication scientifique, une position puriste sur l'exactitude scrupuleuse des messages que devraient produire les vulgarisateurs risqueraient de masquer l'importance cruciale d'initiatives réalistes en la matière et la nécessité, pour la démocratie, d'en défendre la pérennité. En l'occurrence, le réalisme commence avec la prise en compte des raisons que nous pouvons avoir de désirer apprendre.

Cet obscur désir de savoir

Aborder l'activité scientifique d'un point de vue *décalé,* celui de la vulgarisation, nous conduit à porter un regard particulièrement attentif sur les ressorts qui peuvent pousser l'homme à savoir. Le journaliste scientifique n'appréhende pas cette réalité de la même façon que le chercheur. On pourrait même décrire ces deux positions comme symétriques. Ce qui est ici l'objet d'un interdit constitue là un thème privilégié

Le scientifique moderne a appris à faire abstraction de son désir, de sa subjectivité et de son effort lorsqu'il s'agit de conduire une démarche ou de formuler des propositions théoriques. C'est bien, comme le remarque Bachelard, ce qui distingue la science moderne de l'esprit préscientifique, dont l'alchimiste, engagé dans une aventure personnelle totale, est l'avatar le plus caractéristique.

> Jamais, écrit Bachelard[1], les qualités d'abnégation, de probité, de patience, de méthode scrupuleuse, de travail acharné, n'ont été si intimement intégrées au métier que dans l'ère alchimique. Il semble que, de nos jours, l'homme de laboratoire puisse plus facilement se détacher de sa fonction. Il ne mêle plus sa vie sentimentale à sa vie scientifique.

On pourrait même radicaliser le propos : l'homme de laboratoire *doit* se détacher de sa fonction, avoir deux vies bien distinctes, pour remplir l'idéal d'objectivité que nous avons formulé plus haut. Cela ne signifie pas bien entendu que la pratique scientifique ne soit pas marquée, comme toute pratique humaine, par le sujet et par ses désirs.

> C'est l'homme tout entier, écrit plus loin Bachelard[2], avec sa lourde charge d'ancestralité et d'inconscience, avec toute sa jeunesse confuse et contingente, qu'il faudrait considérer si l'on voulait prendre la mesure des obstacles qui s'opposent à la connaissance objective, à la connaissance tranquille.

Bref : le scientifique est mû par ses désirs comme les autres hommes, mais la discipline de la « connaissance tranquille » qu'il pratique veut qu'il s'abstienne d'afficher sa subjectivité, et en particulier d'en faire un ressort de valorisation de ses propositions théoriques. Il s'agit là d'une règle constitutive de l'éthique scientifique, qui n'a d'ailleurs pas attendu l'époque contemporaine pour être formulée. On trouve excellemment résumé ce principe d'effacement sous la plume de Bérulle, qui écrit : « En la science, on doit examiner non qui le dit, mais ce qui est dit. »[3]

D'un point de vue polémique, cette contradiction peut être décrite comme une dénégation. C'est ce que fait Nietzsche sans aménité, mais non sans humour. La pratique scientifique se présente à l'observateur comme une activité sans désir ni sens. Le scientifique moderne, « l'homme objectif qui renonce à jurer et à maudire » n'est pas une force, mais un instrument, un « chef-d'œuvre de miroiterie ». On se croit mèche, on n'est que suif. La

1. *La formation de l'esprit scientifique,* p. 50.
2. *Ibid.,* p. 209.
3. Pierre de Bérulle, *Discours de l'Eucharistie,* VI, « De la différence entre la science et la foi », cité par M.-F. Mortureux, *op. cit.*

science moderne, dont le modèle est la mécanique, est, en quelque sorte, aux yeux de Nietzsche, une activité dépourvue d'orientation et de sens, parce que niant son désir. « Le peu de "personnalité" qui reste [au savant] lui paraît fortuit, souvent arbitraire, plus souvent gênant, tant il se considère lui-même comme un simple lieu de passage. »[1] Mais si cette dépossession a des effets réels, en ce qu'elle livre le savant à la nécessité qu' « un plus puissant le manie », il convient de ne pas être dupe de sa prétention à la pureté. « La plus grande fable qu'on ait inventée est celle de la connaissance. »[2] Et en effet la contradiction qui oppose « la *volonté* de connaître et le désir de n'y avoir aucun intérêt » saute aux yeux. Car, demande Nietzsche, « dans ce cas, à quoi bon connaître ? » C'est ce qui suscite la violence du philosophe du soupçon. S'adressant aux esprits abusés dont l'idéal serait de « regarder la vie sans aucun désir, et non en tirant la langue comme un chien », aux « hypocrites sentimentaux, adeptes de la "connaissance pure" », il jette : « Moi, je vous appelle, des libidineux. »[3] Il ne s'agit pas ici pour nous de juger cette contradiction, mais d'en marquer la place au sein du travail scientifique.

A cette « mise entre parenthèses » du désir de connaître et du plaisir de savoir, le discours de vulgarisation ne pourra, pour sa part, souscrire. Il ne se déploie au contraire que traversé par les logiques de ce plaisir et de ce désir, et cela tient à ses caractères littéraires. Transportée dans l'univers de la narration[4], l'histoire de l'activité scientifique devient quelque chose comme l'action ou l'intrigue d'un roman. Il y a certes bien des façons de concevoir un tel récit et l'histoire des formes de la vulgarisation tient pour une bonne part à la façon dont se reconstruit la cohérence narrative de

1. Friedrich Nietzsche, *Par-delà le bien et le mal,* Aubier, 1951, p. 229-233.
2. Friedrich Nietzsche, *La volonté de puissance,* t. I, livre 1, Gallimard, 1947, p. 92.
3. *Ainsi parlait Zarathoustra,* Aubier, 1962, II, p. 255. L'analyse vise aussi bien les philosophies de la connaissance que la science contemporaine, dont les traits spécifiques seront décrits plus loin.
4. On verra plus loin (IV, p. 314 sq.) pourquoi le texte de vulgarisation ne peut pas s'abstraire complètement d'une dimension narrative et pourquoi la narrativité y est souvent proliférante et complexe.

l'aventure scientifique : succession des grands hommes, parcours idéal entre les hypothèses, foisonnement des contextes sociaux et culturels de la découverte, etc. Il n'en reste pas moins que chacun de ces récits propose, invente plus exactement, comme tout récit, un système d'actants[1], individuels et collectifs, organisé autour de la quête par un sujet d'un ou de plusieurs objets. Ces actants — un génie obstiné, un groupe impérialiste, un courant historique nécessaire, etc. — sont mus par un désir et poursuivent un objet. Dans le récit vulgarisateur hérité des lumières, le savant s'acharne à percer les mystères de la nature, poussé par l'amour désintéressé de la connaissance, au service du bonheur de l'humanité[2]. Dans certains articles contemporains inspirés d'un journalisme à sensations ou baignés d'une atmosphère de dramatique télévisée, on assistera à la lutte sans merci et sans scrupules de chefs de laboratoires qui, tels des parrains de mafia, sont prêts à tout pour conquérir le pouvoir. Par-delà ces deux exemples extrêmes, le journaliste a le choix entre bien des logiques narratives. Il exerce ici pleinement ses responsabilités d'écrivain ; il ne se prive d'ailleurs pas, quand il est talentueux, d'inventer des logiques d'action originales. Mais il ne peut éviter de construire des personnages, et derrière eux des actants. Si le chercheur doit feindre de ne rien désirer lorsqu'il présente une théorie, sa recherche ne pourra être racontée sans qu'un modèle implicite ou explicite de son désir de savoir soit actualisé.

A ce stade de notre analyse, nous mesurons déjà la part de révélation, mais aussi de violence, que comporte pour l'activité scientifique la prétention de vulgariser. Prenant pour objet, ou même

1. Ce terme, distinct du personnage ou de l'acteur, désigne dans l'analyse du récit un élément constitutif de l'action, par la fonction qu'il y joue. Cet élément peut se traduire dans le texte narratif par un personnage déterminé, un groupe, une valeur idéale, etc. Mais dans la tradition narrative, à laquelle se rattachent sans conteste les récits de vulgarisation, nulle action ne peut être intelligible ni attractive sans s'organiser autour d'un tel système actanciel.

2. D'après Baudouin Jurdant (Vulgarisation scientifique et idéologie, *Communications*, n° 14, 1969), cette logique d'action caractérise fondamentalement le discours vulgarisateur ; nous dirons plutôt qu'il en représente le modèle le plus simple et, en quelque sorte, la version archétypique.

pour structure, une figure, nécessairement contestable, nécessairement réductrice, de ce désir dont le silence est la condition même du savoir moderne, le vulgarisateur s'expose à quelques déboires. Les défenses de bien des scientifiques devant la vulgarisation, souvent analysées comme la préservation d'un pouvoir collectif, ou l'attachement immodéré à un langage ésotérique (ce qu'elles sont aussi), sont avant tout l'expression d'une volonté de taire ce dont le silence est constitutif pour que le chercheur se reconnaisse et se fasse reconnaître comme scientifique.

Il serait toutefois fallacieux de croire que le texte de vulgarisation ne rencontre le désir de savoir que comme une contrainte qu'il serait inapte à contourner. Le désir de savoir est l'un des ingrédients essentiels du plaisir du texte, plaisir protéiforme et insaisissable, que le lecteur de vulgarisation poursuit comme tous les lecteurs. Ici, je propose de distinguer deux composantes de la lecture aussi nécessaires l'une que l'autre, même si leur dosage est, d'un texte à l'autre et d'un lecteur à l'autre, très variable. D'un côté, l'information scientifique vient à la littérature : c'est une *histoire de science* comme il y a des histoires d'amour, des histoires de guerre ou des histoires d'aventure. Le plaisir est celui de la reconnaissance : le prétexte didactique se coule dans la forme romanesque. Nous sommes au voisinage de la science-fiction. Il n'y a d'ailleurs parfois qu'un pas à faire pour passer de l'article d'astrophysique aux voyages extraordinaires ou des considérations sur la manipulation des gènes au scénario-catastrophe. De l'autre côté, *c'est la littérature qui se nourrit de la science.* Le désir de savoir est le moteur de l'intérêt, il sous-tend la décision du lecteur d'ouvrir le livre — et de ne pas le refermer, quand bien même ce dernier lui demanderait quelques efforts ou s'éloignerait franchement du romanesque. Dans ce dernier cas, le plaisir est celui de la connaissance, ou du savoir, qui la couronne, ou encore du pouvoir, qui la suit. Nous sommes à proximité de la recherche elle-même, des ressorts qui peuvent pousser le savant à entreprendre ce qui lui coûtera toujours son temps, souvent sa tranquillité et parfois sa vie. En somme, l'une des pistes nous a ramenés vers les ressorts les plus généraux de la littérature, que nous retrouverons sans cesse dans notre analyse des formes et des effets du récit vulgarisateur. L'autre nous invite à explorer un peu l'aspect caché de l'immense entreprise scientifique, la gratification qu'elle offre à ceux qui y participent, même si le désir de savoir ne s'actualise en l'occurrence que reflété dans le récit ou furtivement partagé dans le moment d'une lecture : moins gratifiant... et moins risqué. C'est pourquoi accorder un peu d'attention à la seconde de ces logiques sera ici nécessaire, dans l'effort de repérer les problèmes sous-jacents à toute écriture de vulgarisation. De ce qui peut être dit ici de la *libido sciendi,* chaque acteur de la communauté scientifique, chaque auteur et chaque lecteur de vulgarisation font un usage particulier et infiniment plus riche.

On peut d'abord observer que la psychanalyse freudienne donne trois définitions distinctes du désir de savoir, et qu'il faut repérer ces trois définitions dans des moments différents de la démarche théorique, car le savoir n'est pas, en soi, un concept homogène pour Freud. C'est même, me semble-t-il, un thème éclaté, ce qui pour nous présente un intérêt considérable. Si, en somme, la science est si triomphante dans le monde moderne, si elle occupe une place si centrale dans les processus de la civilisation, c'est qu'elle est apte à remplir plusieurs fonctions psychiques fort différentes. Très explicitement évoqué à propos de la théorie de la sublimation, le désir de savoir apparaît également sous deux espèces plus discrètes, mais non moins essentielles, dans la dynamique psychique du sujet : à propos de la rencontre du principe de réalité et au cœur de l'illusion religieuse, illusion aussi tragique que nécessaire à l'humanité. Selon ces trois définitions concurrentes, le désir de savoir — plus exactement, et respectivement, les désirs d'apprendre, de chercher et de connaître — prend des formes et des sens bien différents.

La science se trouve d'abord fondée par l'échec du sujet à satisfaire ses pulsions. Cette première perspective est celle d'une tactique du désir : savoir apparaît comme un moyen de pouvoir, comme une ressource qui nous évite de nous heurter indéfiniment aux limites de notre condition : fragilité de notre corps, intransigeance des lois naturelles, fugacité et cruauté du désir de l'autre. Il en est ainsi de la connaissance que nous pouvons avoir de la nature, comme des formes de l'organisation sociale.

> C'est précisément à cause [des] dangers dont la nature nous menace que nous nous sommes rapprochés et avons créé la civilisation qui, entre autres raisons d'être, doit nous permettre de vivre en commun. A la vérité, la tâche principale de la civilisation, sa raison d'être essentielle est de nous protéger contre la nature[1].

Il s'agit, ici, moins de science que de technique, ou, plus exactement de science pour la technique. Le désir d'apprendre obéit, dans cette logique téléologique, à un autre désir, il s'étaie au pouvoir qu'il nous confère. C'est pourquoi la science et la technique occupent une place primordiale dans le tableau que Freud brosse de la civilisation[2] et c'est pourquoi Freud en défend avec enthousiasme la valeur contre les détracteurs du progrès.

Cette façon de désirer savoir est celle qu'engage toute tentative de politique rationnelle, et c'est à elle qu'il faut rattacher tout ce qui est dit du partage du savoir comme élément d'une réelle démocratie. Et il ne fait pas de doute qu'au titre de l'utilité quotidienne ou du pouvoir social une bonne part du lectorat des revues de vulgarisation fait l'effort d'apprendre pour maîtriser des objets, une carrière, les éléments d'une décision. Ce désir n'est pas pour autant rationnel de part en part, car l'homme ne se résout pas facilement au principe de réalité. Un texte classique formule bien le fantasme que nous pourrons retrouver derrière cette approche instrumentale du désir de savoir, celui de devenir « comme maîtres et possesseurs de la nature »[3], le rêve, en somme, d'arracher l'homme à sa condition. En d'autres termes, qui reformulent avec une certaine ironie le projet moderne, l'homme

1. *L'avenir d'une illusion,* Presses Universitaires de France, 1971, p. 22.
2. *Malaise dans la civilisation,* Presses Universitaires de France, 1971, chap. III, p. 37 à 45. « L'entrée en matière est aisée, écrit Freud ; nous admettons comme civilisées toutes les activités et valeurs utiles à l'homme pour se protéger contre la puissance des forces de la nature : c'est l'aspect de la civilisation le moins douteux » (même s'il n'est pas aux yeux de Freud le plus élevé).
3. René Descartes, *Discours de la méthode,* sixième partie.

> s'était fait depuis longtemps un idéal de la toute-puissance et de l'omniscience, et il l'incarnait en ses dieux [...] Maintenant qu'il s'est considérablement rapproché de cet idéal, il est devenu lui-même presque un dieu. Mais seulement, en vérité, à la manière dont les humains savent en général atteindre à leurs types de perfection, c'est-à-dire incomplètement : sur certains points pas du tout, sur d'autres à moitié[1].

C'est par là que le désir de connaître pour pouvoir, désir hyper-rationnel et téléologique, désir de *l'homo economicus,* peut rejoindre le mythe de la clôture et la fascination de la toute-puissance que nous retrouverons plus loin.

Cette première piste est celle de la médiation, qui explique comment on peut accepter d'apprendre en poursuivant un projet plus lointain. Sans doute est-ce le point clé des pédagogies du détour : c'est à ce type de dynamique qu'on se réfère quand on parle alors de recherche des motivations, de choix des centres d'intérêt, de contrat de formation. Nous trouverons la trace de la capture d'un tel désir dans plus d'un article journalistique. Apprenez l'informatique, vous maîtriserez l'ordinateur ; étudiez la diététique, elles tomberont comme des mouches. Mais ce genre d'article n'est pas si unanimement répandu. Cette piste n'explique pas en effet pourquoi l'homme peut désirer apprendre pour apprendre, en quoi consiste, selon la formule de Bachelard,

> ce qu'il y [a] de spécial chez l'être humain qui quitte les hommes pour les objets, chez le surnietzschéen qui, vers une plus haute montagne, quittant aussi son aigle et son serpent, s'en va vivre parmi les pierres[2].

Les pistes que propose Bachelard, dans son étude « libido et connaissance objective », ne sont pas de nature à définir exactement la question ici envisagée. Bachelard s'emploie à traquer, de façon très convaincante d'ailleurs, les affleurements d'un désir sexuel que le langage et les activités scientifiques peuvent laisser échapper. Et de fait, il n'est sans doute pas indifférent de savoir, par exemple, la parenté qui peut unir la recherche de la pierre philosophale à l'onanisme[3], ni de remarquer que beaucoup de textes

1. *Malaise dans la civilisation,* p. 39.
2. Bachelard, *op. cit.,* p. 183.
3. Bachelard, *op. cit.,* p. 186.

« indiquent clairement des turpitudes »... ou en tout cas des pulsions. La leçon donnée ici par Bachelard, courageuse en 1938, vaut d'être gardée en mémoire dans la lecture des textes de vulgarisation. Par exemple, le modèle empiriste de la connaissance, lié à l'ouverture d'un objet clos, prend chez le philosophe Häckel des accents assez particuliers pour affecter le sens de sa « philosophie naturelle » moniste ... et fusionnelle. Voici comment il formule l'énoncé de l'un de ses « mystères de la nature » :

> Comment l'homme se développe-t-il dans la matrice [...] ? Cette question, *grosse* de conséquences, a sans doute fait réfléchir l'esprit humain depuis des milliers d'années ; mais ce n'est que très tard — il y a seulement soixante-dix ans de cela — que l'embryologiste Baer nous a montré les vrais moyens de *pénétrer* plus avant dans la connaissance des faits mystérieux de l'embryologie. Et c'est plus tard encore — il y a seulement quarante ans — que Darwin, par sa théorie de la descendance réformée, nous a fourni la *clef,* capable d'*ouvrir la porte fermée* derrière laquelle l'embryologie abrite ses secrets et les moyens d'en *pénétrer* les causes[1].

Cette seconde explication du désir de savoir est celle du travail de la libido sexuelle, qui lui permet en se travestissant de franchir les barrières de la censure. Mais en rester là serait peut-être manquer l'essentiel de la réflexion, car c'est l'activité de chercher elle-même qui est, pour le scientifique, occasion de plaisir. C'est ainsi qu'il faut sans doute entendre la notion de sublimation, processus qui fait davantage que désigner indirectement la libido, mais qui en réoriente l'énergie vers des activités compatibles avec les règles sociales.

> La sublimation des instincts constitue l'un des traits les plus saillants du développement culturel ; c'est elle qui permet aux activités psychiques élevées, scientifiques, artistiques ou idéologiques, de jouer un rôle si important dans la vie des êtres civilisés[2].

Ce que désigne la sublimation, c'est, selon les termes de J. D. Nasio, la « capacité plastique de la pulsion »[3]. Le cas inaugural des théories infantiles, c'est-à-dire des représentations par les-

1. Ernst Häckel, *op. cit.,* p. 63. Je souligne, Y. J.
2. *Malaise dans la civilisation,* p. 47.
3. J. D. Nasio, *Enseignement de sept concepts cruciaux de la psychanalyse,* Rivages, 1988, p. 135.

quelles l'enfant cherche à résoudre l'énigme de sa propre origine, est révélateur de cette dynamique, à la fois étayée sur la précision d'une pulsion et ouverte sur la fuite d'un objet. C'est un point que Bachelard formule dans les termes suivants :

> Puisque la libido est mystérieuse, tout ce qui est mystérieux éveille la libido. Aussitôt on aime le mystère, on a besoin de mystère. Bien des cultures s'en trouvent puérilisées ; elles perdent le besoin de comprendre. Pour longtemps, sinon pour toujours, la lecture réclame des thèmes mystérieux ; il faut qu'elle pousse devant elle une masse d'inconnu[1].

Logique plausible, que Bachelard a seulement le tort d'appliquer à la seule science « impure », car elle peut tout aussi bien porter le désir du chercheur le plus authentique.

Si l'hypothèse de la sublimation constitue une piste très précieuse, la nature de ce processus est très controversé. Ce qui nous intéresse ici, c'est l'autonomisation du désir par rapport à son objet. Ce mouvement explique à la fois la pérennité d'un investissement artistique ou scientifique, dont le désir se conservera par-delà la multiplicité fuyante de ses objets, ou même par-delà le vide de son objet, et l'enthousiasme communicatif que les œuvres[2] peuvent susciter, par le biais de la communication qui en est offerte au public — en l'occurrence par le biais de la vulgarisation —, et de la participation que ce dernier peut avoir à l'acte créatif.

« Il y a les chercheurs qui cherchent et les chercheurs qui trouvent » : la boutade éculée mesure très justement la distance qui sépare le désir de savoir ici approché de l'usage instrumental de la connaissance précédemment défini. Les plus courageux sont francs sur ce point. La certitude de ne pas trouver, de ne pouvoir résorber le mystère qu'ils poursuivent est le bien le plus précieux des vrais amoureux de la science, des malades de la recherche. C'est peut-

1. *Op. cit.*, p. 98.
2. On pense ici surtout aux œuvres artistiques et littéraires, qui concrétisent plus que toute autre, notamment dans la Vienne de Freud, ces formes éminentes de la civilisation. Mais la découverte scientifique géniale et obscure, telle que la symbolise par exemple la théorie de la relativité, est aussi bien un modèle de l'œuvre ainsi entendue.

être le sens le plus profond de l'éloge de l'école perpétuelle sur laquelle se clôt *La formation de l'esprit scientifique* :

> Dans l'œuvre de la science seulement, on peut aimer ce qu'on détruit, on peut continuer le passé en le niant, on peut vénérer son maître en le contredisant[1].

Cela dit, le désir de savoir peut obéir à une dynamique tout opposée à ce mouvement perpétuel. Il peut s'apparenter, de façon profondément différente, à l'illusion religieuse. Ce que recherche le sujet, ce sont alors les certitudes d'un monde apprivoisé et non la ferveur de la quête indécise. La fonction de la religion selon Freud est de consoler. A ce titre, elle vise nécessairement un type de connaissance de la nature. Catherine Millot décrit ainsi cette fonction :

> Elle vise à exorciser les forces de la nature en leur donnant un sens, à réconcilier l'homme avec ce qui lui échappe, en particulier la mort, et elle cherche à le dédommager des privations qu'il endure du fait de la civilisation, en assignant une origine divine aux prescriptions de celle-ci[2].

La science moderne milite contre ce type de relation à la nature. Elle s'est développée, dans nos civilisations, contre les dogmes religieux qui lui préexistaient, elle se distingue empiriquement de ces derniers de façon radicale. Il n'y a pas lieu de faire, en la matière, de syncrétisme frivole. Mais si la nature de la démarche scientifique n'a pas à être confondue avec la révélation ou le mysticisme, on peut se demander si la fonction religieuse ne peut pas être remplie par la science. La forme de l'attente religieuse est ainsi définie par Freud :

> Le sentiment de sa propre dignité qu'a l'homme et qui se trouve gravement menacé aspire à des consolations ; l'univers et la vie doivent être libérés de leurs terreurs ; en outre, la curiosité humaine, certes stimulée par les considérations pratiques les plus puissantes, exige une réponse[3].

Offrir une réponse à la curiosité. La science — notamment la science enseignée ou vulgarisée — peut remplir cette fonction, qui

1. Gaston Bachelard, *op. cit.*, p. 252.
2. C. Millot, *Freud antipédagogue*, Editions du Seuil, Bibliothèque Ornicar, 1979, p. 105.
3. *L'avenir d'une illusion*, p. 23.

aboutit à restaurer par l'illusion la plénitude du narcissisme primitif de l'enfant et le sentiment de toute-puissance qui l'accompagne. La science peut être regardée comme une collection de dogmes, plus exactement elle peut être constituée par sa divulgation en une collection de dogmes. Freud est ici confronté à sa propre perplexité. Il donne plusieurs exemples de dogmes scientifiques, appris à l'école[1]. Mais, ajoute-t-il,

> il est toujours fait part de la source de la connaissance que confèrent ces dogmes, quand cette source ne constitue pas, comme dans les assertions géographiques, une évidence.

C'est ce qui mérite d'être nuancé dans l'enseignement de la science toute faite et *a fortiori* dans la vulgarisation et dans ses avatars. Nous rejoignons ici les analyses déjà citées de Marie-Françoise Mortureux qui opposent trois types de discours : le « discours scientifique » de Descartes, le « discours savant » des professeurs de physique cartésienne et le « discours de vulgarisation » de Fontenelle[2]. Les critères de distinction de ces discours valent d'être rapprochés des considérations de Freud. Dès le passage du discours « scientifique » au discours « savant », le mouvement de la recherche a été effacé et l'hypothèse s'est muée en dogme. Il faut certes un peu forcer la pensée de Freud pour dire que ces dogmes, s'ils ne sont pas accompagnés de leurs sources, peuvent ressortir à la croyance religieuse. Mais la pensée psychanalytique ouvre elle-même la brèche par où peut s'engouffrer cette hypothèse en proposant une définition dynamique du religieux et en soulignant le caractère labile du désir de connaissance. Ce qu'une idolâtrie de la science peut instituer, c'est une forme d'illusion particulière, centrée sur un monde clos, définitif, défendu contre toute incertitude[3]. Symétriquement, le sujet connaissant, qu'on nomme volontiers « maître », peut y

1. *Ibid.*, p. 35 à 37.
2. Marie-Françoise Mortureux, *op. cit.*, p. 584-588. On peut considérer les types de discours ici décrits comme des formes typiques : les discours observables comportent une variété de configurations plus grande.
3. Les textes programmatiques de *L'Ami des sciences* de Victor Meunier sont un exemple patent d'investissement de l'attitude religieuse sur l'objet scientifique.

gagner une protection contre les faiblesses et les ambiguïtés que comporte nécessairement son savoir. Le désir de toute-puissance qui gît en chacun de nous peut trouver à s'y alimenter[1]. Freud prend position pour la pensée (la recherche) contre les certitudes religieuses de tout ordre. Il fait même preuve d'un optimisme relatif : « La voix de l'intellect est basse, écrit-il, mais elle ne s'arrête point qu'on ne l'ait entendue. Et, après des rebuffades répétées et innombrables, on finit quand même par l'entendre. »[2] C'est son pari.

L'observation de notre société nous fournit de multiples confirmations de cette destinée possible du savoir. Les analystes soulignent régulièrement le dogmatisme que les étudiants scientifiques tirent de leur formation, leur difficulté à aborder des problèmes marqués par l'incertitude et le risque de l'engagement subjectif[3] ; les journalistes observent volontiers que les spécialistes peuvent faire montre d'une angoisse et d'une agressivité intenses quand leur théorie est trahie ou insuffisamment respectée[4] ; beaucoup d'avatars de la gestion « scientifique » répondent à un désir illusoire de toute-puissance des dirigeants, désir que certains consultants exploitent sans vergogne.

C'est de cette dernière version du désir de savoir que Friedrich Nietzsche a fait une analyse particulièrement lucide, analyse qui

1. Pour Freud, s'il faut combattre l'illusion religieuse et la soumission à l'ordre social qu'elle impose, ce n'est pas pour sombrer dans le thème des lumières et du positivisme. Faire prévaloir le principe de réalité conduit avant tout à voir la réalité de notre nature psychique, la force des pulsions et parmi elles de la pulsion de mort. Mais Freud pense que connaître les vraies raisons des limitations de ses désirs pourrait réconcilier l'homme avec la civilisation — ce qui ne signifie pas accéder au bonheur, ce qui est impossible car nos pulsions ne sont pas harmonieuses, mais peut rendre la vie plus supportable et éviter que règne sans partage la pulsion de mort.
2. *L'avenir d'une illusion,* p. 77.
3. La croyance dans le fait qu'il y aurait des sciences « dures » et des sciences « molles » traduit bien métaphoriquement, mais d'une façon on ne peut plus précise, ce qui peut être en jeu dans un tel dogmatisme. L'érection parfaite est peut-être la plus essentielle des croyances religieuses. Il faut toutefois souligner que si cette tendance existe, elle ne constitue qu'un pôle de la contradiction ici évoquée, et que la formation scientifique est aussi, et en même temps, un facteur de souplesse intellectuelle.
4. « La parole des détenteurs d'information scientifique, prisonnière d'une discipline, est plus souvent terroriste que bienveillante, agressive que paisible », écrit par exemple Robert Butheau, journaliste (*Vulgariser : un défi ou un mythe ?,* p. 27).

consiste, pour essentiel, à traduire certain désir de connaître en désir de reconnaître. Bien des pages du *Gai savoir* sont consacrées à explorer ce glissement. L'une d'entre elles mérite d'être citée un peu longuement.

> Qu'est-ce à dire ? notre besoin de connaissance ne serait-il pas justement ce besoin du déjà-connu ? La volonté de trouver, parmi tout ce qu'il y a d'étranger, d'extraordinaire, de douteux, quelque chose qui ne soit plus pour nous un sujet d'inquiétude ? Ne serait-ce pas *l'instinct de la crainte* qui nous incite à connaître ? La jubilation de celui qui acquiert une connaissance ne serait-elle pas la jubilation même du sentiment de sécurité recouvré ?...[1]

D'où le mépris du philosophe pour ceux qui « dans les choses, sous les choses, derrière les choses, [...] retrouvent ce qui, par malheur, ne nous est que trop connu, par exemple notre table de multiplication ou notre logique, ou encore notre vouloir et notre convoitise »[2].

Que cette définition soit très exactement le contraire de celle que donne Brecht de la démarche scientifique et de l'effort distanciation qu'elle comporte — Brecht écrit : « Pour établir des lois, il faut accueillir les processus naturels avec étonnement, pour ainsi dire, c'est-à-dire qu'il faut abolir leur "évidence" pour accéder à leur compréhension »[3] — est de nature à nous faire revenir sur l'ambiguïté du désir ici étudié, sur son aptitude à basculer de l'un à l'autre des modèles ici construits, dont la différence ne doit pas être confondue avec une incompatibilité. Elle nous avertit aussi sur la complexité des jeux de désirs que mobilise la vulgarisation, dès lors qu'elle déploie son pouvoir littéraire : comme on le verra lors de l'analyse des formes narratives que prend ce discours, toujours habité d'un imaginaire et toujours vecteur d'une création, on aurait tort de réduire systématiquement la lecture de la vulgarisation à une relation sclérosée à la science.

1. Friedrich Nietzsche, *Le gai savoir,* Gallimard, 1982, trad. Pierre Klossowski, cinquième livre, § 355, p. 255.
2. *Ibid.,* p. 255-256.
3. Bertold Brecht, *L'achat du cuivre,* quatrième appendice, in *Ecrits sur le théâtre,* L'Arche, 1972, vol. 1, p. 624.

III

REGARD SUR LES PRATIQUES

A mesure que nous nous employons à définir les termes d'un arrière-plan philosophique, nous constatons le lien qui unit les différentes questions et la diversité des configurations dans lesquelles elles peuvent recevoir une réponse.

Nos analyses croisent plusieurs fois les mêmes voies, dans la mesure où les ressorts linguistiques, philosophiques, sociaux, psychologiques de la vulgarisation sont interdépendants. Le sens des mots ne peut être coupé du mode de construction des concepts ; la clôture du discours scientifique ou l'exhibition de son caractère problématique ont partie liée avec la qualité propre du désir de connaître ; la question de la démocratie devient un thème démagogique si elle n'est pas articulée à des compétences et à des attentes. Plus globalement, évaluer les œuvres de la vulgarisation ne produit qu'un effet de distinction si le jugement ne se fonde pas sur l'idée d'une conciliation réaliste de ces composantes.

On voit bien notamment comment ces thèmes peuvent se configurer en stéréotypes contrastés. D'un côté, les détracteurs de la vulgarisation brosseront le portrait d'une activité mystifiante, prête à caresser un désir immodéré de certitude : jouant d'une rhétorique facile sans rapport avec la construction de concepts, la vulgarisation apparaît compromise dans la validation d'une politique prétendument scientifique et réellement sophistique. Inversement, les défenseurs d'une vulgarisation féconde feront valoir la formulation d'une parole référée aux représentations et pratiques du lecteur, visant à rendre consciente la pluralité des relations au monde et permettant de s'initier au raisonnement problématique, seule ressource d'un réel épanouissement et d'une réelle lucidité.

Ces modèles sont valides, à titre de normes auxquelles confronter nos entreprises et nos analyses. Ils désignent un ensemble d'enjeux réels et dessinent une problématique de l'appropriation des savoirs. Mais les pratiques elles-mêmes sont toujours, à un égard ou à un autre, plus complexes que ces modèles idéaux, et surtout, le débat décrit plus haut est toujours, dans une situation historique particulière, chargé de beaucoup d'enjeux qui en décalent quelque peu les termes. Aucun discours construit sur la vulgarisation ne peut, me semble-t-il, faire l'économie des questions que nous avons rapidement identifiées. Mais aucune description rigoureuse des discours de vulgarisation ne peut se penser en termes d'application pure et simple de ces problématiques. Les pratiques effectives de vulgarisation se déploient en effet dans un contexte social, économique, idéologique spécifique qui ne donne jamais à l'idée de communication exactement le même sens. En outre, les problématiques que nous avons définies et les conditions sociales que nous pourrons caractériser ne rendent pas caduque l'idée d'une poétique de la vulgarisation : j'entends un ensemble de conventions, mais aussi d'inventions par lesquelles un projet peut devenir une forme discursive concrète.

Dans l'immédiat, nous porterons un regard sur les conditions historiques et sociales dans lesquelles une action de communication de la science peut se développer. Il ne peut être question ici de donner une description exhaustive des phénomènes en jeu dans cette activité ; encore moins peut-on viser à décrire précisément la diversité des variétés historiques et géographiques d'une forme de communication qui, bien qu'elle soit jugée mineure et trop peu étudiée, constitue un véritable patrimoine littéraire ; et ce qu'on ne peut en aucun cas se proposer, à supposer que ce projet ait un sens, c'est d'expliquer cette activité, de l'inscrire dans un système de causalité bien établi.

L'idée serait plutôt ici d'identifier quelques conditions et quelques figures de l'entreprise, dans des contextes historiques et sociaux déterminés. Cette partie de notre analyse sera descriptive : elle donnera quelques aperçus sur la richesse du paysage social de la vulgarisation.

Un procès de communication désorienté

Dès qu'on cesse de regarder la vulgarisation comme une simple duplication du discours scientifique, on porte attention aux dynamiques de communication dans lesquelles elle se développe. La notion de fonction est dès lors essentielle. On ne peut, dans le cas de la vulgarisation comme ailleurs, décrire la logique de l'interaction, parler d'efficacité et, plus généralement, viser le sens, sans faire des présuppositions sur la fonction que remplissent les actes de communication. Que nous dit sur ce point la littérature consacrée à la vulgarisation ? Beaucoup de choses, sous des formes diverses[1]. Il y a un large accord sur le fait que les fonctions de la vulgarisation sont multiples, mais chaque auteur adopte une façon différente de hiérarchiser ces fonctions ; il ne s'agit pas ici de proposer la meilleure typologie, mais de faire un rappel succinct des principales fonctions évoquées, que nous avons déjà entrevues à tel ou tel stade de notre analyse, pour ouvrir à partir de là une réflexion sur les enjeux de telles situations.

1. Parmi les très nombreux textes qui proposent une typologie des fonctions de la communication, on peut citer : B. Jurdant, La vulgarisation scientifique, *La Recherche,* n° 53, février 1975 ; Philippe Roqueplo, *Le partage du savoir,* p. 25 à 80 (enquête auprès des vulgarisateurs) ; S. Aït El Hadj et C. Belisle (éd.), *Vulgariser : un défi ou un mythe ?,* Chronique sociale, Lyon, 1985, p. 33 à 46 ; P. Farago, *op. cit.,* p. 2-6 ; B. Bensaude-Vincent et C. Blondel, Vulgariser les sciences (1919-1939), acteurs, projets, enjeux, *Cahiers d'histoire et de philosophie des sciences,* 1988, n° 24, p. 12 sq. ; D. Jacobi et B. Schiele (éd.), *Vulgariser la science, le procès de l'ignorance,* Champ Vallon, 1988, p. 225 sq. (art. de J.-M. Albertini et C. Belisle), Guy Barbichon, *op. cit.* ; L. Sfez (éd.), *Dictionnaire critique de la communication,* Presses Universitaires de France, 1993, II, p. 1329 sq.

Les réponses que donnent les vulgarisateurs à la question du rôle de leur pratique, spontanément ou quand elle leur est posée par des enquêteurs, sont très diverses.

Un premier faisceau de fonctions s'organise autour d'une préoccupation didactique : il s'agit sans doute de l'objectif le plus souvent revendiqué par les vulgarisateurs : une sorte de degré zéro de la praxéologie. Il s'agit d'informer des acteurs sur certaines nouvelles connaissances ; il s'agit de mettre la science à la portée de tel ou tel groupe social, voire à la portée de tous. Cette première fonction n'est pas d'une absolue simplicité. En effet, on ne jugera pas les effets de la vulgarisation de la même façon, si l'on entend, de façon réellement instrumentale, mettre des résultats à la disposition du public ou si l'on veut, dans une version plus ambitieuse et plus proche d'un projet proprement pédagogique, initier à une forme de pensée et à un usage de la rationalité.

Pour être pleinement légitime, cette première fonction demande à être fondée. Elle peut l'être, on l'a vu, par la considération d'une efficacité, pleinement industrielle ou économique. Elle peut l'être, d'une façon plus idéologique, par l'idée d'une place nécessaire de la science au sein de la culture. On dira alors que les grandes idées scientifiques doivent être partagées comme un élément de patrimoine, au même titre que les œuvres majeures de la littérature et de l'art ou les hauts faits de notre histoire[1]. On pourra aussi traduire cette exigence en termes de réalisme social : on visera à combler les distances entre plusieurs groupes sociaux, on aura le souci d'aider la société à s'adapter aux changements de son environnement techno-scientifique.

Cette exigence générale de culture scientifique et technique

1. Par exemple, Peter Farago développe parallèlement une argumentation pragmatique pour la vulgarisation et une conception plus culturelle. L'information sur la science est une condition de la décision démocratique, mais en outre la science constitue l'une des plus belles réalisations *(achievement)* de l'esprit humain et à ce titre mérite d'être le bien de tous. Un autre auteur anglo-saxon, W. M. Laetsch, expose au cours d'une conférence une conception non utilitaire de la vulgarisation : « Science literacy is primarily a humanistic endeavour and should be communicated on that basis » (*Communicating science to the public,* Ciba Fondation Conference, 1987, p. 8).

mobilise, sur un plan politique, comme on a pu déjà le voir, des enjeux multiples. L'exigence démocratique vise à un contrôle des effets sociaux de la science ; la défense de la science et de la rationalité s'emploie, selon la formule d'un commentateur, à « éviter une Saint-Barthélemy des sciences », risque que pourrait entraîner un trop grand clivage entre les scientifiques et les opinions publiques. Mais si l'on passe de telles exigences générales à une étude plus fine des intérêts en jeu dans ce projet, la vulgarisation acquiert un rôle stratégique : à chaque niveau d'organisation de l'activité scientifique, la vulgarisation peut être une ressource symbolique précieuse.

Un autre axe d'interprétation de l'idée de culture scientifique est celui que nous avons rencontré chez les théoriciens d'une philosophie de la science : exégèse, commentaire, synthèse, etc. Plus radicalement, la vulgarisation peut revendiquer un caractère poétique. Il ne lui suffit pas de relayer du déjà-là. Elle se présente comme une contribution originale à la culture. L' « écrivain scientifique » est détenteur d'un art (au sens artisanal ou au sens esthétique). Critique de la science, il sait en formuler les enjeux mieux que les savants, englués dans leur philosophie spontanée ; encyclopédiste, il peut décrire le cercle de connaissances qui sans lui resteraient éparses et ignorantes de leur propre statut ; homme de lettres, de spectacle, de divertissement, professionnel des médias, il affirme le droit d'emprunter à la science la matière d'une œuvre qui offre d'autres charmes que ceux du laboratoire et stimule d'autre manière les intellects et les imaginations.

Peut-être est-il possible de rassembler autour de ces idées l'essentiel des programmes que revendiquent explicitement les vulgarisateurs. A ce stade déjà, la vulgarisation apparaît comme une pratique structurée selon des orientations multiples, ou plus exactement comme une pratique qu'on peut choisir de décrire selon des points de vue divers. Il serait illusoire de vouloir dire laquelle de ces fonctions est *la vraie fonction* du discours vulgarisateur. Situation de communication désorientée, la vulgarisation ne l'est pas seulement pour des raisons accidentelles ou parce que sa nature aurait encore été insuffisamment définie. Au contraire, la vulgarisation me semble emblématique d'un certain état de la communication sociale dans nos sociétés, où l'acte de communication — prise en compte ou dénégation de la différence sociale — semble se tenir seul. On ne vulgarise pas d'abord pour faire quelque chose. On vulgarise pour vulgariser. Et c'est parce que la médiation est comme référée à elle-même que tant d'enjeux peuvent se cristalliser en elle.

Des enjeux à coup sûr plus nombreux que ceux qui ont été jusqu'ici mentionnés. Ces discours programmatiques sur la fonction de la vulgarisation ne rendent pas compte exhaustivement des rôles objectifs que cette dernière peut jouer. De ce point de vue, l'analyse fonctionnelle, avec la dose de rationalisation qu'elle comporte nécessairement, ne suffit pas à donner connaissance d'un procès de communication. On notera, pour s'en convaincre, que les discours programmatiques passent volontiers sous silence quelques-uns des enjeux auxquels est confrontée une entreprise moderne de vulgarisation. Lorsqu'il s'agit d'éduquer le peuple, cette démarche peut prendre des caractères bien divers : l'hygiénisme s'inscrit dans tout un courant d'ordre moral, les revues du XIXe siècle sont parfois explicitement présentées comme un moyen de détourner le peuple des goûts les plus inconvenants et des lectures les plus subversives. Les raisons économiques font souvent l'objet d'une pareille discrétion : une revue est avant tout un moyen de gagner de l'argent, elle a un caractère commercial, susceptible de déterminer les choix éditoriaux de façon peut-être plus radicale que les considérations précédentes. Autre exemple d'enjeux sous-jacents au développement de la vulgarisation, ceux qui concernent la rationalité des entreprises : les mutations que connaissent les activités professionnelles exigent de plus en plus, des exécutants comme des ingénieurs, une culture technique bien distincte de la compétence précise liée à leur tâche.

Cette complexité structurelle des situations de vulgarisation apparaît dès qu'on élargit le cadre de référence adopté par les déclarations programmatiques, dès qu'on transforme la question un peu abstraite des fonctions en effort pour repérer certaines dynamiques sociales dans lesquelles le procès de communication peut s'inscrire. L'identification des lecteurs effectifs de la vulgarisation apporte une contribution à cette problématique. Les enjeux se manifestent également lorsqu'on cesse de considérer seulement les situations de vulgarisation proprement dite pour explorer la multiplicité des pratiques sociales dans lesquelles les procédures de la vulgarisation sont, à des degrés divers, impliquées.

Pour aborder la lecture sociale de la vulgarisation, nous avons à notre disposition deux exemples très différents : celui, très classique, des lecteurs des premières œuvres de vulgarisation, et celui, plus proche de nous, du lectorat des grandes revues.

Les *Entretiens sur la pluralité des mondes* et *Le spectacle de la nature* n'hésitent pas à donner une définition de leurs publics. La marquise qui dialogue avec l'énonciateur principal des *Entretiens* offre une image en quelque sorte réfractée au sein du livre d'un public assez archétypique. C'est une femme, parce que la femme est comme le condensé de l'ignorance élégante[1]. C'est une marquise, parce que la figure qui fait pendant au savant n'est pas, aux yeux du lecteur enthousiaste de *La princesse de Clèves* qu'est Fontenelle, le bas peuple (vulgaire) qu'il méprise cordialement, mais le groupe social qui tient salon (habiles), groupe qui se définit par un type de disponibilité : étant affranchi de tout travail, au sens d'une obligation sociale de produire des résultats, il goûte cette qualité particulière de loisir studieux, que les Romains nommaient *otium*. Sans doute est-ce dans le même esprit qu'il faut comprendre la mise en scène que propose l'abbé Pluche pour son propre livre. Son « jeune homme de qualité » (l'adolescence a quelque parenté avec la féminité, comme le montre la rencontre entre Julien Sorel et Mme de Rênal) recevra, pendant les vacances de son collège, les leçons quelque peu oisives d'un gentilhomme qui se définit lui-

1. Le traducteur de Guillaume Derham écrira quelques années plus tard : « *[La théologie astronomique]* est écrite avec tant de clarté et de méthode, qu'après l'avoir lûe, j'ai trouvé qu'on n'avoit rien exagéré en m'assurant, qu'après deux ou trois lectures, une femme de quelque esprit pouvoit démêler exactement l'arrangement général et la disposition des corps célestes » (Guillaume Derham, *op. cit.*, Paris, Chaubert, 1729).

même comme un « homme singulier » qui a choisi de préférer aux « occupations raisonnables » de la vie mondaine les passions étranges d'un « philosophe rêveur ». Tout au plus cette seconde situation témoigne-t-elle, par le léger décalage, de ce que la mondanité proprement dite laisse place insensiblement à l'esprit philosophique.

Mais ce groupe mondain n'est qu'une composante du public que se propose Fontenelle. Une lecture attentive nous permet d'identifier très vite un double destinataire du texte des *Entretiens*. Le projet est explicite sur ce point, dès les premiers paragraphes de la préface :

> J'ai voulu, écrit-il, traiter la philosophie d'une manière qui ne fût point philosophique ; j'ai tâché de l'amener à un point, où elle ne fût ni trop sèche pour les Gens du monde, ni trop badine pour les Sçavans[1].

On n'oubliera pas que ces deux groupes sociaux sont ceux que l'auteur lui-même a fréquentés assidûment au cours de sa vie, en tant que proche des savants de l'Académie des sciences, dont il deviendra le secrétaire perpétuel et en tant que bel esprit réputé. D'ailleurs, la présence virtuelle de ce double public laisse bien des traces dans la structure du texte des *Entretiens* : le dialogue avec la marquise est décrit *a priori* par une lettre introductive, adressée à un « philosophe », qui caractérise le destinataire mondain avec un mélange subtil de révérence et de distance. S'il y a lieu de se féliciter d'avoir « attiré Madame la marquise dans le parti de la Philosophie », l'ambiguïté du statut de l'interlocutrice est bien résumée par la formule : « Pour moi, je la tiens sçavante, à cause de l'extrême facilité qu'elle aurait à le devenir. » Phrase paradoxale (si elle l'est, dira-t-on, elle n'a pas à le devenir), qui résume durablement l'identité fantomatique du lectorat que rêve la vulgarisation. Tout le dialogue entre l'écrivain et la mondaine est comme placé sous le regard de la communauté des philosophes.

Ces éléments, qui relèvent moins de la réalité du procès de communication que de la façon dont un écrivain le reconstruit, doivent

1. Bernard Le Bovier de Fontenelle, *op. cit.*, p. 4.

être mis en rapport avec le statut qu'occupe effectivement le savoir, à l'âge classique, au sein d'une dynamique sociale. Le savoir demande à être assimilé, polissé, masqué pour que celui qui le détient passe du statut de pédant (évoquant la condition roturière et besogneuse de l'enseignant) à celui d'honnête homme, qui, ayant des lumières de tout, ne se pique de rien. L'éthique de la conversation aristocratique consiste en effet à détenir une « habileté » réelle en bien des matières, tout en s'employant à masquer l'étude qui permet de l'acquérir : il s'agit de faire apparaître comme un trait de nature, pur de tout effort ou de tout investissement, l'aisance qui permet d'être *familier* de toute idée importante. Rien ne souligne davantage l'excellence d'une personne de condition que le semblant de l'ignorance soigneusement tempérée par les signes de la maîtrise, ou encore l'adoption d'idées ou de manières populaires colorées par l'affectation même à les singer : il n'est que de parcourir *La recherche du temps perdu* pour le vérifier. Le dialogue de Fontenelle fait effort pour réduire la tension que subit cette éthique, dès lors que le discours scientifique cesse d'être accessible de plain-pied au gentilhomme et qu'il menace de ne plus pouvoir obéir au principe cartésien d'une absolue lisibilité. L'effort de popularisation répond ici à de tout autres motifs qu'à l'espoir de faire accéder le peuple au savoir. Et, bien entendu, il serait tout à fait illusoire de penser que cette éthique de la conversation ne pèse pas encore très lourd dans la structuration de notre société.

Marie-Françoise Mortureux[1], qui relève avec une grande précision les effets textuels du double système d'énonciation décrit plus haut, rapproche les *Entretiens sur la pluralité des mondes* des *Entretiens d'Ariste et d'Eugène,* signés une quinzaine d'années auparavant, en plein apogée du classicisme, par le Père Bouhours, théoricien d'un jésuitisme linguistique de bon aloi. Les entretiens de Bouhours offrent une procédure d'apprentissage en parfaite harmonie avec l'éthique aristocratique décrite plus haut : pour l'essentiel, il s'agit de s'approprier un vaste ensemble de langages différents pour dis-

1. Marie-Françoise Mortureux, *op. cit.,* p. 654 sq.

poser du pouvoir de rayonner largement dans la société. Nous sommes dans la catégorie de l'honnêteté, rivée à la raison mais totalement affranchie du réel effort pour savoir[1]. En regard de cette solution de facilité, Fontenelle est plus exigeant pour son public. Sans doute son entreprise pallie-t-elle les limites de l'école jésuite du monde, dont François de Dainville observait qu'elle sacrifiait trop volontiers l'apprentissage de la science[2]. Fontenelle exige de son lecteur davantage que Bouhours : il entend à la fois qu'il soit aristocrate et qu'il sache raisonner : au lieu de court-circuiter la science, son discours l'intègre. On peut ajouter que l'ambiguïté de la démarche de Fontenelle, qui s'inscrit dans la continuité de celle de Bouhours tout en participant à la formation d'une nouvelle catégorie sociale, celle des « philosophes », ne peut se comprendre sans référence à la triple tension que connaît alors la rationalité classique : tension entre la distinction aristocratique et la réussite bourgeoise, tension entre la caution religieuse de la philosophie et son fondement dans la mécanique, tension entre l'idéal désormais un peu désuet de l'honnêteté et l'affirmation de l'esprit moderne.

Il faudrait explorer ainsi le statut de la connaissance dans le social pour mettre en perspective la lecture effective des textes de vulgarisation, dans diverses situations historiques et géographiques. Par exemple, à l'âge classique, un groupe intermédiaire entre les chercheurs et les acteurs impliqués dans les activités techniques a joué à la fois le rôle de premier relais d'une mise en culture des idées scientifiques et celui de support financier et politique. Ce public aisé, constitué d' « amateurs », de « virtuoses », de

1. Marie-Françoise Mortureux reprend à ce propos l'analyse de Jean-Claude Chevallier : « L'appartenance au groupe des honnêtes gens, écrit ce dernier, est la garantie que ses membres possèdent esprit et raison. Mais, fait très important, elle garantit que l'on peut avoir de l'esprit sans le rechercher et du savoir sans l'acquérir. C'est dire que le lieu de vérité du discours vient d'ailleurs, de la condition sociale du parleur et non d'une procédure rationnelle — qui serait accessible à tous — d'acquisition du savoir » (Les *Entretiens d'Ariste et d'Eugène* du Père Bouhours, soit la littérature et l'idéologie, in *Langue et langages de Leibnitz à l'Encyclopédie*, 10-18, 1977, p. 30-31).

2. Dans *L'éducation des jésuites (XVI*e*-XVIII*e *siècle)*, Editions de Minuit, 1978, l'analyse de l'enseignement de rhétorique au XVIIe siècle se conclut par la critique d'une tendance, durable en France d'après Dainville, à privilégier les mots par rapport aux choses.

« curieux » a contribué discrètement à définir les frontières de la communauté scientifique et à assurer son rayonnement. Plus généralement, la communication sociale de la science passe probablement par une pluralité de groupes sociaux et d'institutions éditoriales.

Les conditions effectives de la communication peuvent d'ailleurs être très sensiblement différentes de ce que l'auteur laisse entendre. L'exemple des conférences de Faraday intitulées *Histoire d'une chandelle* est assez savoureux à cet égard. Ces conférences sont tenues, au XIXe siècle, pour l'un des modèles les plus prestigieux d'un discours de vulgarisation réellement accessible à tous et réellement formateur. Leur réputation va de pair avec celle de l'Institution royale de Londres, fondée dans les dernières années du XVIIIe siècle et mettant un point d'honneur à s'ouvrir, davantage que les autres sociétés savantes, à un large public. De fait, le texte de Faraday décrit le public le plus modeste qu'il peut.

> On va rédiger cette causerie, je le sais; cela ne m'empêchera pas d'employer un langage familier, afin de rester à la portée des écoliers et des écolières dont je m'imagine, pour l'occasion, être le camarade.

Mais l'introduction rédigée pour l'édition française par Henri Sainte-Claire Deville tranche vivement avec cette fiction : le membre de l'Institut, ès qualités, salue, d'expérience, « l'auditoire *distingué* qui assiste le vendredi à ces leçons dans le grand amphithéâtre de l'institution » ; il ajoute d'ailleurs un peu plus loin : « Les gentlemen et les ladies qui composent l'auditoire sont presque toujours préparés à ces leçons par une éducation scientifique suffisante. »[1] Il faut bien dire que le lecteur ne croit plus guère à la leçon gentiment faite à de modestes camarades d'école lorsqu'au début de l'un de ses entretiens Faraday commente le cadeau qu'il vient de recevoir d' « une dame qui honore ces entretiens de sa présence », une paire de chandelles japonaises de luxe.

Ces exemples doivent en tout cas nous rendre assez prudents dans l'analyse des effets d'une diffusion sociale des savoirs. Les quel-

1. Faraday, *Histoire d'une chandelle,* Hetzel, 1865, p. 5 et 7.

ques enquêtes dont nous disposons sur le lectorat de la vulgarisation contemporaine confirment à coup sûr l'idée que viser l' « homme de la rue » constitue un objectif de communication assez illusoire. A l'extrême imprécision de l'image que se font parfois les vulgarisateurs de leur destinataire répond l'impact manifestement limité de leurs productions.

Deux constats orientent fortement l'ensemble de ces analyses. Le premier est que le lectorat de la vulgarisation n'est pas une masse homogène mais un ensemble composite. Qui peut tirer bénéfice de la vulgarisation ? A coup sûr, tout le monde, puisque tout scientifique, aussi prestigieux soit-il, est le béotien de quelque domaine. Le destinataire d'un article est protéiforme. Les chercheurs de la discipline évaluent la présentation globale qui y est faite de leur champ de recherche et en mesurent les effets ; les chercheurs de disciplines voisines ou lointaines ont le souci de se tenir au courant de recherches qui peuvent éclairer les leurs ; les lecteurs disposant d'une formation scientifique plus ou moins accomplie cherchent diverses ressources personnelles et professionnelles ; une autre fraction du lectorat rassemble ceux dont la culture générale est solide, sans qu'elle soit particulièrement orientée vers les sciences ; enfin, le projet vulgarisateur vise parfois un public franchement marqué par l'échec scolaire, ou victime d'une absence de scolarisation, public qu'il atteint avec un bonheur inégal. Encore cette typologie est-elle contestable, puisqu'elle s'appuie sur la seule relation au savoir : on peut aussi bien distinguer des générations, des milieux sociaux, des sites géographiques, des motivations affichées, des modes d'accès aux documents, etc. Le second constat est que la vulgarisation n'a pas pour effet global de réaliser une démocratie du savoir, ni même de réduire les écarts de culture liés à l'histoire sociale des personnes. Le fossé culturel va plutôt croissant : la lecture des médias de vulgarisation entraîne un effet de renforcement des différences : plus le capital culturel du lecteur est élevé, plus le bénéfice de la lecture est grand. On ne voit pas, en effet, comment il pourrait en être autrement, et sans doute l'idée qu'on ait pu croire le contraire est-elle révélatrice du caractère utopique de certaines versions du projet vulgarisateur. On notera, bien sûr, que ce phénomène (tout aussi vrai au sein de l'appareil scolaire) ne saurait en aucun cas être un argument contre l'effet bénéfique d'une diffusion du savoir[1]. Il conduit seulement à regarder d'une façon plus attentive la composition sociale d'un public. C'est ce que font deux analyses récentes consacrées à deux médias différents, *Science et vie* et *La Recherche*.

On a souvent retenu de l'étude de Luc Boltanski et Pascale Maldidier, *La vulgarisation scientifique et son public,* résumée dans beaucoup d'ouvrages ultérieurs, les thèses les plus radicales qu'elle propose sur la lecture des revues de vulgarisation. Les sociologues s'intéressent particulièrement à l'espoir de promotion culturelle et sociale dont cet investissement est porteur.

> On peut dire, très généralement, écrivent Luc Boltanski et Pascale Maldidier, que la lecture de *Science et vie* se survit à l'âge adulte (parfois jusque dans la vieillesse) quand survit après l'entrée dans la vie active l'intention objective, souvent — on le verra — liée à un projet parascolaire, de combler l'écart entre, d'une part, le type d'activité intellectuelle compris dans la définition sociale de la profession exercée (le degré d'autonomie intellectuelle qui est professionnellement accordé) et, d'autre part, les ambitions intellectuelles (qui sont, d'une certaine façon, des ambitions professionnelles) liées aux investissements engagés à l'âge des études[2].

Cette hypothèse d'interprétation est liée à une façon particulière de surmonter certaines contradictions de la société : les lecteurs durables de *Science et vie* ont une stratégie strictement personnelle qui s'oppose à l'idée d'une action de transformation organisée, mais aussi à d'autres stratégies individuelles comme la psychologisation des difficultés, caractéristique d'un autre lectorat, celui des

1. On trouve chez Condorcet l'analyse de ce paradoxe, dans des termes qui n'ont pas vieilli. Le rôle d'une instruction démocratique n'est pas de niveler les compétences, mais de permettre à chacun d'aller aussi loin que possible dans le développement de ses facultés.
2. Luc Boltanski et Pascale Maldidier, *La vulgarisation scientifique et son public,* Ecole des hautes études en sciences sociales, Centre de sociologie européenne, 1977, vol. 1, p. 85. L'analyse repose sur une enquête par questionnaire, accompagnée de correspondances et d'entretiens, auprès de lecteurs de *Science et vie* (6 000 questionnaires rendus). La lecture des considérations méthodologiques par lesquelles commence cette analyse est indispensable pour en mesurer pleinement la portée et les limites.

revues de psychologie. Il faut ajouter que cette dynamique personnelle est liée aux aspirations que la « démocratisation » du système scolaire a fait naître sans être capable de les satisfaire. L' « autodidactisme institutionnalisé » que constitue cette course à la formation permanente témoigne d'un trouble du repérage social qui, en situation stable et chez les individus dotés d'un habitus social affirmé, leur permet de juger ce qu'ils peuvent raisonnablement attendre de leur destinée scolaire et professionnelle.

Tout en se gardant d'un amalgame hâtif, on peut évoquer à l'occasion de ces thèses la composante sociale de *Bouvard et Pécuchet.* Flaubert n'attribue sans doute pas au hasard l'identité de copistes à ses personnages. En tout cas, il lie d'emblée leur fringale épistémique aux frustrations de leur statut social : Pécuchet, après avoir « essayé plusieurs états : élève en pharmacie, maître d'études, comptable sur un des paquebots de la haute Seine » avait « conscience d'une instruction défectueuse, avec les besoins d'esprit qu'elle lui donnait »[1]. Tout au long de cette « épopée de la bêtise » — qui en est peut-être moins une par les opinions des personnages que par l'illusion qui fournit à l'histoire son moteur compulsif — la documentation est à la fois la marque d'une avidité intarissable de certitudes et la condition d'un changement de condition sans cesse tenté et toujours repoussé. Aussi bien les personnages finissent-ils, dans le plan laissé par Flaubert, par reconnaître que le statut de copiste (celui qui ne produit rien lui-même mais se met au service de la pensée des autres) n'a jamais cessé d'être le leur.

Cette thèse, centrale, n'épuise pas l'ensemble des analyses proposées par l'étude de Pascale Maldidier et Luc Boltanski. En particulier, on aurait tort de traduire en termes de stratégie explicite la démarche que s'emploient à cerner les auteurs. Les entretiens et les lettres qu'ils citent témoignent plutôt d'une logique qu'on pourrait qualifier, avec une métaphore psychanalytique, de dénégation : bien souvent, la lecture des revues est revendiquée comme une acti-

1. Gustave Flaubert, *Bouvard et Pécuchet, Œuvres,* vol. 2, Gallimard, Bibliothèque de la Pléiade, 1952, p. 719.

vité gratuite, liée à un culte quasi religieux du savoir. Sans doute faut-il prendre au sérieux, et le sens que les acteurs donnent ici à leur action, et la lecture que peuvent en faire les sociologues, à partir de l'analyse des corrélations entre appartenance sociale, destinée scolaire et situation professionnelle. Les deux interprétations sont vraies[1]. La lecture durable de *Science et vie* est à la fois une activité désintéressée et une conduite interprétable comme l'effort de combler un décalage social. Les formes multiples du désir de savoir décrites précédemment s'associent ici en une sorte de chatoiement.

D'autre part, cette histoire n'est pas celle de l'ensemble des lecteurs. Si le portrait des lecteurs fidèles évoque une situation d'échec, le fait premier qu'enregistrent sans ambiguïté les statistiques est le caractère sélectif de la lecture. Lire *Science et vie* est une activité majoritairement jeune, liée aux phénomènes de précocité qui caractérisent les héritiers, à laquelle accèdent prioritairement ceux qui sont engagés dans un cursus d'études scientifiques. Aussi bien le profil décrit plus haut est-il l'un des profils possibles, son importance n'étant pas liée à son volume global dans le lectorat, mais au caractère durable de l'attitude qui le définit. Beaucoup de lecteurs de *Science et vie* sont en revanche de jeunes écoliers ou étudiants, pour lesquels il est aussi normal de lire cette revue pendant leur jeunesse que sain de l'abandonner, arrivés à la maturité. On devine même en filigrane des analyses de Luc Boltanski et Pascale Maldidier toute une lecture conformiste de *Science et vie* : on doit lire *Science et vie* comme on doit jeter sa gourme à quinze ans ou comme il était naguère convenable d'être communiste à dix-huit. On doit ensuite abandonner cette revue trop sommaire, comme on doit se défaire de certaines habitudes. Daniel Jacobi, auteur d'une analyse sur les lecteurs de *La Recherche*, écrit par exemple :

> La comparaison des lectorats de *Science et vie* et de *La Recherche* suggère l'idée non pas d'une concurrence mais d'une complémentarité. Il est probable que des lecteurs lisent — au moins de temps à autre — les deux revues. La lecture de *Science*

1. L'hypothèse méthodologique retenue est la suivante : il faut prendre en compte les effets objectifs d'une régulation sociale mais accorder un statut dans la théorie aux interprétations que les acteurs donnent de la rationalité de leurs choix.

et vie, pour les jeunes dont la destinée normale est une carrière scientifique et technique, est un palier, une voie de passage avant d'accéder à une lecture plus difficile comme celle de *La Recherche.* On observe une certaine parenté dans les publics des deux revues avec un certain décalage vers le haut dans la seconde : plus âgés, plus diplômés, catégories socioprofessionnelles plus élevées[1].

Cette pluralité des publics s'accompagne d'ailleurs d'une diversité des modes de lecture. Ici s'investissent les dispositions culturelles des lecteurs, de la distance aisée (qui n'est pas sans rappeler l'honnêteté précédemment évoquée) au grand sérieux de celui qui traite la revue comme un manuel scolaire, en collectionne les numéros et confectionne des dossiers : cette dernière forme de « lecture-exploitation » est sans doute l'une des particularités culturelles de la vulgarisation. Enfin, cette pluralité d'approches est rendue possible par une stratégie éditoriale assez labile :

> Si la relation que les lecteurs entretiennent avec la revue peut prendre des formes différentes, sérieuses ou détachées, admiratives ou distantes, dilettantes ou scolaires, selon la position qu'ils occupent dans le système d'enseignement, c'est aussi que la revue se présente elle-même comme un objet relativement diversifié, capable par là de s'intégrer à des systèmes d'intérêts relativement différents et/ou de se rattacher chez les différents lecteurs, à des zones plus ou moins centrales, plus ou moins périphériques, du système d'intérêts prédominant[2].

Les résultats de l'enquête menée par Daniel Jacobi auprès des lecteurs de *La Recherche*[3] sont en cohérence avec les précédents, même si l'objectif principal de cette seconde enquête est de soutenir la thèse du continuum. Le lecteur de *La Recherche* est, lui aussi, jeune : la moitié des abonnés a moins de vingt-cinq ans.

> On peut dire que la lecture des revues de vulgarisation scientifique est aussi une activité parascolaire, fortement influencée par les études — à dominante scientifique et technique — des jeunes lecteurs[4].

1. Daniel Jacobi, *Textes et images de la vulgarisation scientifique,* Peter Lang, 1987, p. 54. On irait toutefois trop loin en ramenant ce phénomène à un simple vieillissement du même lectorat.
2. Luc Boltanski et Pascale Maldidier, *La vulgarisation scientifique et son public,* vol. 1, p. 50.
3. Daniel Jacobi a mené une double enquête, auprès d'auteurs et de lecteurs de *La Recherche,* en 1981. L'enquête auprès des lecteurs a été menée par questionnaire auprès d'un échantillon aléatoire de 476 abonnés de *La Recherche* ; elle a été précédée et complétée par des entretiens auprès de lecteurs de la revue.
4. Daniel Jacobi, *Textes et images de la vulgarisation scientifique,* p. 49.

Les deux revues ont donc à s'accommoder de la labilité d'un public toujours renouvelé. Toutefois, l'enquête apporte des informations nouvelles, dans la mesure où les données recueillies par questionnaire concernent les lecteurs assidus de la revue « de référence » en matière de vulgarisation. *La Recherche* est en effet une publication mixte entre les revues dans lesquelles les chercheurs présentent leurs résultats à destination de leurs pairs et les publications dont le lectorat est le plus populaire. On obtient, avec ce questionnaire, des résultats aussi éloignés que possible du projet vulgarisateur du XIXe siècle, et notamment de l'idée de « science populaire » chère aux revues anglo-saxonnes. Les jeunes lecteurs de *La Recherche*

> sont plus souvent étudiants que lycéens : il y a deux fois moins de lycéens ou d'élèves que dans le public de *Science et vie* et près d'un étudiant abonné sur trois est de niveau 3e cycle[1].

Quant aux lecteurs adultes, on y trouve surreprésentées les classes supérieures, de façon encore plus nette que dans le cas de *Science et vie*. « Par ordre d'importance, les professions exercées par les lecteurs de *La Recherche* (étudiants exclus) sont chercheur, ingénieur et technicien, enseignant, médecin », remarque Daniel Jacobi. Il ajoute :

> Il apparaît donc de façon frappante que la vulgarisation scientifique s'adresse prioritairement à des lecteurs ayant une profession nettement en rapport avec les activités scientifiques et techniques, et un niveau d'études relativement supérieur à celui de l'ensemble de la population française[2].

Enfin, Daniel Jacobi a tenté d'appréhender le mode de lecture de la revue. Les réponses qu'il a obtenues sur ce point font apparaître un type de lecture très particulier, qu'il qualifie de « plutôt monodisciplinaire ». Les lecteurs de *La Recherche* semblent en effet s'intéresser prioritairement aux domaines proches de ceux qu'ils maîtrisent déjà, comme si la lecture de la revue, loin d'être un facteur de diversification des préoccupations, ne faisait que renforcer un professionnalisme envahissant. L'hypothèse qui vient à l'esprit en lisant ces conclusions est de les rapprocher d'un phénomène social plus large, le

1. *Ibid.*, p. 49.
2. *Ibid.*, p. 50.

brouillage des frontières entre la vie professionnelle et la vie privée chez les cadres, que plusieurs enquêtes psychosociologiques récentes ont mis en évidence et qu'un groupe de sociologues qualifie, dans un cas extrême, d' « emprise de l'organisation »[1].

Des lecteurs liés à l'enseignement supérieur, appartenant aux milieux sociaux dominants, de culture scientifique, enfermés dans le voisinage de leur discipline : nous voici aux antipodes mêmes du projet vulgarisateur[2]. La conclusion de Daniel Jacobi va dans ce sens :

> Disposant déjà d'une meilleure formation scientifique, voués professionnellement au domaine scientifico-technique ou promis à y tenir un rôle, les lecteurs de la vulgarisation scientifique cherchent à maintenir ou à améliorer leur niveau d'information scientifique et technique, et ce, préférentiellement, dans le secteur où ils sont déjà compétents et experts[3].

Cette conclusion comporte sans doute une généralisation excessive. En analysant le cas particulier des lecteurs assidus d'une revue de haut niveau, Daniel Jacobi a utilement corrigé les conclusions caricaturales de ceux qui assimilent hâtivement la vulgarisation à une production de masse dont la qualité serait dégradée. Une certaine vulgarisation peut trouver un marché éditorial parmi les couches sociales déjà acquises à la culture scientifique et, par ce biais, contribuer au renforcement de l'écart entre ceux qui savent et ceux qui ignorent. A ce titre, et avec les nuances importantes que nous avons déjà exprimées[4], la vulgarisation s'inscrit bien dans un continuum de formes de communication qui va des *preprints* réservés à quelques pairs à la presse de grand public.

1. Max Pagès, Michel Bonetti et Vincent de Gaulejac, *L'emprise de l'organisation,* Presses Universitaires de France, 4e éd., 1992.
2. Une étude menée par Jean-François Boss et Jean-Noël Kapferer pour le Bureau national de l'information scientifique et technique en 1978 montre d'une façon globale le caractère sélectif de l'exposition à la vulgarisation scientifique. Notamment, l'exposition croît avec le milieu social, avec le revenu, avec le niveau d'études ; elle est plus forte dans les communes urbaines ; elle est liée préférentiellement à la formation scientifique et aux activités professionnelles à caractère scientifique (*Les Français, la science et les media,* La Documentation française, 1978).
3. Daniel Jacobi, *Textes et images de la vulgarisation scientifique,* p. 53.
4. Cf. I, p. 40-41.

Toutefois, il faut se garder d'une caricature inverse, qui consisterait à nier à l'entreprise vulgarisatrice tout rôle dans une démocratisation du savoir. Rappelons quelques-uns des éléments qui peuvent nous dissuader d'une telle attitude. D'abord, l'habitude des sondages nous conduit parfois un peu vite à considérer comme nulles les catégories minoritaires : il existe des lecteurs des périodiques de vulgarisation n'appartenant pas aux catégories surreprésentées, et il ne faut pas tenir pour négligeable dans une dynamique sociale l'accès de minorités à des pratiques nouvelles. Ensuite, les deux études évoquées plus haut concernent un secteur, important mais non exclusif, du marché de l'édition scientifique. La vulgarisation se réalise aussi par le biais de périodiques dont le lectorat est plus modeste, comme *Ça m'intéresse*. Or, les études sur le lectorat de cette dernière revue confirment certaines tendances déjà mentionnées, mais identifient également des attitudes distinctes. Le lectorat de *Ça m'intéresse* est lui aussi décrit comme « jeune, instruit, actif, cadre »[1] ; 62 % des lecteurs interrogés conservent les anciens numéros. En revanche, les lecteurs de *Ça m'intéresse* paraissent avoir des dispositions très différentes de celles qui émergent des enquêtes sur *La Recherche* : les premiers lisent une grande partie du numéro, mettent en avant le souci de se situer dans un monde complexe et changeant et de trouver du sens : les idées de curiosité, d'originalité, de fécondité sont volontiers référées aux préoccupations globales de l'individu, et non à ses soucis professionnels. Les auteurs de l'étude résument d'ailleurs la demande des lecteurs par l'injonction : « Annonceurs, étonnez-moi. » Au sein d'un panorama de lecture assez diversifié, les thèmes privilégiés sont très globaux (« phénomènes de société », « écologie, nature ») ; les questions scientifiques générales (« les sciences », « les animaux ») sont plus souvent citées que des sujets plus précis comme l'économie ou l'informatique.

Il est en somme illusoire de vouloir trancher simplement la ques-

1. Il s'agit de données collectées et diffusées par le service publicité de Prisma Presse à partir de plusieurs enquêtes par questionnaires et entretiens, communes à plusieurs organismes de presse ou spécifiques. Ces données ne permettent pas une définition précise des lecteurs en termes de catégories socio-économiques, mais elles identifient quelques traits marquants d'une attitude de lecture.

tion : la vulgarisation réalise-t-elle une communication large de la science ? On retiendra plutôt l'idée que le marché de ces publications est hétérogène, à plusieurs égards. Les formules éditoriales que recouvrent les appellations génériques de littérature ou de presse de vulgarisation sont très diverses. Chaque revue propose son « contrat de communication » et choisit, en quelque sorte, non pas la composition de son public mais les limites de ce dernier ; la forme de lecture, sa périodicité, sa logique peuvent varier de façon significative.

C'est bien le sentiment de cette complexité que donne la lecture des enquêtes réalisées auprès du public de la médiathèque de la Cité des sciences et de l'industrie de La Villette[1]. Les chiffres les plus globaux confirment les tendances repérées dans les deux précédentes enquêtes citées. Le public de la médiathèque est jeune. Les cadres, ingénieurs, professions libérales et enseignants constituent une grosse moitié des visiteurs « actifs »[2]. Le niveau d'instruction est souvent élevé, il a une coloration scientifique, sans que ce trait soit systématique[3]. Mais ces enquêtes mettent également en évidence une diversité

1. *Le public de la médiathèque de la Cité des sciences et de l'industrie,* rapport rédigé par Romance Allant pour la Direction du développement et des relations internationales (médiathèque de la Cité des sciences et de l'industrie), 1990. *Usages de la médiathèque de la Cité des sciences et de l'industrie,* enquête réalisée pour la Direction du développement et des relations internationales (médiathèque de la Cité des sciences et de l'industrie), 1993. Ces enquêtes n'indiquent pas strictement un lectorat d'ouvrages de vulgarisation, la médiathèque contenant d'une part des sources d'informations plus « légitimes » (revues scientifiques, manuels, etc.) et d'autre part des documents audio et vidéo enregistrés. La médiathèque de la Cité des sciences et de l'industrie a reçu 263 300 visiteurs en 1991.

2. L'enquête distingue des étudiants-scolaires (56,6 %) et des actifs (35,6 %). Il y a un reliquat de « non-actifs » (retraités, chômeurs, etc.) que l'enquête n'analyse pas, jugeant ce public trop complexe et trop hétérogène. Chiffres globaux pour les « actifs » : 35 % d'ingénieurs et cadres, 12 % de professions libérales, 10 % de professeurs. Si les techniciens, contremaîtres et employés (catégories repérées comme importantes dans la logique décrite par Boltanski et Maldidier) totalisent 33 % des visiteurs actifs, les ouvriers n'en représentent que 2,4 %. L'absence d'analyse de la composition sociale du groupe des étudiants et scolaires limite beaucoup la portée de ces analyses, certains bibliothécaires de la médiathèque témoignant de ce qu'ils voient l'ensemble du quartier représenté parmi cette population de jeunes.

3. 50,5 % du public a un niveau d'études correspondant aux niveaux intermédiaires de l'enseignement supérieur (IUT, DEUG, licence, maîtrise). Mais 18 % est inférieur au baccalauréat. Il faut tenir compte de ce que ces chiffres enregistrent aussi bien des instantanés dans une trajectoire scolaire ou universitaire en cours que des capitaux scolaires définitifs.

importante de préoccupations et de types de fréquentation. S'inspirant des problématiques de la sociologie des styles de vie utilisées en marketing, les enquêtes distinguent trois groupes de visiteurs dont le rythme de fréquentation, la composition et les attitudes sont différents : des « assidus », qui viennent à la médiathèque pour travailler, des « habitués » dont les comportements évoquent la pratique d'une culture scientifique sans tension scolaire manifeste, des « occasionnels » qui passent plus rapidement et dont une part importante vient, selon l'image portée par les publicités de la Cité, pour faire découvrir le musée aux enfants. Si le poids des lecteurs studieux est très lourd dans le nombre effectif de visites et encore plus lourd dans le temps de lecture total, les « occasionnels » constituent une part importante des visiteurs eux-mêmes (près de 85 %). Derrière l'idée d'une accessibilité socialement sélective aux lieux de lecture scientifique (constat qui reproduit celui de l'équipe de Pierre Bourdieu à propos des musées[1]) se profile la réalité non moins importante d'une diversité des modes d'accès. Pour ne retenir qu'un exemple, un cinquième des « occasionnels actifs » ont une formation scolaire ne dépassant pas le baccalauréat. Même si la motivation principale de ce groupe est de se promener, deux tiers d'entre eux ont « ouvert au moins un livre » en passant à la médiathèque. D'autre part, les conduites sont très diverses. Certains visiteurs font état d'une pratique très scolaire de la médiathèque : sans doute une partie du public universitaire assidu, dans lequel la proportion d'Africains et de Moyen-Orientaux est élevée, cherche-t-elle dans la médiathèque un lieu d'étude calme et bien documenté dont elle ne dispose pas nécessairement à son domicile. D'autres semblent plus sensibles à l'ouverture symbolique d'un lieu de savoir à tous les publics et viennent sans doute « prendre un bain de culture scientifique ». L'enquête qualitative propose à cet égard quelques hypothèses intéressantes. Le texte des entretiens témoigne d'une admiration un peu ambiguë pour un monde symboliquement fascinant. L'un des interviewés déclare par exemple : « Je me sens plus

1. Pierre Bourdieu et Alain Darbel, *L'amour de l'art, les musées et leur public,* Editions de Minuit, 1966.

intello, ça me donne envie d'apprendre. » Mais ce sentiment d'avoir tout le savoir du monde à sa portée n'est pas sans ambivalence. L'analyse des enquêteurs, fondée sur leur écoute des lecteurs, propose à cet égard une hypothèse originale et intéressante. En même temps qu'il suscite une sorte d'émerveillement, le lieu semble générateur d'une double culpabilité : celle de ne pas tout savoir, celle de ne pas être prêt à tout faire pour savoir davantage.

> En rendant l'accès au contenu du savoir facile, agréable, apaisant et confortable, il déroute en niant la nécessité de la « douleur » pour apprendre. En permettant l'accès rapide et facile au savoir, il soulève la question existentielle de la finalité de l'homme une fois ce savoir acquis.

Ces approches de la « pulsion d'autodidactisme » rejoignent quelques-unes des pistes que nous avons pu évoquer plus haut. Elles nous détournent sans doute de regarder la lecture de la vulgarisation comme une pure et simple continuation de la carrière scolaire ou professionnelle par d'autres moyens[1].

L'analyse statistique du lectorat mérite donc d'être complétée par une enquête qui reste pour l'essentiel à faire sur les modes de réception des discours et manifestations de vulgarisation, et au-delà par une réflexion sur les stratégies d'interprétation dont ces discours font l'objet, encore largement méconnues. Eliseo Veron a mené une telle enquête auprès de spectateurs d'émissions de télévision, avec une méthode par réunions collectives devant un récepteur de télévision, dans le but de déterminer comment chacun se situait par rapport au contrat de communication qui lui était proposé[2]. Les pistes données par cette enquête montrent notamment que les attitudes d'implication, de retrait ou d'auto-exclusion sont très liées au jugement que les gens peuvent porter, du point de vue de leur propre pratique, sur ce qu'est la science et sur son accessibilité ; mais elles renvoient aussi à la façon dont les uns et les autres

1. Jean-François Boss et Jean-Noël Kapferer ont tenté de faire émerger, par analyse des correspondances, des profils de lecteurs sensiblement différents, en rapport avec des attitudes sociales plus globales : ils distinguent ainsi des éponges, des nantis, des exclus, des méfiants, des médians et des autodidactes, dont ils caractérisent les pratiques et les discours moyens (Jean-François Boss et Jean-Noël Kapferer, *op. cit.*).

2. Eric Fouquier et Eliseo Veron, *Les spectacles scientifiques à la télévision*, 2e partie, 97 sq.

sont conduits à juger leur propre situation d'ignorance et à l'assumer. Cette enquête confirme l'intérêt qu'il y a à dépasser le clivage entre récepteurs et non-récepteurs de la vulgarisation pour avoir une approche plus fine des effets qu'exerce la vulgarisation sur ceux qui s'y impliquent de façon diverse et sur ceux qui s'en excluent. Il s'agit, plus fondamentalement, de mieux comprendre l'approche active qu'ont des sciences les non-scientifiques[1].

Si l'analyse des lectorats montre une dynamique sociale plus complexe que celle que propose le projet vulgarisateur, la pluralité des enjeux qui traversent la vulgarisation se traduit peut-être encore plus manifestement par le fait que la vulgarisation n'est pas seule aujourd'hui à contribuer à l'appropriation de notions scientifiques. Elle est la part la plus explicite et la plus délibérée d'une nébuleuse de pratiques, qu'on peut nommer par commodité « quasi-vulgarisations » et « infra-vulgarisations ». La quasi-vulgarisation est une forme de communication dans laquelle l'effort didactique intervient, à titre d'objectif second, au service d'une exigence différente. La présentation d'un logiciel informatique à de futurs acheteurs est un exemple de quasi-vulgarisation. L'infra-vulgarisation est un processus qui conduit à la diffusion d'une notion scientifique par le biais des seules pratiques sociales ordinaires, sans qu'un message particulier ait été élaboré à cet effet, et notamment sans qu'un discours didactique ait eu à entrer en jeu. L'appropriation d'une représentation structurée de la géographie urbaine par le biais de la multiplication des plans et graphiques constitue un cas banal d'infra-vulgarisation.

Ces situations, qui prolongent en quelque sorte en l'accentuant

1. Bruno Latour conteste par exemple le circuit officiel qui consiste à ne regarder le public que comme le récepteur passif du discours qui lui est adressé. Il invite à analyser les résistances à ce discours officiel : « Comment s'y prend-on, demande-t-il, pour ne pas croire, ne pas comprendre, ne pas vouloir les résultats des controverses scientifiques que l'on souhaiterait tant nous voir transmettre comme si nous étions autant de conducteurs fidèles et fiables ? » (Joliot, l'histoire et la physique mêlées, *in* M. Serres (éd.), *Eléments d'histoire des sciences,* p. 510). Sans doute faut-il ici mentionner l'espace structurant de la conversation pour éviter de poser d'un côté le message et de l'autre le récepteur isolé, simple surface photographique ou capricieux insaisissable.

l'instabilité des situations de vulgarisation au sens strict, sont le plus souvent marquées de façon très nette par les caractères d'une société où l'échange marchand est structurant, mais où la rationalité scientifique et technique joue également un rôle décisif, en tant que fondement de la productivité et en tant que référence légitimante.

Les situations de quasi-vulgarisation se sont multipliées dans les entreprises ces derniers temps, au rythme du développement de nouveaux outils de travail, notamment avec l'apparition généralisée des logiciels informatiques et des systèmes de télécommunication. La conduite d'un projet de ce type passe par l'interaction — réussie ou tragique — entre un nombre important d'acteurs dont les savoirs et les langages sont divers. Prenons l'exemple simplifié de la mise en place d'un système de gestion informatisée dans une entreprise et inventorions quelques types de situations de quasi-vulgarisation. Une société de service rencontre le « client », le plus souvent un « décideur », quelqu'un qui a le pouvoir de signer un contrat et de légitimer l'intervention dans l'entreprise. Cette première rencontre, plus souvent cette série de rencontres, correspond à un dialogue plus ou moins loyal : on définit des conditions d'intervention, qui supposent souvent des savoirs liés à l'organisation et à ses métiers ; on explore symétriquement des possibilités techniques, dont le substrat est constitué de notions de traitement de l'information, mais aussi de logistique, d'économie, de méthodologie. Ici interagissent, de façon plus ou moins explicite, les ingénieurs et les commerciaux de l'entreprise vendeuse, d'une part, les dirigeants de l'entreprise acheteuse et leurs conseillers, d'autre part. Dans certaines entreprises, des présentations systématiques sont organisées par les responsables de recherche et développement à destination des commerciaux. Dans d'autres, ce sont des équipes mixtes qui rencontrent le client. Dans tous les cas, un ensemble de reformulations, de simplifications, d'explicitations sont nécessaires. Ce dialogue sert de base à une intervention qui suppose le plus souvent une compréhension des façons de travailler des diverses personnes impliquées dans le processus à automatiser. Si le projet est d'envergure, des sous-traitants interviennent, ce qui donne de nouveau matière à des présentations. Lors de la mise en place du système, l'appropriation par les personnes de l'entreprise nécessite de nouvelles explications : parfois une « formation » est assurée, souvent des dialogues plus individualisés sont nécessaires. En réalité, dans bien des cas, assez longtemps après la mise en route du projet, les rencontres se multiplient avec des dirigeants, des utilisateurs et des bailleurs de fonds, au rythme où de nouvelles difficultés, non attendues au départ, se manifestent. Il est sans doute inutile de préciser que le modèle général ici exposé donne matière à tous les détournements et à toutes les dégradations possibles.

Cet exemple très simple montre que les ingénieurs et les techniciens rencontrent quotidiennement quelques-unes des difficultés que nous avons pu repérer dans ce livre : tension entre les objectifs de l'apprentissage et le temps limité dans lequel il se déroule, nécessité de s'appuyer sur les représentations de l'interlocuteur pour imaginer un accès aux concepts, choix d'un mode d'exposition et de vocabulaire. Ils ont également à prendre en compte, mais dans des termes très différents cette fois, les enjeux non didactiques de la situation : le désir d'apprendre n'est pas toujours fort (certaines transformations étant par exemple décidées sans aucune concertation), les soucis de pouvoir des individus et des groupes jouent un rôle important.

La destinée des grands projets d'innovation technique est très liée à ce type de pratique. On peut s'en persuader par exemple à la lecture de la monographie très circonstanciée consacrée par Bruno Latour au projet de métro automatique développé puis abandonné au fil des décennies 70 et 80[1]. L'objet technique, autour duquel se cristallise et se reconfigure l'implication d'acteurs divers et nombreux, est sans cesse redéfini. Ses caractéristiques techniques et son utilité sociale sont décrits par des discours divers, formulés par une série de porte-parole (de l'Etat, des usagers, du marché, de la collectivité des ingénieurs, etc.). Les avatars du projet se développent ainsi dans un double rapport, et aux dispositifs techniques qui se mettent réelle-

1. Bruno Latour, *Aramis ou l'amour des techniques*, La Découverte, 1992. Ce texte se donne pour une forme de récit scientifique nouvelle et distincte de la vulgarisation ; il constitue une réponse originale aux difficultés de la poétique de la vulgarisation. Cette « scientifiction » est peut-être un modèle pour une nouvelle façon d' « écrire la science ».

ment en place, et aux discours qui en rendent vraisemblable l'existence future. « Pour suivre un projet technique, écrit Bruno Latour, il faut passer constamment des signes aux choses et inversement. »[1] Le sociologue ajoute que dans les premières années de son existence le projet est « *un programme narratif*, une histoire que l'on raconte aux décideurs, aux actionnaires, aux édiles, aux voyageurs futurs, pour les "faire marcher" »[2], sans réduire d'ailleurs à cette dimension discursive le projet qui consiste également en un programme matériel de travaux sur les objets. L'ensemble du récit proposé par Latour donne en effet à penser que, si le travail réel des ingénieurs reste une condition de possibilité majeure de l'innovation, c'est le discours qui peut être tenu sur la technique (à la fois la façon d'en expliquer le caractère novateur et la façon de l'inscrire dans un contexte) qui permet au projet de se réaliser effectivement ; en l'occurrence, l'incapacité du projet à s'intégrer dans de nouveaux programmes narratifs et à intéresser ainsi de nouveaux acteurs marque d'ailleurs son échec final.

> Pour que ce rêve d'ingénieurs matérialisé à Orly [le prototype] *continue* de se réaliser, il faut lui *ajouter* d'autres éléments. Mais alors, rien n'est vraiment réel ? Non, mais tout peut *se réaliser* ou *se déréaliser* en fonction des chaînes continues de traductions. Il faut toujours *continuer* à intéresser, à séduire, à traduire des intérêts[3].

1. Bruno Latour, *Aramis ou l'amour des techniques*, p. 73.
2. *Ibid.*, p. 74.
3. *Ibid.*, p. 78. Comme nous l'avons déjà remarqué à propos de l'analyse de Michel Callon, la sociologie de l'innovation recourt volontiers à la métaphore de la traduction pour marquer la place des divers discours de quasi-vulgarisation. Elle réfère ces discours à la stratégie des acteurs (la raison de leurs effets) plutôt qu'elle n'étudie les situations de communication dans lesquelles ils se déploient et leur rhétorique propre. L'hypothèse ici émise est que l'intention de traduire ne suffit pas à permettre la reconnaissance de l'innovation, mais qu'un savoir-faire rhétorique et une lucidité dans l'analyse des situations sont indispensables. L'analyse du processus de l'innovation gagnerait donc à inclure une description plus explicite des situations de communication qui contribuent à la configuration d'un projet et des structures discursives qui s'y déploient. Les notions de « porte-parole », d' « intéressement », de « traduction », de « médiateur », de « mise en contexte », de « conversion », d' « entre-définition des acteurs » appellent une description rigoureuse en termes de communication. On peut supposer, avant des analyses plus approfondies, que cette quasi-vulgarisation reprend les traits fondamentaux de la poétique du discours de vulgarisation, mais aussi qu'elle comporte des contraintes et des usages rhétoriques différents. L'étude approfondie de ces importantes pratiques de communication me semble encore largement à faire.

Les quelques exemples donnés par Bruno Latour permettent de repérer la place d'une poétique de la vulgarisation à l'œuvre dans ces reformulations successives de l'identité et du rôle de l'objet technique. C'est vrai dès le début du projet : on peut s'en convaincre en comparant la description du métro automatique par l'ingénieur expert en cinématique (Bardet) et celle que propose peu après la société de haute technologie (Matra). D'un texte à l'autre, le point de vue de l'usager apparaît explicitement, la situation des transports est dramatisée, le discours passe d'un énoncé techniciste à une reformulation politique, l'argumentation change ses fondements (de l'expertise à la compétence technologique), l'impact du changement n'est plus formulé en termes de révolution scientifique mais en termes d'évolution sociale et éthique. Mais, parallèlement à cette inscription du projet dans un contrat de communication et dans une logique argumentative, le noyau technique est formulé, dans des termes très différents, d'un texte à l'autre. L'ingénieur concepteur du premier projet écrivait :

> L'application aux problèmes de transport de la « cinématique continue » permet, au-delà des possibilités des transports classiques, de concilier la recherche d'une vitesse fortement augmentée et d'un confort accru, avec le souci d'une desserte aussi fine que possible.

La note rédigée par Matra dit :

> Aramis, c'est comme l'automobile : le confort, la disponibilité, l'absence de rupture de charge. Mais c'est en plus : la rapidité du trajet (50 km/h), la sécurité, la ponctualité.

Tissage du concept et des pratiques quotidiennes, définition de la technique par ses effets, syntaxe dynamique et comportant des agents : les procédés de réécriture sont ceux de la vulgarisation. Ce texte est lisible pour un décideur non expert en cinématique ; il est convaincant pour un politique ; il fournit les bases d'une argumentation exposable à des représentants d'usagers. Seule une expression (« l'absence de rupture de charge ») garde les traces d'une rhétorique développée en contexte d'expertise.

Les progrès de l'informatique ont donné une autre dimension à cette question, à mesure que les logiciels se sont perfectionnés et qu'il a été possible d'intégrer des fonctions complexes. Le dialogue avec des « experts » capables de décrire leurs formes de raisonnement joue dès lors un rôle essentiel. Ce dialogue est très complexe, car il consiste en une sorte de vulgarisation croisée : l'informaticien apprend par exemple du médecin assez de biologie pour comprendre le processus qu'il va s'employer à formaliser, tandis que le médecin acquiert une représentation suffisante des possibilités de l'informatique pour être en mesure de donner à ses connaissances une forme utile et de faire des suggestions.

Il s'agit d'exemples particuliers d'un phénomène plus général, qui affecte les relations de pouvoir au sein des entreprises. L'expert y occupe en effet une position particulière. Michel Crozier et Erhard Friedberg avaient remarqué à juste titre que l'expertise constituait une forme de pouvoir, capable dans certains cas de contrebalancer l'autorité hiérarchique[1]. Mais on doit observer que le pouvoir des experts est dépendant des interactions qu'ils peuvent avoir avec d'autres personnes dans l'entreprise : l'expertise est, en univers marchand, également un art de la communication juste. Imaginons un expert incapable d'exprimer son expertise : il est victime de l'habileté d'un moins expert que lui. Gorgias se vantait par exemple de pouvoir se faire élire comme médecin à la place du médecin[2]. Imaginons, en d'autres termes, un expert qui serait seul à comprendre son expertise. Il serait isolé et dépourvu de pouvoir. Imaginons, au contraire, un expert qui aurait parfaitement transmis son savoir. C'est cette fois le cas du rhéteur qui aurait si bien appris à argumenter à son disciple qu'il devrait se laisser persuader de ne pas être payé. Sans doute les informaticiens courent-ils ainsi le risque symétrique, ou de ne pas être compris du tout, ou de l'être trop bien. A ce niveau d'analyse, les choses sont sans doute assez

1. *L'acteur et le système : les contraintes de l'action collective,* Editions du Seuil, 1977.
2. Platon, *Gorgias,* 456 *c.* « Qu'un orateur et un médecin aillent ensemble dans la ville que tu voudras : si une discussion doit s'engager à l'assemblée du peuple ou dans une réunion quelconque pour décider lequel des deux sera élu comme médecin, j'affirme que le médecin n'existera pas et que l'orateur sera préféré si cela lui plaît » (trad. d'Alfred Croiset, Les Belles Lettres, 1984, p. 122).

comparables, qu'il s'agisse de l'action d'un ingénieur au sein de son entreprise ou de la relation entre un vendeur et son client. La pratique de communication de l'expert dans l'organisation, sa pratique de quasi-vulgarisation, peut se définir comme une négociation de l'intercompréhension limitée.

Un autre biais pour aborder la quasi-vulgarisation est celui du processus commercial lui-même. L'explication est depuis fort longtemps une composante de la vente. On trouve par exemple dans les vignettes de « réclame » qui parsèment les revues du début du siècle l'exposé des propriétés chimiques de tel médicament ou de tel détachant. Toutefois, les mutations qu'a connues ce type de promotion, devenue « annonce » puis « publicité » avant de se muer en « communication produit », l'ont détachée graduellement de la forme strictement informative qui était la sienne pour développer des messages où la fonction poétique a pris une place déterminante. Le produit est moins souvent décrit qu'associé à quelque élément fantasmatique, érotique ou valorisant pour le narcissisme. La science n'en joue pas moins dans ce cadre un rôle important. Pour certaines catégories de produits, la qualité est très liée à la fiabilité technique : de courtes fiches techniques accompagnent les publicités d'automobiles ou de micro-ordinateurs. Si l'on pénètre chez l'un des dépositaires de ces produits, on trouve des dépliants qui détaillent davantage les particularités techniques des différents modèles. Mais la publicité utilise également les notions scientifiques d'autre manière. On a vu par exemple apparaître à propos de lessives ou de dentifrices des schémas animés comparables à ceux que produit le cinéma éducatif, parfois commentés par un technicien immanquablement en blouse blanche. Le processus décrit vise à apporter une caution à la qualité du produit : c'est un recours très simple au principe d'autorité. Ce principe fonctionne aussi, de façon plus discrète, dans des formes de détournement d'expressions, d'objets ou d'images scientifiques. Par exemple, une banque expose son logotype sur le dessin d'une station orbitale.

Le mode d'emploi est un autre exemple de texte de quasi-vulgarisation produit dans un contexte commercial. Mais on voit bien dans ce cas que l'évolution a été jusqu'à un passé récent différente de celle de la publicité. Tout se passe comme si l'intérieur du produit ne méritait pas un discours au même titre que son extérieur. Les modes d'emploi restent le plus souvent des documents de quasi-vulgarisation déplorables. Leur organisation n'est pas pensée en fonction des besoins de l'utilisateur, leur langage est abscons, parfois même dénué de sens, leur traduction est souvent risible.

> Faite par des techniciens implicitement pour d'autres techniciens, [la documentation technique] oublie de vulgariser le produit auprès du public. Ce dernier n'utilise donc pas toutes les possibilités des nouvelles machines ou risque de provoquer des pannes qui nuisent à l'image de la marque et de l'entreprise[1].

Ces documents traduisent en somme une logique commerciale archaïque dans laquelle seuls les documents extérieurs, ceux qui précèdent l'achat du produit, sont soignés. C'est sans doute parce que cette tactique a des limites lorsqu'il s'agit de s'attacher durablement une clientèle que les modes d'emploi font l'objet, dans certaines entreprises, d'un effort particulier. D'autre part, comme le rappelle Louis Timbal-Duclaux, la mauvaise rédaction de ces documents peut entraîner dans certains cas des accidents dramatiques. Il semble donc qu'à la manière des écrivains scientifiques les « communicateurs techniques » tendent à s'organiser en un nouveau métier. Une Society for Technical Communication s'est créée en 1953, avec une déontologie professionnelle de partenariat entre compétence technique et compétence communicative.

Il est possible que les stratégies de quasi-vulgarisation jouent désormais un rôle important dans la compétition commerciale. On entend les constructeurs informatiques faire leur publicité dans des termes rappelant tout à fait le modèle le plus traditionnel de la vulgarisation : nous nous mettons à la portée du client, nous parlons son langage, etc. En tout cas, le succès des logiciels présentés sous la forme d'un ensemble de métaphores iconiques correspond tout à fait à une logique de quasi-vulgarisation poussée à l'extrême,

1. Louis Timbal-Duclaux, Reconnaissance d'un métier : le communicateur technique, *Communication et langages*, n° 95, 1er trimestre 1993. Pour une analyse des modes d'emploi, cf. D. Boullier et M. Legrand (éd.), *Les mots pour le faire. Conception des modes d'emploi*, Association Descartes, 1993.

puisque dans ce cas les représentations attribuées à l'utilisateur sont intégrées dès la mise en forme du logiciel lui-même.

L'infra-vulgarisation procède, pour sa part, de l'instillation discrète des signes scientifiques. Ce domaine est infini, car il concerne tous les cadres de perception et de langage dans une société moderne. Nous nous contenterons de quelques exemples.

Les jouets sont des objets techniques. On pourrait dire d'eux ce qu'écrit Philippe Roqueplo de ces derniers : qu'ils sont des « lieux de convergence ». Une forme de division du travail, une histoire des transformations de la matière, un ensemble d'orientations pour l'usage sont inscrits dans la structure de l'objet. A ce titre, les jouets de nos enfants témoignent, par une infinité de détails, du mode de rationalité qui est le nôtre. Mais, plus particulièrement, le jouet suit de façon privilégiée l'actualité — à peine défraîchie ou à peine projetée vers l'avenir — de la technique. La mécanique du *meccano,* l'expérimentation du *petit chimiste* et l'écran animé des consoles de jeux sont comme des signes indiciels du travail scientifique. Par la pratique du jeu, c'est toute une phénoménologie de la science qui peut se construire, aussi durablement que discrètement.

Le jouet n'est d'ailleurs, à cet égard, qu'un cas particulier des objets techniques que nous avons appris à manipuler et des médiations qui nous relient au monde, lors même que nous croyons saisir la réalité brute, ou du moins recevoir le « témoignage de nos sens ». Il ne s'agit pas seulement du plus évident : l'apprentissage d'un type de logique que nous faisons en retirant des billets de banque d'un distributeur, les connaissances sommaires en électricité qu'ont dû acquérir ceux qui s'étaient éclairés à la lampe à pétrole et qui devaient désormais se méfier du « courant ». Mais d'une façon plus simple encore et plus inaperçue, s'il se peut, la sémiologie de la science est présente dans notre environnement. Les graphiques font partie du décor d'une soirée d'élections à la télévision. Le plan et la carte sont des composantes banales de l'espace urbain[1].

1. Philippe Roqueplo propose une analyse plus approfondie des effets de ces phénomènes dans *Penser la technique,* p. 71 sq.

L'architecture joue un rôle tout particulier dans cette présence ordinaire ou, pour citer Georges Pérec, « infra-ordinaire », de la science. On sait que la volonté de rendre l'espace totalement rationnel, transparent et adéquat à sa fonction a hanté le XVIIIe siècle. Une exposition récente des Beaux-Arts montrait l'ampleur de ce fantasme collectif[1]. Tout naturellement, c'est la géométrie que l'on convoque lorsqu'il s'agit de matérialiser la rationalité, puisque cette discipline symbolise parfaitement depuis les *Eléments* d'Euclide la rigueur du raisonnement (l'esprit « de géométrie »), au point d'être à l'âge classique l'un des synonymes de la science. Alors, on entreprend d'exposer la ville *more geometrico*. Louis-Nicolas Ledoux imagine la ville de Chaux à la manière d'un vaste théâtre[2] de la géométrie industrielle ; Etienne-Louis Boullée se propose de créer un cénotaphe sphérique en hommage à Newton. Il s'agit, bien sûr, moins de science que de signes de scientificité, mais on peut supposer qu'ils marquent assez fortement l'imaginaire d'une société très euclidienne pour en régir l'organisation. S'agit-il seulement des folies d'un siècle philosophique ? Mais que dire alors d'une géode par-ci, d'une pyramide par-là et de l'habitude qui s'est répandue depuis peu de construire des bâtiments qui ressemblent étrangement à leur *maillage* ?

Les signes non linguistiques ne sont pas les seuls à subir de tels réinvestissements, ou si l'on veut de tels détournements. Le discours des responsables d'entreprise a diffusé généreusement les concepts vedettes de la physique de leur jeunesse (les « masses critiques » des institutions, les « catalyseurs » d'une négociation, les « électrons libres » d'une équipe) avant de faire un profit rhétorique maximal des théories de l'information ou de la terminologie informatique (combattre l' « entropie » sociale, faire des *feed-back* réguliers avec ses collaborateurs, jouer un rôle d' « interface » avec les pouvoirs publics). C'est ici un modeste échantillon : il n'y a qu'à cueillir dans les discours des responsables d'entreprises et des cabinets de conseil.

1. Cf. Annie Jacques et Jean-Pierre Mouilleseaux, *Les architectes de la liberté*, Gallimard, coll. « Découvertes », 1989.
2. Ernesto d'Alfonso, *L'architettonica commedia secondo C. N. Ledoux*, Milano, Cooperativa libraria universitaria del politecnico, 1981.

Cette rhétorique a la triple vertu de maintenir symboliquement la distance entre ceux qui savent et ceux qui ignorent, d'apporter à des choix de gestion la caution d'une rigueur scientifique patentée, de permettre au sein des discussions les plus serrées un effet poétique un peu kitsch. Nous retrouvons ici, à peine effleurés, les charmes déjà décrits de la politique « scientifique ». Il y a des produits phares dans le hit-parade des théories à la mode, et certains politiciens, adeptes d'une gestion rationnelle, se piquent au jeu. Hervé Serieyx avait à peine signé *Le big bang de l'entreprise* que Michel Rocard annonçait un « Big bang du Parti socialiste » qui devait fortement émouvoir la presse dans les jours précédant les élections législatives de 1993.

Ce petit voyage parmi les avatars de la communication scientifique peut être éclairé par une recherche plus systématique des enjeux qui déterminent la vulgarisation, au premier rang desquels on trouve — qui en serait surpris ? — l'histoire de la science elle-même.

FIGURES DE LA SCIENCE, VISAGES DE LA VULGARISATION

Très tôt, les analystes de la vulgarisation ont observé le fait que l'entreprise vulgarisatrice ne peut se comprendre indépendamment d'un regard complémentaire sur la dynamique de la science elle-même, en particulier de ses institutions. Pour Pascale Maldidier et Luc Boltanski, la science moderne et la vulgarisation se constituent dans un même mouvement et relèvent d'une explication symétrique.

> L'autonomisation progressive du champ intellectuel et la constitution de la vulgarisation — action de diffusion visant à ouvrir le champ sur l'extérieur à mesure qu'il se referme sur lui-même — comme pratique explicitement reconnue comme telle (le terme apparaît vers le milieu du XIXe siècle) sont nécessairement concomitantes[1].

La question comporte manifestement une dimension intellectuelle. Les formes que prennent la recherche scientifique et la pro-

1. Luc Boltanski et Pascale Maldidier, Carrière scientifique, morale scientifique et vulgarisation, *Information sur les sciences sociales*, juin 1970, IX, 3, p. 100.

duction technique dans une société, le statut de ces modes de pensée au sein d'une culture sociale sont les aspects les plus évidents de cette interdépendance. On n'explique pas de la même façon l'astronomie de salon du XVIIe siècle et la physique hautement mathématisée d'aujourd'hui ; on n'écrit pas la littérature scientifique de la même façon dans une société qui méprise la technique (les « arts méchaniques ») et dans une société qui s'y réfère spontanément comme à un indice de modernité.

Toutefois, la même question peut être abordée d'un point de vue plus empirique. Les formes d'organisation sociale du monde académique, les institutions dans lesquelles la recherche est menée, la structure des systèmes d'enseignement contribuent fortement à structurer le champ des pratiques vulgarisatrices.

L'aspect le plus manifeste de cette question est celui de l'évolution des démarches scientifiques. A l'époque où Fontenelle fonde l'écriture de vulgarisation, la science n'est pas réellement une activité distincte de la culture dans son ensemble. Le langage courant doit pouvoir rendre compte de la réalité physique. Nous sommes en effet dans un système de pensée qui replie, en droit, l'un sur l'autre l'ordre du monde, l'ordre de la raison et l'ordre du langage. En fait, si le discours de vulgarisation apparaît alors, c'est qu'il devient nécessaire d'« interpréter » un discours scientifique qui peu à peu se coupe de l'expérience courante et se donne ses propres règles. Mais la distance est encore loin d'être infranchissable.

La suite de l'histoire est connue : c'est celle d'une séparation graduelle de la science et de la culture. Jean-Marc Lévy-Leblond propose de reconnaître les étapes suivantes pour cette histoire : une phase d'intégration, aux XVIe et XVIIe siècles, correspondant à un concept unique, celui de philosophie de la nature ; une phase d'alliance, au cours du XVIIIe siècle, alliance dont nous avons rencontré les marques à propos du mouvement encyclopédiste ; une phase d'éloignement progressif au cours du XIXe siècle, dans la mesure où le scientisme et le romantisme sont comme l'envers l'un de l'autre ; puis une phase contemporaine d'aliénation, où « le mouvement culturel, qu'il soit artistique, littéraire, philosophique, marque à l'égard de la science une indifférence rancunière, ponctuée d'épisodiques et dérisoires gestes de réconciliation »[1]. Cette évolution donne à coup sûr une coloration différente aux diverses initiatives : exposer dans les salons un univers à peine étranger et s'employer à mettre en culture des activités coupées de la vie intellectuelle ordinaire ne sont pas deux entreprises équivalentes.

Cela dit, les grandes étapes ici décrites d'un point de vue idéologique ont leur version épistémique. L'écart entre la culture commune et la connaissance scientifique s'est accru avec le développement des méthodes et des instruments de la science, en même temps que s'intensifiait la difficulté d'exposer des recherches d'actualité. L'histoire naturelle, telle qu'elle est copieusement décrite dans les revues anglo-saxonnes du XIXe siècle, reste une discipline largement descriptive, même si les controverses relatives à l'explication des espèces comportent un fond très abstrait. Les sciences physiques, puis les sciences biologiques, se dotent d'un appareil mathématique de plus en plus indispensable et de plus en plus complexe. Les possibilités offertes par l'informatique conduisent souvent les recherches sur le terrain de processus de simulation et de calcul très complexes.

La notion d'observation est devenue elle-même étonnamment médiatisée par des dispositifs multiples et opaques, dont l'interprétation nécessite tout un apprentissage. Allons plus loin : « voir » n'a plus le même sens aujourd'hui que pour Pline l'Ancien. Un article d'Alain Bourret et Richard Portier publié dans *La Recherche* et consacré à la microscopie électronique porte précisément sur toutes les médiations qui séparent l'objet observé de l'image qu'on peut en obtenir (y compris celles qui tiennent à la structure de la vision humaine). Commentant les images d'une structure cristalline, les auteurs précisent :

> La lecture directe des images est parfois dangereuse. En effet, le lien entre l'image observée, qui est une projection de la structure, et la structure elle-même, c'est-à-dire l'ensemble des emplacements atomiques, n'est pas linéaire. Il est même si

1. Jean-Marc Lévy-Leblond, La science : où la culture ?, *L'esprit de sel*, Editions du Seuil, coll. « Points », 1984, p. 89.

complexe qu'il s'avère impossible de déduire directement l'emplacement des colonnes d'atomes à partir des images. Aussi, pour extraire l'information obtenue sur les clichés, doit-on procéder à tâtons en s'aidant de l'ordinateur[1].

A ce stade de la recherche, montrer la science au public ne peut plus se concevoir sans une initiation aux modes de représentation construits par les chercheurs eux-mêmes. Avant d'être théorique, la distance est déjà phénoménologique ; ou, plus exactement, il est devenu impossible de nier que voir est un acte théorique (ce que nous indiquait déjà l'étymologie). Cette fois-ci, on ne s'en tire pas avec le spectacle de la nature[2].

Dans le même mouvement, la science contemporaine s'est éloignée peu à peu dans ses hypothèses des évidences sur lesquelles repose la culture héritée d'Aristote en matière de représentation du monde. La logique du tiers exclu, la chimie des corps simples, la physique déterministe ont abouti à des difficultés et à des paradoxes[3]. L'élaboration de généralisations audacieuses éloigne peu à peu les objets du raisonnement scientifique de l'apparente évidence commune : Bachelard parlait déjà en 1934 de « la valeur dilemmatique des nouvelles doctrines comme la géométrie non euclidienne, la mesure non archimédienne, la mécanique non newtonienne », et évoquait plus généralement une « épistémologie non cartésienne »[4]. Etablir un lien entre ce type de théories et les représentations sociales sans en trahir profondément la nature est un défi considérable. Sans occulter les

1. Alain Bourret et Richard Portier, Voir les atomes, *La Recherche,* n° 144, mai 1983, p. 659. On notera que l'exemple montre que le référent ne peut être pensé sans une médiation par le signe iconique, qui se voit ici en quelque sorte, dans la terminologie de Peirce, arraché à son statut d'indice pour devenir un symbole.
2. Ian Hacking montre à quel point la notion de « vision » a pu être étendue dans la science contemporaine : parler de voir des mésons, prétendre voir l'intérieur d'une étoile à l'aide des neutrinos instaure une discussion méthodologique complexe. De même, la question de savoir si l'on voit réellement avec les microscopes, dans la mesure où ce qu'on y recueille est la carte des interactions entre le spécimen et le rayonnement produisant l'image, suppose tout un raisonnement. Hacking tranche la question pour sa part de façon affirmative : son argument passe par l'analyse des principes physiques différents sur lesquels reposent les divers instruments (*op. cit.,* p. 303 sq.).
3. René Lenoir, Une science pour les hommes de ce temps, *L'homme en danger de science ?,* numéro spécial du *Monde diplomatique,* Manière de voir n° 15, mai 1992.
4. *Le nouvel esprit scientifique,* Presses Universitaires de France, 1971, p. 11.

effets de la sociologie, il ne faut pas sous-estimer, lorsqu'on compare la diffusion des connaissances d'une discipline à l'autre, le rôle spécifique de la nature des savoirs concernés.

La vulgarisation ne se rattache toutefois pas seulement aux évolutions des pratiques opératoires de la recherche et à celles, parallèles, de la conceptualisation et des signes qui l'expriment ; elle tire une part de sa physionomie du statut culturel de la science et des philosophies (explicites et spontanées) que revendiquent les savants.

En particulier, le type de publicité que peut connaître la science est très lié aux convictions dominantes d'une culture. On lit dans le livre de Daniel Boorstin ces quelques lignes révélatrices d'une opposition assez forte entre deux types de relation de la culture sociale à la science, l'une quasi religieuse, l'autre presque iconoclaste. « Les “lumières”, écrit Daniel Boorstin, qui avaient prétendu délivrer les hommes des superstitions et des dogmes de l'autorité ancienne, et d'une pensée fossilisée, eurent bientôt acquis une bonne part de la raideur et de l'autodidactisme de l'ordre qu'elles se proposaient de combattre. »[1] Il ajoute, non sans un parti pris qui témoigne de sa sympathie pour l'esprit américain[2] : « Le nouveau rationalisme — dont les Européens affirmaient fièrement qu'il était leur nouvelle liberté — n'était autre chose que l'antique asservissement des hommes aux dogmes. » En tout cas, le XIXe siècle est marqué en France par un procès manifeste d'autonomisation et de formalisation des profils, activités et institutions de la science, dans le droit fil de la défense résolue des académies par Condorcet. L'idéologie sur laquelle se constitue la société américaine est à l'opposé de ce processus. Inscrite dans une tradition protestante, « la vie américaine ne tarda pas à susciter un climat défavorable à l'existence de toute espèce de classe de “spécialistes du savoir” », phénomène qui ne peut être que renforcé par l'utilitarisme qui pèse lourdement sur l'évaluation de la science. La très légitime philosophie de William James repose sur la conviction que

1. Daniel Boorstin, *op. cit.*, vol. I, p. 156.
2. Daniel Boorstin n'omet pas toutefois d'exposer, à propos de la figure emblématique de Benjamin Franklin, les limites d'une conception hyperempiriste de la science (*op. cit.*, p. 250 sq.).

« la possession de la vérité, bien loin d'être une fin en soi, n'est qu'un moyen préalable dont il faut disposer pour satisfaire des besoins différents, vitaux »[1] : c'est, selon la formule de Boorstin, « une façon de penser où s'insinuait le soupçon que le penseur professionnel ne pensait pas mieux que les autres ». Inutile de préciser que dans un univers pénétré de telles convictions l'exercice de la philosophie avait tous les caractères de l'obscénité ; mais même la méthode scientifique risquait de se dissoudre dans l'observation et la manipulation aveugles.

Dans un tel cadre intellectuel, l'idée de vulgarisation n'a sans doute guère de sens, si l'on entend par « vulgarisation » un discours qui se propose de rendre compte de la pratique des savants. Nous sommes dans la logique, non du « détournement d'itinéraire » critiqué par Philippe Roqueplo, mais bien au contraire du raccourci permanent. L'idée d'une science populaire est profondément distincte de celle de la vulgarisation telle qu'elle a pu se développer en France. Particulièrement conformes à la conception anglo-saxonne du savoir, les livres d'histoire naturelle estompent la frontière entre l'homme de science et son public plus qu'elles ne la dessinent. « En dépit d'un mot latin par ici, d'une référence savante par là [les livres des naturalistes] étaient vraiment intelligibles pour quiconque avait des yeux, des oreilles et quelque curiosité d'esprit. »[2]

Cet exemple, dans lequel les confusions analysées à propos du *Spectacle de la nature* se donnent libre cours, n'est peut-être que la radicalisation d'une tendance culturelle plus profonde. C'est ce que donne à penser une étude de William L. Bird consacrée à l'analyse de l'énigmatique legs fait en 1826 par James Smithson pour fonder à Washington une institution destinée à « augmenter et diffuser la connaissance parmi les hommes »[3]. Il est probable en effet que, même si les scientifiques professionnels ont pu, une vingtaine d'années plus tard, interpréter cette expression dans le sens de leur inté-

1. Cité par Daniel Boorstin, *op. cit.,* vol. I, p. 157.
2. *Ibid.*, p. 174.
3. « For the increase and diffusion of knowledge among men », cité par William L. Bird, A suggestion concerning James Smithson's concept of « increase and diffusion », *Technology and Culture,* avril 1983, vol. 24, n° 2, p. 246-255.

rêt en créant, sous le nom de « Smithsonian Institution », une société savante, le projet initial était marqué par une sorte de populisme scientifique radical, en accord avec l'esprit des *mechanical institutions* et autres sociétés de diffusion d'une *useful knowledge* qui avaient fleuri en Angleterre puis en Amérique vers le premier quart du siècle. Cette conception de la science populaire se comprend comme la conséquence d'une idéologie « atomistique », sorte de radicalisation du principe de l'égalité des individus.

> La croyance dans la validité de l'observation et de la découverte populaires s'imbriquait avec la philosophie sociale atomistique à laquelle les réformateurs souscrivaient, écrit William Bird en commentant cette idéologie[1]. Cette philosophie atomistique soutenait que le progrès social était directement proportionnel à l'amélioration individuelle. L'éducation, en développant la capacité d'observation et d'investigation d'un individu, rehausserait son potentiel humain aussi bien qu'elle augmenterait la probabilité qu'une découverte contribue à une augmentation de la connaissance.

Un article de l'un des militants de ce courant de pensée, cité par le même auteur, expose de la façon la plus directe la conception de la science qui sous-tend une telle idéologie, dans un mélange curieux d'empirisme et de populisme.

> Comme la science est principalement fondée sur des faits, plus le nombre de personnes engagées dans leur observation, avec l'intention d'établir des principes scientifiques, sera grand, plus nous pouvons nous attendre à voir augmenter le nombre de tels faits, desquels des conclusions nouvelles et importantes pourront être tirées[2].

On pourrait dire que dans une telle perspective la science n'a pas à être divulguée, mais plutôt répandue. Il s'agit que chaque

1. « The belief in the validity of popular observation and discovery neatly fitted the atomistic philosophy of society to which reformers subscribed. This atomistic philosophy held social progress to be directly proportional to individual improvement. Education, by enlarging an individual's capacity for observation and discovery, would enhance his human potential as well as improve the chance that discovery would contribute to an increase of knowledge » (*ibid.*, p. 249).
2. « As science is chiefly founded on facts, in proportion of the number of persons engaged in the observation of them, with a view to establish scientific principles, in a similar proportion might we expect that the number of such facts would be increased, from which new and important conclusions might be deduced » (Thomas Dick, *Monthly Magazine,* 1er septembre 1814, cité par William L. Bird, *op. cit.*).

homme du peuple reconnaisse sa propre aptitude scientifique et se sente engagé à la cultiver.

Pour mesurer la distance qui sépare cette conception de la « science populaire » de celle qui va prévaloir en France au XIXe siècle, il n'est que de comparer, comme le fait Susan Sheets-Pyenson, la production de vulgarisation à Londres et à Paris au milieu du XIXe siècle[1]. Par-delà le mouvement commun à Paris et à Londres pour une science plus populaire, on voit s'opposer deux logiques : une large diffusion de la science officielle triomphe peu à peu à Paris, un effort pour créer une science d'origine et d'essence populaires, plutôt polémique pour la science établie, prévaut à Londres[2]. La formule éditoriale et les contenus de connaissance sont tributaires de ces deux philosophies différentes ; il n'est pas jusqu'au profil des éditeurs et des auteurs qui n'en soit affecté. Allant jusqu'au bout de cette logique, certains périodiques anglais proposent une confusion sidérante entre l'ordre social et celui de la connaissance. Ils militent en fait pour une sorte de démocratie de la pensée, dans laquelle l'ignorant aurait les mêmes droits que le chercheur, au nom de l'égalité naturelle des esprits. L'un des *Mechanics Magazines* qui composent une part importante de cette littérature déclare par exemple :

> Toute personne doit avoir des pensées justes ou fausses, et il n'y a aucune raison pour qu'un terrassier ou un éboueur n'ait pas des opinions et des connaissances aussi correctes qu'un prince ou un gentilhomme. Les travailleurs et les travailleuses ont naturellement les mêmes esprits et les mêmes âmes que les lords, les ladies ou les reines... Si l'on avait pu analyser ou couper en morceaux l'âme de Lord Bacon, ou de Sir Isaac Newton, et celle d'un ramoneur, on aurait trouvé que les unes et les autres étaient faites de la même matière divine[3].

1. Susan Sheets-Pyenson, Popular science periodicals in Paris and London : the emergence of a low scientific culture, 1820-1875, *Annals of Science,* 42, 1985.
2. Il ne faut sans doute pas figer à l'excès cette opposition. Une étude historique approfondie des rapports entre science populaire et science officielle reste largement à faire.
3. « Every person must have right or wrong thoughts, and there is no reason why a hedger and ditcher, or a scavenger, should not have as correct opinions as a prince or a nobleman. Working men and working women have naturally the same minds or souls as lords, ladies or queens... If any one could have analysed or cut to pieces the soul of lord Bacon, or Sir Isaac Newton, and that of a chimney-sweeper, it could have been found that both were made of the same divine material » *(Working man's friend and family instructor,* 1 (1850), p. 33, cité par Susan Sheets-Pyenson, *op. cit.).*

L'image quasiment surréaliste dans laquelle on dépèce fictivement deux personnages (présentés sous leur double identité d'aristocrates et de savants) dit bien à quels extrêmes peut aboutir la confusion des genres dans une telle perspective. Aussi bien sera-t-on porté à éditer, sans réelle critique, les trouvailles des scientifiques amateurs recrutés dans le public, plutôt qu'à mettre en scène le travail des savants.

En regard de ce spontanéisme épistémologique, la vulgarisation française se pose comme l'entreprise de médiation que nous avons déjà pu décrire. Mettant l'accent sur la théâtralisation d'un drame de la science[1], elle s'organise comme un corps de médiateurs transmettant les « connaissances utiles » et remarquant les hauts faits d'une pratique qui doit rester un modèle à la fois admirable et inaccessible. Il est sans doute inutile de s'étendre sur ce sujet bien connu.

On peut dire plus généralement qu'au XIXe siècle les cultures nationales tendent à placer la science sous une lumière spécifique. De ce point de vue, la culture traditionnelle de l'Université allemande n'a sans doute pas été sans donner une coloration particulière aux entreprises qui ont vu le jour outre-Rhin au siècle dernier, coloration à la fois distincte de l'empirisme radical qui prévalait en Angleterre et en Amérique, et de l'admiration de la technicité et du formalisme des sciences exactes qui appartient à la tradition française. Le *Cosmos* d'Alexandre von Humboldt donne le ton d'une interprétation philosophique de la science, sorte de vulgarisation élevée pour le lecteur prêt à fournir un effort de spéculation, que ne démentira pas comme on l'a déjà vu l'œuvre d'Ernst Häckel, inscrite dans une tradition que respectent tout aussi bien un Buchner ou un Helmholtz[2]. Ce tour spé-

1. Augustin Baudoz, militant de l'encyclopédisme, présente la science comme un drame, une lutte de l'homme contre la nature, « histoire dramatique des tâtonnements et des essais qu'il a fallu accumuler, des efforts tentés et des obstacles vaincus » (*Projet d'une encyclopédie populaire,* 1860, cité par Daniel Raichvarg et Jean Jacques, *op. cit.*).
2. Ce mouvement est décrit avec précision par l'article de Kurt Bayertz, Spreading the spirit of science, social determinants of the popularization of science in the nineteenth century Germany, *in* T. Shinn et R. Whitley (éd.), *Expository science : forms and functions of popularization,* Reidel, 1985. L'une des idées essentielles de cette analyse, distincte de celle ici étudiée, consiste à montrer les intérêts professionnels liés au développement de la vulgarisation en Allemagne, trait probablement transversal (sous des formes très diverses) aux différentes cultures nationales.

culatif de l'écriture scientifique allemande n'est sans doute pas sans rapport avec le prestige dont jouissait, dans l'Allemagne du XIXe siècle naissant, la culture littéraire et philosophique.

> Nombre de savants devinrent convaincus, écrit Kurt Bayertz, de ce que la vulgarisation ne pouvait pas se limiter à la communication de simples faits ou théorèmes, car cela aurait créé l'impression que le rôle de la science pour le progrès culturel se cantonnait à l'apport de nouveaux faits au capital déjà existant de la connaissance. Ils soulignèrent que la raison d'être de la vulgarisation était de communiquer le mode de pensée particulier et les buts des sciences[1].

Il ne faudrait pas donner à ces analyses, qui ne font qu'inaugurer des recherches comparatives encore à réaliser, un statut de généralité excessif. Diverses conceptions de la vulgarisation coexistent dans un même moment historique et un même cadre national[2]. Il s'agit plutôt d'identifier des tendances dominantes qui témoignent du poids d'une histoire culturelle différente. On peut dire des différentes traditions évoquées ici qu'elles retiennent plus volontiers certains des termes du débat théorique que nous avons pu parcourir précédemment. En tout cas, ces diverses manières d'écrire la science contribuent à la richesse des cultures.

Il faut, pour éclairer ces premiers constats, élargir l'analyse en considérant les évolutions des institutions scientifiques.

La vulgarisation s'est souvent développée comme un complément ou un contrepoint à l'enseignement officiel. Dans sa période de grand essor en France, dans les années 1850-1890, la presse de vulgarisation est très largement pénétrée du même idéal que celui

1. « A number of scientists became convinced that popularization could not be limited to the communication of single facts or theorems since this would create the impression that the significance of the science for cultural progress lay only in its adding new facts to the already existing fund of knowledge. They emphatised that the goals of popularization was the communication of the particular mode of thought and of the goals of the sciences » (Kurt Bayertz, *op. cit.*, p. 216).
2. Les études publiées dans le n° 65 de *Romantisme* (1989) montrent en particulier la diversité des positions adoptées par les vulgarisateurs par rapport à l'opposition : science académique / science populaire, en France même. Selon Bernadette Bensaude-Vincent, le succès de Camille Flammarion tient beaucoup à la position médiane — on pourrait dire : ambiguë — qu'il a peu à peu définie. Pour un regard sur la diversité des situations de la culture scientifique dans l'Europe actuelle, lire J.-M. Lévy-Leblond (éd.), Science et culture en Europe, *Alliage,* n° 16-17, été-automne 1993.

des militants de l'enseignement laïc obligatoire : confiance dans le progrès, volonté d'élever le peuple pour former de vrais citoyens, détermination pour donner à la culture scientifique et technique une place qu'elle n'a pas encore. Les rencontres sont innombrables. Jean Macé, fondateur en 1866 de la Ligue de l'enseignement, est aussi l'auteur de livres à grand succès comme *L'histoire d'une bouchée de pain* ou *L'arithmétique de grand-papa* ; il appartient également à l'équipe qui fonde avec Hetzel en 1864 l'une des très grandes collections de livres de science, « Le Magasin d'éducation et de récréation ». A côté de lui, on trouve par exemple Camille Flammarion, président du cercle parisien de la Ligue de l'enseignement, dont les ouvrages feront les beaux jours des distributions de prix des écoles de la République[1]. Un autre vulgarisateur de la même époque, Wilfrid de Fonvielle, résume assez bien cette profonde intimité de deux entreprises portées par un même mouvement historique :

> Nous avons hautement rendu hommage à la sagesse des hommes d'Etat qui veulent rendre l'instruction obligatoire, écrit-il[2] ; mais que ne faut-il dire à la louange des éditeurs et des hommes de lettres qui, plus puissants encore que le ministère, cherchent à rendre le savoir attrayant ?

Bien entendu, cette solidarité entre enseignement et vulgarisation, ici évoquée dans une forme historique particulière, n'est ni systématique ni dépourvue d'ambiguïté. Par plusieurs de ses traits structurels, la vulgarisation a en effet vocation à constituer un anti-modèle, plus ou moins polémique, pour l'enseignement institutionnalisé. Elle s'autorise moins de la nécessité que du plaisir ; elle prétend aller vers l'ignorant plutôt que de lui demander de venir à la connaissance ; elle privilégie le concret, l'utile, l'attrayant ; elle n'impose aucun contrôle des savoirs et n'institue nul classement. Aussi bien la vulgarisation peut-elle être rapprochée des formes multiples de l'enseignement informel ; aussi bien a-t-elle pu être la tribune d'une pédagogie alternative ; aussi bien a-t-elle pu se vendre en se proposant, selon la for-

1. Raymond Queneau nomme ce dernier, par exemple, en parallèle avec Victor Hugo, comme emblème de la culture scientifique élémentaire, populaire et républicaine (*Traité des vertus démocratiques,* Gallimard, 1993, p. 109).
2. Cité par Bruno Béguet, *La science pour tous, 1850-1914,* Bibliothèque du CNAM, 1990, p. 6.

mule très célèbre de François de Closets, de prendre en charge les « mutilés de l'enseignement secondaire »[1]. Ce n'est sans doute pas un hasard si le récit vulgarisateur affectionne les vacances, les récréations, les personnalités marginales du monde scolaire[2].

Il serait donc téméraire de généraliser tant soit peu ce lien dont la nature varie considérablement avec l'histoire. En revanche, il est toujours nécessaire de prendre en compte l'organisation effective de l'institution scolaire pour définir, de façon complémentaire ou concurrentielle, le statut de la vulgarisation. Le mouvement d'enseignement mutuel américain, initié par Josiah Holbrook au début du XIXe siècle, débouche sur la création des *lyceums*, dont la mission est d'une très grande globalité, à la différence de la division du travail qui caractérise les systèmes contemporains de formation et d'éducation. On y vise l'éducation mais aussi l'amélioration de la conversation et le choix de distractions élevées[3]. Au fil du siècle, les institutions éducatives vont prendre en charge, selon des modalités diverses, une culture scientifique et technique de base et décharger la vulgarisation de cette mission. De la même façon, le développement de la vulgarisation au Québec est très fortement lié à l'histoire de l'enseignement scientifique dans ce pays[4]. Au XIXe siècle, en effet, l'enseignement scientifique et technique n'est à peu près pas développé : dans une telle situation, les premières initiatives de conférences et de publications sont très marquées par une culture mondaine, aristocratique, consacrée à une forme élégante de diffusion des connaissances, la culture de l' « amateur de sciences ». Il faut attendre le premier quart du XXe siècle pour que la distinction entre enseignement et vulgarisation prenne un sens plein. La création d'un véritable enseignement scientifique au début du XXe siècle, le développement d'écoles techniques, l'ouverture

1. Déclaration de François de Closets dans un débat en 1972, citée par Philippe Roqueplo, *Le partage du savoir*, Editions du Seuil, 1974, p. 71.
2. Daniel Raichvarg et Jean Jacques, *op. cit.*
3. Daniel Boorstin, *op. cit.*, t. 2, p. 369.
4. Paul Carle et Jean-Claude Guédon, Vulgarisation et développement des sciences et des techniques : le cas du Québec (1850-1950), *in* D. Jacobi et B. Schiele (éd.), *Vulgariser la science : le procès de l'ignorance.*

d'une faculté des sciences à Montréal conduiront les vulgarisateurs à définir autrement leur place dans un champ de diffusion des connaissances désormais complexe. Les courants les plus importants de la vulgarisation québécoise auront dès lors à choisir entre une politique de valorisation de la recherche scientifique et de prosélytisme, représentée de façon emblématique par Marie-Victorin, et une version davantage orientée vers l'éducation populaire militante.

Il y a lieu de distinguer avant tout les situations dans lesquelles la vulgarisation joue un rôle constitutif pour la culture scientifique commune de celles dans lesquelles elle complète un enseignement élémentaire assuré par les institutions éducatives. Par exemple, dans toute l'Europe occidentale, les associations éducatives, les conférences qu'elles organisaient, les revues qu'elles suscitaient, ont contribué pleinement à la création d'une culture scientifique et technique moyenne chez les agriculteurs, petits industriels et commerçants, avant que la formation de ces acteurs soit prise en compte par les structures éducatives. En effet, le développement d'un enseignement supérieur technique prestigieux s'accompagnait d'une carence évidente dans la formation de techniciens de base[1]. Comme l'écrit Bertrand Gille[2] à propos du XIXe siècle, « la diffusion d'une science et d'une technique accessibles à un public déjà doté d'un savoir primaire a eu une importance fondamentale dans l'invention technique ». C'est dans ce contexte marqué à la fois par l'existence d'une classe ayant reçu une éducation élémentaire (en particulier grâce à l'émergence d'un public alphabétisé) et par l'absence d'éducation technique organisée que peut se comprendre tout un courant de littérature technique à orientation clairement pratique. Le mouvement s'en amorce en France au XVIIIe siècle. S'y rattachent par exemple le *Mechanics Magazine* créé à Londres en 1823 et les « Mechanics institutes » qui se multiplient aux Etats-Unis et au Québec.

L'exemple des pays socialistes présente une autre configuration de cette même question. Jozef Hurwic expose dans une conférence

1. Antoine Prost, *Histoire de l'enseignement en France*, Armand Colin, 1968, p. 299 sq.
2. *Histoire des techniques*, Gallimard, « Encyclopédie de la Pléiade », 1978, p. 779.

déjà citée les mutations que le dispositif de vulgarisation scientifique a pu connaître récemment dans un pays comme la Pologne. Selon lui, les universités populaires et les publications de vulgarisation ont d'abord joué un rôle de substitut par rapport aux insuffisances d'un système éducatif. Leur objectif était dans l'entre-deux-guerres de « donner aux travailleurs adultes une éducation primaire et secondaire, inaccessible pendant leur jeunesse »[1]. De ce point de vue, l'évolution du système éducatif a poussé à élaborer de nouvelles justifications de l'entreprise vulgarisatrice. Le passage de la substitution à la complémentarité s'exprime de diverses façons.

> Le progrès rapide de la science crée une situation dans laquelle chaque préparation au travail, donnée par les écoles, s'avère périmée et ne peut être considérée comme suffisante :

c'est l'argument de la remise à jour permanente des connaissances.

> Dans notre régime, le perfectionnement est une condition indispensable de l'avancement professionnel et social :

c'est la fonction de promotion individuelle par l'autodidactisme.

> La vulgarisation est destinée aussi bien aux jeunes qu'aux adultes, aussi bien aux hommes n'ayant pas fait d'études primaires qu'à ceux qui ont atteint les sommets intellectuels, et veulent approfondir leurs connaissances en dehors de leur spécialité, ce qui est particulièrement important à l'époque d'une spécialisation très poussée :

il s'agit ici de rendre une cohérence culturelle à une société dont l'enseignement s'est développé en entraînant des clivages. On voit bien comment l'idéal de Condorcet, de fournir une éducation à tous les citoyens, se divise en un ensemble de projets complémentaires et en partie concurrents. Jean-Marie Albertini et Claire Belisle mettent pour leur part en rapport les effets de la vulgarisation avec les évolutions qui affectent les modalités du travail en entreprise. Les exécutants sont confrontés à des systèmes automatiques dont ils doivent comprendre très globalement le fonc-

1. Josef Hurwic, Les méthodes de vulgarisation scientifique dans les pays de l'Est, Académie polonaise des sciences, Centre scientifique à Paris, *Conférences,* fasc. 22, 1961, p. 7. Les articles de la revue *Alliage,* n° 16-17, permettent de compléter et de nuancer cette analyse de la situation des pays d'Europe centrale.

tionnement ; les cadres interviennent dans les processus associant des spécialistes de disciplines diverses. Dans un cas comme dans l'autre, une représentation globale de certains domaines scientifiques et techniques nouveaux est nécessaire, sans qu'une démarche proprement didactique soit requise.

> Cela ne relève pas de la transmission d'un savoir scientifique, avec les transpositions pédagogiques nécessaires, mais de la création d'un imaginaire scientifique et technique, d'un système de représentations efficace[1].

Si cette logique s'affirme, la vulgarisation sera conduite de plus en plus ouvertement à occuper une place quasi institutionnelle spécifique dans la formation, à côté de la formation initiale et de la formation continue.

Même si l'enseignement scientifique est la réalité la plus évidente qui entre en interaction avec le champ de la vulgarisation, il serait très réducteur de ne considérer que la problématique pédagogique dans l'analyse des liens entre vulgarisation et institution scientifique.

La vulgarisation joue un rôle important dans la dynamique de la recherche scientifique et dans la validation des résultats de la science. La vulgarisation pèse dans les affrontements qui se déroulent au sein de la communauté scientifique et joue un rôle dans la promotion des entreprises scientifiques. Les occasions dans lesquelles la presse de vulgarisation a été conduite à intervenir dans des controverses scientifiques sont innombrables. Les vulgarisateurs français prennent très majoritairement le parti de Pouchet contre Pasteur au sein de la controverse sur la génération spontanée ; d'ailleurs, choisissant de faire une grande conférence publique en Sorbonne en 1864, Pasteur montre la conscience qu'il a du rôle que la vulgarisation joue dans le débat. L'argumentation de Pasteur tisse harmonieusement les démonstrations proprement physiques et les évocations rhétoriques[2]. Louis Figuier combat le darwinisme

1. Claire Belisle et Jean-Marie Albertini, Les fonctions de la vulgarisation scientifique et technique, *in* D. Jacobi et B. Schiele (éd.), *Vulgariser la science, le procès de l'ignorance*, p. 230.
2. John Farley et Gerald L. Geison, Le débat entre Pasteur et Pouchet : science, politique et génération spontanée au XIXe siècle en France, *in* M. Callon et B. Latour (éd.), *La science telle qu'elle se fait*, La Découverte, 1990.

— qui connaît plusieurs empoignades publiques sur lesquelles il n'est pas nécessaire de revenir —, tandis que Häckel s'en fait le promoteur jusqu'à en gauchir tout à fait le sens. Plus près de nous, et pour nous en tenir à un exemple significatif, le *New York Times* et le *Chicago Tribune,* consacrant leur une à la sociobiologie, contribuent de façon non négligeable à ce que cette nouvelle théorie soit regardée comme une révolution scientifique[1]. Sans doute l'intervention des médias dans le processus de consécration des théories scientifiques — fustigée par Pierre Bourdieu sous le nom d' « essayisme » en ce qui concerne les sciences humaines — est-elle la radicalisation d'un processus assez ancien. La reconnaissance, voire l'impulsion d'un courant de recherche scientifique par des instances médiatiques ou commerciales est un fait préoccupant de notre époque ; mais il y a fort longtemps que les scientifiques ont eu à communiquer pour recevoir les soutiens nécessaires à leur survie.

Nous touchons ici à une série d'enjeux liés à la configuration et à l'influence de la communauté scientifique. Certains chercheurs font état du rôle que jouent les initiatives de communication pour influencer les décideurs, allant jusqu'à déclarer, comme un physicien cité par Luc Boltanski et Pascale Maldidier, que, s'il parlait à la radio, « cela ne viserait pas le pauvre téléspectateur mais l'inspecteur des finances »[2]. D'autres évoquent, comme l'ont fait les promoteurs du Palais de la Découverte, le souci de créer des vocations scientifiques et de recruter de jeunes chercheurs. A ces préoccupations « exotériques » viennent s'associer les soucis de légitimité au sein même de la communauté scientifique, qui comme on l'a vu ne sont pas tout à fait coupés du rayonnement social de tel ou tel acteur : faire une campagne de communication permet à un organisme de recherche de voir son activité reconnue par rapport à celle d'autres institutions, voire même de s'emparer d'un domaine scien-

1. Dominique Lecourt, *L'Amérique entre la Bible et Darwin,* p. 124.
2. Luc Boltanski, Pascale Maldidier, Carrière scientifique, morale scientifique et vulgarisation, *Information sur les sciences sociales,* juin 1970, IX, 3, p. 10.

tifique traditionnellement associé à d'autres équipes[1]. Ecrire un article de synthèse dans *La Recherche* est l'occasion pour un chercheur de faire reconnaître ses résultats comme un acquis de référence, tout en situant l'activité de son équipe par rapport à d'autres recherches associées ou concurrentes : c'est à ce titre que la vulgarisation mérite d'être analysée comme l'un des constituants d'une sociodiffusion de la science et, de ce point de vue, la vulgarisation appartient à la dynamique du champ scientifique.

Bruno Latour expose par exemple à propos des projets de Joliot Curie dans les années quarante le jeu complexe de « liens », certains internes à la communauté scientifique, d'autres tendus vers les milieux politiques et économiques, d'autres enfin tissés avec le public non spécialiste, qui sont tout aussi nécessaires les uns que les autres pour qu'un projet scientifique de grande ampleur puisse aboutir. S'opposant aux lectures idéalistes de l'histoire des sciences, Bruno Latour regarde, dans une perspective voisine à celle déjà évoquée de Daniel Jacobi, l'ensemble des pratiques de communication du scientifique comme des contributions nécessaires à son entreprise.

> Les chaînes successives de traduction accrochent, à une extrémité, des ressources exotériques (qui ressemblent davantage à ce que nous lisons dans notre journal du matin) et, à l'autre, des ressources ésotériques (qui ressemblent davantage à ce que nous lisons dans les manuels de classe préparatoire)[2].

Parmi les opérations reconnues par Bruno Latour figure, au-delà des alliances nécessaires avec les industriels, les hauts fonctionnaires et les collègues scientifiques, la représentation sociale des recherches, apte à véhiculer une épistémologie spontanée, à assurer la réception des théories.

Le statut d'une telle communication exotérique aux yeux des

1. A propos de campagne de promotion de l'INSERM, en 1983, « lieu essentiellement légitime de la recherche médicale, et ceci à l'encontre de « rivaux » scientifiques du CNRS et des universités œuvrant sur des créneaux similaires », Pierre Fayard écrit par exemple : « L'institut a défini ses frontières et protégé son espace, au risque de réaliser une OPA dans les représentations sociales, et de pratiquer (ou préparer ?) ainsi une extension de compétences » (*La communication scientifique publique,* Chronique sociale, 1988, p. 61).
2. Bruno Latour, Joliot : l'histoire et la physique mêlées, in *Eléments d'histoire des sciences,* p. 500.

scientifiques est très complexe. La communauté scientifique paraît de prime abord partager la méfiance de Bacon vis-à-vis d'une extension du débat en dehors des sphères que contrôlent les instances officielles de la science. Les règles de la communauté scientifique telles qu'elles sont exprimées dans le *Novum Organum,* sous une forme assez durable pour se retrouver, presque inchangées, dans la sociologie de Merton, conjuguent habilement une exigence de diffusion et un impératif de restriction des publics. Un disciple de Bacon comme Hooke ira jusqu'à faire l'éloge d'une forme de *secrecy,* nécessaire selon lui à conférer au débat scientifique une réelle rationalité : la république des savants est d'essence aristocratique. Un pas de plus, et on pourra regarder la diffusion comme une pratique infamante pour le chercheur scientifique. René Royer observait déjà ce phénomène :

> Si par hasard, écrivait-il[1], un spécialiste entreprend un tel travail [de vulgarisation], il est taxé sévèrement. On n'aime guère ce technicien qui joue au poète, au philosophe ou au littérateur. Et si on lui pardonne sa faiblesse, c'est à cause de sa gloire dans le milieu.

Les jugements des scientifiques allant dans ce sens ne sont en effet pas rares. Parmi les propos rapportés par Daniel Kunth dans son étude sur la vulgarisation au sein du CNRS[2], on lit des déclarations comme les suivantes : « S'il vulgarise, c'est qu'il est mal dans sa peau de chercheur », ou : « C'est plus facile que le travail de paillasse, vulgariser, c'est tomber dans la facilité », ou encore : « C'est une forme de détournement du métier de chercheur. » Ces jugements sont sans doute à mettre en rapport avec le fait, souligné par le même rapport, que la vulgarisation n'est pas prise en compte dans la carrière des chercheurs. Certaines des personnes interviewées vont même plus loin. « J'ai failli ne pas entrer au CNRS parce que je faisais trop de vulgarisation »[3], déclare un chercheur ; on lit également dans les propos rapportés par Daniel Kunth : « Des victimes de la vulgarisation, on en connaît. »

Même si les opinions ici mentionnées ne peuvent être généralisées,

1. René Royer, Spécialisation et culture, in *Savoir et vulgarisation,* Recherches et débats du centre catholique des intellectuels français, cahier n° 39, Fayard, 1962, p. 50.
2. Daniel Kunth, *op. cit.,* p. 42.
3. *Ibid.,* p. 44.

la vulgarisation est le plus souvent décrite par les scientifiques en termes négatifs ou dépendants par rapport à la communication dite « primaire », aux *peer-reviewed journals*. Toutefois, les sociologues ont repéré un paradoxe dans une telle situation. On pourrait s'attendre en effet, dans ces conditions, à ce que la vulgarisation soit pratiquée par des chercheurs d'un niveau assez modeste ou qu'elle soit restée, comme elle l'était au XIXe siècle, essentiellement une affaire de journalistes. Les diverses enquêtes s'accordent à montrer le contraire. Pascale Maldidier et Luc Boltanski formulaient ce paradoxe, en rendant compte d'une enquête réalisée en 1967 auprès de 200 scientifiques. D'un côté, « pour les scientifiques, la vulgarisation ne peut avoir de définition que négative, comme si elle constituait une activité marginale et négligeable, ne possédant pas de statut nettement défini dans la communauté scientifique » ; de l'autre, il est patent que les acteurs les plus impliqués dans la vulgarisation sont ceux qui sont situés « au centre du champ intellectuel » de leur discipline. Cette tension ne cesse d'être confirmée depuis lors. En 1992, le rapport cité plus haut enregistrait le caractère légitime, dans les faits, de la vulgarisation, en montrant que la rédaction d'articles de ce type croît avec le niveau institutionnel du chercheur (les directeurs de recherche vulgarisent davantage que les chargés de recherche, par exemple), mais aussi que, contrairement à ce que laissaient entendre certains jugements critiques cités plus haut, le fait de publier beaucoup d'articles dans des revues « primaires » est loin d'être incompatible avec une importante activité de vulgarisation.

> C'est parmi les rares chercheurs qui publient plus de onze articles par an (75 dans notre échantillon) que nous retrouvons davantage d'actions de vulgarisation (27 % des réponses), remarque Daniel Kunth[1]. Cette catégorie de chercheurs se compose de nombreux chercheurs de catégorie directeur de recherche.

La première interprétation du paradoxe consiste à le rapprocher de la tension entre autonomie et implication sociale qu'a sans doute toujours connue l'activité scientifique et qui tend aujourd'hui à devenir spectaculaire. La problématique n'est d'ailleurs sans doute pas très différente de celle que manifeste la « République des lettres ».

1. *Op. cit.*, p. 21.

L'analyse de la constitution des institutions scientifiques en Angleterre nous confronte sans cesse à cette tension. Pour développer sa propre éthique et sa propre rationalité, la communauté scientifique doit se doter de structures spécifiques de validation des idées et de reconnaissance des acteurs. Mais elle ne peut établir ces structures ni disposer de la légitimité nécessaire pour les faire fonctionner sans un rayonnement suffisant auprès des forces sociales qui contrôlent les pouvoirs politiques et économiques et au sein de l'opinion publique[1].

La situation paradoxale des chercheurs-vulgarisateurs peut s'interpréter, en termes de carrières, par rapport à ce double caractère (pour simplifier : indigne, mais indispensable) de la communication exotérique. L'analyse de Pascale Maldidier et Luc Boltanski va dans ce sens. L'autonomie des institutions scientifiques repose sur le fait qu'elles s'interdisent de juger un scientifique sur ses publications de grand public.

> Si la pratique de la vulgarisation est d'autant plus fréquente qu'on s'élève dans la hiérarchie professionnelle, écrivent les sociologues[2], c'est peut-être que la vulgarisation constitue une activité dépourvue de légitimité parce qu'elle oblige celui qui l'exerce à soumettre sa production au jugement du public externe.

C'est la raison pour laquelle ce type d'activité, dont les sanctions ne sont pas cohérentes avec les normes de l'institution scientifique,

> ne [sert] en rien les intérêts professionnels d'un jeune scientifique, parce qu'elle n'accroît pas sa rareté relative à l'intérieur du champ intellectuel et ne concourt donc pas à augmenter sa valeur relativement aux autres membres de son groupe d'appartenance ou d'origine[3].

En revanche, au scientifique confirmé, qui a déjà au sein des institutions ésotériques fait les preuves de sa « rareté », la vulgarisation apporte un surcroît de reconnaissance. L'analyse des deux sociologues repose sur l'idée d'une réglementation implicite des communications ésotériques et exotériques, comportant notam-

1. Michaël Hunter remarque par exemple que le retour du thème de l'utilité de la science joue un rôle de relations publiques, « emphasis on likely tangible benefits being intended to justify broader intellectual concerns to a hostile public » *(op. cit.)*.
2. Luc Boltanski et Pascale Maldidier, Carrière scientifique, morale scientifique et vulgarisation, p. 103.
3. *Ibid.*, p. 107.

ment la considération du temps opportun pour se livrer à telle ou telle activité. Le paradoxe — expliqué par ce modèle de façon satisfaisante — consiste précisément dans le fait que le scientifique est d'autant plus autorisé à communiquer *vers l'extérieur* que sa position est devenue plus *centrale* parmi ses pairs[1].

Si l'on fait abstraction des métaphores un peu rapides de la centralité et surtout de la rareté, ce modèle reste sans doute satisfaisant aujourd'hui. Il convient toutefois de lui apporter deux nuances. La première est que ce calcul plus ou moins inconscient du gain social fait un peu vite abstraction des contenus de pensée véhiculés par la vulgarisation. Cette dernière a le pouvoir, comme nous l'avons déjà dit, de formuler pour un large public le sens d'un mouvement scientifique, d'en reconstruire l'histoire et d'en situer les différents acteurs. Ecrire la science confère à cet égard un pouvoir considérable, que certains chercheurs formulent dans des termes radicaux. « Il parle à la place de ceux qui ont trouvé »[2], résume l'un des chercheurs interrogés par Daniel Kunth à propos de son collègue qui se livre à la vulgarisation. La seconde précaution consiste à noter que l'équilibre décrit par Pascale Maldidier et Luc Boltanski correspond à un moment de l'institution scientifique. Il se pourrait que dans une période où le rayonnement social de la science devient déterminant, où la recherche de financements est cruciale et où les critiques se multiplient contre le morcellement des études spécialisées, les travaux de synthèse et de vulgarisation acquièrent une place accrue dans la communauté scientifique et plus précisément dans la gestion des carrières des chercheurs.

L'ensemble de ces analyses renvoie plus ou moins explicitement à une sociologie du métier de chercheur scientifique, incluant la maîtrise de certaines interactions sociales. Le rôle des pratiques de

1. Cette analyse est à mettre en relation avec le modèle proposé par Pierre Bourdieu de la légitimité scientifique, modèle dans lequel la distinction entre le rayonnement social du chercheur et sa compétence scientifique apparaît comme illusoire. L'autorité scientifique s'y définit indissolublement, et comme capacité technique, et comme pouvoir social (notamment Le champ scientifique, *Actes de la recherche en sciences sociales,* 1976, 2-3). Plus largement, l'analyse procède de la métaphore économique, récurrente dans ce paradigme sociologique.

2. Daniel Kunth, *op. cit.,* p. 42.

communication, longtemps sous-estimé dans la sociologie des sciences, prend dans ce cadre un nouveau relief. Tom Jagtenberg décrit par exemple le professionnalisme du chercheur comme soumis à une tension (proche parfois de la double contrainte) entre les exigences de deux champs cognitifs : le contexte de la recherche et le contexte de la légitimation de la recherche. Le premier définit une recherche « scientifiquement respectable » et le second une recherche « socialement utile », deux univers cognitifs entre lesquels le chercheur doit se situer, non sans difficulté. La vulgarisation n'apparaît pas dans ce cadre comme une activité accessoire.

> Il y a toujours des moments, écrit-il, où les scientifiques doivent interagir et communiquer avec d'autres personnes en dehors de leur contexte de recherche, habituellement étroit [...] L'interaction en dehors d'un contexte fermé peut souvent être hautement motivée sur le plan politique et économique, notamment quand il est nécessaire de trouver des fonds ou de justifier la recherche existante[1].

Dans un esprit comparable, un ouvrage de synthèse récent sur le métier de chercheur, rédigé pour l'Unesco par un chercheur reconnu en chimie organique, met l'accent sur les activités de large communication dans la carrière du chercheur.

> L'information du public non scientifique, écrit John P. Dickinson, prend une part croissante parmi les responsabilités professionnelles du chercheur scientifique. Refuser cet aspect de la communication revient en fait à nier une des responsabilités inhérentes au métier[2].

Un collectif de chercheurs a proposé une analyse radicale de ce phénomène avec la notion de science démonstrative *(expository science)*. L'idée est de regarder les divers actes de communication, non comme un appendice du métier de chercheur, mais comme une composante essentielle de l'activité de recherche. Cette hypo-

1. « There are always times when scientists need to interact and communicate with others outside of a usually fairly narrowly defined context of research, defined as that sub-universe of meaning dominated by goals and theoretical structures which provide primary notions of relevance for the process of research. The process of interaction outside of an "in-group" context may often be highly politically and economically motivated, particularly if funding is being sought or existing research justified » (Tom Jagtenberg, *The social construction of science,* Reidel, 1983, p. 60).
2. John P. Dickinson, *Science et chercheurs scientifiques dans la société moderne,* Unesco, 1988, p. 90.

thèse offre des perspectives originales pour la lecture des textes de vulgarisation. On se détache en effet, dans ces conditions, tout à fait du schéma linéaire d'une élaboration de la science suivie de sa diffusion pour considérer de façon plus ouverte la multiplicité des actes de présentation (de monstration) de la science qui à la fois la constituent et l'exposent. Cette position sociologique rencontre donc la thèse du continuum des pratiques de communication. L'un des acquis essentiels de cette perspective est de montrer que la communication avec les non-spécialistes peut être fortement impliquée dans l'élaboration et l'orientation même des recherches.

> Les publics de non-spécialistes, écrit Richard Whitley, ne sont pas toujours des récepteurs passifs de la connaissance scientifique dans les sciences contemporaines différenciées ; ils peuvent être des acteurs significatifs dans le développement intellectuel, si bien que la vulgarisation a souvent un impact direct sur la nature de la recherche, sa forme et son interprétation[1].

La profession de chercheur est dans ce cadre confrontée à son histoire et placée devant la nécessité d'acquérir de nouvelles compétences, concernant la communication entre chercheurs de disciplines diverses aussi bien qu'une vulgarisation plus large :

> L'incapacité croissante de communiquer avec d'autres spécialistes, écrivent Joske Bunders et Richard Whitley, a aussi signifié, naturellement, que la communication avec les non-scientifiques est devenue très difficile pour beaucoup de chercheurs. Alors que les techniques de communication entre scientifiques se sont améliorées, d'un autre côté, on attendrait que se développe une plus grande facilité pour traduire les idées et les résultats pour des publics non scientifiques[2].

1. « Non-specialist audiences thus are not always passive recipients of scientific knowledge in the contemporary differenciated sciences, but can be significant actors in intellectual development, so that popularisation often has a direct impact upon what research is done, how it is done and how it is interpreted » (Richard Whitley, Knowledge producers and knowledge acquirers. Popularization as a relation between scientific fields and their publics, *Expository science, forms and functions of popularization,* Reidel, 1985, p. 9).
2. « The increasing inability to communicate with other specialists has, of course, also meant that communication with non-scientists has become very difficult for many researchers. Where intra-scientific communication skills have been improved, on the other hand, we would expect greater facility in translating ideas and results to non-scientific audiences to develop » (Joske Bunders et Richard Whitley, Popularization within the sciences, the purposes and consequences of inter-specialist communication, *in* T. Shinn et R. Whitley (éd.), *Expository science, forms and functions of popularization,* D. Reidel, 1985, p. 75).

D'autre part, cette réflexion sociologique incite à une approche nuancée des textes de vulgarisation et aussi des nombreuses formes de communication qui peuvent se ranger dans ce que j'ai nommé « quasi-vulgarisation ». La vulgarisation n'apparaît pas comme le sous-produit plus ou moins impur de la science mais comme l'un de ses modes d'expression, en complémentarité et en cohérence avec d'autres formes de communication. L'analyse comparative des textes permet par exemple de montrer que certaines simplifications ou certains effets de sensationnel n'ont pas été apportés de l'extérieur par les journalistes, conformément à l'opinion la plus répandue, mais étaient présents en germe dans les communications scientifiques entre spécialistes, déjà discrètement marquées par le souci d'argumenter la valeur des recherches. Daniel Jacobi met en évidence les transformations successives que connaît le discours d'un chercheur pour s'adapter à des conditions de lecture diverses[1]. Jeremy Green traque l'amorce d'un thème du « chromosome du crime » dans les publications de spécialistes.

> Le lien entre le XYY et la criminalité, écrit-il, n'est pas sorti de la couverture médiatique à sensations des procès de Hugon et Speck. Il a au contraire précédé ces procès ; ce lien avait été discuté à l'intérieur de la communauté des cytogénétistes avant les procès et c'est ce qui a permis à la question du statut du chromosome d'entrer en scène au tribunal[2].

De ce dernier point de vue, la vulgarisation ne se contente pas de dépendre de la science, elle est partie prenante du procès par lequel cette dernière se constitue. Peut-être le développement de

1. Daniel Jacobi, De l'imagerie scientifique à l'illustration vulgarisée, *Textes et images de la vulgarisation scientifique,* Peter Lang, 1987.
2. « The positive link between XYY and criminality did not arise out of sensational media coverage of the Hugon and Speck trials. Rather, it predated them ; this link had been discussed whithin the cytogenetics community before the trials, and indeed made it possible for the question of chromosomal status to enter into the court room » (Jeremy Green, Media sensationalisation and science, the case of the criminal chromosome, in *Expository science, forms and functions of popularization,* p. 157). On sait de la même façon que les déclarations imprudentes de certains scientifiques sur les pouvoirs miraculeux de l'atome ne sont pas pour rien dans un retournement ultérieur du mythe sous la forme d'un caractère diabolique de l'énergie nucléaire : Spencer R. Weart montrait, au cours d'une conférence donnée à la Cité des sciences de La Villette en 1993, des pages de journaux représentant les grands atomistes comme des alchimistes apportant un nouvel âge d'or.

plus en plus tangible de ce phénomène est-il une donnée nouvelle de l'époque actuelle : l'exemple étudié plus loin de l'intelligence artificielle donne à le croire. En tout cas l'histoire des formes de la vulgarisation se révèle très solidaire de l'histoire de la science, dans ses méthodes, dans son esprit et dans ses institutions.

Au cœur des enjeux de notre société

Décrire la vulgarisation comme une simple « courroie de transmission » de l'institution scientifique serait par trop simplificateur. Plusieurs tendances permettent d'attribuer à ce type de communication des déterminations plus larges.

La première de ces tendances concerne l'émergence d'un champ d'action autonome, avec ses acteurs, ses structures et ses projets.

L'étude menée par l'équipe du Conservatoire national des arts et métiers sur l'émergence de la vulgarisation scientifique en France au XIXe siècle[1] permet de repérer quelques-unes des conditions pour qu'un tel champ se constitue. Entre 1850 et 1900, se trouvent réunis plusieurs facteurs de développement d'une entreprise de vulgarisation : il y a un public, fruit du mouvement d'alphabétisation poursuivi au fil du siècle ; la science cristallise des espoirs multiples ; une génération d'écrivains dotés d'une culture scientifique de base embrasse un modèle littéraire de carrière. Avant tout peut-être, naissent des entreprises de presse et d'édition dotées d'une politique industrielle et commerciale accomplie et adossées au développement des techniques de l'édition et de l'illustration. Il s'agit d'une convergence dont la physionomie est particulièrement nette et France, suscitant l'admiration de certains auteurs anglo-saxons de l'époque[2].

1. Bruno Béguet (éd.), *La science pour tous,* sur la vulgarisation scientifique en France entre 1950 et 1914, Bibliothèque du CNAM, 1992.
2. Pierre Laszlo propose des hypothèses pour expliquer comment cet équilibre se défait à la fin du XIXe siècle (*La vulgarisation scientifique,* Presses Universitaires de France, « Que sais-je ? », p. 28 sq.).

Le métier de vulgarisateur s'emploie à constituer parallèlement son identité. On peut parler à la fin du siècle dernier d'un « monde des vulgarisateurs », véritable armée (de métier) organisée autour d'un noyau de fidèles avec la collaboration occasionnelle de certains renforts. C'est à cette époque que le groupe des écrivains scientifiques, animateurs inlassables de revues et auteurs prolixes de grands succès de librairie, existe le plus réellement. Ce groupe, dont la diversité est réelle, s'organise très majoritairement autour de quelques traits dominants. Il s'agit souvent d'hommes dotés d'une culture scientifique solide; certains ont à leur actif des travaux remarqués, mais la plupart se recrutent parmi des « bons scientifiques » non consacrés par le monde académique. Leur idéologie est toujours optimiste sur le rôle social de la science, plutôt progressiste, souvent républicaine, plusieurs étant d'anciens révolutionnaires[1] ; un écrivain scientifique cumule la création de revues, la direction de collection, la rédaction d'ouvrages, auxquels s'ajoutent souvent les conférences populaires ou mondaines. Il y a donc bien un corps cohérent, matérialisé par la création en 1853 d'un Cercle de la presse scientifique et régulièrement activée par diverses manifestations. Bien entendu, ce métier comporte des situations de pouvoir : les positions éditoriales se concentrent entre certaines mains, ce qui suscite quelques tensions[2].

Cette analyse, qui concerne le siècle dernier en France, n'a pas à être généralisée. Mais le métier de vulgarisateur s'est doté d'institutions, destinées à lui assurer une certaine autonomie par rapport aux instances académiques et une position particulière dans la

1. Par exemple, Maxime Vuillaume, l'un des animateurs du *Père Duchêne* pendant la Commune et l'auteur des *Cahiers rouges,* a signé des livres de vulgarisation dans les collections les plus célèbres de la fin du siècle sous le pseudonyme de Maxime Hélène : *Les galeries souterraines,* Bibliothèque des Merveilles, 1876 ; *Les nouvelles routes du globe,* Bibliothèque de la Nature, 1883. Cet animateur d'une presse anarchisante et iconoclaste y développe un discours industrialiste enthousiaste, donnant au lecteur le sentiment d'une sorte de schizophrénie scripturale. La part des choix éditoriaux imposés par les industriels du livre, justement soulignée par Roger Chartier, ne doit pas être sous-estimée dans ces phénomènes.
2. Catherine Bénédict, Le monde des vulgarisateurs, *in* B. Béguet (éd.), *La science pour tous,* sur la vulgarisation scientifique en France de 1850 à 1914.

presse et l'édition. En 1934 est créée à Philadelphie la National Association of Science Writers, dont le but est comme on l'a déjà vu de « favoriser la dissémination d'une information exacte concernant la science à travers tout média normalement consacré à informer le public ». Suivront en 1944 l'Association of British Science Writers, dont les objectifs sont plus ouvertement catégoriels, puis l'Association des écrivains scientifiques de France, fondée en 1950 par François Le Lionnais et Maurice Goldsmith, dont les débats réguliers devaient constituer une sorte de tribune officielle de l'entreprise vulgarisatrice moderne[1]. Ces associations quasi syndicales ont poursuivi une double action militante, pour défendre le projet de diffusion des savoirs, d'une part, pour contribuer à la création et à la défense d'une profession, d'autre part[2]. L'ISWA (Association internationale des écrivains scientifiques) devait ensuite s'employer à fédérer les activités des différents groupes nationaux.

Ces associations concrétisent la constitution d'un corps social, qui a d'abord trouvé à s'exprimer au sein d'organismes scientifiques comme la Royal Institution de Londres, qui s'est développé en intime relation avec les universités populaires et les sociétés philomathiques et polytechniques, et dont la vie repose encore sur un réseau d'associations de culture populaire, d'animation scientifique ou d'éducation permanente.

Ce réseau institutionnel, dans lequel les organisations internationales jouent un rôle important, contribue aujourd'hui à façonner l'identité des journalistes scientifiques dans le monde entier. La création en 1951 d'un prix international de la vulgarisation scientifique par l'Unesco, le prix Kalinga, entérine la reconnaissance d'un

1. Le processus d'autonomisation n'équivaut pas à une uniformité d'identité et de pensée. Comme le remarque Bernadette Bensaude-Vincent, la tension entre le profil journalistique et le profil scientifique s'exprime par exemple en France dans la concurrence entre deux associations (Un public pour la science : l'essor de la vulgarisation au XIXe siècle, *Réseaux,* n° 58, mars-avril 1993).

2. En 1984, l'Association des journalistes scientifiques de la presse d'information a introduit une plainte contre le CEA à la suite de la réticence du CEA à fournir des informations aux journalistes de *Science et vie* (Maurice Goldsmith, *The science critic,* New York et Londres, Routledge & Kegan Paul, 1986).

genre d'écriture et d'un type de carrière. Louis de Broglie, Bertrand Russell, Margaret Mead, connus avant tout en tant que chercheurs, côtoient dans ce palmarès des grands noms de la littérature de vulgarisation comme Julian Huxley, Jean Rostand ou Pierre Auger et des directeurs de revues et de rubriques de presse.

Ce réseau professionnel s'exprime notamment dans la formation des journalistes scientifiques. Le Center for Foreign Journalists, installé aux Etats-Unis, organise des séminaires de formation des journalistes scientifiques pour les pays du Tiers Monde. Une association rassemble, au sein du Commonwealth, un ensemble d'écoles de journalistes. Mais cette recherche de l'autonomie de la part des journalistes ne doit pas masquer la dépendance certaine de la presse du Tiers Monde par rapport aux problématiques en vigueur dans les pays les plus développés. La situation actuelle est marquée par un journalisme scientifique d'importation, qui n'est pas apte, en tant que tel, à esquisser des problématiques de lecture de la science pertinentes pour les peuples du Tiers Monde. 85 % des articles scientifiques publiés dans les pays en voie de développement sont d'origine étrangère, ce qui conduit parfois à des situations assez grotesques.

> Ainsi, les lecteurs de journaux africains seront-ils informés du sort de « Fae », le bébé à qui l'on a greffé un cœur de chimpanzé, des expériences réalisées avec le cœur artificiel Jarvik-7, ou de l'utilisation de l'interleukin 2 pour lutter contre les cellules cancéreuses — et ce grâce aux chroniqueurs scientifiques américains ou européens et aux quatre grandes agences de presse mondiales. Ce sont des nouvelles intéressantes mais qui ne risquent pas de gêner. Elles sont lointaines, et sans aucun rapport avec ce qui se passe sur place — l'érosion, les inondations, le taux de natalité et la situation dans les hôpitaux[1].

Le cas particulier, souvent oublié dans les débats sur la vulgarisation, des pays du Tiers Monde, est de nature à nous rappeler que l'autonomisation (relative) du champ de la vulgarisation trouve ses limites dans les contraintes économiques du marché éditorial international et qu'elle ne peut s'affirmer qu'au prix d'un réalisme finan-

1. Mack Laing, Les médias peuvent-ils contribuer à favoriser la vulgarisation scientifique dans les pays en voie de développement ?, *in* La vulgarisation scientifique, son histoire, ses succès, ses échecs, *Impact, science et société,* Unesco, n° 144, 1986, p. 417.

cier et sur la base d'une attitude programmatique. Cette dernière seule peut servir de point d'appui à une action que ne guiderait pas la seule dépendance par rapport à la presse ou par rapport aux institutions scientifiques. Aussi bien pourrait-on écrire l'histoire des grands courants de la vulgarisation à partir des déclarations programmatiques des revues, des associations, des collections de librairie, des producteurs d'émissions. Un exemple suffira pour mesurer combien peut varier l'attitude qu'adopte un producteur de vulgarisation par rapport à d'autres instances culturelles et économiques. La revue *Scientific American*, traduite dans le monde entier, domine le marché de la littérature de vulgarisation. Elle se présente aujourd'hui comme une publication dûment patentée par l'institution scientifique. Dennis Flanagan professait même, à l'occasion de la réception du prix Kalinga, un relatif désaveu de l'entreprise vulgarisatrice au nom d'une stricte soumission aux impératifs de la science.

> Les périodiques scientifiques publiés dans le monde sont à l'heure actuelle étonnamment nombreux, déclarait-il ; chacun d'eux a sa propre vision de la science. Certains présentent ce qui intéresse immédiatement et personnellement le lecteur dans sa vie quotidienne : les progrès de la chirurgie, les ordinateurs domestiques, etc. D'autres la montrent préoccupée des mêmes mondes inexplorés que la science-fiction : les voyages dans l'espace, la vie sur d'autres planètes, etc. Selon la vision que nous en avons nous, la science est l'activité des scientifiques, ni plus ni moins[1].

Il y a ici un gommage complet des choix et des responsabilités discursives[2] que nous avons repérées jusqu'ici : la science va de soi, le modèle de la diffusion fonctionne de façon évidente. Il n'y a qu'à observer et à transmettre la pratique des scientifiques. Un tel programme éditorial correspond en fait au choix de privilégier le type de légitimité en vigueur dans la communauté scientifique, au prix d'un masquage des buts économiques de l'activité de communication et de ses effets idéologiques. *Scientific American* réinvente ici, en

1. Dennis Flanagan, discours de réception du prix Kalinga 1981.
2. La lecture de l'ensemble du discours fait apparaître l'existence réelle de ces choix : distribution des chercheurs en trois « tribus », physique, biologie, sciences sociales ; assimilation de l'ordre de l'information à un biotope où la publication correspond à une lutte pour la vie, etc.

quelque sorte, à l'échelle de son public, la fiction de la communauté scientifique mertonienne. Il est amusant de confronter à cette position le programme éditorial des premières livraisons de *Scientific American,* magazine de mécanique du milieu du XIXe siècle, tel qu'il s'affiche à la fin de chaque livraison de la revue.

> SCIENTIFIC AMERICAN est le Champion de l'Industrie et le Magazine des progrès Mécaniques et de toute nature : à ce titre, son contenu est sans doute plus varié et intéressant que celui de n'importe quel autre magazine hebdomadaire aux Etats-Unis, et il est certainement plus utile. Il contient autant d'Information intéressante *(interesting intelligence)* que six quotidiens ordinaires et qui plus est le profit qu'on peut en retirer n'est égalé par aucune publication existante [...] Ce journal, consacré aux centres d'intérêt des ARTISANS et MANUFACTURIERS, se recommande particulièrement à la protection de ces classes. [...] Véritable JOURNAL FAMILIAL, il fournira plus d'information UTILE aux enfants et aux jeunes que cinq fois son coût en instruction scolaire[1].

On croit rêver : à l'autre bout de l'histoire de la revue, c'est cette fois la considération de toutes les institutions qui s'accumule dans le projet éditorial. Le ton de boniment évoque la pugnacité commerciale du guérisseur ; la concurrence s'affiche, et avec l'enseignement, et avec les autres organes de presse ; l'argument utilitaire, omniprésent et protéiforme, témoigne de la faible légitimité de la pensée scientifique. En outre, le souci du contrôle moral et social des classes populaires est à l'arrière-plan de ce projet. Il s'affiche plus librement dans les colonnes du journal, où l'on peut lire par exemple que le magazine est

> convenable pour la lecture du dimanche [et évite] les détails dégoûtants et pernicieux du crime, qui abondent dans trop de nos journaux, et qui produisent évidemment un effet délétère sur la moralité de la communauté[2].

1. « The Scientific American is the Advocate of Industry and Journal of Mechanical and other Improvements : as such its contents are probably more varied and interesting, than those of any other weekly newspaper in the United States, and certainly more useful. It contains as much interesting Intelligence as six ordinary daily papers, while for real benefit, it is unequaled by anything yet published.[...] This paper is especially entitled to the patronage of mechanics and manufacturers, being devoted to the interests of those classes. [...] As a family newspaper, it will convey more useful intelligence to children and young people, than five time its cost in school instruction. »
2. « Suitable for sunday reading, but avoiding the disgusting and pernicious details of crime, which too many of our public journals abond, and which evidently produces a deleterious effect on the morals of the community » (*Scientific American,* vol. 2, n° 1, 26 septembre 1846).

Second rôle ? Troisième homme ? Quatrième pouvoir ? Cinquième roue du carrosse ? Le vulgarisateur peut sans doute, selon les cas, occuper toutes les positions. La première limite de son autonomie est définie par les modes de fonctionnement du secteur des industries de la communication, si bien que l'histoire de la vulgarisation a été très tributaire des profondes mutations qu'a connues ce secteur depuis deux siècles.

Ce n'est pas que ce phénomène soit, comme on le lit parfois, un fait nouveau de notre société, dite « société de communication ». L'*Encyclopédie* avait été conçue — avec les données de l'époque — à la fois comme un programme idéologique, une entreprise de production structurée, un choix éditorial audacieux et une entreprise commerciale[1]. Les grandes collections de la fin du XIXe siècle sont avant tout des affaires d'édition rentables[2]. Mais les techniques de communication publique ont connu des mutations récentes (modes de financement, métiers et savoir-faire, idéologie), qui marquent profondément les pratiques de vulgarisation contemporaines.

Les habitudes professionnelles de la presse sont au premier plan de cette analyse. Il est aujourd'hui nécessaire de comprendre avant tout la culture des médias pour aborder la présentation de la science[3]. D'ailleurs un ouvrage entier, celui de Barbara Gastel, *Presenting science to the public,* s'emploie à donner méthodiquement aux scientifiques les

1. Jacques Proust décrit les données économiques et sociales du projet de Diderot et d'Alembert dans *Diderot et l'Encyclopédie* (Slatkine, 1982). Jacqueline Marchand rappelle que l'*Encyclopédie* fut d'abord une « affaire de gros sous » et évoque les nombreux calculs, jeux d'intérêt et manœuvres de récupération dont elle a fait l'objet (La grande, la vraie, la seule encyclopédie, *Raison présente,* n° 75, 3e trimestre 1985).
2. Les techniques de l'édition sont ici déterminantes. « L'invention de la lithographie par Aloys Senefelder en 1796 rend l'illustration technique bien meilleur marché que la gravure traditionnelle sur cuivre. Quelques décennies plus tard, la gravure sur acier vient agrandir cette percée. L'épanouissement de la vulgarisation scientifique au XIXe tient autant de ces deux innovations technologiques que de la croyance en une science messianique, facteur positif de progrès pour l'humanité » (Pierre Laszlo, *La vulgarisation scientifique,* p. 76). On pourrait dire que l'entreprise éditoriale consiste à articuler ces deux exigences, l'économie des moyens de production et l'invention d'une formule pertinente. Ségolène Le Men montre cette logique à l'œuvre à propos des collections de Hetzel (Hetzel ou la science récréative, *Romantisme,* n° 65, 1989).
3. Maurice Goldsmith, *op. cit.,* chap. 2 : « Techniques in the media culture ».

moyens de s'approprier les principes les plus essentiels d'un travail de presse. L'auteur y expose avant tout, *ad usum doctoris,* les techniques rhétoriques d'une écriture de presse. Les titres sont éloquents :

> « Analyser le public », « Partir de la culture du public », « Formuler l'idée générale avant les détails », « Introduire — et exploiter — les exemples », « Décrire clairement les relations », « Bannir le jargon », « Utiliser des mots, des phrases et des paragraphes courts », « Faire valider par le public », etc.[1].

Il y a là tout un art poétique qui ne se distingue guère de ce qu'on peut trouver dans un cours de formation de journalistes. C'est un savoir-faire, et au-delà une esthétique et une représentation de l'identité du lecteur qui se transmettent à travers cette école des médias. Par exemple, la question du désir d'apprendre est ici tranchée dans le sens d'un intérêt du lecteur — apparemment considéré comme un fait indiscutable — pour le plus immédiat et le plus trivial, ce qui autorise toute une méthode de *l'incipit.*

> Alors, comment commencer ? Par les arcs-en-ciel, et pas la réfraction. Par la grippe, et pas l'immunologie. Par le livre de poche que lit votre public, pas par votre thèse de doctorat. Songez à partir d'une observation historique ou d'une nouvelle récente. Mieux encore, démarrez sur une note humaine, comme une anecdote sur un personnage célèbre, l'histoire d'un client, d'un étudiant ou d'un patient, ou un aperçu des obstacles que vous avez affrontés au cours de votre propre recherche[2].

Bien entendu, ces conseils d'écriture sont suivis d'une sorte de mode d'emploi des métiers de la presse et d'un ensemble de conseils tactiques pour publier ou faire publier ses travaux.

1. « Analysing the audience », « Building on audience's background », « Stating the general concept before the details », « Including — and following — examples », « Depicting relationships clearly », « Avoiding jargon », « Keeping words, sentences and paragraphs short », « Checking with the audience » (quelques titres parmi d'autres) (Barbara Gastel, *Presenting science to the public,* Philadelphia, ISI press, professional writing series, 1983). Pierre Laszlo reprend dans le « Que sais-je ? » *La vulgarisation scientifique,* où il conseille un style « familier sans vulgarité » et où il préconise l'imitation des modèles anglo-saxons, la plupart des conseils formulés par la journaliste américaine (p. 40 à 74).
2. « So, how to begin ? With rainbows, not refraction. Influenza, not immunology. Your public's pocket-book, not your doctoral dissertation. Consider opening with a historical observation or an item from the news. Perhaps better yet, start with some human interest such as an anecdote about a famous person, the story of a client or student or patient, or a glimpse of the challenges faced in your own research » (Barbara Gastel, *op. cit.,* p. 4).

La place du journaliste scientifique dans cette structure, journalistique avant d'être scientifique, est délicate et son métier est bien souvent une pratique de compromis, dont les formes dépendent de la nature du média et de la position qu'y occupe le rédacteur. C'est un aspect que les études anglo-saxonnes abordent de façon précise et pragmatique, témoignant du caractère sensible d'un tel débat. Peter Farago analyse notamment en détail, dans le livre qu'il consacre à ce sujet, *Science and the media*, le cas des journalistes scientifiques de la presse quotidienne. Il met en évidence, à propos de la presse anglo-américaine, plusieurs difficultés sociologiques et culturelles importantes. La première, matérielle et décisive, tient à la position sociale et institutionnelle du journaliste scientifique, dont le pouvoir est limité et dont la carrière n'est guère attractive.

> Ce que la rédaction scientifique dans sa composante humaine doit surmonter, écrit Peter Farago, ce n'est pas l'absence d'individus exceptionnels sur le marché de la profession. Le fond du problème, c'est qu'à cause des perspectives de carrière limitées peu d'entre eux choisissent de continuer ce métier, s'ils ont le choix. La rédaction scientifique n'est pas seulement payée à des tarifs très modestes en comparaison des revenus normaux des classes moyennes, mais il n'y a aucune perspective de carrière[1].

Mais cette position dominée au sein des entreprises de presse renvoie selon l'auteur à une tension entre les valeurs de la presse et celles de l'information scientifique. Il écrit, par exemple :

> Les journaux se soucient de l'information immédiate ou quasi immédiate, non de l'éducation, et le contexte nécessaire à toute continuité fait défaut[2].

A ce manque essentiel de suite dans les idées s'ajoute un souci de la forme que le sociologue définit comme exclusif, voire excessif, et une recherche systématique des faits les plus frappants, peu favorable à une information scientifique qui affectionne le ton *sotto voce*. Dans le

1. Peter Farago, *op. cit.*, p. 34 : « The essence of the difficulty that the human side of science writing has to overcome is not that there are no outstanding individuals in the trade of the profession, but rather that because of the poor career prospects few of them chose to stay in it, if they have any choice. Not only is science writing paid at very moderate rates compared with normal middle-class earnings, but its career prospects are nil. »
2. *Ibid.*, p. 35 : « Newspapers are about instant or nearly instant information, not education, and the context necessary for any continuity is missing. »

cas des quotidiens — présenté clairement comme le plus difficile pour la vulgarisation —, le malentendu est total. Le journaliste scientifique passe volontiers pour faire du mauvais journalisme :

> Les rédacteurs en chef accusent les écrivains scientifiques d'être ennuyeux, à force de solennité et de didactisme, ils leur reprochent de se comporter comme un groupe de pression au service des pouvoirs scientifiques établis, d'être insuffisamment en prise sur les goûts des lecteurs[1].

En revanche, le jugement de Peter Farago est sévère sur les politiques des directeurs de journaux, moins soucieux selon lui de donner une connaissance de la réalité que d'être « l'ombre d'une ombre », celle des prétendues attentes de leurs lecteurs[2].

L'exemple de la presse quotidienne anglo-saxonne est un cas extrême. On peut toutefois partir de l'hypothèse que ce cas permet d'identifier particulièrement bien la problématique d'une communication sur la science dans un contexte médiatique et marchand.

L'opposition rhétorique entre écriture de presse et écriture académique est plus forte que celle que nous avons rencontrée précédemment entre langage courant et terminologie scientifique. En soi, la vulgarisation n'est pas condamnée à fournir une version non réflexive de la science. En revanche, l'écriture journalistique traditionnelle repose sur des ressorts d'intérêt et sur des modes discursifs peu conciliables avec la rigueur méthodologique qui caractérise les pratiques scientifiques. Barbara Gastel résume le fait en ces termes :

> La prudence est proverbiale en science. Extrapoler est inacceptable dans l'interprétation des données pour les pairs ; spéculer pour le public est encore plus sévèrement jugé. Or souvent les implications pratiques, même lorsqu'elles ne sont pas complètement connues, sont ce qui intéresse le plus les journalistes et le public[3].

1. *Ibid.*, p. 33 : « Editors accuse the science writers of being dull, trying to be pompous and didactic, of acting as a lobby for the scientific establishment, of being insufficiently in touch with reader's tastes. »
2. Pierre Fayard fait observer, dans une enquête récente que, contrairement aux idées reçues, les journaux se vendent davantage le jour où paraissent les suppléments scientifiques (*Sciences aux quotidiens*, Z'éditions, 1993, p. 16-17).
3. Barbara Gastel, *op. cit.*, p. 41 : « Caution is a byword in science. Overstepping data is unacceptable in interpreting data for peers; speculating for the public is construed as even worse. Yet often the practical implications, even if not fully known, are what interest reporters and the public the most. »

On dit volontiers dans la presse qu'il faut commencer par la conclusion (cette méthode de la « pyramide inversée » trouvant notamment son origine dans l'habitude de couper les articles par la fin) : cela peut conduire à passer sous silence les conditions méthodologiques de la recherche et à ne pas préciser son cadre de validité. Maurice Goldsmith définit ainsi cette exigence de l'écriture de presse :

> La précision de laboratoire est ici hors de saison, et à juste titre. Pour communiquer avec un rédacteur (c'est-à-dire en direction du public), les termes doivent être simples, les détails limités et le syndrome du « d'un autre point de vue » doit être omis[1].

Dorothy Nelkin critique vivement les biais auxquels conduit une telle pratique de la part des journalistes, tout en rendant compte des bonnes raisons qu'ont ces derniers de se référer à d'autres valeurs que celles de la communauté scientifique. Les termes ne signifient en effet pas la même chose dans la communication scientifique et dans l'univers des médias. L'information, définie en science comme un fait avéré par les pairs, consiste pour le journaliste en une nouvelle recherche en cours, en un événement sortant de la routine : c'est bien sûr une source d'annonces prématurées ou erronées. Alors qu'expliquer signifie, en termes scientifiques, définir précisément un cadre méthodologique, il s'agit pour le journaliste de recourir à une simplification qui utilise les images les plus évocatrices, etc. Il n'y a donc pas lieu de s'étonner qu'interrogés sur la formulation de leurs recherches par la presse les scientifiques émettent les critiques suivantes : les méthodes d'étude ne sont pas assez mentionnées, les autres chercheurs ne sont pas assez cités, les déclarations manquent de nuances.

Un pas de plus, et l'on peut accuser les journalistes scientifiques de « vendre la science ». Aux yeux de Dorothy Nelkin, les facilités auxquelles les journalistes ont recours pour plaire à leur marché permettent une manipulation de l'opinion par les scientifiques. En effet, les techniques de la presse commerciale privilégient un certain regard sur la science.

1. Maurice Goldsmith, *op. cit.*, p. 24 : « Laboratory precision is out, and rightly so. To communicate to a news editor (that is, to the public) terms must be simple, details limited, and the on the other hand syndrome omitted. »

> Informés des réussites individuelles et des événements spectaculaires, écrit Dorothy Nelkin, les journalistes transmettent peu de chose sur la sociologie de la science, la structure des institutions de recherche, ou le processus complexe, à long terme et graduel de la recherche[1].

Ainsi présentée, l'information scientifique se prête à toutes les manipulations.

> La science devient davantage un sujet de consommation qu'un objet d'attention critique pour le public, elle est plus source de divertissement que matière à choix social. Et ces tendances, à mon avis, sont fortement encouragées par ceux qui cherchent à vendre la science, c'est-à-dire les scientifiques et leurs institutions.[2]

Selon cette thèse, radicale, l'idée d'une science démonstrative rejoindrait la logique d'un système d'édition rivé à la conquête facile de son marché.

La vulgarisation a attiré de façon privilégiée les foudres de ceux qui souhaitaient combattre, dans les médias modernes, une forme nouvelle de sophistique. Nous sommes tentés par une assimilation rapide, nous voulons « renouveler le vieux débat entre les sophistes et Socrate »[3]. Mais poser correctement les termes de cette opposition aujourd'hui n'est pas facile. Le système médiatique comporte à coup sûr des traits qui imposent à la science une violence.

> Sur l'agora médiatique moderne, la science peut être dite, souvent simultanément à son élaboration. Mais ce qui est dit est soumis à des pressions systémiques qui l'excèdent voire le déstructurent : information scientifique traitée comme événement et non problématisation; sélection médiatique (le plus souvent visuelle) des informations; association de l'information scientifique à des technès opératoires (médicales, écologiques, etc.) plus qu'à son univers d'interprétations et de conditions de compréhension[4].

1. Dorothy Nelkin, Selling science : how the press covers science and technology, in *Communicating science to the public,* Ciba Foundation Conference, 1987, p. 103 : « Informed of individual accomplishments and spectacular events, journalists convey little about the sociology of science, the structure of research institutions or the detailed, long-term and incremental process of research. »
2. *Ibid.,* p. 103 : « Science becomes more a subject for consumption than for critical public scrunity, more a source of entertainment than a matter of social choice. And these tendencies, I am arguing, are strongly encouraged by those secking to sell science, namely scientists and their institutions. »
3. Anne Decrosse, Rapport de synthèse de la Journée d'études internationale de sociosémiotique, 1989, *in* A. et J.-P. Natali (éd.), *Sciences et médias, penser, imaginer, connaître,* Didier Erudition, 1988, p. 148.
4. *Ibid.,* p. 149.

Néanmoins le cliché d'un partage net entre des socrates scientifiques et des sophistes médiatiques passerait à côté de plusieurs questions essentielles. Le partage traverse la science elle-même dans son statut symbolique.

> La posture scientifique ne peut qu'être double sur la place où doivent se distinguer le juste et l'injuste. Comparés au simple citoyen, ce qu'ils sont d'ailleurs aussi, [les scientifiques] possèdent les caractères parfaits de la sophistique : l'habileté à manier le vrai et l'erreur, à les faire cohabiter et à en tramer de nouvelles interrogations, de nouveaux bénéfices[1].

C'est sans doute pourquoi la science, comme facteur d'intégration symbolique du social, est habitée par une permanente ambiguïté : on peut tenir en son nom le discours le plus totalisant du savoir et les paroles les plus éclatées des disciplines ; on peut s'autoriser d'elle pour instaurer le silence hypertechnicien comme défendre l'éthique de la recherche et de la discussion.

Face à cette incertitude se réactive, à propos de l'information scientifique, l'ambivalence des effets de la presse moderne. Cette forme de vulgarisation, débouchant, à partir d'un sensationnel facile, sur un effet de vitrine, est très liée à un certain type de presse et à un certain mode de fonctionnement économique. En revanche, la presse scientifique a pu revendiquer depuis longtemps un rôle tout à fait différent, inspiré des idéaux de la démocratie libérale naissante. C'était le cas par exemple du programme éditorial proposé par *Cosmos,* qui s'autorisait d'un parallèle avec la critique littéraire pour justifier une version noble du journalisme scientifique[2]. Maurice Goldsmith s'est fait plus récemment le théoricien de ce type de fonction du journalisme scientifique, dans un sens plus social, sous le nom de « critique scientifique » *(science critic).* Le journaliste scientifique n'est pas condamné à devenir un illustrateur de l'épopée scientifique.

> Ce dont nous avons besoin, écrit Goldsmith, c'est une meilleure compréhension de la science dans le public, et une meilleure appréciation par le public de l'impact de la science[3].

1. *Ibid.,* p. 152.
2. Abbé Moigno, préface du premier volume de recueil de *Cosmos,* p. II.
3. Maurice Goldsmith, *op. cit.,* p. 14 : « What we need is more public understanding of science, and more public appreciation of the impact of science. »

Maurice Goldsmith reprend d'ailleurs la comparaison avec la tâche du critique littéraire, qui n'hésite pas à proposer, de son propre point de vue, une lecture et une appréciation des œuvres qu'il commente. L'accusation d'inexactitude, trop souvent formulée contre les vulgarisateurs, lui paraît déplacée dans ce contexte, car l'exactitude n'a pas le même sens pour le créateur et pour le critique.

> Bien sûr, les faits sont sacrés, mais ce qui est important, c'est le contexte dans lequel les faits sont présentés. Un point de vue différent conduit à tirer une conclusion différente des mêmes faits. Et je pense que les écrivains scientifiques ont une fonction spéciale, semblable à celle que remplissent les critiques de théâtre ou d'art : rendre compte sans crainte des activités des scientifiques et des implications sociales de leur travail, qu'il soit purement intellectuel ou appliqué[1].

Une telle conception du journalisme scientifique l'éloigne sensiblement, et de la mise en scène de la science, et même de la reformulation des théories :

> A mesure que s'accélère le rythme du changement technologique, les écrivains scientifiques ont une tâche spécifique, qui ne consiste pas seulement à rendre compte de ce qui est nouveau, mais aussi à en commenter l'impact sur notre éthique et notre culture, et à regarder de façon critique les mécanismes sociaux qui devraient nous aider à faire face au changement[2].

D'une certaine façon, ce sont les règles de l'interaction entre le monde social du journalisme et la communauté scientifique qui se définissent ici[3]. La définition dominante qui émerge aujourd'hui consiste à proposer une collaboration entre les chercheurs et les

1. Maurice Goldsmith, *op. cit.*, p. 29-30 : « Of course, facts are sacred, but what is important is the environment in which the facts are presented. A different outlook causes a different conclusion to be drawn from the same facts. And I believe that science writers have a special function, similar to that performed by the theatre or art critic : fearlessly to report on the activities of the scientists and the social implications of their work, whether purely intellectual or applied. »
2. « As the pace of technological change becomes ever more rapid, science writers has a specific task not only to report on what is new, but also to comment on the impact on our ethics and ethos, and to look critically at our social mechanisms which should function to help cope with change. »
3. Le débat organisé par l'AESF en mai 1962 sur le thème : « Qui doit vulgariser la science ? » témoigne d'un état plus ancien de la question, dans lequel elle se pose davantage en termes de compétences individuelles. Bernadette Bensaude-Vincent montre comment au XIXe siècle la querelle de légitimité entre scientifiques et écrivains rejoint l'enjeu évoqué plus haut (III, p. 195 sq.) de la signification d'une science populaire (Un public pour la science : l'essor de la vulgarisation au XIXe siècle, *Réseaux,* n° 58, mars-avril 1993).

« hommes de communication » qui détiennent le savoir-faire nécessaire pour « vendre la science » ou pour « présenter la science au public ». C'est une forme particulière de compromis, une parmi d'autres possibles[1]. Cet équilibre se réalise sous des formes diverses en fonction des politiques commerciales des éditeurs et des marchés auxquels elles correspondent.

Notre histoire la plus récente met tout particulièrement en évidence les effets de ce phénomène, qu'on pourrait résumer ainsi : au-delà des institutions les plus manifestement concernées dans la divulgation des connaissances, c'est-à-dire les entreprises d'édition, d'une part, et les institutions scientifiques et pédagogiques, d'autre part, toutes les formes de pouvoir présentes dans notre société sont impliquées par la vulgarisation scientifique. L'étude de Pierre Fayard sur les formes les plus récentes de la communication scientifique propose sur ce point une démonstration très convaincante.

Pierre Fayard invoque plusieurs tendances essentielles, déjà rencontrées au fil de ce livre, pour expliquer les mutations qui affectent selon lui ce domaine. L'importance politique du développement technologique est devenue récemment manifeste, si bien que son contrôle constitue un enjeu important ; la « société de communication » comporte une sorte d'obligation de communiquer pour vivre, qui s'impose aux organismes scientifiques comme à toutes les entreprises ; en outre, la science acquiert un statut de discours absolu dans une culture où la religion comme telle n'a plus guère de place significative. Dans un tel cadre, l'activité de vulgarisation se trouve redéfinie, réappropriée et, dans certains cas, pervertie.

> Le recours à [la vulgarisation], entendue comme un effort de simplification, pour rendre accessibles aux non-experts des connaissances scientifiques, demeure un passage obligé ; mais non la raison première de la mise en relation. De véritable fin en soi, la vulgarisation se transforme en moyen, en outil au service d'enjeux qui dépassent le seul contenu scientifique du message véhiculé, et l'insèrent dans un contexte social et économique plus vaste[2].

1. Pierre Laszlo prend par exemple une position tranchée en faveur d'un contrôle de la vulgarisation par les scientifiques. « La prise en charge de l'information du grand public par les scientifiques eux-mêmes est un gage du succès de la vulgarisation. La médiation par le Troisième Homme aboutit trop souvent à pervertir la denrée » (*op. cit.*, p. 118).
2. Pierre Fayard, *La communication scientifique publique*, p. 11.

Il faut lire *in extenso* les analyses de Pierre Fayard qui décrit très précisément, exemples concrets à l'appui, la chronologie et les acteurs de ce passage de la vulgarisation « classique » à ce qu'il nomme la « communication scientifique ». Je propose de retenir de cette étude quelques idées essentielles. Une telle communication scientifique (avec les procédures de vulgarisation qu'elle implique) est regardée avec tendresse par de nombreux « parrains » : les institutions scientifiques, qui cherchent à en tirer une image de marque, voire à se poser contre d'autres institutions en championnes d'un secteur de la recherche ; l'Etat, qui attend de certaines manifestations une adhésion à ses choix politiques ou, plus largement, un renforcement de la confiance en la technologie ; les entreprises, qui s'assurent une forme indirecte de publicité grâce à divers mécénats ou à l'occasion de l'exhibition de certaines réalisations, etc. Un autre trait dominant de cette histoire est la tension qui habite dans les dernières années la communauté des vulgarisateurs. Les acteurs qui se croisent dans cette entreprise générale de « mise en culture de la science », pour reprendre l'expression heureuse de Jean-Marc Lévy-Leblond, sont très divers. Il y a des scientifiques qui peuvent assez justement se poser en héritiers des grands conférenciers populaires ou mondains, les Moigno, les Faraday, les Huxley, les Rostand ; il y a des animateurs sociaux dont le combat s'apparente à la très noble tradition de la culture populaire, avec ses multiples avatars, plus ou moins paternalistes comme le mouvement hygiéniste ou les sociétés polytechniques, plus ou moins socialistes comme les universités populaires ou le théâtre du peuple du début du siècle ; il y a des professionnels des médias et des entreprises de communication, faisant métier d'organiser pour divers commanditaires des « événements » en jouant des techniques les plus sophistiquées[1]. Dans un tel paysage, les tensions se sont accrues, au cours des dernières années, entre bénévolat et indus-

1. Au sein des musées scientifiques, la tension entre les cultures professionnelles des conservateurs, des architectes, des producteurs, des animateurs culturels rappelle les débats évoqués plus haut à propos des journalistes (Bernard Schiele (éd.), *Faire voir, faire savoir, la muséologie scientifique au présent,* Québec, Musée de la civilisation, 1989, notamment p. 23, 40-45, 61-69).

trie, entre didactisme et divertissement, entre contenus de savoir et logiques de représentation. Toutes les formes de l'action qu'analyse Jürgen Habermas dans sa *Théorie de l'agir communicationnel*[1] sont ici manifestement présentes. Outre la logique instrumentale qui consiste à transmettre des informations, on voit ici se tisser en une pratique de communication complexe le jeu stratégique, qui permet à certains acteurs de faire prévaloir indirectement leurs vues, la pression axiologique, par laquelle des valeurs de rationalité sont partagées, l'exhibition dramaturgique, qui construit des images plus ou moins illusoires ; parfois, conformément aux idéaux de la démocratie, un espace s'instaure pour un agir communicationnel, qui permet de soumettre les choix à une discussion ouverte. Plus que jamais, la vulgarisation semble ici suspendue à un équilibre instable, comme le fait apparaître la destinée de l' « action culturelle scientifique », née dans les années soixante-dix. Celle-ci

> oscille en effet entre une vulgarisation qui ne se préoccupe pas des implications sociales de la science[2] et son contraire : une animation qui, à la limite, néglige le contenu strictement scientifique, pour ne se préoccuper que des problèmes politico-économiques nés du développement scientifique[3].

1. Jürgen Habermas, *Théorie de l'agir communicationnel,* Fayard, 1987, t. I, p. 100 à 117.
2. Dans les analyses de Pierre Fayard, le terme de vulgarisation désigne le plus souvent une partie de qui est analysé ici, la version la plus naïvement apologétique de l'écriture scientifique. Très précise dans l'évocation des phénomènes médiatiques actuels, l'étude de Pierre Fayard est un peu rapide dans sa caractérisation de la tradition vulgarisatrice et elle néglige presque totalement la presse et les livres scientifiques.
3. Philippe Avenier, Quatre années d'action culturelle scientifique à Grenoble, DGRST, 1979, cité par Pierre Fayard, *op. cit.* Le développement de l'évaluation au sein des musées scientifiques va dans le sens de l'analyse ici présentée. « On comprend [...] pourquoi l'évaluation occupe une position centrale dans le débat sur la diffusion et la démocratisation de l'accès au savoir. Les acteurs du champ muséal, assujettis au triple rapport des liens que la science entretient avec la société, des paradigmes dominants dans le champ scientifique et de la situation de concurrence dans laquelle se trouve le musée, recourent à l'évaluation pour appréhender les effets du système complexe de relations déclenché par l'exposition, sur lequel ils ont peu de prise » (Bernard Schiele, Le musée des sciences et des techniques est-il un genre à part ? *Faire voir, faire savoir, la muséologie scientifique au présent,* Québec, Musée de la civilisation, 1989). Il ne faudrait d'ailleurs pas croire que l'évaluation nous restitue la vérité du visiteur : c'est plutôt un processus dans lequel, compte tenu de tous ces enjeux, le visiteur et le musée sont parallèlement mis en scène et produits (Bernard Schiele, L'invention simultanée du visiteur et de l'exposition, *Publics et musées,* n° 1, mai 1992).

La seule nuance — importante — que mérite la démonstration de Pierre Fayard est que les phénomènes qu'il décrit ne sont pas propres à notre époque, même s'ils ont pris une visibilité et acquis un tour professionnel très spectaculaires dans la période la plus récente. La diffusion des savoirs, avons-nous dit d'emblée, tisse les faits culturels, les clivages sociaux et les enjeux de pouvoir. C'est pourquoi les appareils (nommons-les « appareils idéologiques » ou « appareils symboliques ») se partagent le champ de la communication, selon l'équilibre des formes multiples de pouvoir qui régissent la société[1].

L'Etat, par exemple, en tant que tel, intervient dans la vulgarisation de la science, capable de favoriser telle ou telle idéologie. Son intervention la plus visible consiste à encourager certaines attitudes vis-à-vis du changement technique et de la gestion technocratique. Un rapport cité par Pierre Fayard exprime très clairement ce type d'objectif, qui s'inscrit dans le fil d'une politique de communication de l'Etat permettant de nouvelles formes de contrôle des opinions. A propos du Festival de l'industrie et de la technologie organisé en 1985, ce rapport déclare :

> Le projet a été lancé au plus haut niveau par l'*establishment* politique, industriel, scientifique. Les objectifs idéologiques ont été clairement affirmés : il s'agissait de réconcilier les Français avec leur industrie, de les familiariser avec de nouvelles technologies, de leur redonner le sentiment de fierté nationale allant au-devant de la crise[2].

Sans doute est-ce ici la version moderne d'un rôle de contrôle social dont la vulgarisation ne s'est jamais totalement déprise.

Mais, plus largement, les recherches scientifiques peuvent être exploitées par un appareil politique, notamment par l'Etat, pour

1. Le rôle de la religion dans ce champ est nettement estompé en France par rapport à ce qu'il était à l'âge classique, mais il reste important aussi bien lorsqu'il s'agit de vulgariser des connaissances dans certaines sociétés du Tiers Monde que, sous des formes très différentes, dans un pays où la politique reste largement fondée sur des valeurs religieuses, comme les Etats-Unis, dès lors que des enjeux métaphysiques se profilent derrière des débats scientifiques.
2. Jean-Pierre Dalbera et Dominique Laigneau, Demandes sociales en matière de culture et d'information scientifiques, techniques et industrielles, ministère de la Culture, 1986, cité par Pierre Fayard, *op. cit.*

leur valeur symbolique ou plus précisément métonymique. Les grandes découvertes et les grandes réussites techniques sont aujourd'hui de nature à manifester l'excellence d'un pouvoir ou d'un système politique, selon une logique peu éloignée de celle qui conduisait au Grand Siècle à organiser une production artistique de prestige. De ce point de vue, le cas de la recherche spatiale est particulièrement évocateur, comme le montre un dossier récent de *Science et vie* intitulé « De Spoutnik à Gagarine »[1] — bel exemple de publication de vulgarisation apportant une information originale. On y voit que l'espace est devenu un théâtre privilégié de l'affrontement soviéto-américain, déplacé graduellement du stratégique vers le symbolique au rythme de la mutation des formes de pouvoir. Les réactions à la mise en orbite de Spoutnik ont en effet empli le monde entier de stupéfaction, par leur intensité imprévue. Khrouchtchev

> découvre avec étonnement et satisfaction l'ampleur du retentissement « médiatique » de Spoutnik. Il ne lui faut pas longtemps pour comprendre tous les bénéfices qu'il peut en tirer : la découverte et l'exploration de ce nouveau territoire, l'espace, sont sources de puissants symboles[2].

Ce qui se passe alors est en quelque sorte une revanche de la rhétorique. En pleine période de triomphe de la technologie sur les arts et les lettres, dans un régime qui a fait, comme on l'a vu dans la controverse entre Barbusse et Rolland, de la science le modèle de toute culture, les entreprises les plus formidables de *big science* sont tout entières tournées vers la production de signes d'excellence, signes que les Américains s'évertuent, de leur côté, à fabriquer à grands renforts de programmes spatiaux. Preuve de cette logique : l'envoi du premier homme dans l'espace sera soigneusement accompagné d'un programme médiatique. La lecture de la presse publiée dans les jours qui suivent le retour de Youri Gagarine est d'ailleurs de nature à confirmer le calcul des Soviétiques : de tout bord, on rend

1. *Les Cahiers de Science et vie,* n° 11 : « De Spoutnik à Gagarine », octobre 1992.
2. Jean-René Germain, Les débuts de la course à l'espace, *Les Cahiers de Science et vie,* n° 11 : « De Spoutnik à Gagarine », octobre 1992, p. 38.

hommage à l'exploit technique, comme si l'avancée de la science était idéologiquement plus forte que les réticences politiques. *Le Parisien libéré* salue la « légitime fierté » des Soviétiques, ajoutant : « Cette fierté, aucun homme, attaché à la notion de justice, ne voudra la diminuer par des restrictions tendancieuses », tandis que *L'Aurore* demande : « A quoi comparer l'événement ? A la découverte du feu ? »[1] Nikita Khrouchtchev déclare deux jours après à Moscou : « Camarades, les peuples de l'Union soviétique célèbrent leur nouvelle victoire, la victoire du travail, de la science et de la raison. » On sait quelle secousse sismique la marche des Américains sur la Lune a provoquée, de son côté, dans les pays d'Europe occidentale.

Si importante que soit l'intervention de l'Etat dans ce processus, il ne faudrait toutefois pas adopter une conception mécaniste du pouvoir, ancrée au motif idéologique qui prétend que, s'il n'y a pas de contrôle étatique sur la presse, celle-ci est totalement libre. L'Etat n'est qu'un acteur, certes important, dans le réseau de pouvoirs qui concernent la vulgarisation. L'exemple écologique est assez révélateur de ce point de vue. La communication sur l'environnement est un domaine dans lequel l'Etat intervient beaucoup. L'écologie est devenue une composante majeure des préoccupations politiques des Français. Les effets des politiques industrielles et de l'aménagement du territoire y sont en jeu ; les avancées des recherches y rencontrent les valeurs de l'harmonie sociale et familiale ; des questions philosophiques essentielles comme celle des rapports d'adaptation et de transformation qu'entretient l'homme avec le « cadre naturel » de sa vie sont posées dans des termes nouveaux.

Toutefois, la politique volontariste menée par l'Etat dans ce domaine n'est pas sans faire apparaître la grande dépendance dans laquelle tout énonciateur, si puissant soit-il, se trouve par rapport à l'ensemble du système d'acteurs qui l'entoure. Un rapport rédigé en octobre 1989[2] le fait apparaître clairement. A l'analyse, ces

1. Cf. la revue de presse publiée dans le dossier cité, *Les Cahiers de Science et vie*, n° 11 : p. 69-72.

2. Jean-Claude Lévy, Les publications du secrétariat d'Etat chargé de l'Environnement : quelle politique éditoriale, au service de quelle politique d'information ?, octobre 1989.

publications sont marquées par une inévitable et importante polyphonie.

> Le discours du secrétariat d'Etat chargé de l'Environnement, écrit Jean-Claude Lévy, n'a jamais été qu'un des termes, qu'une phrase d'un discours plus large (constitué par la somme d'une infinité de paroles distinctes, émanant du réseau diffus de ses propres directions et services administratifs, des agences techniques, parcs, réserves, dont il a la tutelle, des partenaires permanents ou occasionnels qu'il sollicite pour accomplir ses objectifs dans des champs de compétences variables), d'un discours plus externe sans cesse modifié au gré des résonances et des alternances politiques à caractère national ou local[1].

D'où une parole tantôt « compromise », tantôt « enfermée », tantôt « errante » qu'il serait illusoire de vouloir à tout prix arracher à la multitude de ses déterminations et de ses échos : une parole qui « n'existe [...] que dans les divisions d'un discours extérieur, composite, remodelé sans cesse selon les accentuations de circonstance ». D'ailleurs le rapport ne propose pas au secrétariat l'objectif, irréaliste d'après lui, d'imposer une parole de l'Etat, mais plutôt de « gérer un discours qu'il ne saurait produire ».

Cet ensemble d'analyses conduit à élargir une perspective trop strictement centrée sur les seules logiques de l'institution scientifique, soit qu'on pense la vulgarisation comme un simple écho amoindri de la Science, comme on avait tendance à le faire au XIXe siècle, soit qu'on fixe l'attention sur les rapports de pouvoir et de légitimité en jeu au sein de l'institution scientifique. La question de l'appropriation sociale des savoirs est assez centrale pour que les forces les plus fondamentales de la société s'y impliquent : la science et la technique contribuent à structurer et à légitimer les rapports de production, mais peuvent aussi être des ressources pour les contester ; elles constituent des sources d'information et d'interprétation du monde assez essentielles pour que les médias se soucient de se les approprier et de les diffuser ; elles jouent un rôle classant pour les individus et les groupes ; elles nourrissent un nouveau secteur de l'économie, qui réalise ses bénéfices en prenant en charge des objectifs de notoriété et en proposant de nouveaux produits culturels.

1. *Ibid.*

On a pu aller jusqu'à contester le trait le plus essentiel du modèle traditionnel de la vulgarisation, trait selon lequel le vulgarisateur n'intervient qu'en second, tirant sa propre légitimité des sources scientifiques officielles. C'est le point de vue de Bernard Schiele, qui propose de ne pas prendre au pied de la lettre la revendication d'autonomie des vulgarisateurs — celle-là même que nous avons rencontrée par exemple à propos du thème de la *science critic*. Il s'agit à son avis d'un épisode dans la lutte pour la prééminence culturelle.

> On voit bien, écrit-il, que la dénonciation de la science ou de l'école par les vulgarisateurs est une lutte pour le monopole de la parole légitime. S'ils remettent en question aujourd'hui le lien structurel qui les unissait à la science et s'ils interrogent, en conséquence, le projet d'une société mobilisée et dynamisée par l'idée de progrès scientifique, c'est que le champ mass-médiatique se substitue progressivement à celui de la science comme champ dominant et présente la communication comme horizon social[1].

La « communication » ici dénoncée par Bernard Schiele n'est pas avant tout une éthique ou une fonctionnalité. C'est une économie, dans laquelle les produits culturels s'échangent comme des marchandises banales. Si cette logique prévaut, le savoir devient un pur produit marchand : dans ce cas, la détérioration des contenus scientifiques n'est plus un défaut accidentel mais un élément essentiel du dispositif culturel. En effet, dans une structure où le savoir circule purement et simplement comme un signe, « la force de conviction idéologique du message vulgarisateur découle de sa faible performance cognitive » ; le travail idéologique de la vulgarisation consiste dès lors « à contribuer au processus d'occultation du savoir, condition essentielle pour que sa marchandisation s'accomplisse »[2].

1. Bernard Schiele, Les enjeux cachés de la vulgarisation scientifique ou la transformation du savoir en produit marchand, in *Vulgariser, un défi ou un mythe*, p. 94. Eric Fouquier observe que dans les spectacles télévisés on se détache de plus en plus d'une recherche de la parité (d'une fidélité au discours scientifique supposé vrai) pour une logique de rupture autorisant le vulgarisateur à construire un nouveau message, en vertu de son professionnalisme. La nouvelle position de demandeur occupée par les chercheurs lui semble une donnée essentielle de l'histoire actuelle, en rapport avec un nouveau rapport de forces symbolique (*op. cit.*, p. 91-95).
2. Bernard Schiele, Les enjeux cachés de la vulgarisation scientifique ou la transformation du savoir en produit marchand, *Vulgariser, un défi ou un mythe*, p. 97.

Sans doute la logique définie ici par Bernard Schiele est-elle l'un des risques possibles de la situation actuelle ; un risque symétrique serait constitué par une défense rigide de l'autonomie absolue de l'activité scientifique par rapport à tout contrôle social. Ici, chacun privilégie les lectures du social que ses convictions le conduisent à défendre. Toutefois, l'idée d'une détermination unique — fût-ce en dernière instance — me paraît difficilement défendable. La vulgarisation obéit à toutes les logiques ici évoquées : pouvoir politique, pouvoir économique, institution scientifique, entreprises de presse. C'est la raison pour laquelle elle joue, comme on l'a vu, des rôles multiples et qu'elle se présente volontiers comme une situation désorientée. Il ne me semble pas possible d'identifier (en fait) le vrai enjeu de la vulgarisation ; il ne me paraît pas davantage souhaitable de déterminer (en droit) la vraie fonction qu'elle devrait jouer. Par exemple, le principe affirmé par Etienne Allemand, pour généreux qu'il soit, ne constitue sans doute qu'un thème idéologique.

> Une vulgarisation scientifique qui viserait effectivement à être une information devrait d'abord, de toute évidence, être séparée de tout projet gestionnel économique, politique [...] dont elle ne serait que la caution. Sa finalité devrait être authentiquement didactique[1].

La vulgarisation se présente à nous comme une pratique marquée par une pluralité de déterminations ; elle l'était déjà au milieu du XIXe siècle, on ne voit pas bien pourquoi il en serait autrement dans l'avenir[2].

Ces analyses éclairent les raisons pour lesquelles nous n'avons

1. Etienne Allemand, *op. cit.*, p. 187.
2. L'échec du projet de Maison des sciences et des techniques à Montréal en 1986 témoigne bien du jeu complexe de ces enjeux multiples. « Les principales critiques, adressées au projet lors de consultations publiques, provenaient de milieux divers : des intervenants des milieux muséologiques et de la communication scientifique réclamant leur "part du gâteau", des scientifiques, notamment des sciences sociales, réclamant l'addition au projet de savoirs sur les appropriations des savoirs, et de nouveaux venus, industriels et commerçants, réclamant une vitrine pour leurs produits et leur part des retombées » (Paul Carle et Jacqueline Eidelman, Musée et communauté scientifique : les renouveaux muséologiques en France et au Québec vers 1930, *in* B. Schiele (éd.), *Faire voir, faire savoir, la muséologie scientifique au présent*).

pas pu souscrire, d'emblée, aux modèles traditionnels de la vulgarisation. Les études historiques et sociologiques sur tel ou tel *contexte* de vulgarisation font toujours apparaître des rationalités d'action plus complexes et plus contradictoires que celles que proclament les *textes* officiels. L'étude de Jacqueline Eidelman sur la création du Palais de la Découverte[1] est un exemple intéressant de ce type de soupçon, plus concret et plus localement étayé que celui que nous avons analysé plus haut. On souligne à juste titre l'attachement du promoteur du Palais, Jean Perrin, à la recherche scientifique et à la démocratie sociale. On relie volontiers la création de ce musée à un mouvement de générosité des intellectuels qu'exprime bien la déclaration de Paul Langevin : « C'est le devoir de ce qu'on appelle l'élite [...] de contribuer au trésor commun de tous les hommes, de se vouer à la vulgarisation. » On connaît le caractère novateur du projet qui a donné naissance à un « musée de la science », largement ouvert à un public populaire, consacré à la recherche scientifique vivante, fondé sur l'expérimentation des pédagogies les plus actives. On connaît moins les enjeux professionnels qui se sont manifestés dans la conduite même de ce projet. L'analyse proposée par Jacqueline Eidelman met en évidence les glissements progressifs d'une tactique des chercheurs scientifiques qui, d'abord alliés avec les tenants d'une « politique de l'esprit » non dénuée d'élitisme, ont un moment affirmé les valeurs d'une science ouverte, dynamique, problématique qu'aurait pu incarner un palais de la « recherche », avant de se replier sur un palais de la « découverte », spectaculaire, sacrifiant l'encyclopédisme à des positions épistémologiques partiales et conçu comme un mode de promotion de la recherche française. Aussi bien, lorsque Jean Perrin déclare : « Il faut que le public comprenne que la recherche scientifique est la condition indispensable de tous les progrès humains »[2], est-on autorisé à lire, derrière le mouvement généreux

1. Jacqueline Eidelman, Politique de la science ou politique de l'esprit ? Genèse du Palais de la Découverte, *in* Vulgariser la science (1919-1939) : acteurs, projets, enjeux, *Cahiers d'histoire de la philosophie des sciences,* 1988, n° 24.
2. Cité par Daniel Raichvarg et Jean Jacques, *op. cit.,* p. 202.

de formation du peuple, la défense des intérêts corporatistes des chercheurs professionnels. De ce point de vue, le Palais de la Découverte apparaît moins comme un nouveau paradigme muséologique que comme un « musée de circonstance »[1]. Jacqueline Eidelman conclut cette analyse dans ces termes :

> Préface didactique au CNRS en gestation plus que principal vecteur d'une réelle démocratisation du savoir, le Palais de la Découverte signale avant toute chose le basculement de la science en dehors de la culture humaniste et consacre pour un temps la culture scientifique comme attribut spécifique d'une fraction sociale montante[2].

Le projet vulgarisateur est donc ici analysé dans des termes comparables à ceux qu'adopte Bruno Latour pour décrire la stratégie de Frédéric Joliot, saisissant les occasions fournies par les besoins français de physique atomique pendant la dernière guerre.

Ici, une précaution de méthode s'impose. La vulgarisation, comme toute activité sociale, est susceptible de recevoir une explication en termes de stratégies d'acteurs. Il se passe beaucoup de choses dans l'élaboration de la ligne éditoriale d'une revue scientifique, dans la conception d'une exposition, dans la promotion d'une activité de recherche. Il y a partout des paniers de crabes et des nœuds de vipères. Selon le cadre que le chercheur se donne, il pourra mettre en lumière telle ou telle stratégie, telle ou telle tactique : classements sociaux, intérêts professionnels, règlements de comptes personnels. A partir de là, c'est le choix du point de vue de recherche qui déterminera la rationalité retenue. Les Expositions universelles ont par exemple joué un rôle essentiel dans la destinée des associations ouvrières de production[3]. A l'occasion de leur préparation, se sont exprimées et définies les destinées possibles d'un mouvement qui pouvait tout aussi bien s'orienter vers une contestation radicale des rapports de production qu'être récupéré par une organisation paternaliste de l'harmonie industrielle. Cette lecture,

1. Jacqueline Eidelman, *op. cit.*, p. 64.
2. *Ibid.*, p. 66.
3. Madeleine Rebérioux (éd.), Les Expositions universelles à Paris, *Revue de l'économie sociale*, 1990.

tout à fait marginale par rapport aux buts affichés d'une exposition des produits de l'industrie, n'en est pas moins pertinente. Et sans doute pourrait-on faire apparaître, pour toute initiative de communication publique de la science, une pluralité de telles logiques latérales d'intérêt.

La prudence méthodologique conduit simplement à ne pas faire de ce type d'analyse stratégique la vérité dernière de l'histoire. On sait bien qu'au théâtre les personnages discréditent les positions de leurs adversaires lorsqu'au lieu de leur répondre ils proposent un diagnostic de leur comportement. C'est aussi comme cela qu'on a pu se dispenser de lire certains auteurs parce qu'ils étaient des intellectuels petits-bourgeois. Le Palais de la Découverte est très probablement, entre autres choses, un épisode de la lutte des scientifiques professionnels pour le pouvoir et, peut-on ajouter, il est très certainement un épisode, au sein de la communauté scientifique, de la prise de pouvoir par certains aux dépens d'autres, de la même façon que la publication d'un article ou d'un ouvrage sur la vulgarisation est un épisode des stratégies de carrière de son auteur. Mais il n'est sans doute pas pour autant un simple musée de circonstance. Les promoteurs du Palais de la Découverte n'ont pu faire valoir leur projet qu'au nom des arguments qu'ils ont avancés pour en justifier la nécessité ; d'ailleurs, rien ne nous permet d'affirmer qu'ils ne manifestaient pas une certaine honnêteté en avançant ces arguments, car la psychologie humaine n'est sans doute pas le calcul limpide que propose le modèle de l'*homo economicus,* manifestement repris par beaucoup de sociologues de l'intérêt. D'autre part, le Palais de la Découverte constitue un acquis important dans l'accès d'un grand nombre de Parisiens à la culture scientifique, acquis dont la valeur propre s'est sans doute manifestée de façon particulièrement vive en regard de la Cité des Sciences et de l'Industrie. Enfin, la création du Palais s'inscrit manifestement dans un courant historique de tentatives de promotion d'une culture populaire de qualité, à côté, par exemple, de manifestations comme la représentation du *Quatorze Juillet* de Romain Rolland à l'Alhambra en 1936 : cet axe d'interprétation, idéologique et social au sens large, n'est pas moins pertinent que celui qui se donne pour cadre les intérêts de la communauté scientifique ou d'une fraction de celle-ci. Ceci mérite d'être souligné dans la mesure où l'analyse de la vulgarisation pourrait apporter son concours à une sociologie de la science qui en masquerait les enjeux théoriques et philosophiques, au bénéfice d'un modèle d'action trop strictement calculé sur celui de la technique ou du marché.

Selon le modèle téléologique ou stratégique dominant actuellement en sociologie, on peut être tenté de ramener toute analyse des faits de communication concernant la science à une logique d'intérêts traversant la communauté scientifique elle-même. On fait à ce titre trois erreurs, très anciennement connues en ce qui concerne les faits littéraires : on réduit un phénomène culturel à certaines de ses déterminations ; on confond l'exposé d'une rationalité particulière avec l'explication d'une pratique ; on isole artificiellement un secteur culturel d'une histoire plus large. La vulgarisation doit certes être interprétée notamment en rapport avec les intérêts des acteurs scientifiques ; mais elle ne peut être lue, abstraction faite de ce qui la rattache plus largement, et à des enjeux sociaux plus complexes, et à des questions philosophiques et idéologiques plus larges. Elle ne peut pas davantage être expliquée sans considération des choix de communication et d'écriture par lesquelles elle s'actualise. L'ensemble des analyses résumées dans ce chapitre permet de situer les pratiques de vulgarisation ; il n'a pas vocation à en définir seul le sens.

Techniques et pratiques de communication

L'équilibre instable entre les enjeux explorés précédemment ne peut se définir que lorsque l'intention vulgarisatrice s'actualise dans une forme de communication accomplie.

Le cas de la lecture d'articles ou d'ouvrages de vulgarisation n'est qu'un mode particulier de communication, parmi les formes très diverses que cette activité a prises au fil de l'histoire. Le panorama que proposent Daniel Raichvarg et Jean Jacques fait apparaître la diversité des contextes pratiques dans lesquels l'activité de vulgarisation a pu se déployer : au fil de l'évolution des formes de sociabilité, de pédagogie et de spectacle, des cabinets de curiosité ont été fréquentés par des amateurs plus ou moins éclairés, des conférences publiques ont été données au sein de diverses institutions, mondaines ou populaires, éventuellement agrémentées de la projection de vues fixes ou animées, des spectacles de théâtre scientifique ont été montés, des expositions de produits ou d'appareils ont été organisées, des musées scientifiques ont été ouverts, etc. Il faut bien sûr citer aussi le cinéma, d'abord outil de recherche scientifique puis source de documents de vulgarisation de très grande qualité et la radio et la télévision scientifiques, qui ont pu toucher un très large public, même si leur avenir est incertain avec les lois drastiques de la communication commerciale.

Chacune de ces formes de présentation de la science a des caractères particuliers et une histoire qui mériteraient d'être étudiés de façon précise. Il ne s'agit pas ici d'en entreprendre une typologie ni une chronique. Le projet de ce chapitre est plus modeste : avant d'étudier précisément l'organisation formelle des discours tenus sur la science, il est intéressant de mentionner quelques questions posées par la multiplication et la technicisation des formes de communication de la science. La diversification des techniques de communication sera abordée ici à titre de provocation pour l'analyse des discours.

Trois questions sont particulièrement provocatrices pour le discours de vulgarisation ; celle de la richesse des autres supports de communication, celle des techniques modernes de communication, celle des vertus de la pratique et de l'interaction. Je propose de discuter ces questions dans le cadre d'exemples volontairement limités : la contribution que peuvent apporter les images à une construction du savoir ; les conditions de l'intégration des connaissances dans un espace d'exposition ; le rôle de la pratique dans l'accès au savoir[1].

Les scientifiques produisent beaucoup d'images : graphes, courbes, agrandissements d'objets obtenus grâce à des microscopes, traces enregistrées de phénomènes physiques, etc.[2]. Mais seules certaines de ces images accèdent à l'espace public, voire à la célébrité : représentations de l'atome comme un petit système solaire, image de la population comme une « pyramide » démographique, expression des variations du cours d'une monnaie par une courbe montante ou descendante, modèle de l'ADN identifié à une chaîne constituée de maillons colorés, photographies de cellules cancéreuses détruites par des leucocytes, etc. En outre, les médias nous proposent bien des images dont les scientifiques ne font pas usage, mais qui ont vocation à représenter le savoir : schémas simplifiés, gravures, portraits, etc.

Ces « images ordinaires » circulent dans l'espace public. Leur fonction est très riche en termes de représentation du savoir et de la communauté scientifique. Les images ordinaires de la science ont parfois le rôle d'*emblèmes* manifestant allégoriquement le statut de la science et le sens des pratiques scientifiques : les vignettes qui illustrent les ouvrages de Figuier et de Flammarion nous montrent un astro-

1. Une analyse sérieuse du cinéma et de la télévision scientifiques exige un livre entier, compte tenu de la complexité des formes concernées. Certains traits du discours audiovisuel seront évoqués à propos de la poétique du texte de vulgarisation. Pour une analyse des spécificités de la télévision scientifique, on peut lire notamment : Eric Fouquier et Eliseo Veron, *Les spectacles scientifiques à la télévision,* La Documentation française, 1985 ; Geneviève Jacquinot, *Image et pédagogie,* Analyse sémiotique du film à intention didactique ; Daniel Raichvarg et Jean Jacques, *Savants et ignorants,* Seuil, 1991, p. 183 à 193 ; J. J. Meusy (éd.), La science à l'écran, *Cinémaction,* 38, 1986 ; Peter Farago, *Science and the media,* Oxford University Press, 1976 ; S. Blum et F. Dumas (éd.), Science et Télévision, *Dossiers de l'audiovisuel,* n° 31, mai-juin 1990.
2. C'est dire que, pour être pleinement rigoureuse, l'analyse des images scientifiques ne peut pas être totalement dissociée de la construction des concepts. Plusieurs études récentes sont consacrées au rôle de l'image dans la construction même des savoirs scientifiques. On peut indiquer notamment : Jack Goody, *La raison graphique. La domestication de la pensée sauvage,* Editions de Minuit, 1978 ; *Culture technique,* n° 22 : « Images, techniques, société » ; Anne Decrosse et Jean-Paul Natali (éd.), *Sciences et médias, penser, imaginer, connaître,* Didier Erudition, 1988 ; Paul Rossignol et Roger Saban (éd.), *L'image et la science,* Editions du Comité des travaux historiques et scientifiques, 1992 ; A. M. Drouin, Des images et des sciences, *Aster,* n° 4, 1987.

nome découvrant une planète par la seule méditation, un physicien abandonnant les fêtes de son mariage pour se livrer à une expérience cruciale. Les illustrations exploitent d'autre part des *motifs* esthétiques nouveaux, liés à la représentation de phénomènes naturels ou d'objets techniques : les planches de l'*Encyclopédie* nous donnent l'exemple d'une mise en scène et en page systématiquement travaillée de la monstruosité naturelle ou de la curiosité technique. Nous avons déjà abordé comme un aspect de l'infra-vulgarisation les *matrices* iconiques qui, tels le schéma, la courbe ou le plan, façonnent secrètement notre façon de percevoir le monde. D'un autre point de vue, beaucoup d'illustrations sont également analysables comme des *chimères*, mêlant inextricablement des composantes scientifiques et des composantes idéologiques dans un ensemble signifiant instable : telle est la gravure représentant la Terre chevauchée par le Temps muni de sa faux qui illustre *L'astronomie populaire* de Flammarion, telle est aussi l'affiche d'un congrès récent proposant la silhouette du *Penseur* de Rodin tramée par un maillage et penchée vers l'écran d'un ordinateur. Nous retiendrons ici, de cette nébuleuse de l'image en science, le cas particulier des images didactiques, destinées à proposer une représentation du référent de l'article et à matérialiser un raisonnement[1].

L'effort fait par Diderot pour éditer des volumes de planches comme une partie constituante de l'*Encyclopédie* a eu à cet égard une signification exemplaire. Cela ne va pas de soi : le recours à l'image peut aussi bien être le signe d'une professionnalisation de l'explication, professionnalisation que contredisent, dans les canons de la sociabilité héritée du classicisme, le souci de la simplicité et le refus du pédantisme. C'est ce que montre la réponse qu'apporte à Fontenelle sa marquise. L'interprète des philosophes s'est lancé dans une explication méthodique des planètes du système solaire.

> « Voulés-vous que je vous fasse ici une figure sur le sable ? », propose-t-il. « Non, répondit-elle, je m'en passerai bien, et puis cela donneroit à mon Parc un air sçavant, que je ne veux pas qu'il ait. »

1. Cf., pour une présentation concrète de ces divers axes de lecture, Yves Jeanneret, Images de la science, visions du monde, à paraître, *Communication et langages*, 1994.

Cette réponse traite l'image (la « figure ») comme un obstacle, une technique propre aux scientifiques de métier et non comme une aide à la compréhension. La profusion de figures qu'offre notre littérature de vulgarisation témoigne donc d'une modification de la valeur symbolique de l'image en science ; ou plutôt, elle montre que la tradition de vulgarisation s'est approprié l'image scientifique, tout en produisant des images originales.

Il faut d'abord noter qu'en matière d'images didactiques la vulgarisation a été à la fois une grande exploiteuse d'images produites par les scientifiques et une grande créatrice d'images originales. Les scientifiques produisent un grand nombre d'images, images documentaires, images heuristiques destinées à permettre une représentation des modèles, images aptes à représenter des rapports de quantité, de relation et reposant sur des règles symboliques de plus en plus complexes. L'usage de ces images est assez abondant en vulgarisation ; mais elles n'y exercent pas la même fonction que pour le scientifique, qui est habitué à la construction des images, à leur lecture conventionnelle et à leur transformation constante. Par exemple, les images astronomiques ou physiques sont le plus souvent l'enregistrement d'effets de rayonnements que les scientifiques « lisent » comme témoignant de la structure d'un champ ; elles peuvent être perçues par le lecteur comme des sortes de « photographies » d'êtres physiques ou cosmiques, photographies comparables au portrait plus ou moins ressemblant de la mariée. Un bon usage de ces illustrations en vulgarisation s'accompagne donc soit d'une transformation de l'image, permettant d'en proposer une interprétation (par exemple par des légendes intégrées), soit d'une mention (en légende ou dans le corps d'un article) des conditions de production de l'image et de ses conditions de validité. En somme, l'image empruntée au scientifique fait l'objet d'une stratégie d'emploi, d'une éventuelle transformation, sans que ces stratégies excluent jamais le détournement de la lecture, en particulier l' « ontologisation » que le document photographique confère à tout message dans notre société[1].

1. Cf. Gisèle Freund, *Photographie et société,* Editions du Seuil, coll. « Points », 1974.

Toutefois, très tôt, la vulgarisation a produit des images originales, conçues spécifiquement pour un public particulier et dans une logique de documentation ou d'initiation. Daniel Jacobi souligne à juste titre ce caractère pluricodique que connaît le plus souvent l'activité de vulgarisation. C'est même principalement par l'élaboration d'images didactiques originales qu'on définit parfois l'apport professionnel des journalistes de vulgarisation.

> Nous attachons beaucoup de prix à l'illustration, déclare Dennis Flanagan : elle ouvre de riches perspectives à la vulgarisation scientifique. La recherche engendre naturellement des images merveilleuses — qu'il s'agisse des galaxies photographiées grâce au télescope géant ou de l'univers des cellules vivantes révélé par le microscope électronique. [...] Une bonne illustration insérée dans un ouvrage, une revue ou un journal n'est pas simplement comparable à un plan fixe au cinéma. Elle a une éloquence propre[1].

Dans cet éloge de l'illustration, par-delà le fossé qui sépare la revue de très haute tenue qu'il dirige du journal pittoresque qui paraissait il y a plus d'un siècle, le rédacteur contemporain de *Scientific American* est fidèle au projet des premiers numéros du périodique de vulgarisation le plus prestigieux outre-Atlantique. On annonçait en effet en 1846 avec fierté : « Each number regularly contains from THREE to SIX ORIGINAL ENGRAVINGS, illustrated by NEW INVENTIONS, American and Foreign. »[2]

Quelles ressources l'image apporte-t-elle donc à l'apprentissage des notions ? Vaste question, pour laquelle nous fournirons seulement quelques pistes de réponse.

Selon une première perspective de lecture, l'image fournit aux explications abstraites proposées par le texte[3] un référent perceptible. L'image permet seule de se représenter par exemple l'apparence des

1. Discours prononcé à l'occasion du prix Kalinga 1981 de la vulgarisation scientifique, Unesco, 7 décembre 1982.
2. *Scientific American.* Texte publicitaire imprimé sur la dernière page de chaque numéro de la revue dans les années 1846-1847.
3. La problématique adoptée pour cette étude des images est celle du message mixte, dans laquelle il faut intégrer le contenu respectif des textes et des images, mais aussi des données plus complexes liées à la syntaxe d'association de ces éléments : la mise en page générale, les aspects iconiques du texte lui-même, les effets de dissociation, de parallélisme et d'inclusion.

premiers ordinateurs[1]. C'est une fonction traditionnelle du livre de vulgarisation. De très grands graveurs se sont illustrés... en illustrant les livres de Louis Figuier, comme ceux de Jules Verne : ils ont appris à représenter de façon parlante un modèle de lampe, une pile électrique de laboratoire, une phase de construction de la tour Eiffel. Des images analogues, dans lesquelles la fonction référentielle est dominante, nous montrent aujourd'hui des cellules du sang, des appareils de laboratoire, des engins spatiaux. La nature même de cette documentation n'est pas neutre. Toute une esthétique et, au-delà, toute une idéologie de la science sont déjà à l'œuvre dans ces documents, au même titre que dans les récits. Les artistes ont développé des techniques particulières pour rendre ces référents encore plus « scientifiques » : au XIXe siècle, la gravure hachurée dessine avec une extrême précision les traits d'une machine où tout semble résister au temps, tandis que les ombres portées en manifestent tout le poids et la puissance. Aujourd'hui, le dessin très défini et très coloré, en tons plats, connote la perfection lointaine des schémas de satellites, tandis que certaines photos prises en grand angle ou colorées artificiellement donnent une saveur étrange à l'univers du laboratoire[2]. Même les représentations de l'objet technique ne sont pas neutres ; il s'agit à proprement parler d'un motif figuratif au sein duquel les esthétiques successives, mais aussi les contextes sociaux de la connaissance laissent des traces. Les objets représentés dans les encyclopédies classiques (celle de Diderot ne fait pas exception) sont pourvus d'éléments ornementaux : ils sont présentés dans un local signifiant, ils contiennent des volutes, des gemmes, des supports, tous éléments qui disparaîtront peu à peu, à mesure que l'approche de l'objet technique se fera plus fonctionnelle, et aussi que l'activité scienti-

1. *Sciences humaines,* n° 8, juillet 1991, Le cerveau et l'ordinateur, article illustré d'une photographie de l'Electronic Delay Storage Automatic Calculator, construit en 1949 et de la machine à calculer de Charles Babbage, deux objets de nature à relativiser ce que le lecteur peut associer concrètement à l'idée d'ordinateur.
2. Par exemple, *Le Figaro Magazine,* 5, décembre 1992, contient un article intitulé : « Cancer : un espoir de vaccin » dont le titre se détache sur une photographie pleine de mythologie : on y voit le visage de deux chercheurs, un homme et une femme, déformés par l'objectif en grand angle, éclairés violemment par une lumière orangée, tendre une poche contenant un liquide mystérieux, poche autour de laquelle toute l'image s'organise.

fique se détachera davantage du divertissement studieux des « amateurs » et autres *virtuosi*. La présence des personnes n'est pas davantage dénuée de signification. Nous repérons auprès d'un instrument astronomique du XVIIe siècle deux promeneurs abrités par une ombrelle : sont-ce l'écrivain et la marquise des *Entretiens sur la pluralité des mondes* ? Noyé au cœur des machines impressionnantes dessinées par Poyet, un ouvrier semble avoir perdu toute personnalité propre.

> Tout est représenté, écrit Jocelyn de Noblet, comme s'il n'y avait et ne pouvait y avoir dans la machine rien de superflu, de fortuit ou de décoratif. Rien ne peut être modifié sans risque de perturber l'ensemble. Les hommes sont toujours représentés sous la forme de petites figurines, rapidement esquissées, au service de quelque chose d'inexorable. C'est la machine qui semble toujours parfaite, alors que l'homme semble perfectible[1].

Aujourd'hui, les images de machines semblent être divisées en deux genres : celles dont on décrit le fonctionnement, et dont la représentation, dépouillée de tout détail pittoresque, exclut strictement tout personnage humain, signe de naïveté déplacée ; celles dont on fait ostentation, collection de consoles amébées ou forêt de fils multicolores, et devant lesquelles le chercheur pose presque immanquablement, tel l'explorateur devant le totem d'une tribu perdue au fond de la savane.

C'est sans perdre de vue de telles connotations de l'image qu'on peut aborder sa vertu didactique. Gaston Tissandier avait très bien formulé, en présentant la formule éditoriale novatrice de *La Nature*, les préoccupations auxquelles répond ce rôle de l'illustration scientifique, et par là même la tension qui marque cette définition.

> Comment expliquer, écrivait-il[2] d'abord, le mécanisme d'un appareil de physique et faire comprendre les rouages d'une machine à vapeur sans la gravure qui reproduit cet appareil et cette machine ? Le professeur de science n'a-t-il pas toujours sous la main le tableau noir, où il complète son enseignement par des tracés à la craie ? La gravure sur bois, le diagramme sont à l'écrivain ce que le tableau noir est au professeur.

Ainsi conçue, l'image est tout à fait didactique : il semble que son idéal soit la pure rationalité et le dépouillement. Mais la suite du texte vient justement corriger cette première impression.

1. Jocelyn de Noblet, Se servir des images, *Culture technique*, n° 22, janvier 1991 : « Images, techniques société », p. 102.
2. Gaston Tissandier, préface au premier volume de recueil de *La Nature*, 1873, p. V-VI.

> Si l'on voulait se borner à faciliter l'intelligence du texte, poursuit Tissandier, il suffirait de simples figures, analogues à celles que publient les livres techniques. Nous avons pensé que le public ne se plaindrait pas d'avoir plus encore, qu'il ne reprocherait pas aux gravures d'une revue, toute scientifique qu'elle soit, d'être exécutées avec un grand soin [...] Quel inconvénient y aurait-il à embellir une figure de science ? Pourquoi ne serait-elle pas une œuvre d'art si elle ne cesse d'être exacte et sérieuse ? Pourquoi ne craindrait-on même parfois d'animer les scènes, de représenter une machine en action, sans s'arrêter de parti pris devant les limites du pittoresque ?

Voici définie, on ne peut plus clairement, la tension qui marque l'histoire de l'illustration scientifique, tension entre la fonctionnalité didactique et l'esthétique ornementale, tension entre la clarté conceptuelle et le réalisme pittoresque, mieux encore, tension entre l'ordre contrôlé et l'imaginaire incontrôlable.

De multiples procédés tournent autour d'un effort pour faire voir l'invisible, le masqué, l'abstrait, le virtuel. On éventre les machines pour faire apparaître le mécanisme qui les commande ; on représente les objets en coupe ; on construit un schéma matérialisant les phases d'un processus, en désignant par des surfaces cernées (boîtes, cercles, rectangles) les entités et en les reliant par des flèches ; on utilise un code de couleurs pour distinguer plusieurs composantes, plusieurs états, plusieurs techniques. Le bénéfice attendu de l'image est ici multiple : l'image est concrète, elle demande un effort moindre que la compréhension d'un texte nécessairement abstrait ; elle est synthétique, elle permet de saisir globalement un ensemble de relations et une collection de données complexes : elle est particulièrement adaptée pour représenter des faits topologiques ou des réalités qualitatives. Ainsi, le schéma reconstruit un processus dans sa fonctionnalité et/ou dans sa chronologie.

Une expérience originale est menée par le journal *Libération,* qui fait paraître chaque semaine la présentation visuelle d'un sujet technique[1] sous la forme d'un schéma, message mixte associant

1. Il s'agit le plus souvent de sujets liés à notre environnement quotidien : description fonctionnelle d'un appareil que nous utilisons comme le distributeur de billets de banque, présentation d'un objet d'intérieur comme le lampadaire à halogène, acte médical comme la prise de tension ou l'anesthésie.

dans une construction subtile des éléments de texte succincts et des images toutes dessinées, mais de nature hétérogène. Cet exemple a pour nous cet intérêt qu'il systématise les divers apports de l'image, en puisant dans diverses traditions graphiques, de la vignette au collage. De petites icônes, parfois très simplifiées, permettent d'identifier un composant : bâton de dynamite, brassard à tension, seringue, tube de colle. Par métonymie, ces images évoquent le plus souvent, de façon parlante pour l'expérience du lecteur, un processus. Les formes des objets sont simplifiées, rendues proches d'une géométrie élémentaire. Les processus sont décrits grâce à une succession de flèches parfois soulignées, de façon redondante, par la numérotation des éléments[1]. D'une façon générale, on exploite dans ces schémas — grâce à un jeu complexe — les ressources complémentaires de la représentation imagée. On exprime visuellement des relations fonctionnelles, en utilisant la position des éléments dans l'espace, la composition en abyme, les liens et des flèches. On associe des éléments mimétiques et pittoresques, aptes à parler à l'expérience courante du lecteur et des éléments abstraits, dépouillés, symboliques. On multiplie divers points de vue sur l'objet : coupes, éventrations, vues en plongée, etc. Ces schémas proposent, grâce à l'hétérogénéité des moyens, une sorte de dramaturgie de la dissociation qui invite le lecteur à prendre ses distances par rapport à une représentation unique de l'objet et le dissuade de rechercher une unique réalité.

Cette hétérogénéité réfléchie est de nature à nous rappeler que l'approche fonctionnelle de l'image est en partie contradictoire avec l'approche référentielle précédemment évoquée. Aussi bien voit-on se manifester dans l'illustration des textes de vulgarisation une hésitation entre la tendance à dépouiller l'objet, à le rendre plus conforme aux exigences fonctionnelles et une tendance à le charger de traits évocateurs. Voici un exemple très évident des

1. Il y a toute une grammaire (liée à une histoire) de l'inscription des légendes dans les schémas : lettres figurant sur le dessin et reprises dans le corps du texte explicatif ; chiffres associés chacun à un terme ou à une courte description ; techniques d' « incrustation » du texte dans le dessin ; remplacement du texte par une icône traditionnelle.

effets d'une abstraction fonctionnelle. Le Dr J.-F. Paradivin a réalisé avec le dessinateur C. Gohérel une bande dessinée de vulgarisation destinée à prévenir les jeunes des lycées contre la drogue et le SIDA[1]. Les vignettes sont réalistes, selon un graphisme qui évoque la bande dessinée de magazines pour les jeunes. Mais, lorsqu'il s'agit d'aborder les modes de contamination du SIDA, nous voyons une série de schémas qui présentent la partie inférieure du corps d'un homme et une femme, côte à côte, face au lecteur, les sexes étant reliés par une flèche rouge. Le sexe de l'homme est au repos, aucun geste de contact n'unit les deux corps. Ce cas est intéressant, car il fournit l'exemple d'une représentation fausse justifiée par une prétendue simplification fonctionnelle (représentation à laquelle manque précisément, en l'occurrence, l'essentiel). Pour comprendre ce schéma, l'adolescent doit accepter l'idée que les positions sont fausses, qu'elles ne sont pas des icônes représentant la situation mais des indices d'une situation possible, et utiliser un savoir implicite sur la relation sexuelle, savoir qui seul rend lisible l'image.

Cet exemple illustre d'une façon particulièrement claire un phénomène qui passe le plus souvent inaperçu. Le schéma scientifique — et même le schéma scolaire ou le schéma de vulgarisation — repose sur un ensemble de choix et de conventions. Il isole certains aspects de la réalité au détriment d'autres ; il mobilise des techniques de fabrication et des conventions de lecture de l'image, parfois très importantes ; il suppose pour être compris le recours à un ensemble de savoirs non représentés. Ceci est de nature à nous éviter l'erreur qui consisterait à croire que l'image est la panacée en matière de vulgarisation, qu'elle nous donne accès à la compréhension immédiate des phénomènes. On pourrait même dire que l'image, dans la mesure où elle est censée dans notre culture représenter immédiatement le réel, rend particulièrement difficile la perception des modèles.

On se méprendrait lourdement toutefois si l'on pensait que la

1. *Paradis mortels,* Editions Michel Lafon, 1987.

fonction des images didactiques de vulgarisation est seulement conceptuelle, si l'on voulait les lire comme une forme de transcription schématique des notions. L'image se charge nécessairement d'imaginaire. C'est une ressource que certains illustrateurs exploitent de façon systématique. Un film et une plaquette ont été réalisés pour expliquer aux enfants le fonctionnement de leurs muscles[1]. Le système moteur de l'homme y est représenté sous la forme d'un robot : les os sont figurés par des éléments géométriques, dont la silhouette évoque d'assez loin des parties du corps, mais dont la forme est celle d'éléments mécaniques ou d'outils, le squelette est ramené à quelques composants essentiels (pas de membre supérieur, un seul membre inférieur, etc.), les corps musculaires sont des losanges colorés différemment selon qu'il s'agit de « muscles du maintien » ou de « muscles du mouvement » (paraphrases désignant les fibres musculaires lentes et les fibres rapides). Il s'agit de métaphores visuelles, d'une nature assez comparable à celle des figures de discours que nous étudierons plus loin. Ce type de schématisation présente des avantages de simplicité évidents, mais ce n'est pas sa seule fonction : il s'agit également d'un jeu qui rapproche l'anatomie des pratiques ludiques et des représentations imaginaires de l'enfant. D'ailleurs, ces métaphores sont soulignées par le commentaire du film : on y décrit le muscle comme un élastique. La métaphore visuelle et la métaphore textuelle peuvent en outre répondre à des modèles différents, en une sorte de prolifération jubilatoire : pendant que le commentaire indique qu'il faut faire le plein et qu'il existe plusieurs types de carburants, l'image montre des tiroirs qui s'ouvrent dans le « ventre » du personnage-robot — qui acquiert à cette occasion une tout autre fonction —, chaque tiroir s'emplissant d'aliments d'une catégorie différente. On identifie sur ce dernier exemple la richesse du message iconique en termes didactiques. La métaphore visuelle repose sur une simplifi-

1. *Le muscle,* documents réalisés sous le patronage conjoint du rectorat de Paris, de la mairie de Paris et de la Clinique du sport, et divulgués à l'occasion du Ier Congrès de médecine du sport pour les enfants, Stade Pierre-de-Coubertin, Paris, 9-13 juin 1992.

cation schématique du processus, une lecture, en quelque sorte, de la physiologie ; sa forme constitue un signifiant ouvert à diverses associations imaginaires et apte à mobiliser des intérêts non scolaires ; la réalisation des dessins, très simple et très colorée, connote l'illustration des livres d'enfants, voire les dessins d'enfants, et contribue sans doute à faire du muscle un élément familier ; la multiplication des signifiants visuels différents est une tentative pour réaliser une sorte d'abstraction concrète, intuitivement accessible par le biais de la structure commune des images, sans formulation symbolique explicite. C'est dire que la problématique fonctionnelle adoptée jusqu'ici, celle de l'efficacité didactique, s'ouvre sur un espace pédagogique plus large, faisant place au ludique et à l'association imaginaire, comme l'atteste le traitement des éléments typographiques qui constituent les titres de séquences : les grandes notions sont représentées par des lettres initiales colorées de grande taille et de divers graphismes, sur lesquelles on voit en surimpression apparaître l'image d'enfants qui se livrent sur elles à divers mouvements de gymnastique.

Ces analyses permettent peut-être de situer les rapports du discours et de l'image en vulgarisation. Contrairement à ce que peut laisser penser le poncif du petit croquis qui remplace les longs discours, la lecture des images ne constitue ni un accès plus facile aux notions, ni un accès plus direct à la réalité. Une approche sémiologique cohérente du texte et de l'image scientifiques pourrait consister à reconnaître la parenté et la spécificité des deux modes de signification. D'un côté, la notion de traduction serait ici encore très réductrice. L'image n'est jamais seulement la réalisation d'un texte virtuel, l'explication n'est jamais la simple traduction verbale d'une vision. Chaque matériau sémiologique se déploie dans un espace propre, rencontre des difficultés techniques différentes, tire de son histoire des traditions de conception et d'interprétation différentes, possède des moyens d'évocation différents. D'un autre côté, les questions que nous avons brièvement évoquées ici présentent une proximité évidente avec celles que nous détaillerons davantage à propos du discours de vulgarisation. Cette proximité tient à l'arrière-plan philosophique commun que nous avons formulé précédemment. Les images de vulgarisation doivent s'articuler, comme les textes, avec les pratiques signifiantes complexes de la recherche, pratiques de conceptualisation, de représentation, de schématisation dans lesquelles s'associent la nature des signes et la dynamique de la pensée ; les images et les discours destinés aux non-spécialistes proposent dès lors, comme sans doute les images et les textes de la recherche, un compromis entre la représentation évocatrice et la structuration conceptuelle ; mais aucune des solutions adoptées, ici ou là, n'est apte à empêcher l'imaginaire social, en tant que le créateur en est imprégné et en tant qu'il est actualisé par l'interprète, de s'engouffrer au sein de l'énoncé ou de l'image les plus contrôlés.

L'analyse des planches de l'*Encyclopédie,* que nous retrouvons ici à titre de démarche fondatrice de la tradition de l'illustration scientifique[1] est très éclairante sur ce point. Jacques Proust voit à juste titre dans les planches de l'*Encyclopédie* une expression particulièrement accomplie de l'effort classique pour rendre la nature transparente. C'est « l'utopie la plus extraordinaire d'un siècle qui en produisit tant. Tout y est transparent, limpide, sans mystère. Et tout y est signe »[2]. Murs abattus, objets éventrés, systèmes présentés en coupe : tout est fait pour rendre la réalité accessible et rationnelle. Toutefois, l'effort même pour pénétrer le monde ne conduit pas à le rationaliser, mais à le charger de fantasmes : nous l'avons déjà vu avec Häckel. Roland Barthes s'est employé à montrer comment *avorte* ce projet d'éventrement de la réalité, ou plutôt comment il aboutit d'une façon qui échappe au contrôle de ses auteurs. Cela tient d'abord à la duplicité de la représentation, tangible au sein de la page elle-même, qui superpose un tableau ordonné et une

1. L'*Encyclopédie* n'inaugure pas la tradition de l'illustration du savoir. L'iconographie joue un rôle non accessoire dans les traités alchimiques. Mais l'encyclopédisme du XVIIIe siècle constitue un effort systématique pour exploiter publiquement une épistémologie de la vision.

2. Jacques Proust, Le recueil de planches de l'*Encyclopédie, L'Encyclopédie Diderot et d'Alembert, planches et commentaires,* Comité national du bicentenaire Diderot, Hachette, 1985, p. 14.

vignette pittoresque, selon un partage qui renvoie à la tension entre la rationalité de la technique et son usage social :

> La production de l'objet entraîne l'image vers une simplicité presque sacrée ; son usage au contraire (représenté au moment de la vente, dans la boutique) autorise l'enjolivement de la vignette, abondante en instruments, accessoires et attitudes[1].

Mais, plus profondément, cela tient à ce que l'image laisse voir davantage que ce que contient son programme.

> La vignette, condensé de sens, offre aussi une résistance au sens, et l'on peut dire que c'est dans cette résistance que paradoxalement le langage de la planche devient un langage complet, un langage adulte.

Barthes donne alors libre cours à une interprétation surréaliste des planches. Il lit une image dans une autre. Il voit un arbre, un ours, une chevelure, une étoffe, dans des objets qui se proposent de montrer tout autre chose. La matrice de la femme lui apparaît comme un bœuf écorché à l'étal. Ainsi l'illustration scientifique peut-elle aboutir, par l'obstination rationnelle, à la monstruosité.

> En « entrant » dans les détails, conclut Barthes, en déplaçant les niveaux de perception, en dévoilant le caché, en isolant les éléments de leur contexte pratique, en donnant aux objets une essence abstraite, bref en « ouvrant » la nature, l'image encyclopédique ne peut à un certain moment que la dépasser, atteindre à la surnature elle-même : c'est à force de didactisme que naît ici une sorte de surréalisme éperdu.

En allant de l'image vers la communication pluricodique, on peut avoir le sentiment de passer du chatoiement du sens à son éclatement. Faisant appel à plusieurs types de documents, constitués de matériaux sémiotiques divers, les entreprises modernes de divulgation des sciences invitent à une réflexion sur le mode d'intégration des informations multiples que ces dispositifs proposent à l'interprétation.

L'hétérogénéité des signes est déjà présente dans beaucoup de formes imprimées de vulgarisation. Les textes de vulgarisation ont été, au fil de leur histoire, un objet privilégié d'expérimentation des

1. Roland Barthes, *Les planches de l'Encyclopédie de Diderot et d'Alembert*, Musée de Pontoise, 1989.

nouvelles techniques de l'imprimé. Pour qui feuillette les *Entretiens sur la pluralité des mondes,* l'impression de lire un roman peut être complète : les soirées se succèdent dans la linéarité parallèle de la chronologie et de l'apprentissage. Le refus clair des figures, présentées comme réservées à la science professionnelle, exclut l'illustration. Tout au plus, avec *La théologie astronomique* de Guillaume Derham ou les *Lettres à une princesse d'Allemagne* d'Euler, trouverons-nous quelques schémas clairement mis en rapport avec le texte. Même cadre spatial pour la lecture de la revue *Les Mondes* de l'abbé Moigno. Les grands ouvrages de vulgarisation du XIXe siècle nous proposent une mise en page plus riche. *L'astronomie populaire* de Camille Flammarion est un texte continu, découpé en une suite de chapitres portant chacun un titre (« La Terre dans le Ciel »), éventuellement accompagné d'une brève indication des thèmes traités (« Comment la Terre tourne sur elle-même et autour du Soleil. Le jour et la nuit. Les heures. Les méridiens. L'année du calendrier »). Le texte est illustré et chaque illustration porte un titre, parfois constitué de la reprise d'un passage du texte. L'information commence timidement à se diversifier, mais le lecteur est devant un texte à lire dans son intégralité. Les chapitres se succèdent logiquement, sans qu'aucun procédé typographique ne mette en relief quelque élément que ce soit. Tout au plus quelques rares termes sont-ils imprimés en italiques. *Les merveilles de la science* de Louis Figuier ne présentent guère de variante notable par rapport à ce modèle. Le texte est imprimé sur deux colonnes et agrémenté de diverses illustrations. Il reste continu, même si la présence d'un court sommaire en tête de chapitre (procédé présent dans les romans de Jules Verne) et le caractère plus développé des légendes permettent déjà plusieurs accès à la lecture. Les revues de la même époque, comme *La Nature,* recourent au même système complémentaire d'un texte continu et construit et d'un ensemble d'illustrations aptes à donner au lecteur nonchalant une idée du sujet. Mais nous restons dans la linéarité de la lecture littéraire.

En ouvrant une revue de vulgarisation contemporaine, l'impression est toute différente. Le texte et les illustrations sont disposés dans l'espace de la double page. Le texte lui-même est devenu un dispositif complexe : ensemble d'articles de taille variable, titres, intertitres, éléments multiples du paratexte. La revue s'ouvre à une pluralité de parcours et autorise des lectures plus ou moins approfondies. « L'organisation spatiale structure la lecture tout comme elle génère des modalités de non-lecture. »[1] Il ne s'agit pas seulement de virtualités contenues dans le texte : les enquêtes attestent en effet des pratiques très diverses de lecture, parmi lesquelles le parcours méthodique et linéaire est exceptionnel.

> Dès le premier coup d'œil et avant même de commencer à lire (en haut de la page de gauche, de façon studieuse) le lecteur découvre une aire scripturale dans laquelle un texte, découpé en paragraphes, des titres, des illustrations et leurs légendes jouent avec le blanc du support pour construire une « mise en page »[2].

Ce caractère hétérogène du texte doit être considéré comme une donnée essentielle de la structure générale, donnée qui affecte les phénomènes de construction du discours analysés plus loin. Par exemple, il n'est pas rare que les illustrations soient accompagnées d'un texte assez long, conçu comme un récit, qui joue un rôle didactique : certains de ces textes (qu'on pourrait nommer « archilégendes ») sont complémentaires du texte principal de l'article. Plus souvent, il s'agit de reformulations, plus concrètes ou plus synthétiques, d'une partie de l'exposé didactique principal. Trois tendances sont notamment à l'œuvre dans ces nouveaux procédés de mise en page : le discours éclate, l'auteur pouvant renoncer à relier deux aspects pour en faire des pièces indépendantes d'un dispositif lâche ; l'exposé est redondant et les points de vue se multiplient, tournant autour de l'objet à décrire au lieu de choisir définitivement un mode d'organisation textuelle ; l'information est hiérarchisée en plusieurs niveaux de lisibilité, liés au fait que la typographie et le paratexte sont massivement utilisés pour véhiculer les notions essentielles, en l'absence d'une lecture exhaustive.

1. Daniel Jacobi, *Textes et images de la vulgarisation scientifique*, Peter Laing, 1987, p. 112.
2. *Ibid.*, p. 113.

Ce phénomène rejoint d'ailleurs une tendance plus généralement à l'œuvre dans les techniques modernes de communication. La volonté de permettre des stratégies multiples d'appropriation des connaissances conduit, dans les expositions scientifiques ou dans les logiciels interactifs, à produire des unités d'information très morcelées (panneaux d'une exposition, écrans d'un dispositif télématique). En regard, le discours apparaît comme la structure dans laquelle les informations peuvent être logiquement intégrées, reliées à un contexte, mises en perspective.

> Les médias interactifs présentent une mise en forme spécifique des informations auxquelles ils donnent accès : tous ces contenus sont découpés et présentés sous forme d'unités isolées d'information correspondant aux capacités de visualisation de l'écran cathodique utilisé. C'est une des caractéristiques des médias interactifs que de présenter des informations décontextualisées, réduites à l'état d'unités, et cela constitue un changement important dans le mode de transmission des informations[1].

C'est dire que l'un des regards que l'on peut porter sur l'évolution des formes matérielles du texte — qui à coup sûr ont une influence importante sur les possibilités et les ressources de l'écriture — est de les considérer comme un lieu de tension, ou de compromis, entre la recherche croissante d'un message immédiat et ponctuel et la tradition de mise en relation des idées et des images par le texte. Le discours de vulgarisation reste le lieu où se dessine un parcours, dans lequel la narrativité joue, comme on l'a déjà vu, un rôle décisif.

> L'information narrative situe les éléments qu'elle apporte dans un contexte social, dans un ensemble qui assure ainsi une cohérence pour le récepteur. L'information non narrative est composée d'éléments juxtaposés et suppose chez le récepteur un contexte d'interprétation adéquat, faute de quoi les risques d'erreur ou d'incompréhension s'accroissent[2].

En d'autres termes, l'idéologie de la diffusion précédemment critiquée est ici matérialisée, jusqu'à ses limites. La situation des revues contemporaines de vulgarisation n'est pas aussi radicale que

1. Claire Belisle, Cinéma scientifique et médias interactifs, *in* La science à l'écran, *Cinémaction,* n° 38, 1986, p. 135.
2. *Ibid.,* p. 135.

celle qui est ici décrite. La multiplication des textes y constitue bien sûr un risque de morcellement, inséparable de la liberté qu'elle procure. Ce risque peut être combattu si la perspective reste cohérente sur le fond, et si certains procédés de rappel conduisent à relier les informations éparses. A cet égard, nous sommes loin, à la lecture de *Science et vie* ou de *La Recherche*, du sentiment de clivage que donne un dispositif d'exposition lorsque les objets à regarder, les appareils à manipulcr et les légendes à lire sont traités par beaucoup de visiteurs comme autant d'entités closes[1]. En tout cas, la narrativité reste une structure déterminante dans ces revues, car elle régit solidement chacune des unités textuelles.

Dans le cas des espaces d'exposition scientifique, toujours plus complexes, la question de l'intégration des connaissances est encore plus décisive. La richesse des moyens disponibles pour présenter le savoir s'accompagne d'une exigence de lucidité. Le musée dispose de ressources technologiques considérables.

> Grâce à ces technologies, une exposition peut combiner le contenu d'une encyclopédie, le rythme d'un film, le développement visuel de la télévision, l'interaction du professeur, l'ambiance des spectacles son et lumière, la magie des illusions d'optique[2].

On peut beaucoup rêver sur ces nouveaux pouvoirs offerts à la vulgarisation. Mais ce nouvel avatar du spectacle total ne va pas de soi.

> Tous ces moyens — ces outils, faudrait-il dire — toutes ces présentations qui font de la muséologie des années quatre-vingt-dix presque un mégamédium favorisent la mise en situation, captivent le visiteur, créent une atmosphère agréable, font sans doute partie du message, mais ne sauraient être *le message*.

1. L'exposition *La douleur* réalisée à la Cité des sciences et de l'industrie en 1992 est un bel exemple d'espace intégré par un texte narratif. Les différents objets qui constituent cet espace d'exposition (objets scientifiques, mais aussi documents historiques et œuvres d'art) sont reliés par un récit dont l'énonciation a été confiée, par prosopopée, à la douleur elle-même, et que le visiteur entend se dérouler à mesure qu'il parcourt l'espace. C'est un exemple intéressant de conciliation entre la discursivité du texte et le parcours physique.
2. Roland Arpin, Pour les années quatre-vingt-dix, un mariage à trois : muséologie, communication et pédagogie, *in* Bernard Schiele (éd.), *Faire voir, faire savoir, la muséologie scientifique au présent,* Québec, Musée de la Civilisation, 1989, p. 67-68.

Cette exigence de lucidité est d'autant plus forte que les enjeux économiques font incursion dans le musée avec les technologies coûteuses, mais aussi que notre liberté de produire des signes toujours plus sophistiqués doit s'accompagner d'une réflexion sur leur statut. Comme l'écrit Jean-Paul Natali,

> il est [...] nécessaire que la transformation des discours scientifiques en propos d'exposition s'inscrive dans le cadre de connaissances permettant une maîtrise plus ou moins partielle des effets de cette transformation. C'est-à-dire que la muséologie (des sciences) doit obligatoirement faire appel à diverses disciplines, celles qui sont liées aux procédures de réflexion sur, ou d'acquisition des connaissances : sémiotique, didactique des disciplines, sémiologie, linguistique, épistémologie, sciences de la communication[1].

A cet égard, on peut remarquer qu'avec la diversification des modes de conception des espaces muséaux plusieurs aspects de l'intégration des connaissances ont acquis une complexité nouvelle : il s'agit notamment du contrat de communication mis en place, du parcours du visiteur, des sources d'interprétation dont dispose ce dernier et des rapports qui s'établissent entre texte, objet et image de l'objet.

Au sein du musée traditionnel, la fonction de conservation des objets et la fonction d'exposition au public se rejoignent tant bien que mal, dans l'exhibition ordonnée. Le visiteur est spectateur, plus ou moins actif, d'une collection : il ne touche pas, ne modifie pas l'état des objets. A partir de là, la visite s'organise comme un parcours ordonné. L'espace est structuré en un itinéraire, souvent dicté par le classement méthodique des objets.

Peu à peu, cette logique a évolué dans l'histoire des pratiques muséales. Le parcours peut être organisé comme une démarche de découverte progressive : on est alors dans un espace qui se vulgarise, qui se structure à la manière d'une rhétorique de l'intérêt et de la complexité graduelle, mais le visiteur est toujours guidé, comme il l'est dans le discours, par la linéarité d'un parcours défini. Une nouvelle étape est franchie lorsque le parcours commence à être

1. Jean-Paul Natali, Musées et muséologie : enjeux, *Sciences et médias, penser, imaginer, connaître,* Didier Erudition, 1988, p. 73.

optionnel, multiple, voire libre. Le visiteur de la Cité des sciences et de l'industrie de La Villette est souvent confronté ainsi à des espaces ouverts, aux frontières floues, dans lesquels les enfants courent d'un pôle d'activité à un autre. Ceci a des conséquences majeures sur la démarche de vulgarisation : l'information doit y être découpée en entités clairement dotées d'autonomie, au bénéfice d'une liberté de parcours, mais au détriment de la mise en relation des éléments rassemblés autour d'un même thème. Deux choses deviennent alors problématiques : la cohérence de l'information, et la progression de l'apprentissage. La notion de communication de la science comporte dès lors une problématique spatio-temporelle complexe. On peut notamment remarquer qu'avec la conception des espaces muséaux l'organisation du savoir passe par plusieurs modes de cohérence. L'écriture d'un programme procède d'abord à une sélection des éléments d'information et à une reformulation du savoir : la logique du discours, telle que nous l'étudions dans ce livre, prévaut à ce stade. La mise en place d'une structure d'exposition suppose une scénarisation et une réalisation matérielle, figurant le savoir et l'insérant dans une présentation narrative : la configuration de l'espace est alors l'élément signifiant majeur. Enfin, la visite elle-même correspond à une réorganisation de cet espace, par le geste, aboutissant à un parcours et à une lecture : la dimension temporelle est ici primordiale. Chaque étape de ce travail correspond à un mouvement signifiant différent, chacune engage des métiers et des savoirs différents[1].

L'idée d'un itinéraire de visite débouche ainsi sur une approche des relations aux objets et à leurs représentations. Le musée traditionnel juxtapose l'objet que l'on regarde et le texte qui l'identifie et l'explique. Les musées contemporains, notamment les musées des

1. Jean Davallon, Peut-on parler d'une langue de l'exposition scientifique ?, *in* Bernard Schiele (éd.), *Faire voir, faire savoir, la muséologie scientifique au présent,* Québec, Musée de la Civilisation, 1989. Cet article expose de façon plus approfondie la réflexion ici mentionnée, en rendant compte notamment d'analyses faites avec Anne Decrosse dans un rapport rédigé pour la Mission du musée-parc de La Villette en 1986, « Sémiotique et sémiologie de la transformation du discours scientifique dans l'exposition ».

sciences ont introduit diverses formes actives de communication, avec le projet de donner une initiative plus grande au visiteur. Un texte écrit il y a plus d'un demi-siècle par Sainte-Laguë, enseignant au Conservatoire des arts et métiers, dans le cadre de l'élaboration du Palais de la Découverte, expose très complètement les finalités d'un tel projet, mais aussi ses contradictions :

> Parce que la beauté propre de la découverte mathématique, en raison de son caractère abstrait, présente rarement un aspect spectaculaire, il conviendra précisément d'utiliser toutes les ressources « modernes » pour rendre attrayante cette partie de l'exposition. Le mode classique d'exposition (graphiques, panneaux explicatifs, tableaux muraux, schémas, etc.) sera abandonné aussi souvent que possible ; lorsqu'il sera impossible de s'en passer, les procédés de l'affiche publicitaire, en particulier le recours à la lumière et au mouvement, seront largement utilisés en vertu du principe selon lequel « tout ce qui bouge attire immanquablement l'œil ». Dans tous les autres cas, il s'agira de faire participer le visiteur « en le prenant à la gorge » pour le prier d'intervenir lui-même ou lui poser des questions. Cela créera pour le visiteur un intérêt personnel, l'accrochera à un endroit donné, créera de l'animation, des gens qui viennent pour savoir ce que regardent les autres, tout cet ensemble de choses qui fait que le visiteur ayant eu son attention constamment en éveil, déclare en rentrant chez lui qu'il est bien content[1].

Sans doute les enjeux auxquels sont confrontés aujourd'hui les musées des sciences sont-ils tous virtuellement présents dans ce projet. L'idée d'impliquer le public dans une activité pratique reçoit une justification ambiguë : cette interaction vise au moins autant à séduire qu'à instruire. Une telle stratégie conduit nécessairement la vulgarisation à emprunter ses techniques à des formes de communication professionnalisées mais fondées sur d'autres objectifs : la mention des techniques publicitaires annonce ici la multiplication des métiers, des projets, des intérêts dans l'espace muséal. Les conceptions du public, de ses motivations et de ses intérêts sont sans doute aussi schématiques que les techniques employées sont modernes : va-t-il s'agir de construire un immense dispositif d'éclai-

1. Projet de Sainte-Laguë pour le secteur des mathématiques du Palais de la Découverte, cité par Jacqueline Eidelman, Politique scientifique ou politique de l'esprit, genèse du Palais de la Découverte, *in* Vulgariser les sciences, acteurs, enjeux, projets, *Cahiers d'histoire et de philosophie des sciences,* 1988, n° 24, p. 60.

rage pour attirer des papillons ? L'obsession de l'activité du public accompagne une conception intellectuellement passive de son rôle : le visiteur n'est pas censé avoir l'occasion de construire ou de manifester un point de vue propre sur la science, mais plutôt assister à un spectacle attirant et surtout rentrer chez lui bien content. Enfin, le texte n'est pas sans laisser transparaître que, selon le modèle des fêtes idéales évoquées par la *Lettre à d'Alembert,* les spectateurs se donnent eux-mêmes en spectacle : la visite du musée des sciences est aussi une pratique sociale. Les comportements trouvent leur norme, en s'éloignant parfois très sensiblement des intentions qui ont présidé à la conception de l'exposition. La manipulation des objets et l'interprétation des phénomènes donnent lieu à conversations et à réinterprétation[1].

La question fondamentale que posent les formes les plus modernes de la vulgarisation est bien celle de la pratique, puisque, comme on l'a vu dans le texte de Sainte-Laguë, c'est de leur caractère pratique que ces dispositifs s'autorisent pour définir leur intérêt par rapport aux textes de vulgarisation. La question est d'une complexité extrême.

Philippe Roqueplo avait souligné, dans *Le partage du savoir,* l'absence de la pratique dans la vulgarisation. La construction des concepts lui semblait indissociable de la pratique scientifique dans laquelle elle pouvait avoir un sens : à cet égard, la mise en spectacle de la science était aussi éloignée que possible d'une réelle appropriation des concepts. C'est une certaine façon d'interpréter cette thèse qui a conduit à imaginer dans les lieux d'exposition des dispositifs actifs que les visiteurs sont invités à manipuler : logiciels de jeux interactifs, appareils simplifiés d'expérimentation, tests personnels à réaliser, programmes optionnels dans lesquels le visiteur est invité à choisir. Tout est fait pour que le public se transforme en acteur d'une sorte d'équivalent de l'expérimentation scientifique.

1. A.-M. Lucas propose une série d'observations liées au rôle structurant des échanges entre visiteurs au sein d'une exposition dans Contextes et interprétation au musée, *Sciences et médias, penser, imaginer, connaître,* Didier Erudition, 1988.

L'exposition offre incontestablement à cet égard une supériorité sur le livre, même si le désir de susciter la pratique du lecteur n'est pas absente de certains ouvrages, comme *La science amusante* de Tom Tit, constituée d'une série d'expériences à réaliser avec les objets les plus courants. Néanmoins, rien n'est simple en la matière. L'observation des visiteurs qui fréquentent les musées de sciences tempère l'enthousiasme que pourrait susciter une telle émergence de la pratique expérimentale en vulgarisation. Il faut d'abord distinguer le caractère interactif d'un dispositif, au sens matériel du terme, de la réelle implication intellectuelle du visiteur et même de la réelle adaptation du discours à ses compétences et à ses attentes. En d'autres termes, il faut voir ce qu'on propose au visiteur lorsqu'on l'a *pris à la gorge*. On peut inviter un visiteur à agir en décrochant un téléphone pour entrer en communication avec les génies de l'électricité, puis lui faire entendre une bande enregistrée contenant un récit hagiographique digne des plus belles pages de Figuier. On peut proposer un dictionnaire interactif de la communication sur micro-ordinateur dont les définitions sont formulées en termes strictement techniques. La technicité des dispositifs est ambiguë : elle peut servir à théâtraliser les lieux ou à séduire les visiteurs, elle n'est pas nécessairement au service d'une logique originale d'apprentissage. La sophistication du matériel ne va pas nécessairement de pair avec l'originalité de la démarche ; on a même parfois le sentiment qu'au sein d'un budget limité ce qui a été utilisé pour réaliser des dispositifs techniques prestigieux a été pris sur l'élaboration des démarches ou l'écriture des textes.

Cela dit, quelle que soit la qualité de l'activité proposée au visiteur, la façon dont elle peut s'ouvrir sur un extérieur est essentielle. En tant que telle, l'activité ne structure pas une pratique et ne donne pas accès à un savoir[1]. Tout dispositif expérimental est vécu comme un jeu s'il n'est pas relié à une réflexion, inséré dans un iti-

1. Laurier Lacroix se livre à une critique en règle des illusions ludique et technologique dans Bernard Schiele (éd.), *Faire voir, faire savoir, la muséologie scientifique au présent,* Québec, Musée de la civilisation, 1989, p. 23-24.

néraire personnel de recherche et éclairé, d'une façon ou d'une autre, par le discours. C'est très sensible dans le cas des consoles informatisées ou des dispositifs physiques. On voit des enfants et des adultes s'essayer sur ces objets comme s'il s'agissait de jeux électroniques ou d'épreuves de force. La manipulation n'est en effet une pratique structurante que si elle s'associe à un triple discours : celui qui en définit la finalité, celui qui en analyse les effets et celui, intérieur ou conversationnel, que le sujet peut tenir sur ce qu'il a fait. Aussi bien l'une des questions essentielles de la muséologie est celle de l'accès au discours, question très délicate et que ne résout certes pas la juxtaposition d'un dispositif attrayant et d'un panneau explicatif plus ou moins austère[1]. La lecture, dont on doit rappeler au passage qu'elle est une pratique, demeure un élément indispensable de l'appropriation d'un savoir.

Il n'en est d'ailleurs pas autrement au sein de la recherche scientifique. La pratique, expérimentale ou théorique, n'y est nullement un simple équivalent de la manipulation ou du vécu. Newton n'a pas trouvé les lois de l'attraction parce qu'il a reçu une pomme sur la tête. C'est même le contraire : si l'on n'a pas d'abord imaginé que la Lune tombe, il est impossible de constater qu'elle tombe effectivement. Les choses ne parlent pas d'elles-mêmes, le geste n'est pas à lui-même son propre sens. Nous retrouvons ici la place nécessaire de la narrativité. Une expérience, c'est un ensemble de faits inscrits dans des récits : ceux, préalables, qui en dessinent la possibilité et les conditions, ceux, anticipés, qui en écriront, de façon souvent controversée, la nature[2].

1. On s'intéresse depuis peu au rôle important joué par les textes dans les expositions et à leurs spécificités rhétoriques (Daniel Jacobi, Les formes du savoir dans les panneaux des expositions scientifiques, *in* Bernard Schiele (éd.), *Faire voir, faire savoir, la muséologie scientifique au présent,* Québec, Musée de la civilisation, 1989 ; Julie Desjardins et Daniel Jacobi, Les étiquettes des musées et expositions scientifiques ; revue de la littérature et repérages linguistiques, *Publics et musées,* n° 1, mai 1992).
2. Ian Hacking fait justement observer toutefois que la pratique scientifique n'est pas la pure et simple application d'une théorie ; l'importance de l'expérimentation tient à son aptitude à faire émerger de l'inouï. Mais il reconnaît également qu'une observation valable ne se suffit pas à elle-même (*Concevoir et expérimenter,* Christian Bourgois, 1989, p. 260). L'expérience juste suppose à la fois un discours sous-jacent et une pratique acquise.

La pratique du visiteur de musée ne trouve donc pas sa pleine intelligibilité dans la démarche pédagogique qui préside au temps de l'élaboration de l'exposition. Elle réside dans une configuration complexe de parcours, d'observations, de conversations, d'interprétations, que les différents niveaux d'organisation des signes proposés à la lecture et à la manipulation contribuent à définir. « L'exposition, écrit Jean Davallon, est moins un moyen de transmission de contenus scientifiques qu'elle n'est l'instauration d'un rapport à la science » : rapport qui joue sur une large gamme de tonalités, en privilégiant le magique, l'utilitaire, le culturel, l'ésotérique, l'épidictique, etc.[1].

Je souhaite conclure ce bref parcours au sein des formes non linguistiques — ou plutôt non exclusivement linguistiques — de la vulgarisation par trois hypothèses. La première est que la richesse que constituent les ressources multiples de la communication moderne doit s'accompagner d'un projet philosophique et d'une lucidité sémiologique, pour permettre l'appropriation réelle d'un savoir. La seconde est que le développement de ce secteur concentre les enjeux socio-économiques d'une communication publique de la science, si bien qu'aucun des problèmes mentionnés plus haut ne peut recevoir une solution simplement technique : loin de dépasser les enjeux que nous avons pu repérer, ils ne font qu'en aiguiser l'importance et la rendre plus manifeste. La dernière hypothèse est que le discours, dans sa dimension d'articulation des savoirs et dans sa dimension de narrativité, garde une place centrale en vulgarisation, place que l'invocation de l'activité ne suffit pas à rendre caduque. Cela signifie que la vulgarisation par le texte reste un objet privilégié pour repérer les logiques de l'appropriation des savoirs, mais aussi que la question des discours (textes distribués, textes affichés, textes dits, textes enregistrés etc.) est nodale pour la réflexion muséologique.

1. Jean Davallon, *op. cit.*, p. 50.

IV

ÉLÉMENTS DE POÉTIQUE

En présentant ici des éléments de poétique, je ne prétends pas définir la bonne façon d'écrire un texte de vulgarisation, ni même décrire des traits formels communs à tous les textes. Les analyses qui précèdent nous détournent d'un tel projet : le premier point de vue serait injustifié dans la mesure où les textes de vulgarisation sont des formations discursives marquées par la contradiction, s'étayant sur des points de vue privilégiés et, symétriquement, sur des formes d'ignorance ; la seconde prétention serait illusoire, car la diversité des situations de communication, des styles d'écriture et des objectifs est telle que toute loi est condamnée à connaître des exceptions[1]. En revanche, la poétique vise à repérer des questions qui se posent de façon très générale dans la production et la lecture des textes de vulgarisation et à décrire quelques-unes des réponses qui peuvent leur être données. Son objet est l'espace dans lequel se déploie l'initiative des vulgarisateurs, initiative structurée par les

1. En contraste avec la poétique faible que je propose ici, Eric Fouquier propose une poétique forte, à propos des émissions de télévision, en cherchant à identifier des figures récurrentes de discours et de mise en espace. Il écrit : « Les figures sont des *types* (au sens où ce terme s'oppose, dans la philosophie analytique, à celui d'occurrence, ou *token*), c'est-à-dire qu'elles sont en rapport aux images et aux signes dans lesquels elles s'illustrent à l'écran, dans la position d'un modèle par rapport à son exécution » (*op. cit.*, p. 24). Cette plus grande prétention méthodologique trouve sa justification dans le fait que cet auteur étudie un corpus limité d'émissions situées dans le temps et l'espace. Toutefois, plusieurs des indications fournies par cette analyse donnent à penser que l'application de ces règles tolère un « jeu » important.

problématiques fondamentales et bornée par les multiples déterminations sociales.

Ces déterminations n'engendrent pas en effet mécaniquement un discours doté de sa propre logique, de ses propres contraintes, de sa propre rhétorique. Le texte de vulgarisation établit un contrat d'écriture-lecture qui actualise et transforme dans une certaine mesure — dans une certaine mesure seulement — le contexte dans lequel il s'inscrit.

Le cadre dans lequel se déploie cette poétique est marqué par une problématique essentielle. D'un certain point de vue, la notion de médiation reste centrale pour comprendre le contrat de lecture-écriture proposé par les textes de vulgarisation. Nous avons vu plus haut les difficultés et les limites du modèle de la traduction, et même constaté que la fonction sociale de médiation ne va pas de soi et mérite d'être *soupçonnée.* Nous n'avons pas à réduire notre lecture des textes de vulgarisation à une approche didactique. Nous ne devons pas toutefois tenir pour nul le projet par lequel la vulgarisation prétend se définir[1]. En somme, la poétique de la vulgarisation est marquée par la tension entre le projet dont elle se réclame et les enjeux qu'elle mobilise. L'analyse qui suit vise à identifier quelques problèmes spécifiques que pose une telle tension au rédacteur. Les auteurs de vulgarisation rencontrent tous ces questions ; à ces mêmes questions et aux difficultés qu'elles suscitent, ils apportent des réponses différentes. Je proposerai, à titre d'hypothèses, quelques remarques sur les effets de sens associés à ces questions et à ces réponses.

Une telle analyse a un caractère essentiellement indicatif : elle sera illustrée d'exemples empruntés à quelques grands ouvrages de

1. C'est-à-dire qu'il est nécessaire de traiter le projet médiateur comme les analyses de conversation traitent le principe de coopération proposé par Grice, comme un horizon supposé à partir duquel diverses stratégies sont possibles. On peut développer un dialogue conflictuel ou manipulatoire, mais on ne peut se comprendre, même dans ce cas, sans s'attribuer des intentions de communication correspondant à un objectif minimal de coopération ; de même, la vulgarisation peut remplir diverses fonctions, mais elle aura toujours à se construire en référence à un projet médiateur.

la tradition, ainsi qu'à une série de textes contemporains empruntés aux grandes revues et au journal *Le Monde*. L'analyse comparative d'une série d'articles consacrés à la présentation de l'intelligence artificielle, au milieu des années quatre-vingt[1], fournira quelques exemples complémentaires, avant de faire l'objet d'une interprétation globale plus approfondie.

Créer un théâtre de la science

Je propose de comprendre par la notion de contrat de communication le fait qu'un acte de communication représente son propre fonctionnement et peut, dans cette mesure, l'infléchir. Par exemple, la sociologie du lectorat et le choix que fait un auteur de son public sont dans un rapport dialectique. L'auteur n'a pas le loisir de se donner un destinataire qui ne correspondrait à aucun lecteur effectif; en revanche, le texte propose une sorte de règle du jeu, pose des contraintes qui conduisent certains lecteurs à s'exclure d'eux-mêmes, fournit un espace de liberté borné, ou orienté. Autre exemple : la question très ouverte des fonctions de la vulgarisation peut recevoir une réponse simple, dans la mesure où l'auteur affiche très clairement des intentions, mais elle peut aussi trouver dans l'écriture l'occasion de se préciser ou de se resserrer, car les

1. Ces références sont tirées de l'analyse systématique de huit textes de présentation de l'intelligence artificielle parus dans des médias très différents entre 1984 et 1986, analyse menée dans le cadre du séminaire de sociosémiotique d'Anne Decrosse à l'Ecole des hautes études en sciences sociales. C'est à ce corpus, non exhaustif mais représentatif d'une diversité d'auteurs, de supports et de rhétoriques, que renvoient les analyses ultérieures : Jacques Antoine, *L'Usine nouvelle,* n° 10, 8 mars 1984 ; Eric Seyden, *Sciences et techniques,* mai 1984 ; Douglas Lenat, *Pour la science,* novembre 1984 ; Dominique Commiot, *Sciences et avenir,* février 1985 ; Fabien Gruhier, *Le Nouvel Observateur,* 1er novembre 1985 ; « Rapport sur l'état de la technique », 1985 ; Marie-Odile Cordier et Marie-Christine Rousset, Les systèmes experts, *Universalia,* 1985 ; Jacques Arsac, *L'Homme futur,* juillet 1986. Plusieurs étudiants de TELECOM Paris m'ont également proposé des pistes d'interprétation nouvelles de ces textes.

choix de thèmes ou de logiques d'exposition lui apportent une amorce de réponse, plus ou moins implicite.

Sur ces plans et sur d'autres, le travail textuel du vulgarisateur consiste donc, si l'on ose une métaphore, à créer un théâtre de la science. Entendons par là à la fois : d'abord, au sens étymologique, un dispositif pour voir la science, qui, comme on l'a déjà noté, ne se donne pas elle-même à voir ; ensuite, dans ce lieu de spectacle — de contemplation, de dérision, de jeu, c'est selon — des places et des rôles ; enfin, globalement, par le biais de ce dispositif, un point de vue sur le savoir et les pratiques qui le constituent. Comme on l'a déjà dit, le vulgarisateur est placé dans la nécessité de créer un tel théâtre, et il a le loisir, ou l'obligation, de montrer ce théâtre de façon manifeste, davantage que le chercheur ne le fait lorsqu'il réalise une communication conçue pour donner tous les gages de l'objectivité.

La problématique du contrat de communication implique un abord des faits de communication sensiblement différente de celle que propose par exemple la linguistique structurale. Dans l'hypothèse d'un contrat de communication, on ne peut regarder seulement la communication comme une transmission de message d'un émetteur à un récepteur. En effet, le couple émetteur-récepteur est, en quelque sorte, construit au sein du discours autant qu'il lui préexiste. Tout discours, en même temps qu'il propose des représentations du monde, par exemple, s'il est descriptif, dessine la double figure de celui qui l'énonce et de celui qui le reçoit. Les représentations de l'énonciateur, tel qu'il se met en scène dans le discours, et du destinataire, tel que le définit l'ensemble des dispositions que le texte lui attribue, sont plus ou moins visibles, plus ou moins déterminées ; elles sont toujours distinctes des seuls sujets empiriques que sont l'auteur et le lecteur. Elles en sont les images construites, parfois très précises, parfois archétypiques, toujours soumises à l'approbation de l'autre et en anticipation constante sur ses attentes et ses représentations. La vulgarisation scientifique n'échappe pas à cette règle ; en outre, le phénomène se charge des effets particuliers de l'arrière-plan scientifique. La représentation du lecteur comporte une définition de ses compétences (scientifiques, culturelles et linguistiques), mais obéit aussi à des hypothèses quant à ce qui le pousse à apprendre et quant à ses habitudes de lecture. Par la place qu'il s'accorde en tant que médiateur et celle qu'il invite son lecteur à adopter, le vulgarisateur définit un regard sur le champ scientifique et sur le savoir.

Malgré la généralité apparente des propos, le lecteur est donc omniprésent dans le système d'énonciation. *Lector in fabula :* l'expression s'applique à cette *fable* très particulière qu'est la science racontée. Le lecteur ne s'absente jamais, il est présent à chaque stade de l'explication et du récit, et même, seul véritable protagoniste de l'action, il se cache derrière chacun des masques qui apparaissent sur la scène : la pluralité des paroles correspond à la collection des positions qu'il est censé imaginer, adopter, repousser.

Les formes dialoguées qu'a prises le discours de vulgarisation à l'époque de son développement sont, à cet égard, particulièrement *parlantes*. Nous avons évoqué plus haut la dynamique culturelle dans laquelle a pu s'inscrire la lecture contemporaine des *Entretiens sur la pluralité des mondes*. Le contrat de communication proposé par le texte de Fontenelle, tout en reprenant ces contraintes, constitue un système infiniment plus complexe. Le texte prend la forme archétypique du dialogue, particulièrement apte à mettre en scène l'activité de médiation. Fontenelle se met en scène comme un médiateur (énonciateur principal du texte) devisant avec une femme du monde à laquelle il dévoile les mystères de l'astronomie : les *Entretiens* de Fontenelle affichent très clairement à la fois la prise en compte (la mise en discours) d'une opinion courante et sa correction par un exposé didactique. Ils se présentent comme un jeu de société à deux joueurs, jeu dont les rôles — deux rôles de porte-parole — sont on ne peut plus simples : la marquise représente le lecteur, tel qu'en lui-même l'initiation le change, le narrateur représente la communauté des savants, dans la mesure où elle peut se reconnaître dans la réénonciation qui est faite de ses théories. L'entretien selon Fontenelle expose de la façon la plus claire qui soit le processus de communication dont se réclame la vulgarisation. Mais pour qui regarde de plus près le texte, les choses sont plus complexes. En fait, ce ne sont pas deux mais quatre points de vue distincts qui sont exhibés. Trois d'entre eux s'expriment directement dans le texte : une croyance mondaine, un résumé simplifié de la science, une médiation qui nuance, commente, justifie de telles simplifications. Ces trois points de vue ont comme ligne de fuite un quatrième, absent, mais indispensable, la vraie science, dont la présence à l'horizon du dialogue est le garant de l'entreprise. Mais peut-être y a-t-il même un cinquième point de vue, qui tirerait sa force d'être secret, un regard du désir, qui justifierait le détour par ce jardin où l'on cause science : la conversation érotique de Crébillon se masquerait-elle derrière ce colloque... peu sentimental ?

D'autre part, le dialogue vulgarisateur est introduit, comme on l'a vu, par une relation épistolaire entre Fontenelle et un ami philosophe et s'interrompt parfois pour laisser place à un commentaire adressé à ce représentant d'un public averti. Une telle structure permet au vulgarisateur de procéder à certaines simplifications sans en assumer complètement les effets, voire d'expliquer en quoi l'entreprise de vulgarisation lui paraît, d'une certaine façon, impossible, dans le moment même où il s'y livre. Cette double structure permet, selon les termes de Marie-Françoise Mortureux, d'intégrer un métadiscours au discours.

> Alors que le contenu de la vulgarisation se trouve dans les conversations, c'est à travers le compte rendu au Philosophe qu'est problématisé le discours dans son existence, dans son fonctionnement et dans sa fonction ; à travers les conversations, Fontenelle interprète pour le public mondain les discours des savants, tandis qu'à travers la lettre il expose aux philosophes la question de savoir si cette interprétation est possible et légitime ; ce faisant, il met en cause, en même temps que son propre discours, son activité d'auteur ; mais, du même coup, il l'assure, en attirant l'attention sur sa rhétorique[1].

Dans le cas des *Entretiens,* le contrat de communication « canonique » affiché dans la préface déborde donc doublement : d'une part, le médiateur et le lecteur ne peuvent être représentés sans qu'apparaissent, à l'arrière-plan, les traces d'autres paroles liées à toute une culture sociale ; d'autre part, le projet didactique se charge d'autres types de relations sociales, en l'occurrence celles de

1. Marie-Françoise Mortureux, *op. cit.,* p. 181.

la galanterie mondaine, au prix d'une ambiguïté qui renforce sa complexité mais contribue à son acceptabilité. Le projet médiateur ne peut sans doute se réaliser qu'à la condition de déborder de lui-même vers une relation plus complexe entre les cultures et de glisser vers des formes moins didactiques de connaissance. A ce titre, le texte de Fontenelle est peut-être exemplairement démonstratif; il n'est pas exceptionnel.

L'un des aspects les plus intéressants du contrat de communication est la façon dont il définit et articule entre eux les points de vue du vulgarisateur et de son lecteur.

Le vulgarisateur se donne parfois explicitement un lecteur. Dans ce cas, il ne peut que mesurer la difficulté de définir exactement un tel lecteur. Einstein et Infeld expliquent très simplement dans la préface de leur livre le raisonnement qu'ils se sont tenu sur ce point. Le texte mérite d'être cité un peu longuement, car il fournit un cadre très clair pour les analyses qui vont suivre.

> Pendant que nous écrivions le livre nous avions de longues discussions au sujet des traits caractéristiques de notre lecteur idéal, et nous nous sommes donné beaucoup de souci pour lui. Il devait, à notre avis, compenser le manque total de connaissances concrètes en physique et en mathématiques par un très grand nombre de vertus. Nous l'avons trouvé animé d'intérêt pour les idées physiques et philosophiques et nous étions forcés d'admirer la patience avec laquelle il luttait pour venir à bout des passages les moins intéressants et les plus difficiles. Il se rendait compte que pour comprendre une page donnée il fallait avoir lu avec soin celles qui la précèdent. Il savait qu'un livre scientifique, même s'il a un caractère de vulgarisation, ne doit pas être lu de la même façon qu'un roman[1].

Ce texte a le mérite d'expliciter quelques-uns des choix qui sont de la responsabilité du vulgarisateur. Au-delà de la générosité qui caractérise le projet, la constitution d'un destinataire engage une série de paris de la part de l'auteur. En l'occurrence, les précisions concernent le niveau de connaissances, l'attitude de lecture, le procès de transformation du lecteur lui-même, le type d'intérêt qui peut l'animer. Les deux physiciens proposent un ensemble de réponses indicatives aux

1. Albert Einstein et Léopold Infeld, *L'évolution des idées en physique,* Flammarion, coll. « Champs », 1983, p. 6.

questions que nous avons posées dans les premières parties de ce livre. Leur poétique, explicite à ce stade, étaie l'écriture sur la figure d'un lecteur possible. Cela ne signifie pas, bien sûr, que tous les lecteurs seront identiques à ce « lecteur idéal », mais plutôt que les choix dans le discours se référeront préférentiellement à son profil.

L'abbé Pluche manifeste un pareil souci de justifier la structure de son ouvrage par les hypothèses qu'il a formées sur son destinataire. La sélection de l'information trouve sa source dans le choix du public. L'abbé a écarté les titres qui définiraient de façon trop restrictive une cible étroite. Si ce n'est pas la *Physique des enfans,* ni la *Physique générale,* mais le *Spectacle de la nature,* c'est parce que ce qui est en jeu ne se réduit pas à l'usage pédagogique et ne prétend pas à la dignité du traité. Il s'agit d'universalités accessibles à tout âge, à tout homme et qu'on ne peut ignorer. Le contrat de communication de Pluche n'est peut-être guère réaliste ; il est en revanche explicite et complet, associant le choix d'un type de texte, d'une épistémologie, d'un objectif mondain.

Le risque du contrat de communication, qui n'est rien que la manifestation du risque de l'écriture, est de réduire le lecteur ainsi à une entité trop générale, trop indifférenciée. C'est un risque qu'Hubert Reeves s'emploie à contourner : il propose d'aborder *Patience dans l'azur* comme une œuvre à géométrie variable, conçue pour fournir des formulations de plusieurs niveaux de complexité et autorise au lecteur le moins expert des raccourcis qui ne portent pas atteinte à la saisie du sens global.

Tous les livres de vulgarisation ne se proposent pas nécessairement d'emblée un lecteur aussi explicitement décrit. Le plus souvent, c'est dans le corps du texte qu'il faut chercher les traits d'une physionomie de lecture. Certains auteurs définissent, au détour de leurs phrases, celui auquel ils s'adressent. Ernst Häckel annonce succinctement :

> Les études de philosophie moniste qui vont suivre sont destinées aux personnes cultivées de toutes conditions qui pensent et cherchent sincèrement la vérité[1].

1. Ernst Häckel, *op. cit.*, préface, p. I.

Il ne cessera ensuite de rappeler discrètement ce contrat de lecture. La faiblesse de la réflexion philosophique lui semble ressentie douloureusement « dans tous les milieux cultivés » ; le but d'un livre précédent était d' « intéresser un plus grand nombre de personnes cultivées aux progrès les plus importants de la science de notre siècle », le tableau initial de la science au XIXe siècle se conclut sur le sentiment que « le progrès accompli doit paraître, à tout homme capable d'en juger, merveilleusement grand ». Obstinément, l'auteur insère dans les interstices de son texte la revendication d'un *suffisant lecteur*. De part en part, le livre s'adressera à ce public élargi mais électif, dont le critère d'élection pourrait bien être, de façon curieusement autoréférentielle, l'adhésion aux idées de l'auteur. En effet, lorsqu'il s'agit de conclure, Häckel écrit :

> Tout penseur non prévenu, qui aura pu suivre quelque peu les progrès réels de nos connaissances empiriques et l'interprétation que nous en avons donnée à la lumière d'une philosophie unitaire, partagera notre opinion.

Ce que nous pouvons retenir de ce nouvel exemple, c'est que le choix apparemment descriptif d'un destinataire peut s'accompagner assez vite du contrôle ou de la promotion, toutes rhétoriques, d'une attitude de lecture, voire d'une forme de pensée.

Ceci tient plus largement à ce que lorsque le vulgarisateur définit son lecteur, il le fait le plus souvent en le représentant ou en le faisant parler. En somme, le contrat de communication s'établit par le biais d'une structure polyphonique : même lorsqu'il n'est pas constitué matériellement d'un dialogue, comme l'œuvre de Fontenelle ou celle de l'abbé Pluche, le texte vulgarisateur est nécessairement *dialogique* dans sa structure. L'effet le plus évident de la multiplication des instances de parole est alors de soutenir un trajet d'apprentissage, de lever des difficultés de compréhension ou de combattre des réticences. Cette didactique polyphonique se déploie avec une grande clarté dans les textes de vulgarisation de Freud, notamment l'*Introduction à la psychanalyse*. Dans ces conférences, pour lesquelles Freud se donne *a priori* un destinataire peu informé de la psychanalyse et plutôt prévenu contre elle, le conférencier démultiplie en quelque sorte sa parole en une série d'instances explicitement représentées dans son texte. Le « je » de Freud n'est pas absent : il témoigne de son expérience personnelle et assume la subjectivité de bien des jugements. Mais il convoque à côté de lui plusieurs « nous » : vous et moi, sujets de bonne foi, interprétant ensemble des données ; vous et moi, sujets porteurs d'habitudes, d'idéologies, de préjugés ; nous, les psychanalystes, communauté opposée à celle des médecins. Plusieurs « vous » sont également interpellés : vous, mon auditoire, constitué d'objecteurs virtuels ; vous, mon auditoire, représentatif d'une culture médicale ; vous, tel ou tel de mes interlocuteurs, dans une situation de la vie courante. Freud s'offre même le luxe de faire parler un objecteur fictif « quelqu'un, écrit-il, qui soit tout à fait étranger à la psychanalyse ». Enfin, tous ces sujets réels ou fictifs ont à se situer par rapport à des instances plus générales : appartiennent à cette catégorie des notions abstraites comme la société ou telle communauté scientifique disciplinaire ; s'y rattachent aussi deux « on » : celui de l'opinion commune et le sujet des savoirs universels. Cette multiplicité des voix, caractéristique du texte de vulgarisation, a bien entendu un impact très important sur la façon dont les savoirs eux-mêmes sont formulés et situés, et nous aurons à l'analyser de ce point de vue. Mais elles ont aussi pour effet d'assigner de façon imperceptible au lecteur une place particulière dans le processus de communication de la science.

Dans le cas de l'*Introduction à la psychanalyse,* ces paroles interviennent au sein d'un dispositif relationnel (pragmatique) très visible, sans cesse souligné à l'intérieur du texte explicatif par des adresses, des questions, des développements attribués au public. Ce dispositif fait largement appel à des fictions : Freud parodie des raisonnements, se pose des questions, crée des prosopopées de l'auditeur ou du lecteur. C'est un véritable scénario très théâtralisé d'étapes d'exposition, de réserves, de médiations. Ce texte nous offre donc l'exemple d'un effort délibéré pour construire un dispositif d'apprentissage de nature à permettre la confrontation des points de vue et à simuler, dans un univers assez littéraire et fictionnel, les développements de la controverse scientifique.

La réfraction, plus ou moins manifeste, du processus de communication au sein du texte est sans doute l'un des traits les plus traditionnels du discours de vulgarisation. Il faut peut-être rattacher ce phénomène à une contradiction déjà relevée : si en réalité la vulgarisation est l'un des modes d'exposition du discours scientifique, parmi d'autres et au sein d'un continuum de pratiques de communication, elle revendique le caractère de médiation : l'une de ses fonctions est donc de représenter la communication en train de se faire. Mais un autre facteur est impliqué dans ce caractère autoréférentiel du texte de vulgarisation : c'est l'effort qu'il fait pour transformer le lecteur, effort ponctué sans cesse par la représentation d'un dialogue fictif. En tout cas, ce phénomène n'est pas lié à une étape historique révolue, même s'il tend à se faire plus discret dans les textes plus récents. Il est très présent par exemple dans les documents télévisuels, où la représentation du processus de communication et du public qui y participe peut prendre une place considérable, avec les moyens spécifiques de mise en scène de la parole que permettent le discours et l'espace télévisuels. Eric Fouquier identifie des figures récurrentes proposées par les spectacles de science télévisée : le spectateur, le circulateur, le focalisateur, etc. Le couple constitué par le communicateur professionnel et le bénéficiaire, image d'un public ignorant mais curieux et intelligent, est de plus en plus exhibé comme le centre du spectacle télévisuel[1]. Dans une encyclopédie vidéo conçue pour les jeunes téléspectateurs[2], le processus de communication est littéralement dupliqué au sein du scénario. Le vulgarisateur y est représenté par un agent médiateur surnaturel, Ordy, petit être vaguement anthropomorphe capable de percer les secrets de la technique — et, métaphoriquement, d'entrer à l'intérieur de l'ordinateur lui-même. L'image du spectateur est constamment présente, sous la forme d'une famille harmonieuse, curieuse et avide d'user des nouvelles technologies. Plus précisément, l'enfant qui est censé regarder le document est

1. Eric Fouquier et Eliseo Veron, *op. cit.*
2. *Ordy, les grandes découvertes,* Globe-Trotter Network, 1991.

représenté sous les traits d'un couple garçon-fille dont les réactions constituent une sorte de modèle normé de l'apprentissage parascolaire : les enthousiasmes, les perplexités, les reformulations et les acquiescements rythment l'effort et sanctionnent son aboutissement ; le jeu des commentaires et des réactions valide à la fois les savoirs les plus essentiels et le partage des rôles masculin et féminin les plus conformes.

Toutefois, la mise en scène du couple lecteur-vulgarisateur n'est pas la seule structure formelle par laquelle se définit le contrat de communication. Ce dernier se diffuse et s'esquisse tout à la fois, en quelque sorte, dans tous les choix textuels. Chacun des procédés décrits plus loin apporte d'ailleurs son concours à la mise en place d'une règle du jeu. Nous nous bornerons ici à quelques exemples particulièrement significatifs de ce travail discret de définition des rôles, des places et des orientations de la lecture. La vulgarisation fait grand cas d'une figure de rhétorique nommée à l'époque classique.... « communication ». Le dictionnaire de Bescherelle, contemporain des grands vulgarisateurs du XIXe siècle, la définit en ces termes assez savoureux :

> *Lang.* Communication dans les paroles. Trope par lequel on fait retomber sur les autres ou sur soi-même une partie de ce qu'on dit. Par exemple, un professeur dit à ses élèves : Nous ne travaillons pas, nous ne faisons pas de progrès ; pour Vous ne travaillez pas, etc.

Le *Galilée* de Brecht nous donne un exemple extrême de cette figure majeure de la « communication », dans une scène comme le théâtre scientifique en connaît beaucoup : une scène qui montre le processus de l'apprentissage lui-même. Galilée forme au jour le jour, de façon pratique, le fils de sa gouvernante, Andrea Sarti. Le savant conduit l'explication comme un itinéraire emprunté en commun : se saisissant d'un astrolabe, il ordonne : « Examinons ça. Commençons par le commencement : description. » Un pas de plus, et le savant-pédagogue fait du progrès des connaissances, les siennes propres et celles d'Andrea (c'est-à-dire les deux formes de la connaissance qu'on a précisément coutume d'opposer comme la recherche et l'apprentissage), une même production commune. Il déclare par exemple :

> Sur la base de nos recherches, Mme Sarti, nous avons fait, Andrea et moi, après une vive discussion, des découvertes que nous ne pouvons pas dissimuler plus longtemps à la face du monde[1].

Le projet d'Einstein et Infeld se réalise, dans l'économie d'ensemble du livre, par une sorte de systématisation de la figure de la communication. Le texte est parsemé de formules qui globalisent le mouvement de pensée des auteurs et de leur lecteur. Ce « nous » large (auteur + lecteur) règne en maître dans *L'évolution des idées en physique*. C'est vrai pour les représentations naïves : « Nous avons l'idée intuitive que le mouvement est en connexion avec les actes de pousser, de soulever ou de tirer »[2] ; c'est vrai de la formulation d'hypothèses : « Un pas significatif et nous aurons le véritable fil conducteur »[3] ; c'est vrai des exhortations à épouser une éthique de la connaissance : « Le passage du mouvement rectiligne au mouvement curviligne présente de nouvelles difficultés. Nous devons avoir le courage de les surmonter, si nous voulons comprendre. »[4] C'est même vrai de l'effort de recherche, évoqué par des formulations inchoatives : « Nous essayons de créer une nouvelle substance, l'énergie, où la chaleur représente l'une de ses formes. »[5] Mais cette figure marque encore plus globalement la structure du livre. Ce dernier procède en effet par construction en partant d'expériences communes au lecteur non spécialiste et au savant : il s'agit d'expériences idéalisées, mais représentées dans des termes proches des activités les plus quotidiennes. Aussi l'accord et le désaccord peuvent-ils être traités sous la forme de « communications ». Lorsqu'il y a accord, la conclusion est formulée comme le résultat de la pensée commune des auteurs et des lecteurs. Lorsqu'il y a désaccord,

1. Bertold Brecht, *La vie de Galilée*, Théâtre complet, L'Arche, 1975, t. 4, p. 41 et 45.
2. *Op. cit.*, p. 10.
3. *Ibid.*, p. 11.
4. *Ibid.*, p. 16.
5. *Ibid.*, p. 50.

les auteurs produisent la parole d'un objecteur. Voici un exemple relatif à la question difficile des termes de spécialité.

> Ici, le sceptique pourrait faire remarquer qu'il ne voit aucun avantage dans l'introduction des vecteurs. Tout ce qui a été fait est la traduction de faits déjà connus en un langage peu connu et compliqué. A ce stade il serait en effet difficile de le convaincre qu'il a tort. Pour le moment, il a certainement raison. Mais nous verrons que ce langage étrange conduit à une généralisation importante, où les vecteurs jouent un rôle essentiel[1].

La stratégie textuelle consiste ici à éviter l'opposition possible du lecteur en mettant en scène un autre système d'opposition : lecteur + auteur / « sceptique ». Le même procédé est fréquent chez Freud. Il consiste à proposer au lecteur une catégorisation non conflictuelle par le biais de ce personnage tiers, en partie fictif, en partie constitué de ses propres représentations. Le point de vue du lecteur est à la fois reconnu comme valide et présenté comme provisoire.

Si l'on y regarde de près, l'usage de ce « nous » qui englobe le lecteur et fait mine de le consulter est d'une extrême subtilité. Parfois, le « nous » rassemble le lecteur et le médiateur dans une sorte de naïveté feinte ; parfois, il place le lecteur en position de reproduire fictivement une expérience ; parfois, il implique le lecteur lui-même dans le projet de vulgarisation ; parfois, il lui fait l'honneur de le compter au rang des savants. Toujours, il place le profane dans une situation particulière : sommé de se rendre à l'évidence ou à l'autorité, sujet d'un voyage initiatique, expérimentateur, témoin, voire partie prenante d'une controverse. C'est dire que les choix ne sont pas ici neutres.

La figure de style nommée « communication » est un exemple parmi d'autres des structures implicites du contrat de communication. La notion de contrat avec le lecteur, comme toute métaphore, peut être trompeuse. En effet, bien souvent aujourd'hui, le vulgarisateur se dispense de faire la leçon au lecteur. Un peu comme on est passé de la réclame qui vantait les marchandises à la publicité qui

1. *Ibid.*, p. 22.

en évoque les charmes, l'article de vulgarisation laisse entendre l'intérêt que le lecteur peut avoir à s'instruire, et l'attitude qu'il doit adopter. C'est l'ensemble des choix textuels qui contribuent, implicitement, à donner un programme concret à la situation de vulgarisation. L'identité et la place du lecteur sont sans cesse redéfinies, sans qu'une partie du texte ait l'exclusivité de remplir cette fonction. Par exemple, si l'auteur choisit de traiter un thème, il présuppose sa pertinence, c'est-à-dire qu'il postule que le lecteur l'ignore, mais s'y intéresse ; s'il définit un terme, c'est qu'il le juge extérieur aux ressources lexicales de son destinataire, tout en suggérant que ce terme est assez essentiel pour justifier l'effort d'un apprentissage. D'autre part, la présentation des connaissances elles-mêmes, plus ou moins problématique, plus ou moins critique, plus ou moins nuancée, peut être tout aussi bien interprétée comme une invitation adressée au lecteur à adopter telle ou telle posture par rapport au savoir.

Certains moments du texte jouent ici un rôle privilégié. On peut par exemple préciser les traits de ce quasi-contrat en étudiant les formations textuelles par lesquelles il s'actualise et s'affiche tout particulièrement, comme les *incipit* (premières lignes du texte) ou les titres. Les *incipit* réalisent une captation du lecteur, pour reprendre une expression de la rhétorique classique. Dans les textes de vulgarisation, les *incipit* mettent souvent en place un objet provisoire d'intérêt, un *thème transitionnel.* C'est, nous l'avons vu, une tradition journalistique. Tout se passe comme si le lecteur ne pouvait d'emblée s'intéresser au savoir, comme s'il devait passer par un chemin détourné pour atteindre ses avenues. C'est largement une fiction : le lecteur d'une revue ou d'un supplément de journal sait qu'il va s'instruire. C'est largement un artifice : rien ne garantit que le lecteur s'intéresse plus particulièrement à ce premier objet davantage qu'au savoir lui-même. Voici un exemple[1] : « Mlle de Scudéry traçait la carte du Tendre, royaume des sentiments. Pierre Etévenon, lui, fabrique des cartes de l'activité men-

1. M. Colonna d'Istria, Cartographes du cerveau, *Le Monde,* 31 janvier 1990.

tale. » Le lecteur connaît-il la préciosité ? Ne risque-t-il pas de mal identifier le problème ? Ne va-t-il pas être plutôt rebuté par la référence littéraire ? On voit qu'il ne s'agit pas d'une intervention effective du lecteur, mais d'une règle, non écrite, du genre.

Les types d'*incipit* sont autant d'éclairages sur la science racontée. Dans les articles scientifiques du *Monde,* on repère quelques procédés récurrents. Le journaliste peut évoquer un événement spectaculaire, scientifique ou non scientifique (les feux de l'actualité), à partir duquel il propose une généralisation ; il peut mentionner un défi ou un rêve permettant à l'homme de maîtriser la nature ou son destin (le pouvoir du mythe) ; il peut énoncer un principe de morale (la force de la sagesse) ; il peut faire un constat paradoxal sur notre environnement banal (l'aiguillon de la curiosité) ; il peut raconter une anecdote ou décrire un lieu pittoresque empruntés au monde de la science (l'attrait du voyeurisme) ; il peut citer la déclaration spectaculaire ou péremptoire d'un scientifique (le sel de la controverse). L'attitude suggérée au lecteur est bien différente d'un cas à l'autre : recherche d'informations, interrogation existentielle, remise en cause des opinions, etc.

L'auteur prend ici ses responsabilités. La rhétorique journalistique correspond à un savoir-faire, mais aussi à une définition implicite du désir de connaître. Certains articles font un clin d'œil appuyé à la forme la plus religieuse de ce désir, que nous avons vu stigmatisé par Nietzsche comme un désir de certitude et de reconnaissance.

> Depuis quelques années, nous annonce-t-on[1], on est en train de comprendre que toutes ces « naissances » [de l'univers, de la vie, de l'homme] sont en réalité les maillons d'une même chaîne. C'est sans doute l'une des plus grandes idées de ce temps : il y a une seule histoire du monde.

La rhétorique du titre se rattache aisément à une telle logique de captation de l'intérêt. On peut le montrer en étudiant le champ

1. Dominique Simonnet, *L'Express,* 11 août 1989, cité par Roland Arpin, Pour les années quatre-vingt-dix, un mariage à trois : muséologie, communication et pédagogie, *in* Bernard Schiele (éd.), *Faire voir, faire savoir, la muséologie scientifique au présent,* Québec, Musée de la civilisation, 1989.

lexical auquel appartiennent les titres d'ouvrages et d'articles de vulgarisation. Dans les titres des articles scientifiques parus dans *Le Monde,* les phénomènes géologiques et météorologiques, les thèmes liés à la guerre, à la santé, à la maladie, les relations de sociabilité, les spectacles, les ustensiles quotidiens fournissent un matériel métaphorique récurrent. On évoque « le chaos des physiciens », « la ceinture de feu du Pacifique », « le cœur à bas régime »[1]. D'autres titres détournent des expressions célèbres, activant ainsi une sorte de connivence culturelle. On lance :

> « Avortement : le Québec moins libre », « L'institut de tous les dangers », « Myopathies : un espoir au bout de l'orteil », « Chartres, à la recherche des temps perdus », « Humains, presque humains », « L'arbre un et indivisible », « Naître ou ne pas naître »[2].

L'image du lecteur n'est qu'une composante du contrat de communication. Le médiateur s'attribue une position dans le même mouvement qui le conduit à en proposer une à son lecteur. Il peut s'attribuer plusieurs statuts[3]. Il peut *reformuler* la théorie aussi fidèlement possible ; il peut l'*interpréter,* en énoncer des fondements théoriques sous-jacents, en proposer des reformulations décalées. Sans se contenter de rendre la science intelligible, il peut choisir de la *commenter* : il situera alors les théories, mesurera leur impact, portera un jugement sur elles, se posera plus ou moins en arbitre de leur véracité, mais pourra aussi porter des appréciations plus ou moins élogieuses sur leur importance, leur caractère génial. Passant de la compréhension à l'*explication,* il mentionnera éventuellement des causes ou des influences. Enfin, certains auteurs *exploitent* les théories et les résultats scientifiques : par exemple, ils en tirent parti pour valider une philosophie et sa

1. Respectivement : 25 mai 1991, Jean-Paul Dufour ; 19 juin 1991, Yvonne Rebeyrol ; 7 août 1991, Martine Laronche.
2. Respectivement : 2 mai 1990, Anne Chemin ; 6 juin 1990, Jean-Paul Dufour ; 11 juillet 1990, Martine Laronche ; 5 septembre 1990, Yvonne Rebeyrol ; 12 septembre 1990, Georges Chatain ; 26 septembre 1990, Catherine Vincent ; 3 octobre 1990, Martine Laronche.
3. Il s'agit de pôles idéaux plutôt que d'attitudes franchement disjointes : en pratique, la solution adoptée est souvent un mixte de ces attitudes.

métaphysique : ou encore, ils s'appuient sur les résultats scientifiques pour proposer des conseils, une morale, pour en tirer une philosophie pratique. Nous examinerons plus en détail les formes du regard que ces diverses attitudes conduisent à porter sur les disciplines scientifiques.

La façon dont le vulgarisateur définit sa place personnelle dans le dispositif d'énonciation est très variable et rattache, de façon implicite mais très tangible, sa démarche didactique à des formes d'écriture, et par là même à des formes de sociabilité, historiquement et socialement situées. Louis Figuier se posait en *alter ego* de Jules Verne, dont la réputation de romancier était plus prestigieuse que sa propre figure de vulgarisateur, chez l'éditeur Hetzel qui avait choisi de les réunir[1]. Les marques de ce modèle sont très perceptibles dans la façon dont Figuier entreprend le récit d'une aventure scientifique. Voici le cas des recherches de Léon Foucault, dont l'*incipit* étonne le lecteur contemporain :

> Nous sommes en 1841. Celui qui écrit ces lignes, docteur en médecine de 21 ans, fraîchement débarqué de sa province, achève son modeste repas à la table d'hôte de Mme de Beaurepaire, rue Voltaire, n° 7[2].

On apprendra quelques paragraphes plus loin que

> nous [étudiants de médecine] trouvions, après chaque leçon de M. Donné, le secours actif, intelligent et serviable du jeune physicien, qui nous faisait répéter les observations microscopiques dont le professeur avait parlé[3].

L'ouverture *in medias res,* la saveur de l'anecdote, la relation un peu condescendante aux personnages, la caution du témoignage personnel contribuent à construire la figure d'un narrateur très présent subjectivement dans l'histoire, mieux, dans l'aventure — position que renforce, plus qu'elle ne la masque, la troisième

1. Fabienne Cardot décrit, dans son introduction aux textes consacrés par Figuier à l'électricité, les aspects de ce parallèle et de cette rivalité, qu'elle caractérise dans ces termes : « Il semble que Figuier ait été très marqué par la gloire que connaissait son contemporain Jules Verne ; il se compare souvent à son illustre rival en soulignant qu'il cherche, comme lui, à "allier une œuvre littéraire à un exposé scientifique" » (Louis Figuier, *Les merveilles de l'électricité,* Association pour l'histoire de l'électricité en France, 1985, p. 22).
2. Louis Figuier, *Les merveilles de l'électricité,* p. 33, col. A.
3. *Ibid.,* p. 35, col. B.

personne prétendument objective[1]. Le lecteur ne s'étonnera pas ensuite de voir l'écrivain valider personnellement des expériences : « Je constatai qu'on pouvait lire le journal au pied de l'obélisque »[2] ; il a même été préparé à ce que le récit scientifique croise la biographie, lorsque l'auteur évoquera la participation d'un savant aux voyages organisés par un proche et fréquentés par son père[3] ou lorsqu'il contera, en regard de la spoliation dont a été victime Léon Foucault, ses propres déboires d'avoir été victime du « détroussement scientifique international »[4], en qualité d'inventeur du papier parchemin... Ce médiateur très immédiat formule d'ailleurs des jugements péremptoires, des maximes bien senties et des prévisions audacieuses, jusqu'à confesser à propos d'un professeur renommé :

> En définitive, Desprez était un physicien de grande valeur. Mais, malgré tout, je ne puis, dans mes souvenirs, me le représenter autrement qu'écrasant, sous le poids de sa lourde personne, l'idée féconde que M. de Changy apportait [...] à la cause du progrès scientifique[5].

Il s'agit à n'en pas douter d'une version aujourd'hui assez désuète du contrat de vulgarisation, même si certains récits télévisuels pourraient en proposer quelque équivalent. Daniel Raichvarg et Jean Jacques résument bien, dans un chapitre judicieusement intitulé : « Changement de siècle, changement de style », de leur histoire de l'aventure vulgarisatrice[6] un mouvement général de désubjectivation du récit vulgarisateur.

> L'auteur et le lecteur deviennent de plus en plus abstraits. Les formules comme : « un de mes amis m'a indiqué », « ma mère m'accompagnait un jour » disparaissent, comme disparaît toute formule qui renvoie aux personnes

1. Le jeu de la troisième personne « césarienne » se dissipe d'ailleurs au fil du texte pour faire place à une alternance entre la première personne du singulier et la première personne du pluriel. Le sujet qui atteste la réalité des faits dit : « Je constatai que » ; celui qui livre ses propres expériences dit, de même : « Le *papier parchemin* que j'avais découvert » ; l'instance qui organise le récit écrit : « Hâtons-nous de dire que... ».
2. *Ibid.*, p. 39, col. B.
3. *Ibid.*, p. 78, col. A.
4. *Ibid.*, p. 44, col. B.
5. *Ibid.*, p. 96, col. A.
6. Daniel Raichvarg et Jean Jacques, *op. cit.*

— auteurs comme lecteurs : l'auteur s'efface derrière un « nous » collectif : disparus, aussi, les « vous le savez », « vous n'avez point oublié », « vous comprendrez alors », « comme vous le voyez »[1].

Il faut se garder de conclure de ce constat que la vulgarisation moderne se déprendrait de l'influence des styles. Elle cesse simplement de singer le romanesque pour revendiquer le modèle de l'article de spécialité, avec son effacement des données situationnelles. D'autre part, ce que les historiens formulent est une tendance : le narrateur ne s'interdira pas nécessairement d'apparaître personnellement dans son discours. Il se gardera d'étayer sur son expérience la structure même de son exposé. Mais on pourra lire, çà et là, des passages comme les suivants :

> Un linguiste du Massachusets Institute of Technology à qui je présentai ces idées en 1970 me répondit : « Si le sens existe... »[2]; « Nous sommes tous les deux certains que la recherche scientifique finira par mettre au point un traitement et un vaccin contre le SIDA, mais pas dans l'immédiat. »[3]

Chaque texte de vulgarisation définit en quelque sorte sa tonalité, et avec elle sa façon d'entrer dans le monde de la science, de la démarche la plus didactique à la flânerie la plus dilettante.

A cet égard, ce qui se met en place, c'est une forme de sociabilité qui imprime sa marque au style même dans lequel le texte est écrit. L'un des axes d'opposition les plus significatifs est celui qui distingue les textes très explicites de ceux qui ont une structure largement implicite. Les premiers donnent à la communication un tour didactique, les autres évoquent le modèle de la conversation. Ainsi s'instaure une relation plus ou moins tendue, plus ou moins élégante, à la science. Nous avons affaire à un langage chargé de redondance ou plein d'alacrité, à des structures d'organisation clairement soulignées ou au contraire effacées, à des comparaisons très développées sous la forme de grandes allégories ou à des méta-

1. *Ibid.*, p. 129-130. Il s'agit d'énoncés déictiques qui renvoient, comme on le fait à l'oral, à la situation immédiate de communication.
2. Jacques Arsac, L'ordinateur, le cerveau, questions posées par l'intelligence artificielle, *L'Homme futur*, n° 7, juillet 1986.
3. Robert Gallo et Luc Montagnier, Le SIDA aujourd'hui, *Pour la science*, n° 134, décembre 1988.

phores furtives, etc. Nous sommes ici dans la problématique du style : genres littéraires ou, mieux, versions écrites de genres pragmatiques pratiqués à l'oral. Dans l'exposé de Freud, nous trouvons les marques de la conférence didactique. Mais ce n'est pas seulement lié au fait que Freud transcrit (et mime peut-être malicieusement) des conférences effectivement prononcées en 1916. On trouvera par exemple au fil des livres de Louis Figuier la même insistance à souligner les articulations du texte, à en justifier les choix, à préciser sans cesse les hypothèses qui sous-tendent le contrat de communication, insistance très rare dans l'écrit publié et habituellement réservée à l'oral didactique. Les passages métadiscursifs ne sont pas rares ; ils interviennent presque systématiquement aux grandes articulations du texte. En voici un spécimen :

> Nous n'avons pas à faire ici l'histoire particulière des découvertes de Léon Foucault en physique, ni en astronomie ; cependant, nous ne pouvons pas nous empêcher de signaler une de ses découvertes qui constitue pour la France un titre de gloire nationale. Qui ne connaît, qui n'a entendu parler de la célèbre expérience par laquelle Léon Foucault démontra et rendit visible, pour ainsi dire, à tous les yeux, le mouvement de rotation de la Terre ? Il est intéressant de savoir comment Léon Foucault a été mis sur la voie de son importante démonstration du mouvement de rotation de notre globe sur son axe[1].

Ici, on ne joue pas à l'aveugle. Justifications de la démarche, interpellations du lecteur, jugement appuyé sur la théorie, affichage sans complexe de l'idéologie : tout est sur la table. Dans un cas comme celui-là, le texte exhibe son caractère didactique, théâtralise littéralement l'effort d'expliquer. Il faut dire que dans l'intervalle de ces rappels méthodologiques réguliers se sont déployés tous les charmes du pittoresque et de l'anecdotique, dans une savante contrefaçon de l'improvisation. Il n'est pas interdit de penser non plus que ce recours aux procédés oraux est une façon de « faire peuple » et de souligner l'effort de diffusion du savoir : on sait qu'au XIXe siècle, qui tend à confondre dans la catégorie du « familier », proscrite par l'apprentissage scolaire, le langage populaire et

1. Louis Figuier, *Les nouvelles conquêtes de la science,* éd. citée, p. 48.

le langage parlé, seuls les personnages populaires ont dans le dialogue romanesque un langage mimant l'oral. D'autres textes, dans la tradition de Fontenelle, fuient de tels procédés qui se rattachent, dans leur univers culturel, au pédantisme (ou à la « vulgarité ») et miment la conversation (les *Entretiens* devaient se lire comme *La princesse de Clèves,* roman tout entier écrit comme une conversation). Dans ce dernier cas, la structure du texte sera fluide, des métaphores filées suggéreront avec une discrète insistance une thématique, le contrat de communication semblera aller de soi.

Parmi les textes contemporains, on peut encore distinguer des stratégies bien différentes pour mettre en place le contrat de communication. Certains textes se présentent comme des cours ; d'autres sont écrits sur le mode d'un apparent coq-à-l'âne et respectent les règles de la conversation ; un nombre croissant de textes mime la rhétorique de l'article scientifique.

La vulgarisation, écriture marginale dans le champ culturel, emprunte sans cesse à d'autres formes de communication, au gré des modèles dominants : romanesque, conversation, journalisme, enseignement, article scientifique. Elle tire en revanche sa liberté du fait que sa forme est largement à définir, en l'absence de règle stricte d'écriture et en présence d'une multiplicité d'enjeux. Le contrat d'écriture-lecture qu'elle adopte offre un cadre dans lequel peut se déployer un point de vue sur le savoir et l'ignorance et se définir le style d'une science non officielle.

Conjuguer les paroles de la connaissance

La médiation n'est donc pas un simple dispositif d'*interface.* C'est une *construction textuelle* complexe, qui met en scène plusieurs instances d'action, d'opinion et de parole. Nous sommes à cent lieues de la traduction d'un discours. L'acquisition du savoir est polyphonique. Par-delà les figures de l'auteur et du lecteur, la vulgarisation représente les acteurs de la recherche scientifique et ceux qui définissent son contexte social. Plus généralement, elle fait parler le savoir et l'ignorance.

Faisons l'inventaire de la distribution. Cette mise en scène implique le plus souvent plusieurs sujets *pratiques* qui réalisent divers actes essentiels : enquête, expérimentation, découverte, validation, etc. L'interprétation des résultats nécessite en outre des sujets *épistémiques* qui croient, cherchent, se représentent, comprennent, trouvent. Enfin, la mise en récit de cette histoire convoque plusieurs sujets *discursifs* qui participent à la formulation du texte aux côtés du journaliste.

Par exemple, voici un article consacré, dans la rubrique scientifique d'un grand quotidien, à l'exposé de nouvelles hypothèses astronomiques.

> Après plus de sept ans de traque, les « sept samouraïs » ont enfin mis la main sur le « grand attracteur ». L'annonce en a été faite le 11 janvier par leur chef, Alan Dressler, devant ses pairs de la Société américaine d'astronomie. Les membres de la « bande à Dressler » sont de dignes astronomes, surnommés ainsi par leurs collègues pour l'aspect spectaculaire de leurs exploits scientifiques. Et le grand attracteur est une gigantesque structure céleste qui, tel un formidable aimant, attire les galaxies qui l'entourent et dérange le bon déroulement de l'expansion de l'Univers tel que se l'imaginent les théoriciens[1].

Cet article est en prise sur une controverse scientifique dont l'enjeu n'est pas mince : il s'agit de savoir si de nouvelles observations risquent de mettre en péril la théorie dominante de l'histoire de l'Univers. Le récit met en scène un très grand nombre d'instances : la communauté scientifique, la société américaine d'astronomie, les « théoriciens », une équipe de chercheurs, leur patron, leurs collègues. Au fil de l'article, le responsable de l'équipe des « Samouraïs », Alan Dressler, occupe plusieurs places : héros de l'aventure, il commente les données du problème et propose un pronostic sur les résultats à venir. D'autre part, ces personnages de la geste scientifique ne sont pas les seuls à jouer un rôle essentiel dans le récit : y interviennent aussi le journaliste, l'opinion publique et même le « grand attracteur » doté de la vertu de

1. J.-P. Dufour, Le grand aimant des galaxies, *Le Monde*, 24 janvier 1990.

« déranger » l'ordre cosmique. L'article assigne à ces actants divers rôles : réaliser des expériences décisives, faire des déclarations médiatiques, porter divers jugements, faire état de perplexité, apporter une aide à l'énonciateur principal dans son exposé didactique, etc. Enfin, les personnages évoqués sont dotés de doubles : ils deviennent une bande de guerriers ou de prédateurs, tandis que l'astronome Edwin Hubble prend les traits d'un chasseur d'étoiles. Ce système, très riche si l'on y prête attention, s'appuie sur la référence à des personnes empiriques, au premier chef, les chercheurs, la communauté savante, le journaliste et le lectorat. Il se traduit parfois par des citations explicites, ou des résumés de positions au discours indirect. Mais il serait naïf de considérer que le journaliste se borne à faire l'inventaire des individus ou à transcrire les discours. Il s'agit d'une réelle (re)constitution du champ scientifique. Les personnes et les groupes (nommés ou impersonnels) auxquels il est fait appel pour exprimer les savoirs scientifiques sont divers, incluant le couple lecteur-médiateur qui est invité à adhérer à certaines positions, à refaire certaines démarches et à prendre ses distances par rapport à certaines déclarations. Certains sujets sont englobants, certains sont impersonnels ou collectifs, certains représentent plusieurs aspects de personnes ou de groupes, divers états historiques ou plans de clivage. C'est bien à une recomposition, à une redistribution des rôles que nous assistons.

Cette mise en scène renvoie incontestablement à la responsabilité du vulgarisateur. Elle participe d'une spectacularisation de la science. Il serait toutefois injuste de prétendre qu'elle n'est qu'un trompe-l'œil. Cette panoplie de personnages permet également d'expliciter l'arrière-plan que traitent allusivement la plupart des textes de spécialité. En d'autres termes, sans épouser successivement une série de points de vue, comme il le fait ici, l'exposé serait inintelligible. Tout en étant partie prenante du contrat de communication — tout en nous conduisant à adopter un point de vue pour regarder la science — cette fiction est le moyen de conduire le lecteur à une représentation structurée de l'histoire d'une controverse. Bien entendu, elle joue parfois ce rôle au prix d'un ensemble de trahisons méthodologiques, dont la plus grave est sans doute de présenter les composantes d'une hypothèse comme des réalités empiriques et même vivantes.

Le système d'action comporte ainsi un ensemble d'opinions et de paroles qui en constitue la part la plus significative : le cheminement du savoir prend le plus souvent la forme d'un dialogue (plus exactement : d'un polylogue) qui nous permet de passer d'une représentation à une autre. C'est pourquoi le texte de vulgarisation est souvent un discours très polyphonique. Le journaliste qui rend compte d'un événement scientifique et le chercheur qui propose un « état de l'art » de sa discipline se font l'écho d'un ensemble complexe de discours. Ils ont à considérer l'opinion courante, que leur lecteur est censé partager ; ils mobilisent de façon plus ou moins explicite, de façon plus ou moins consciente, les grandes théories et les grands récits fondateurs de la discipline ; ils expriment délibérément ou relayent à leur insu les thèses controversées qui agitent la communauté scientifique ; ils véhiculent, pour les contester ou pour les reprendre à leur compte, les jugements sociaux auxquels est confrontée la recherche. Le texte est traversé par un très riche *intertexte,* constitué de toutes ces citations et allusions, qui ne s'ajoute pas simplement au discours du vulgarisateur mais entre dans son élaboration même. Dans l'exemple cité, plusieurs discours sont convoqués de façon plus ou moins allusive : la théorie classique de l'expansion est rapidement résumée, les nouvelles thèses sont exposées, les arguments de la controverse sont débattus, les conséquences des théories sur la conception de l'Univers sont explicitées. En général, plusieurs instances d'énonciation[1] sont indispensables au parcours de connaissance, car chacune de ces instances correspond à une relation différente au sujet.

Sans tomber dans une abstraction trop généralisante, on peut

1. L'énonciation désigne l'action de communiquer, par opposition à son contenu propositionnel (l' « énoncé »). Un locuteur peut combiner dans son propos plusieurs énonciateurs abstraits ou fictifs, nommés ici « instances d'énonciation ».

remarquer quelques-uns des pôles autour desquels s'organise un tel système d'énonciation. L'orchestration de la présentation convoque, par exemple, le plus souvent des instances de l'intérêt, de la curiosité, de l'enquête, aptes à justifier l'existence de l'article. L'auteur se donne également des instances de l'erreur, de la connaissance naïve ou commune, de l'illusion : celles-ci représentent des étapes destinées à être dépassées. Des instances de la théorie énoncent un ensemble de propositions posées comme construites, relatives, critiquables. Des instances de réalité objective sont qualifiées pour proférer un « discours du monde ». Enfin, des instances de médiation sont appelées à reformuler, commenter, modaliser les autres discours.

Cette structure est traditionnelle. Il n'est sans doute pas nécessaire de souligner que le système d'énonciation des *Entretiens sur la pluralité des mondes* pourrait être également commenté dans ce sens. Cette orchestration de l'apprentissage triomphe dans le récit vulgarisateur du XIXe siècle. Deux exemples nous donneront une idée de la façon dont il peut fonctionner.

L'article principal de la livraison de *L'Ami des sciences* du 22 avril 1855 est consacré à un exposé sur la lumière[1]. Il procède comme un dialogue systématique entre l'auteur, prosélyte de la science, et son lecteur, dont on pourrait dire comme Fontenelle dit de sa marquise que le journaliste « [le] tient [savant] à cause de l'extrême facilité qu'[il] aurait à le devenir ». Partant d'une fausse question, Meunier demande à son lecteur d'expliquer l'origine de la lumière. Il répond pour lui :

> C'est, répondra-t-on, une matière très-ténue, très-subtile, que les corps lumineux et chauds lancent autour d'eux et qui produit en nous, ici, par l'intermédiaire de nos yeux, là, sur toute la surface de notre corps, l'impression de lumière et de chaleur !

Cette réponse pâteusement associée à la perception la plus naïvement immédiate (que souligne le déictique « là ») est, dans les termes de l'époque, une erreur. Le commentaire : « Telle est,

1. *L'Ami des sciences* par Victor Meunier, n° 16, 22 avril 1855, « La lumière ».

en effet, l'opinion commune sur la nature, sur l'origine, sur le mode de propagation de la lumière », sonne comme une condamnation et laisse espérer une rapide réfutation. Les théoriciens favorables à cette théorie seront mentionnés comme les tenants d'un système « généralement abandonné ». Suit un raisonnement qui fera de nouveau appel aux opinions du lecteur, mais dans le but de lui faire identifier les difficultés auxquelles se heurte ce système. Au fil de cet exposé, qu'il serait trop long de détailler ici, deux processus se réalisent parallèlement. D'une part, le lecteur est invité à parcourir les étapes successives d'une sorte d'histoire en raccourci de la pensée scientifique. D'autre part, il participe à son insu à une mise en perspective des valeurs et mérites respectifs d'un ensemble de courants scientifiques et de savants. L'enjeu de ce second processus apparaît clairement lorsqu'on en vient à énoncer la « vérité ». Celle-ci est d'abord formulée sans énonciateur, avec la force brute du « fait » : « Que la lumière n'est pas un corps, et que par conséquent les objets lumineux n'émettent pas de matière éclairante, c'est ce qu'attestent les faits. » Ensuite, dans la mesure où nous sommes dans le discours rhétorique, la preuve peut recevoir le secours de l'autorité : « Si le système de l'émission a eu pour lui de grands noms, le système maintenant adopté peut invoquer en sa faveur des personnages dont l'illustration ne le cède à nulle autre. » Enfin, la grande affaire est de décider au compte de quel ensemble social pourra être portée cette découverte. La formulation n'est pas laissée au hasard, sous la plume d'un socialiste scientiste.

> Nous ne dirons pas, explique Meunier, que le système des ondulations remonte à un Français, cela importe peu ; il suffit que la vérité soit venue d'un homme. Nous nous bornerons à constater que ce système a pour premier auteur un citoyen de la république universelle des sciences, qui, sous le nom de Descartes, s'est acquis des droits à l'admiration du monde entier.

La catégorisation et la qualification accompagnent ici, *ad majorem scientiæ gloriam,* la mise en dialogue de l'histoire. Le système d'énonciation a donc doublement reconstruit la pratique scientifique : en ce qu'il a fourni au lecteur un substitut des étapes de la recherche, en ce qu'il a fixé, pour la postérité, les épisodes et les valeurs d'une histoire. Que le thème scientifique ici reconstruit avec une telle assurance soit précisément celui que la physique du XXe siècle rencontrera comme son aporie nous fait aujourd'hui mesurer, *a posteriori*, l'enjeu idéologique de ces procédures d'énonciation de la science.

Un passage de Louis Figuier montre comment ce système d'acteurs réalise une mise en scène du savoir et de l'ignorance. Il nous donne aussi l'occasion de décrire plus précisément les procédures discursives de cette énonciation du savoir. Je retiens les passages qui concernent les diverses opinions scientifiques émises.

> [...] tout d'un coup, le 27 décembre 1879, arrive d'Amérique à Paris l'étonnante nouvelle que, dans ce pays privilégié de l'extraordinaire en fait d'art mécanique, on vient de faire la découverte de l'éclairage électrique à faible intensité [...]
>
> Hâtons-nous de dire que, dans les premiers temps, personne, ni physiciens ni constructeurs, n'ajouta foi à cette nouvelle, et qu'une incrédulité universelle l'accueillit. Cependant, informations prises, il fallut bien se rendre à l'évidence, et reconnaître que le fait annoncé était réel [...] Quel est le procédé qui avait apporté la solution de ce problème capital ? C'est le procédé que les physiciens appellent l'incandescence du conducteur. La lampe Werdermann, que nous venons de décrire, est une sorte de transition entre les deux systèmes. [...] C'est sur ce principe qu'est fondé l'éclairage électrique par incandescence du conducteur, et que l'on pourrait appeler, d'une manière plus rigoureuse, incandescence par le courant électrique continu[1].

Les formes grammaticales d'expression des diverses propositions sont multiples. Certaines propositions sont attribuées à des agents d'opinion définis (« physiciens », « constructeurs »), d'autres prennent la forme de la généralité (« personne », « on »). Certaines idées sont exprimées sur le mode impersonnel (« l'étonnante nouvelle que », « le fait annoncé »), voire énoncées comme une sorte de discours des faits (« il fallut se rendre à l'évidence »). Enfin, nous ne restons pas spectateurs de ce débat, puisque le médiateur intervient (en disant « on » ou « nous ») pour insister sur l'importance d'une proposition ou pour proposer une termino-

1. Louis Figuier, *Les nouvelles conquêtes de la science,* éd. citée, p. 70.

logie. Par le jeu de toutes ces instances de la connaissance, les théories reçoivent une certaine coloration. Par exemple, ici, le journaliste a choisi de présenter les nouvelles techniques américaines comme incontestables, tout en attribuant à des groupes peu éclairés les opinions contraires, qu'il n'expose pas. Mieux : il présente comme inéluctable ce partage de la clairvoyance et de la myopie, en fonction de la nature des esprits, médiocre ici, éminente là, mais partout prévisible.

On voit à quel point, dès qu'on y réfléchit sans naïveté, la « polyphonie » n'apparaît pas comme une propriété accidentelle du discours de vulgarisation, un trait qui n'apparaîtrait par exemple que quand il prendrait la forme ouverte d'un dialogue, ni même un trait qui ressortirait uniquement à la mise en scène d'un semblant de médiation. Les diverses instances énumérées plus haut sont indispensables au trajet par lequel le lecteur acquiert des connaissances, les situe, les met en rapport avec ce qui, dans sa propre expérience est de nature à les éclairer. Aussi le discours de vulgarisation, même quand il est *monologal* dans sa présentation, est-il, dans sa structure, *dialogique*. D'ailleurs le dialogue se prête à bien des variantes. Dans un article consacré aux neurosciences, l'interviewer posera au spécialiste un ensemble de questions exprimant une sorte de curiosité obsédante à propos d'un mythe de l'intelligence dominée ; le chercheur recentrera ses interventions sur ses projets techniques et les difficultés que rencontre sa démarche[1]. Récemment, deux journalistes, les frères Bogdanov et un philosophe, Jean Guitton, ont proposé une autre utilisation du dialogue, visant à dissocier deux paroles, celle de la reformulation des théories et celle du commentaire interprétatif. En somme, les deux cultures qui, pour une fois, s'écouteraient. Mais si nous y regardons de près, nous voyons apparaître un système d'énonciation infiniment plus complexe, témoignant de ce que les procédés décrits plus haut restent un ressort essentiel du

1. Jean-François Dortier, Des hormones aux passions humaines, rencontre avec Jean-Didier Vincent, *Sciences humaines,* n° 8, juillet 1991.

discours vulgarisateur, et ont même connu des perfectionnements. Voici par exemple un passage où l'un des journalistes propose un état de l'art en physique atomique :

> Allons-nous retrouver notre kilo de radium intact ? Pas du tout : la moitié des atomes de radium aura disparu selon le processus bien connu de désintégration radioactive. Les physiciens disent que la « demi-vie », ou période du radium, est de mille six cents ans [...]. Ici, une question : pouvons-nous déterminer quels atomes de radium vont se désintégrer ? N'en déplaise aux défenseurs du déterminisme, nous n'avons aucun moyen de savoir pourquoi tel atome se désintègre plutôt que tel autre[1].

La sophistication du procédé consiste en deux points essentiels, empruntés à la rhétorique de l'article de spécialité. D'une part, conformément à l'esthétique contemporaine, les procédés se sont faits moins lourdement didactiques, d'autre part, les qualités de vérité sont en quelque sorte subtilement étalonnées. Lorsque le « nous » associe le lecteur et le médiateur dans une même enquête : (« allons-nous retrouver ? »), c'est une forme d'interrogation qui est partagée. Un autre « nous » inclut comme naturellement le médiateur dans la communauté scientifique des chercheurs à laquelle il n'appartient pas réellement (« nous n'avons aucun moyen ») : il est le vecteur d'une certaine crédibilité. Des courants théoriques sont explicitement nommés et convoqués comme autorités (« les physiciens ») : il s'agit bien sûr de les croire, ils sont aptes à trancher la controverse. En regard de cette parole universelle et incontestable, des courants d'opinion allusivement évoqués (« les tenants du déterminisme ») prennent un caractère indécemment polémique. Mais la rhétorique fait davantage que rendre compte d'une controverse : elle expose un « discours des faits », de la réalité objective (« la moitié des atomes aura disparu »), et l'étaie sur un un sens commun porté par le sentiment de l'évidence (« le processus bien connu »). Le tout a été réalisé par une discrète instance organisatrice du texte, qui orchestre le débat et apparaît subrepticement en commentant un

1. J. Guitton, G. et I. Bogdanov, *Dieu et la science,* Grasset, 1991.

choix (« ici, une question ») ou en détachant, par les guillemets ou les italiques, telle ou telle expression[1].

C'est à travers le jeu de ces diverses instances de discours que le lecteur a accès à la connaissance d'un champ disciplinaire : ce jeu a pour vertu de situer le discours scientifique, de lui donner un caractère plus ou moins discutable et plus ou moins accessible : la connaissance est modalisée.

L'usage de la citation, procédé courant dans les articles, illustre bien ce constat. La citation est parfois partie prenante du développement construit par le journaliste. Relayant en quelque sorte le médiateur, le scientifique prend en charge une part de l'explication : ses propos sont intégrés à la progression thématique et virtuellement interchangeables avec le discours du vulgarisateur. Mais la citation peut également être mise à distance par un commentaire ou une reformulation « simplifiée », qui souligne son caractère particulier et partiellement inaccessible. Elle peut être fondatrice, jouer le rôle de preuve ou de caution, appelée en somme à titre d'argument d'autorité. Elle peut être incluse dans une structure textuelle de controverse, donner lieu à débat. Cela dit, la citation explicite n'épuise pas les jeux de l'intertextualité. Diverses allusions sont possibles à des textes non cités explicitement : résumés de théories, allusions culturelles, etc. Par exemple, quand Igor Bogdanov parle d' « infiniment petit », il n'est pas sans évoquer pour le lecteur cultivé le texte de Pascal (ou plus exactement sa reformulation pédagogique), texte dans lequel l'exploration des « deux infinis » concourt à une apologie de la religion chrétienne : ce n'est pas neutre dans un livre qui se propose de démontrer scientifiquement l'existence de Dieu.

Le phénomène dialogique ici décrit n'est pas strictement propre à la vulgarisation. L'ensemble de la communication scientifique est très vivement polyphonique. C'est d'ailleurs par cette polyphonie réglée que Karl Popper définit la spécificité du champ scientifique.

1. On voit que le débat sur le plagiat n'épuise pas la pratique de citation propre au discours de vulgarisation.

Mais la polyphonie proposée par la vulgarisation présente deux caractères particuliers. D'abord, elle est très exhibée et très complexe, ce qui conduit à une véritable théâtralisation, tant des acquis la science que de sa place dans l'histoire et dans la société. D'autre part, il s'agit d'un dialogisme bien différent. Dans l'article scientifique, le chercheur entre en controverse avec d'autres énonciateurs dans le but de discuter ses thèses devant un lectorat aussi (plus) qualifié que lui ; il ne fait pas état des conditions de la recherche qui ne sont pas nécessaires au contrôle de l'expérimentation (il ne parle ni de qui a donné les crédits, ni des motivations psychologiques de son concurrent) ; il n'attribue à son lecteur aucune opinion de bon sens ; enfin, il ne s'autorise pas à formuler un discours de référence ni à risquer des hypothèses sur les découvertes à venir. Du moins telle est la règle du jeu explicite[1]. Dans le texte de vulgarisation, l'auteur a le pouvoir (le devoir ?) d'indiquer à son lecteur quels sont les discours et les auteurs qui sont dignes de foi, de proposer une interprétation des logiques historiques et sociales de la découverte, de présenter certaines de ses positions comme étant représentatives d'un état de la science.

On pourrait dire que le discours de vulgarisation manifeste avec une clarté particulière la place inévitable des phénomènes de croyance dans notre compréhension du monde. En effet, discours sur le vrai immergés dans l'espace rhétorique, les textes de vulgarisation conduisent le lecteur à expérimenter de façon très parlante ce qu'Alain Berrendonner nomme « le fantôme de la vérité »[2]. En lieu et place de savoir fidèlement transmis ou de connaissances honteusement perverties, le lecteur de vulgarisation trouve un tissu qui mêle inextricablement des « je-vérités » (ou, en l'occurrence, des « nous-vérités »), énoncés revendiqués d'un point de vue particulier, des « on-vérités », affirmations portées au crédit d'une opinion générale et des Ø-vérités, qui ont prétention à dire le monde tel

1. Il y a bien sûr des entorses à ce modèle idéal, mais les règles ici exprimées constituent une sorte de norme dont il n'est pas bon de s'écarter trop ostensiblement.
2. Alain Berrendonner, *Eléments de pragmatique linguistique,* Editions de Minuit, 1981.

qu'il est. Et c'est ainsi que la science nourrit notre « monde vécu », selon l'expression de la phénoménologie. La première réaction du lecteur critique est la méfiance : on voit bien que n'importe quelle prétendue vérité peut être mise en scène dans un tel récit ; mais cette réaction doit être tempérée par la conscience que sans ce fond de croyances diversement étayées aucun savoir solide ne pourrait se constituer.

La tendance qui se manifeste aujourd'hui à un effacement tendanciel de la subjectivité n'est pas garante de l'objectivité réelle des propos tenus. Par exemple, les formules générales (souvent énoncées par un indéfini comme « on ») dessinent un espace de consensus, où le savoir scientifique peut enrichir un « sens commun » polymorphe. Dans un article consacré à l'intelligence artificielle[1], article dans lequel le journaliste évite l'usage de la première personne, le « on » prend plusieurs figures. Il renvoie parfois à l'expérience ordinaire, censée servir de toile de fond à l'explication (« Pierre Lévine, professeur d'intelligence artificielle comme on l'était naguère de droit romain ») ou il formule un savoir raisonnable pour tout sujet de bon sens (« si l'on en juge par les milliards investis... »). Il décrit les pratiques de la communauté scientifique comme un bien culturel commun (« on miniaturise sans cesse les circuits »), précise les usages linguistiques légitimes (« on dit VLSI pour *very large scale integration* »), exprime le point de vue des experts (« on ne sait pas encore bien à quoi ce monstre de laboratoire pourrait servir »), affirme une solidarité avec le point de vue des scientifiques (« on ne peut pas aller plus vite que la musique », « on est coincé »). Il postule un intérêt général (« partout, on a besoin de traiter, très vite, des masses énormes d'information ») et relaie une opinion publique présentée comme spectatrice de l'exploit scientifique (« on n'a encore rien vu »).

Cet exemple, qui met particulièrement en évidence quelques-unes des valeurs possibles de la généralisation, a le mérite de nous faire toucher du doigt la marge de choix du rédacteur et la com-

1. F. Gruhier, Quand les puces nous dépasseront, *Le Nouvel Observateur*, 1er novembre 1985.

plexité de ses effets : tout texte de vulgarisation n'exerce pas une telle pression à la généralité sur le lecteur. Nous avons ici une version de l'initiation scientifique apparemment dénuée de subjectivité, en réalité très conformiste et très contraignante.

Précisément, l'analyse du texte de vulgarisation doit se garder de la fausse universalité de ces dernières expressions. Il ne s'agit nullement des énoncés totalement indépendants de la situation de communication que formulent, dès qu'ils le peuvent, et avec des moyens symboliques particuliers, les théoriciens des sciences formelles. Il s'agit de propositions soumises par un scripteur à l'adhésion de ses lecteurs, au nom de leur universalité possible, mais à partir d'un point de vue particulier.

Cette analyse de l'énonciation des faits scientifiques donne un contenu linguistique précis à plusieurs observations de la sociologie. Elle nous permet de mieux comprendre le grief majeur énoncé par certains chercheurs à l'égard de ceux qui pratiquent la vulgarisation, « l'appropriation du savoir collectif en son nom propre »[1]. Une phrase résume à merveille ce que nous avons pu étudier : « Il parle à la place de ceux qui ont trouvé. »[2] Elle éclaire le recrutement privilégié des scientifiques vulgarisateurs au sein de la communauté des chercheurs les plus haut placés dans la hiérarchie scientifique, que leur position protège contre ce type d'attaques et auxquels l'activité de vulgarisation permet d'occuper la place d'arbitre au sein des controverses disciplinaires. Elle est également à relier aux craintes exprimées par certains de voir l'espace médiatique affirmer son emprise sur l'activité scientifique. C'est en effet par le jeu du système d'énonciation et de sa polyphonie que se réalisent ces phénomènes d'appropriation.

Prenons l'exemple d'un historique des recherches relatives au SIDA cosigné par les deux candidats au prix Nobel, Robert Gallo et Luc Montagnier[3]. Leur position de narrateurs les conduit à porter un

1. Daniel Kunth, *op. cit.*, p. 41 (cf. *supra*, III, p. 207 sq.).
2. *Ibid.*, p. 42.
3. Le SIDA aujourd'hui, *Pour la science*, n° 134, décembre 1988, p. 20 à 28.

ensemble de jugements, qu'ils formulent — par déontologie et/ou par calcul — avec un grand souci de respecter la part de chacune de leurs deux équipes. Ils identifient les événements importants, pour lesquels ils donnent le nom des chercheurs concernés et précisent les raisonnements suivis ; ils choisissent de n'évoquer au contraire qu'allusivement certaines hypothèses (« les spécialistes émirent de nombreuses hypothèses »). Ils portent des jugements sur les attitudes erronées, leur accordant parfois une valeur heuristique : « Cette hypothèse, déclarent-ils par exemple, bien que fausse, a néanmoins été fructueuse puisqu'elle a stimulé la recherche qui a abouti à la bonne solution. » Ils qualifient les moments de la recherche (« les recherches acharnées qui débutèrent alors... »). Ils attribuent des responsabilités, avec un sens aigu de la diplomatie : « Nos deux laboratoires ont donc contribué — dans des proportions sensiblement égales — à démontrer que la cause du SIDA est un nouveau rétrovirus humain. » Bref, sortant du statut de simple participant à la controverse, ces deux chercheurs occupent la place d'historiens de l'aventure à laquelle ils ont participé : ils en choisissent les acteurs marquants, en désignent les temps forts, en reconstruisent la logique pertinente.

Adopter un point de vue sur le savoir

La structure du discours de vulgarisation contribue à placer les théories scientifiques sous un certain éclairage, qui conduit implicitement le lecteur à les regarder d'une certaine façon. Outre la théâtralisation particulière de la communication qu'elle opère, elle participe d'un phénomène social plus général, la définition d'un point de vue sur le champ scientifique.

La question du savoir se pose, on l'a vu, en d'autres termes que ceux d'une simple diffusion de la connaissance. Le savoir fait l'objet, en vulgarisation, d'un mode de production particulier. En effet, les domaines du savoir ne sont pas donnés tout constitués au vulgarisateur. Celui-ci contribue à les définir : il identifie un secteur de la connaissance et en dessine les traits *lisibles* pour son public. Ces choix ne s'expriment pas seulement dans les passages où ils sont affirmés et justifiés ; ils ont le plus souvent un caractère implicite dans la vulgarisation actuelle, qui répugne aux justifications méthodologiques. Mais le vulgarisateur réalise deux actes décisifs : il définit le champ des disciplines et décrit l'activité scientifique.

Avant tout, une question qui paraît simple : qu'entend-on par « expliquer » un corps de connaissances ? La lecture d'un ensemble de textes présentant l'intelligence artificielle dans divers supports de presse conduit à donner deux réponses successives à cette question, l'une très large, l'autre très étroite, et à mesurer ainsi la richesse des choix opérés par le vulgarisateur. L'ensemble des textes révèle une « géographie » de l'explication très diversifiée. Un premier champ d'explication concerne les notions opératoires, qui peuvent être définies ou illustrées, par des exemples ou des modèles comparatifs : on parlera par exemple de systèmes experts ou de règles. D'autres aspects tiennent à la description empirique des productions de l'intelligence artificielle : on parcourt les différents domaines d'application, on énumère les systèmes effectivement réalisés, on évoque leur mode d'élaboration et, éventuellement, leur mode de fonctionnement. Quelques systèmes de diagnostic médical ou de prospection minière ont un franc succès. Un troisième abord de la discipline consiste à préciser son inscription socio-économique : on peut de ce point de vue inventorier les ressources financières, les acteurs, les institutions, les métiers nouveaux ; on peut mentionner certains événements significatifs ; il n'est pas rare qu'on propose un pronostic sur l'avenir de la discipline. Quelques auteurs questionnent les fondements théoriques de la discipline : modes de raisonnement, théories du langage, nature de l'informatique. Enfin, plusieurs exploitent les termes consacrés de la discipline : ils jouent avec les mots, donnent des étymologies, commentent la pertinence de la terminologie. Il s'agit d'un portrait éclaté en un ensemble de référents possibles, les uns d'ordre socio-économique, d'autres plus théoriques, d'autres plus techniques, d'autres enfin à caractère quasi poétique. Cet « inventaire » à la Prévert gravite autour d'un noyau commun très pauvre. Seuls deux des procédés évoqués plus haut, la description d'un arrière-plan socio-économique et l'énumération des réalisations concrètes, se retrouvent, de façon d'ailleurs non exhaustive, dans la quasi-totalité des textes. D'un article à l'autre, la thématique des articles décrivant une même discipline est donc très diverse[1].

La liberté ainsi définie du vulgarisateur ne ressortit pas au simple caprice. Elle n'est pas sans évoquer un ordre. Les choix opérés par les auteurs, ce qu'ils mettent en relief et ce qu'ils gomment, dessinent des figures différentes de l'*activité* scientifique. L'utilisation des ressources est significative : certains articles se consacrent principalement à la description d'outils industriels ; d'autres scrutent tout particulièrement l'impact économique des techniques ; d'autres, peu attentifs au contexte dans lequel se développe la discipline, s'emploient à en exposer méthodiquement les principes théoriques. Bien entendu, cette reconstruction de la géographie disciplinaire est très liée au contrat de communication décrit précédemment. Un article dont l'objectif affiché est d'évaluer le marché d'une discipline économiquement prometteuse (« intelligence artificielle, ceux qui y croient ») ne retient pas par exemple les mêmes référents qu'un article qui se présente d'emblée comme une réflexion philosophique (« l'ordinateur, le cerveau : les questions posées par l'intelligence artificielle »).

La question controversée de l'interne et de l'externe en science reçoit ici, dans une stratégie de discours, une réponse pratique. Le journaliste décide ce qui entre dans la définition de la science. Sans doute la tendance actuelle est-elle de faire une grande place aux enjeux sociaux et économiques que rencontre l'activité scientifique, place méritée et renouant d'ailleurs avec la grande tradition de l'*Encyclopédie* de Diderot, qui avait su, par exemple, faire d'un développement sur les métiers à tisser l'occasion d'une réflexion sur les vertus de la technique (nommée alors « arts méchaniques »[2]). Cette tendance est bien illustrée par les articles scientifiques du *Monde*.

1. Comme on le verra (V, p. 364 sq.) cet effet, très généralement observable, est ici amplifié par l'absence de définition proprement conceptuelle de la discipline.
2. *L'Encyclopédie ou Dictionnaire raisonné des sciences et des métiers,* 1751, article « Bas ».

Ces derniers mentionnent des enjeux propres à la communauté scientifique (publications, querelles de priorité, conférences, distinctions, etc.), des considérations économiques générales sur l'investissement scientifique (coût, rentabilité, etc.), des intérêts financiers particuliers pesant sur la recherche pour la favoriser, l'orienter, la freiner (laboratoires privés, etc.), des positions politiques ayant des effets dans l'administration de la recherche ou dans la diffusion des résultats, des débats éthiques sur les programmes de recherche ou les développements technologiques, des questions juridiques liées aux pratiques scientifiques (réglementations, procès, etc.), des éléments de contexte intellectuel permettant d'éclairer l'état des connaissances (croyances favorables ou défavorables à l'investigation, rapprochements avec d'autres disciplines).

Encore convient-il de distinguer les cas où ces informations forment une sorte de décor, d'arrière-plan anecdotique de l'explication et ceux où le contexte social et culturel de la science, loin d'être un simple appendice qui viendrait s'ajouter à la présentation des résultats, contribue à donner sens et validité aux savoirs proposés. Par exemple, *Le Monde* présente les controverses récentes sur les vertus du régime sans sel[1] : question académique réservée au corps médical. Mais l'article précise que les colloques au cours desquels on réhabilite le sel sont financés par les fabricants de médicaments et intéressent l'industrie alimentaire. Ces informations donnent un autre regard sur la dynamique de la recherche, voire mettent en question ses résultats. Autre exemple : la présentation des machines « intelligentes » peut se situer dans les strictes limites historiques du développement récent des systèmes experts, ou convoquer la tradition médiévale de réflexion sur le langage et la querelle des nominalistes. Les notions essentielles de la théorie et la perception qu'en aura le lecteur ne seront pas identiques.

Toutefois, la *lecture* des sciences proposée par le vulgarisateur ne se limite pas à une topologie des savoirs, si déterminante soit-elle ; elle suppose aussi un effet de perspective. Nous avons déjà remarqué que le médiateur pouvait se donner et donner à son lecteur divers rôles,

1. Hypertension : le vrai prix du sel, J.-Y. Nau, *Le Monde,* 4 juillet 1990.

plus ou moins discrets, plus ou moins interprétatifs, par rapport au travail scientifique dont il rend compte. Dans cette mesure, le journaliste place la théorie sous un certain éclairage. Beaucoup de controverses sur le rôle de la vulgarisation tirent une part de leurs ambiguïtés du fait qu'elles se réfèrent à des textes qui portent sur les sciences un regard très différent. A cet égard, il existe quelques questions essentielles et simples : l'explication s'impose-t-elle simplement comme une information ? Intervient-elle dans le cadre problématique de questions formulées explicitement pour le lecteur ? La science est-elle abordée comme une collection de résultats ? Est-elle présentée comme un exemple de méthode ? Les théories sont-elles énoncées comme des constats sur le monde ? Sont-elles données pour des hypothèses contestables ? Fait-on état de plusieurs théories concurrentes ? Le tableau des disciplines décrit-il les étapes d'une recherche, ou s'agit-il d'un « état de l'art » ? Les disciplines sont-elles fermées sur elles-mêmes ou mises en relation avec d'autres champs disciplinaires ? Autant de questions qui doivent être reliées à celle du type de rapport établi entre représentations communes et savoir scientifique. Autant d'alternatives qui éclairent l'impossibilité de juger, une fois pour toutes et dans l'absolu, la valeur culturelle de la vulgarisation.

Sophie Poirot-Delpech analyse cet aspect du discours de vulgarisation à propos des controverses suscitées par la rédaction de l'*Encyclopédie française*[1]. Elle cite notamment un texte de l'historien Lucien Febvre, qui formule très complètement l'une des réponses possibles à cette question, dans l'esprit d'une présentation problématique des disciplines.

> 1 / Avant tout, le souci de poser les problèmes. L'*Encyclopédie* ne prétend pas ni formuler des jugements de valeur, ni renforcer des croyances naïves au caractère absolu de la « vérité scientifique ». Pour elle, qu'il s'agisse de théorie ou de pratique, toute connaissance vaut seulement pour les questions qu'elle est susceptible de faire naître.
> 2 / Faire ou parfaire l'éducation critique du lecteur. Et, pour cela, montrer dans le savant comme dans l'homme d'action non pas un possesseur d'absolu assis au centre d'un univers immuable, mais un perpétuel enquêteur.

1. Sophie Peirot-Delpech, L'Encyclopédie française, *Cahiers d'histoire et de philosophie des sciences*, n° 24, 1988.

3 / Démonter le mécanisme des créations humaines et caractériser leurs artisans. Comment enquête-t-on ? Comment travaille le savant ou l'homme d'action ? Comment fouille-t-on quand on est archéologue ? Comment mène-t-on une enquête quand on est linguiste ? Comment gère-t-on une entreprise quand on est industriel ? Qu'est la vie d'un laboratoire, d'une usine, d'une banque, d'un grand magasin ?

Ce texte pourrait sans doute servir de charte à une conception moderne de la vulgarisation, dont on voit se développer les formes concrètes aujourd'hui. Une publication comme les *Cahiers de science et vie* s'emploie par exemple à inventer les formes textuelles capables de véhiculer une telle problématique, en mettant l'accent sur les conditions historiques de la recherche, en reconstituant les dispositifs de l'expérimentation, en rappelant les termes de la controverse, en mettant en évidence tant les faiblesses des modèles retenus que les forces de ceux qui ont été éliminés.

L'exemple des sciences humaines est très parlant en ce qui concerne une telle question de stratégie textuelle. Une revue de sciences humaines peut aussi bien se rapprocher d'une forme élevée de journalisme que se muer en tribune épistémologique. Les articles de la revue *Sciences humaines* témoignent d'une diversité d'approches que la lecture des sommaires laisse deviner. Certains articles ont un objet empirique : leur référent est une pratique sociale qu'ils s'emploient à décrire. Par exemple, on nous expose les résultats d'une enquête sur les pratiques de communication qui révèle une tendance à nous adresser de façon privilégiée à des interlocuteurs du même profil que nous[1] ; on nous décrit les risques de tiers-mondialisation de la Russie[2] ; on nous dévoile les multiples visages du capitalisme[3]. Chacun de ces articles repose sur un travail de recherche, mais il en « masque » en quelque sorte la technicité. Le bénéfice que nous pouvons alors attendre de la lecture est d'enrichir notre perception du monde, d'abandonner certains clichés : la vulgarisation en sciences humaines est un révélateur. D'autres articles visent à décrire la géographie d'un

1. Stefan Jaffrin, A qui parle-t-on ? Une tendance générale à l'homolalie, *Sciences humaines,* n° 4, mars 1991, p. 24.
2. Pierre Clermont, La Russie en faillite, *Sciences humaines,* n° 23, décembre 1992, p. 28.
3. Frédéric Teulon, Les figures du capitalisme, *Sciences humaines,* n° 27, avril 1993, p. 10.

champ disciplinaire : on expose les différentes disciplines impliquées dans l'étude de l'éducation, leurs hypothèses théoriques, leur objet spécifique, leurs méthodes de prédilection[1] ; on reconstitue la problématique générale de la philosophie des sciences et on fait une place à ses différents courants[2] ; on fait le point sur les grandes questions controversées en ce qui concerne les rapports entre le cerveau et l'intelligence[3]. L'intérêt est cette fois-ci celui de se repérer, de se familiariser avec la spécificité des démarches, d'identifier les questions majeures. Le vulgarisateur synthétise la structure d'un champ de recherche. D'autres articles enfin — pour s'en tenir aux grandes catégories — ont un caractère franchement réflexif : ils nous présentent les hypothèses théoriques d'un chercheur davantage que ses résultats[4] ou abordent un champ de recherche par le biais des questions de validité méthodologique : il s'agit, par exemple, moins de savoir quelles sont les catégories sociales représentées en France que de comprendre quelles difficultés et quels paradoxes rencontrent ceux qui travaillent sur la catégorisation sociale elle-même[5] ; il est question moins de décrire les effets de « la télévision dans nos têtes » que de comprendre par quels paradigmes sont passées successivement les sociologies des médias et quels sont les bénéfices et les limites de chacun d'entre elles[6] ; on vise plus généralement à repérer les grandes tendances méthodologiques actuelles en sciences humaines[7]. Le bénéfice de ces derniers articles est proprement critique, au sens que donne à ce terme le texte précédemment cité de Lucien Febvre. Le lecteur se voit doté des ressources d'une vigilance méthodologique. Le vulgarisateur apporte ici sa contribution à la philosophie des sciences.

1. Jean-Claude Ruano-Borbalan, Méthodes d'enseignement : entre tradition et innovation, *Sciences humaines,* n° 21, octobre 1992.
2. Laurent Mucchielli, La science à la recherche d'elle-même, *Sciences humaines,* n° 11, novembre 1991.
3. Achille Weinberg, Où en sont les neurosciences ?, *Sciences humaines,* n° 8, juillet 1991.
4. Dossier : « Edgar Morin », *Sciences humaines,* n° 1, novembre 1990.
5. Yannick Lemel, Peut-on conjuguer catégories socio-professionnelles et classes ?, *Sciences humaines,* n° 18, juin 1992.
6. Jean-Louis Missika, L'impact des médias : modèles théoriques, *Sciences humaines,* n° 13, janvier 1992.
7. Dossier : « Les défis des sciences humaines », *Sciences humaines,* n° 25, février 1993.

Chacun des points de vue très schématiquement évoqués ici a sa propre logique et produit des effets distincts. Il peut conduire le lecteur à des attitudes très différentes : il n'est pour s'en convaincre que d'observer que le premier type d'articles, s'il était le seul représenté dans la revue[1], habituerait le lecteur à faire confiance aux sondages d'opinion, tandis que le dernier l'invite à avoir à leur égard une attitude de soupçon méthodique.

Dans les sciences « exactes » — le terme est à cet égard parlant —, le risque de confondre ces divers point de vue est plus grand. Si la controverse y règne tout autant qu'en sociologie ou en linguistique, la véracité des résultats n'y est pas, dans l'idéologie dominante, aussi controversée. Le risque du discours dogmatique — celui qui se présente à la fois comme une méthode et comme une réalité — y est plus grand, si bien que l'effort pour définir un point de vue doit être délibéré. Richard Whitley observe que l'attente du destinataire n'est pas la même dans toutes les disciplines, et que les disciplines les plus légitimes, qui ont moins à justifier et à relativiser leur méthode, sont coutumières d'un certain dogmatisme.

> Plus un domaine particulier est central par rapport aux conceptions dominantes de la science, comme c'est le cas pour la physique au cours de ce siècle, plus les normes de validité et d'importance sont admises généralement et donc moins le scientifique a besoin de justifier ses prétentions devant des publics externes et de présenter des raisonnements élaborés à l'appui de ses conclusions. Aussi, lorsque les chercheurs ne sont pas particulièrement dépendants du public auquel ils s'adressent, ils peuvent exprimer leurs idées en termes apodictiques et péremptoires[2].

1. Le projet éditorial est au contraire de présenter « l'homme dans toutes ses dimensions », si bien que les différentes approches sont conjuguées dans chaque livraison.
2. « The more central a particular area is to current conceptions of science, such as physics for much of this century, the more the standards of validity and significance will be generally accepted and so the less need ther will be for scientists in that area to justify their claims to external audiences or to present elaborate reasoning for their conclusions. Thus, where researchers are not especially dependant upon the particular audience being addressed, they can express their ideas in apodictique and incontrovertible terms » (Richard Whitley, Knowledge producers and knowledge acquirers, popularization as a relation between scientific fields and their publics, *Expository science, forms and functions of popularization,* Reidel, 1985).

D'autre part, la tradition veut que ce point de vue, loin d'être précisé d'emblée, soit en quelque sorte renégocié avec le lecteur au fil du discours, dans une dynamique non dénuée de confusion. Un exemple tiré de *La Recherche* illustre la façon dont peut s'actualiser une telle labilité du point de vue. L'article concerne les recherches portant sur les propriétés physiques des milieux constitués d'un grand nombre de particules[1]. A propos de l'un des thèmes de leur explication, les auteurs paraissent d'abord décrire purement et simplement une observation courante :

> Parmi les comportements originaux des milieux granulaires, écrivent-ils, il en est un qui a indéniablement fasciné les physiciens durant les cinq dernières années. Il s'agit des avalanches qui se produisent à la surface d'un tas de sable.

A ce stade, celui de la crédulité, le scientifique apparaît comme le spectateur, on pourrait dire le contemplateur d'une réalité existant en dehors de lui. Le second stade de l'exposé semble s'inscrire dans la même logique : « Pour mieux comprendre ce phénomène, supposons que l'on dépose sur un plateau circulaire... » : ici, le premier récit s'ouvre sur un second, celui d'une expérience explicitement destinée à éclairer le processus réel évoqué plus haut. La conclusion ne fait pas de doute : « Si l'on continue à ajouter des particules, on voit se constituer un tas dont la pente augmente progressivement » : ici, l'illusion de réalité est complète : l'expérience, révélation du processus réel, se déroule, sous nos yeux de spectateurs de la physique ; en même temps, une épistémologie empiriste est à l'œuvre, la science apparaissant ici comme l'observation du processus, dont la réalité est livrée par l'expérience même. Mais voici, coup de théâtre, que ce qui nous a été montré constituait un modèle idéal :

> En fait, révèlent les auteurs, le mécanisme d'avalanche décrit ci-dessus est un modèle dû à P. Bak, C. Tang et K. Wiesenfeld du Brookhaven National Laboratory aux Etats-Unis. Dans une expérience réelle, on constate aisément que les grains ne tombent pas du plateau un par un, mais le font plutôt en avalanches...

1. Heinrich M. Jaeger et Sidney R. Nagel, La physique de l'état granulaire, *La Recherche*, n° 249, décembre 1992.

Ici, nous sommes brutalement arrachés à la prétendue immédiateté du récit précédent, dont le statut est de ce fait modifié. Patatras ! l'incursion des acteurs, de leur travail, du caractère hypothétique de leur thèse a provoqué une avalanche méthodologique. Toutefois, le statut du « modèle » en physique n'est pas très clair, car c'est à nouveau au nom d'un constat empiriste que le modèle précédent sera ensuite plus ou moins récusé. La tâche reste entière pour le lecteur qui souhaite démêler, dans cet exposé complexe, ce qui relève des choix de méthode et de la construction de modèles.

En regard de ce flottement du point de vue, typique d'une certaine écriture de vulgarisation, le travail d'Einstein et Infeld dans *L'évolution des idées en physique* est remarquablement explicite. Les physiciens articulent les points de vue grâce à une technique récurrente : l'exposé d'une notion scientifique importante est systématiquement suivi d'un développement philosophique sur les questions de méthode qu'elle soulève. A aucun moment, les physiciens ne prétendent simplement raconter le monde comme il va : ils ont d'emblée présenté la physique comme une activité consistant à construire des hypothèses explicatives de plus en plus larges. La tâche délicate que se fixent dès lors Einstein et Infeld consiste à faire comprendre des théories particulières, sans négliger pour autant l'initiation plus large à des méthodes de pensée. Grâce au procédé des récits gigognes, le texte se développe sur un double plan. Un premier récit expose la démarche qui permet de résoudre un problème, un second récit, étayé sur le premier, tire en quelque sorte les leçons de l'histoire racontée. Les auteurs font d'une pierre deux coups, en exploitant la méthode même qu'ils ont employée, devenue emblématique d'une pensée physique plus générale. Voici comment cette procédure textuelle est introduite pour la première fois. Einstein et Infeld ont rappelé l'intuition issue de l'observation courante : « Il semble naturel de conclure que plus forte est l'action exercée sur le corps et plus grande sera sa vitesse. » Ils ont ensuite combattu cette impression par le recours à l'expérience idéalisée d'une voiture qui poursuit son mouvement sur une route sans aucune force de frottement, pour conclure en formulant la loi d'inertie. Il s'agit d'un premier ensemble de petits récits aboutissant à une proposition de premier niveau. Mais cette proposition est suivie d'un commentaire, introduit lui aussi par un récit :

> Nous avons vu que cette loi de l'inertie ne peut pas être dérivée directement de l'expérience, mais seulement par la pensée spéculative compatible avec l'observation. L'expérience idéalisée ne peut jamais être effectivement réalisée, bien qu'elle conduise à une intelligence profonde des expériences réelles[1].

Le premier récit, vulgarisation de la physique, se trouve articulé avec le second, vulgarisation de l'épistémologie. Il faut bien distinguer ici les options philosophiques des auteurs et leur stratégie discursive : si l'une et l'autre s'avèrent compatibles, la première n'entraîne pas nécessairement la seconde. C'est un effort d'écriture particulier — une création proprement littéraire — qui permet d'impliquer le lecteur dans la réflexion méthodologique sur un référent qui vient d'être construit, en l'occurrence une pratique expérimentale fictive représentée par son récit. Il y a par exemple deux façons distinctes d'opposer à cet égard l'ouvrage d'Einstein et Infeld à celui de Jean Perrin, *Les atomes*, publié une vingtaine d'années plus tôt. Du point de vue philosophique, la position des physiciens allemands est plus radicale que celle du Français. Jean Perrin adressait au lecteur un message plus conciliant ou plus dialectique sur les vertus respectives de la théorie et de l'observation : après avoir posé que

> « deux genres d'activité intellectuelle, également instinctifs, ont joué un rôle considérable dans les progrès des sciences », il prenait un engagement de réserve. « Je ne vanterai pas, écrivait-il, aux dépens de l'autre l'une des deux méthodes de recherche, comme trop souvent on le fait. »[2]

Les mérites de l'observation et ceux de la construction de modèles idéaux sont ici pareillement reconnus, en une équité impeccable, ce qui souligne en comparaison le caractère militant de l'autre ouvrage. Mais la comparaison peut aussi se développer sur

1. A. Einstein et L. Infeld, *op. cit.*, p. 12.
2. Jean Perrin, *Les atomes*, Alcan, 1913, p. I et V. L'arrière-plan polémique de cette déclaration apparaît au lecteur informé de l'histoire de la chimie française. Marcelin Berthelot avait combattu les modèles atomistes au nom d'un empirisme radical s'autorisant des principes méthodologiques de Lavoisier.

le plan des dynamiques textuelles. Le principe épistémologique est chez Perrin développé de façon très claire et didactique, mais à part de l'exposé lui-même, au sein d'une préface. Jamais les théories présentées par la suite ne feront l'objet d'une « exploitation » philosophique.

En revanche, le type de transition décrit plus haut sera sans cesse repris dans *L'évolution des idées en physique,* si bien que l'ouvrage peut se lire selon un double trajet : complexification des modèles théoriques d'une part, approfondissement de la réflexion méthodologique d'autre part. Le lecteur, dont le contrat de communication comme on le sait exige beaucoup, acquiert ainsi, par-delà les théories physiques qui lui sont présentées, une série d'idées philosophiques. Il s'agit successivement du passage d'une vue intuitive à une vue nouvelle, des termes scientifiques, de la généralisation des concepts, du statut des théories d'ensemble, de la recherche de la simplicité, du rôle créateur de l'esprit humain, de la perméabilité des disciplines, des expériences cruciales, de la dimension philosophique de la science, de la précarité de toute théorie, du primat du problème sur la solution, des rapports entre les théories successives, du rôle des présuppositions, des fonctions de la prévision et de l'expérience, de l'abstraction croissante des expressions, du primat de l'idée sur le calcul, etc. : inventaire proposant une initiation très complète à une épistémologie proche de celle de Bachelard. L'idée directrice en est la définition de la physique comme interprétation de la réalité et création de l'esprit humain. Ces « métavulgarisations » sont porteuses d'une philosophie idéaliste. On pourrait, à propos de cette structure discursive, reprendre le schéma proposé par Barthes pour rendre compte du mythe[1]. La réalité perçue apparaît d'abord comme un signe à décrypter, en une interprétation qui aboutit à la pensée physique ; mais les théories physiques sont à leur tour des signes dont l'interprétation constitue le discours de la philosophie des sciences. On doit remarquer en tout cas les

1. Roland Barthes, *Mythologies,* Le mythe aujourd'hui, Editions du Seuil, coll. « Points », 1957, p. 191 sq.

mérites et les limites d'un discours ainsi construit, pris comme modèle d'une vulgarisation des démarches et non seulement des résultats. Il donne accès à une lecture non figée de la science : articulant l'examen de questions physiques et le commentaire de la pensée physique, il prend pour thème le sens du problème qui peut caractériser la démarche scientifique et donne au lecteur les moyens de se défier de tout dogmatisme ; mais il ne peut le faire qu'en exposant, comme une vérité attestée, une certaine philosophie de la connaissance. Certains passages trahissent tout particulièrement l'idéalisme radical des auteurs : à propos de la théorie des champs, on lit par exemple : « Une nouvelle réalité a été créée, un concept nouveau, pour lequel il n'y avait pas de place dans la description mécanique. »[1] Sans doute n'y a-t-il pas de procédure textuelle qui mette définitivement le lecteur à l'abri de la confusion.

Les quelques exemples évoqués au cours de ce chapitre montrent comment peut se construire un point de vue sur les savoirs. Ces procédures ne sont pas équivalentes : les choix textuels ont un sens philosophique et politique au sens large. Mais il faut se garder de trancher trop vite la question. Il n'y a pas *une* bonne façon de faire cet ensemble de choix. Dans le cadre d'un volume de texte limité, chaque option présente des vertus et des défauts.

La définition des frontières disciplinaires réalise un partage des connaissances et des ignorances, de ce qui est pensé et de ce qui ne l'est pas. La présentation didactique tend à isoler artificiellement les notions scientifiques, mais permet au lecteur d'entrer dans l'univers intellectuel de la discipline. La considération du contexte socio-historique met en évidence les enjeux dans lesquels est impliqué le savoir, mais, poussée à l'extrême, elle peut noyer l'enjeu de connaissance lui-même, voire transformer la connaissance en épiphénomène. Si l'on admet que la science est à la fois affaire de société et ressource de pensée, on reconnaîtra leur mérite à chacune des options, que certains auteurs s'emploient d'ailleurs à concilier.

1. A. Einstein et L. Infeld, *op. cit.*, p. 142.

De la même façon, les scientifiques sont tentés de privilégier une forme d'exposition centrée sur l'initiation méthodologique : certains iraient jusqu'à dire que seule la vulgarisation conçue ainsi mérite d'être regardée comme honnête. A coup sûr, l'absence de réflexivité méthodologique comporte un risque important de dogmatisme et peut conduire à une religion des résultats de la science, que nous avons déjà évoquée. Mais une vulgarisation qui n'aurait pour objet que la découverte des méthodes pourrait constituer un préalable monstrueusement disproportionné à la connaissance. Par exemple, s'il est souhaitable que le lecteur comprenne que la catégorisation sociale ne va pas de soi, il n'est pas inutile qu'il sache que dans une société où la « tarte à la crème » des technocrates est la disparition du travail non qualifié, un tiers des postes de travail peuvent être définis comme ouvriers. La question du point de vue sur le savoir s'ouvre ici sur la prise en compte d'un contexte particulier, sur l'évaluation des efforts exigibles d'un lecteur, sur une hiérarchie de priorités que la présente étude ne peut prétendre régler, sous peine de revendiquer une généralité illusoire.

Construire un itinéraire d'apprentissage

Comme tous les discours, le texte de vulgarisation est un parcours. Parcours, comme on l'a vu, cadré par un contrat général de communication, relayé par un ensemble d'instances d'énonciation. Mais parcours que ses coordonnées de départ ne suffisent pas à définir. De ce point de vue — les itinéraires, les détours, les raccourcis —, l'écriture de vulgarisation est d'une variété extrême. C'est peut-être ce qui fait sa plus grande technicité et sa plus grande richesse. Il ne peut être question ici de définir exhaustivement ne seraient-ce que les variantes principales de ces parcours, ni même d'en poser les balises. Nous pouvons réfléchir plus précisément aux modes de présence de la structure narrative dans le texte de vulgarisation, à ses raisons, à ses formes, à ses effets.

La narrativité est en effet omniprésente et polymorphe dans les textes de vulgarisation. Elle est même tellement présente qu'il faut faire un effort pour la repérer, tant elle paraît naturelle. Regardons-y de plus près et faisons un bref inventaire. On peut lire les *Entretiens sur la pluralité des mondes* comme un document sur la façon dont on envisageait à la fin du Grand Siècle la séduction amoureuse, les voyages transatlantiques ou la bourgeoisie des villes. On trouve dans *Les nouvelles conquêtes de la science* des renseignements précieux sur le travail scrupuleux du musicien Meyerbeer à l'Opéra de Paris, sur le métier de marchand ambulant dans les chemins de fer américains, sur les faillites occasionnées par la révolution de 1848 et sur la police du Tsar confrontée aux nihilistes. On apprend également dans ce dernier ouvrage qu'Edison était si passionné par ses recherches qu'il avait oublié qu'il était en train de se marier ; on y voit décrit le fonctionnement des régulateurs de lumière électrique ; on nous fait partager la perplexité de Léon Foucault, pris dans une tempête en mer et cherchant à interpréter l'immobilité de la vergue suspendue au mat.

C'est dire qu'il faut regarder la vulgarisation comme un travail littéraire sur le récit. Le discours de vulgarisation est, comme certaines conversations, une collection de romans amorcés, de romans avortés. Il peut y avoir à cela plusieurs raisons, qui tiennent au contrat de médiation lui-même.

La raison la plus manifeste est d'ordre rhétorique. Elle est très bien exprimée par Martine Barrère : « Pour intéresser le lecteur, explique la journaliste[1], nous lui racontons une histoire. Le fait scientifique que nous voulons faire passer, nous l'habillons [...] » Raconter une histoire est, comme dans le roman ou comme dans l'article de presse, un ressort classique de l'intérêt. C'est aussi une façon de prendre ses distances par rapport à l'exposé du pédant. C'est sans doute une raison suffisante pour que la construction des textes de vulgarisation se présente comme une succession de

1. Martine Barrère, Les principales difficultés dans la vulgarisation scientifique viennent du milieu scientifique lui-même, *Vulgariser, un défi ou un mythe ?*, p. 18.

séquences narratives plutôt que comme une dissertation clairement construite autour d'un plan. Les *incipit,* précédemment évoqués, sont un exemple typique où cette fonction du récit est prédominante. Bien souvent, ils pourraient d'ailleurs être supprimés sans que le contenu informatif de l'article en soit affecté : dans ce cas, leur rôle est strictement celui de la captation du lecteur.

Une seconde vertu du récit est son aptitude à formuler de façon souple un raisonnement causal. Le lecteur de romans, notamment depuis Flaubert, a appris à scruter le récit pour y découvrir les indices d'un développement logique. La vulgarisation fait grand usage de cette dimension logique de la narrativité. Certains récits restituent des chaînes de causalité, se substituant en quelque sorte au calcul ou à l'expérimentation que la situation rend impossibles. Ordonnant une série de phénomènes, le récit forme l'équivalent élégant, agréable et économique d'une description logique explicite. Ce type de récit n'est d'ailleurs pas propre à la vulgarisation, car on le trouve également dans le roman policier, où il s'agit parfois d'expliquer la chaîne de causalité qui conduit à un événement étonnant. Deux textes fort différents peuvent illustrer ce type de séquence qu'on peut nommer *récit fonctionnel.* Le premier est emprunté à une nouvelle célèbre d'Edgar Poe, le second est tiré d'un article de vulgarisation récent.

> — Votre physionomie s'est éclaircie, j'ai vu vos lèvres remuer, et j'ai deviné, à n'en pas douter, que vous murmuriez le mot stéréotomie, un terme appliqué fort prétentieusement à ce genre de pavage. Je savais que vous ne pouviez pas dire stéréotomie sans être induit à penser aux atomes, et de là aux théories d'Epicure [...] je fus alors certain d'avoir strictement emboîté le pas de votre rêverie[1].
>
> — Le moteur effectue tout d'abord une partition des faits et des règles susceptibles d'être comparés dans la situation actuelle. Puis, il opère un filtrage parmi les règles et les faits pour déterminer les règles applicables, compte tenu des faits sélectionnés. A ce niveau, s'il manque de données pour progresser, le système expert peut réclamer des informations complémentaires à l'utilisateur[2].

1. Edgar Poe, Double assassinat dans la rue Morgue, *Histoires extraordinaires,* trad. Baudelaire, « Folio », 1973, p. 56.
2. Eric Seyden, Systèmes experts, simuler l'intelligence, *Sciences et avenir,* mai 1984.

Dans ces deux récits, le narratif est le support de l'explicatif : la succession chronologique des faits sous-entend, comme c'est souvent le cas dans le roman, une relation de causalité.

Mais l'essentiel est sans doute encore ailleurs. Le texte de vulgarisation doit construire, comme nous avons pu l'observer, son propre référent. La situation d'apprentissage est paradoxale, en ce que les méthodes et le vocabulaire proposés à l'acquisition ne renvoient souvent pour le lecteur à aucune expérience empirique : c'est ce qui distingue la vulgarisation de l'enseignement scientifique, avec sa composante expérimentale et calculatoire. En termes linguistiques, il y a apprentissage à la fois du signifié (le sens, les concepts) et du référent (les objets dans le monde auxquels ils renvoient). De ce cercle vicieux, le journaliste se tire en faisant alterner le récit (qui permet de se représenter un référent) et l'explication (qui permet de le conceptualiser). La prolifération des récits a donc un caractère réaliste, au sens littéraire : elle est le fait d'un texte qui, comme le roman, doit construire lui-même pour son lecteur l'univers qu'il décrit.

En somme, nécessaire à l'intelligibilité, le récit est aussi un ressort d'intérêt. Le récit est apte à s'inscrire dans l'espace d'écriture-lecture très particulier que nous décrivons, à la fois scientifique et littéraire. Aussi son utilisation par les vulgarisateurs est-elle nécessairement marquée à la fois par les contraintes du didactisme et par l'esthétique d'un type d'écriture.

En fonction de la place qu'occupe la narrativité dans les textes, les récits portent sur des référents très variés, dont il n'est peut-être pas inutile de rappeler rapidement la nature. Certains récits permettent d'ancrer l'explication dans l'expérience commune : ils rappellent au lecteur des situations quotidiennes qu'on peut relier aux connaissances théoriques. D'autres appartiennent à l'historiographie de la science : ils évoquent divers épisodes de la biographie des scientifiques, plus ou moins reliés à une question scientifique (parfois le lien peut être très lâche), décrivent l'enquête même du vulgarisateur, par exemple la visite d'un laboratoire, ou encore évoquent le contexte d'émergence des découvertes. Une autre catégorie de récits se situe au cœur de la démarche scientifique elle-même : ils s'emploient à restituer le processus même de la découverte, ses phases, ses difficultés ou décrivent de façon plus ou moins précise un protocole d'expérimentation ou d'intervention. Des récits proprement didactiques, comparables à ceux qui émaillent les cours et « leçons de choses », prétendent raconter « le réel » : ils disent comment la Terre tourne, comment les volcans se forment. D'autres récits concernent enfin l'appropriation sociale des connaissances : ils peuvent décrire le fonctionnement d'un objet technique, raconter comment les inventions sont appliquées et utilisées par la société, voire proposer, par anticipation, un récit de « science-fiction » sur les développements probables et les effets prévisibles de telle ou telle découverte... Cette liste n'est pas exhaustive. Elle a pour seule vertu de faire apparaître que dans le texte de vulgarisation il est sans cesse question de raconter. Le récit est la procédure dans laquelle se cherchent l'intérêt d'une histoire et le substitut d'une pratique.

Ces récits peuvent être analysés, comme tout récit, grâce aux catégories de la narratologie[1]. Nous ne sommes pas étonnés de constater, après les hypothèses que nous avons retenues précédemment, que ces récits, loin de constituer de simples comptes rendus de l'histoire des sciences, soient de nature à construire un point de vue subjectif sur cette histoire : une voix narrative les énonce, voix souvent polyphonique comme on a pu le voir ; une organisation temporelle plus ou moins complexe les régit (avec éventuellement des anticipations ou « prolepses » et des flash-backs ou « analepses ») ; une sélection des points de vue s'opère au fil du texte (focalisation sur tel ou tel aspect de la science, position interne ou externe à la logique des scientifiques) ; ces récits ont des aspects très divers : certains (« itératifs ») rendent compte d'un processus qui se reproduit régulièrement ; d'autres (« singulatifs ») attirent l'atten-

1. Les catégories évoquées plus loin renvoient notamment aux travaux de Gérard Genette, Discours du récit, *Figures III,* Editions du Seuil, 1972, et *Nouveau discours du récit,* Editions du Seuil, 1983.

tion sur un événement exceptionnel. Les premiers nous familiarisent, les seconds nous étonnent, les uns et les autres font entrer la science dans notre horizon de vie. Bref, il y a nécessairement une part de fiction dans ce récit de science, aussi éloigné soit-il du genre de la science-fiction.

Deux exemples empruntés à l'ouvrage de Louis Figuier montrent les effets de sens que peut produire un récit instituant le vulgarisateur en narrateur omniscient. Le premier concerne un épisode célèbre de l'histoire des sciences : l'expérience du pendule de Foucault. Voici selon Figuier les circonstances dans lesquelles elle a été conçue, au cours d'une excursion en mer :

> Seul peut-être parmi le petit équipage, Léon Foucault demeurait insensible aux fureurs de la mer. Il était tout entier à l'examen d'un phénomène qui frappait vivement son esprit. Pendant que le bateau, sous l'impulsion des vagues, exécutait des mouvements désordonnés, une petite vergue, suspendue au sommet d'un mât, demeurait immobile ou, pour mieux dire, tout en suivant le mouvement de translation du bateau, ne sortait pas un seul instant du plan qu'elle occupait dans l'espace. Pour un physicien observateur, il y avait là le germe d'une démonstration du mouvement de rotation de la Terre, démonstration expérimentale que l'on cherchait, depuis Galilée, sans l'avoir trouvée. C'est ce que Léon Foucault ruminait dans sa tête, en descendant du bateau à vapeur du Havre, pour revenir à Paris[1].

Cette scène, qui commence comme le chapitre inaugural de l'*Education sentimentale*, nous révèle ainsi les « dessous » de la psychologie scientifique : focalisée sur les pensées du héros, elle présente le savant selon le motif traditionnel de l'indifférence lucrétienne au monde extérieur — particulièrement orageux, nous sommes au lendemain de 48. Le jeu des récits discrètement emboîtés (traversée en bateau, pensées du héros, comportement de la vergue, rappel de l'expérience de Galilée) propose une explication hyperempiriste de l'invention : celle-ci est comme dictée par la nature au héros, à la manière de la pomme de Newton ; le récit présente d'ailleurs le monde scientifique unanimement tourné vers la preuve expérimentale. Un second récit, très différent, évoque la naissance de la voca-

1. Louis Figuier, *Les nouvelles conquêtes de la science. L'éclairage électrique,* éd. citée, p. 48.

tion du chimiste Humphry Davy. Le vulgarisateur nous montre le jeune Davy errant dans les galeries d'une vieille mine, lieu romantique s'il en est « où l'on entend le bruit des vagues et le choc des galets, à travers la faible épaisseur de la Terre »[1]. Le récit est, en fait, celui d'une révélation, d'une conversion :

> Ce fut sous la profondeur de ces voûtes solitaires, ayant sur sa tête les grandes voix de la nature et autour de lui les richesses qu'elle dérobe à nos yeux, que le jeune Davy put entrevoir, pour la première fois, le monde de la science, monde plein de mystères, mais bien différent de la région des rêves qu'il avait affectionnés jusque-là. Dès ce jour, il entra dans la voie où sa destinée l'appelait[2].

Tous les ressorts évocateurs de la narrativité sont ici à l'œuvre : le narrateur omniscient affecte un sens à l'épisode ; il transforme l'anecdote en destinée emblématique. Mais le cadre de l'action est lui-même signifiant : les voûtes sont solitaires, par hypallage, comme le héros ; inversement, le héros est en harmonie avec la nature qui l'entoure. Dans ces deux récits, la nature résonne (raisonne ?) avec le savant. Comme l'île de Jules Verne[3], elle semble conçue pour être le champ de développement de l'aventure scientifique. La structure du récit est constitutive de toute une idéologie de la science. Les effets de cette idéologie sont moins visibles dans les textes actuels, parce que les thèmes nous étonnent moins que ceux qui inspiraient Jules Verne et Louis Figuier. Ils n'en sont pas moins présents.

Il n'est pas possible de raconter quoi que ce soit, même une histoire de science, sans attribuer une ligne d'action aux personnages et, plus largement, sans se référer à des logiques sociales. Certaines séquences narratives appartiennent à une « grammaire » d'action traditionnelle : on verra par exemple un savant formuler une hypothèse, puis buter sur un fait récalcitrant qui le conduira à imaginer

1. *Ibid.*, p. 71.
2. *Ibid.*, p. 73.
3. *L'île mystérieuse*. La cohorte des aventuriers, remarquable condensé de la pensée et de l'organisation scientifiques et techniques de l'heure, arrive dans une île qui, au moins dans un premier temps, semble faite tout exprès pour leur donner matière à prouver le pouvoir de la rationalité. Cf. Pierre Macherey, *Pour une théorie de la production littéraire*, Maspero, 1966.

une théorie plus vaste ; on assistera aux manifestations de la « résistance » de l'opinion publique ou de la communauté scientifique à une théorie paradoxale ; on suivra le cycle qui mène d'une observation à une intuition, puis à une première expérience encourageante, pour aboutir à l'expérience critique, etc. Le récit vulgarisateur a, comme tout récit, ses schémas traditionnels. Baudouin Jurdant a même proposé une définition du récit archétypique de vulgarisation, formulé dans les termes d'un schéma actantiel représentant la quête d'un objet par un héros. Le savant y poursuit la conquête de connaissances nouvelles, poussé par la Raison et au service de l'Humanité ; il a avec lui les Etats et les institutions, qui lui fournissent des crédits et rencontre comme opposant la Nature, qui ne se plie pas aisément à sa scrutation[1]. Ce schéma exprime assez bien le modèle hagiographique dominant dans les revues diffusant une théorie conformiste de l'activité scientifique. Mais ce schéma connaît de nombreuses variantes, liées tant aux idéologies de la science qu'à la reproduction de modèles d'écriture, depuis les récits où la recherche ne rencontre pas d'opposant, parce que la nature est d'emblée transparente, jusqu'à ceux dans lesquels l'objet poursuivi par le chercheur est la notoriété, le pouvoir ou la richesse, dans une jungle scientifique et industrielle où les opposants ne sont autres que les collègues, voire le patron lui-même. Fontenelle nous avait déjà donné un bel exemple de cette grammaire narrative agressive, campée dans la stratégie et évocatrice de la science-fabrication. La science y apparaît d'abord comme un bricolage astucieux. Les partisans du système de Ptolémée sont-ils gênés ?

> Avoient-ils nouvelle d'un nouveau mouvement ? C'étoit aussitôt un autre ciel de cristal. Enfin les cieux de cristal ne coûtoient rien.

Mais la controverse se déploie ensuite comme une razzia de la dernière violence.

> Figurés-vous un Allemand nommé Copernic, qui fait main-basse sur tous ces cercles différens, et sur tous ces Cieux solides qui avoient été imaginés par l'Antiquité. Il détruit les uns, il met les autres en pièces. Saisi d'une noble

1. Baudouin Jurdant, Vulgarisation scientifique et idéologie, *Communications*, n° 14, 1969.

fureur d'Astronome, il prend la Terre et l'envoie loin du centre de l'Univers, où elle s'étoit placée, et dans le centre, il y met le Soleil, à qui cet honneur étoit bien mieux dû[1].

La grammaire de ce récit, qui donne un pouvoir thaumaturgique au savant, n'est pas celle d'une épopée de la découverte, mais celle d'un récit de cape et d'épée. Dans beaucoup d'articles contemporains, les chercheurs sont moins dotés d'un dessein généreux que mus par un arrivisme pugnace. L'histoire des samouraïs du grand attracteur en donnait un bon exemple. Sans aucun doute, la grammaire des récits mérite d'être regardée de près : la multiplication de récits correspondant au dernier schéma évoqué témoigne de ce qu'aujourd'hui l'optimisme scientiste décline, au profit d'une conception stratégique de la pratique scientifique que nous avons déjà plusieurs fois rencontrée.

Mais la difficulté de cette construction tient de plus au fait que la logique narrative n'est pas la seule à organiser le discours de vulgarisation. En tant que genre, le discours de vulgarisation, par-delà toutes ces divergences et par-delà l'extrême diversité de ses avatars historiques, n'échappe jamais au fait de présenter une organisation multiple, une sorte de plan à plusieurs dimensions. Explicitement ou implicitement, il doit compléter à la fois trois programmes : celui de raconter une histoire assez pleine pour pouvoir supporter une représentation de l'inconnu (exigence narrative) ; celui d'articuler les éléments d'un jugement sur une question d'intérêt (exigence argumentative) ; celui de fournir un corps de connaissances intelligible et compatible avec l'expérience du lecteur (exigence didactique). Il n'accorde pas nécessairement à ces divers programmes la même importance. Mais il ne peut tenir à l'écart aucun d'entre eux. Sans le premier, il ne correspond à aucun référent ; sans le second, son écriture n'a pas de sens ; sans le troisième, il échoue dans son projet le plus explicite. Or la conciliation de ces trois démarches organisatrices ne va pas de soi. C'est pourquoi l'article de vulgarisation est le lieu privilégié des aiguillages successifs,

1. Bernard Le Bovier de Fontenelle, *op. cit.*, p. 26 et 28.

des suspensions, des retournements, des tissages les plus variés entre les types de textes et les actes de langage les plus divers.

Si le problème est général, les solutions qu'il reçoit sont variées à l'infini. On voit bien par exemple les différentes stratégies qui peuvent se mettre en place en comparant les articles consacrés à la présentation du secteur nouveau de l'intelligence artificielle. L'un des auteurs raconte l'émergence du projet de simuler l'intelligence, puis décrit quelques systèmes : il privilégie l'intérêt narratif lui-même, adoptant une progression mue par la curiosité, et qui suppose une assez grande cohérence temporelle et spatiale des événements. Un autre journaliste préfère s'appuyer sur une typologie, qui permet de se repérer au sein des divers domaines de la discipline : il distingue le domaine des jeux électroniques, celui de la traduction des langues, celui de la résolution de problèmes, et les décrit tour à tour. Un autre auteur, universitaire, adopte un trajet argumentatif : il inscrit l'article dans la réponse à une question centrale, quelles activités humaines sont accessibles à la machine ? Enfin, un chercheur propose une démarche clairement didactique, qui vise à introduire graduellement les notions les plus essentielles, grâce à une série d'analogies entre les formes de l'intelligence humaine et les propriétés nouvelles des logiciels : il part d'une définition de l'informatique « classique » pour aboutir à la description d'un mode original de raisonnement. Aucun de ces articles n'offre pourtant une structure pleinement linéaire, car toute explication convoque un ensemble de petits récits.

Chacun de ces trajets est nécessaire, dans un « genre littéraire » qui, issu de la tradition classique, vise à la fois l'agrément, l'éducation et l'information. Chaque rédacteur établit un équilibre entre ces exigences, avec des compromis, des procédés de suspension, de répétition et d'anticipation complexes.

Quelle que soit la richesse de ces formes de construction, elles ne sont pas de l'ordre de la pure fantaisie. Comme tout genre littéraire, le discours de vulgarisation a ses traditions et ses normes, qui constituent un horizon d'attente pour le lecteur, et un cadre de référence — éventuellement transgressé — pour le scripteur.

Certes, comme tout genre mixte, la vulgarisation use de formules crées par des genres plus nobles ou plus populaires : romanesque, historiographie, journalisme d'actualité. Cette tradition est faite à la fois d'héritages et d'évolutions, voire de ruptures. Les structures de l'écrit de vulgarisation varient avec les conceptions de l'action et de l'histoire, avec les esthétiques de l'écriture. Par exemple, quand on ouvre un grand ouvrage de vulgarisation du XIXe siècle, comme les livres de Louis Figuier, on entre d'emblée dans une chronique analytique des grands inventeurs et des grandes découvertes, analogue en quelque sorte à un modèle d'historiographie hérité de Tite-Live ou du *De viris* de Lhomond et encore présent dans les manuels scolaires de l'époque — bien que depuis Michelet cette équivalence de la biographie cumulée des grands hommes et de l'histoire ait été fort ébranlée. La succession des biographies emblématiques, et des vignettes qui les illustrent, semble aller de soi, même si Figuier « fait son travail » et n'échappe pas à la triple logique didactique-narrative-argumentative en enchâssant ici ou là l'énoncé d'une problématique, la synthèse de résultats ou la définition-explication d'un concept. Un ouvrage comme le best-seller du philosophe-vulgarisateur allemand Ernst Häckel s'organise, à la même époque, très différemment : il juxtapose, selon la logique du traité philosophique, une série de questions (les différents « mystères de la nature »), questions dans lesquelles il intégrera les récits et les explications nécessaires. Aujourd'hui, la succession des monographies est passée de mode dans la grande histoire : les articles et les livres de synthèse sur une discipline procèdent plus volontiers à la manière de l'essai. Ayant proposé à leur lecteur des éléments pour situer les enjeux du savoir, ils exposent un « état de la question » avant d'entrer, lorsqu'ils le font, dans la succession linéaire des découvertes. Mais l'article journalistique ne répugne pas à proposer encore une galerie de portraits des inventeurs géniaux ou des ingénieurs intrépides.

Ce problème de l'articulation des logiques trouve des solutions très variées, qui conduisent à des degrés de cohérence très divers. Chez Figuier, la structure du texte peut être qualifiée de

« baroque », car le détail narratif y occupe une place essentielle et jouit d'une incontestable autonomie. Le mouvement romanesque du glissement prévaut souvent sur la progression de l'exposé, jusqu'à permettre un règne de la digression généralisée. Pour que la narration soit naturelle, il semble nécessaire d'enfouir le raisonnement scientifique sous une prolifération d'anecdotes. C'est ainsi que le récit peut pivoter autour du personnage ou de l'événement scientifiques. L'importance des inventions d'Edison justifie que sa biographie soit entreprise au moment où son père lui annonce la nécessité de s'engager comme marchand ambulant pour gagner sa vie, et aussi qu'elle rende compte en détail de ses déboires comme journaliste improvisé ; l'évocation des découvertes électriques d'Humphry Davy semble entraîner comme naturellement l'évocation (narrative) de ses expéditions sur le volcanisme et l'exposé (didactique) d'une controverse relative aux volcans. De même, l'installation d'un éclairage artificiel dans le Colisée fournit le prétexte d'un morceau de vulgarisation archéologique ; mais encore le retour vers la question scientifique se fera-t-elle, dans ce dernier cas, par le biais d'une méditation romantique.

> Mais c'est la nuit qu'il faut voir le Colisée, écrit Figuier ; car il prend alors un aspect fantastique. Les pâles rayons de la Lune, venant éclairer le grandiose édifice, l'entourent d'une auréole d'argent et prêtent à ses murailles démantelées une poésie étrange. [...] L'art[1] [...] a permis de provoquer à volonté cette heureuse impression de l'âme et des yeux. A la lueur trop capricieuse de notre satellite, on a substitué la clarté de l'arc voltaïque, diffusée par des globes opalins, qui reproduisent l'effet du clair de lune[2].

Ce dernier passage conclut d'ailleurs une séquence assez représentative des méthodes de Figuier, puisqu'on y trouve le collage de « morceaux » narratifs divers. Figuier décrit les applications de la « bougie » électrique inventée par Jablochkoff (« La bougie Jablochkoff, qui simplifiait d'une façon inespérée... ») puis annonce le thème de l'éclairage du Colisée (« on fit, à Rome, à la même

1. La technique ? La création ? Le lexique de l'époque autorise la polysémie à se déployer largement...
2. Louis Figuier, *op. cit.*, p. 61-62.

époque... ») ; c'est l'occasion d'écrire une brève histoire du Colisée dans l'Antiquité (« le Colisée n'est pas la plus vaste ruine de l'ancienne Rome... »), glissant insensiblement vers le récit d'une visite touristique (« quand on embrasse d'un coup d'œil... ») et amenant l'évocation rétrospective de scènes de carnage (« la vue de cette arène rappelle involontairement... »). Cette scène de visite a le pouvoir de se multiplier elle-même : au récit singulatif de la première visite du narrateur (« Quand j'entrai au Colisée... ») vient bientôt se joindre le récit itératif des nuits au Colisée (« mais c'est la nuit qu'il faut voir... »). C'est alors — alors seulement, dira le lecteur contemporain de *La Recherche* — que Figuier raconte la mise en place de l'éclairage électrique et son effet sur le public (« l'art est très heureusement intervenu... »). Dans cette technique de conteur prolixe, qu'on pourrait nommer « méthode du plus long détour », le lecteur est toujours en droit de se demander si l'histoire racontée sert de moyen d'accès au savoir ou si, inversement, c'est le thème scientifique qui fournit un prétexte à l'association narrative.

Ce texte n'est pas isolé. Dans la littérature de vulgarisation traditionnelle, telle qu'elle triomphe à l'époque de Figuier, comme dans le roman traditionnel, la connaissance des choses et des personnes obéit aux modèles du réalisme, qui oscille entre la recherche de types généralisants et l'accumulation des motifs pittoresques, capables d'attester la véracité du récit. L'empirisme qui triomphe dans la philosophie scientifique de l'époque s'accommode fort bien de l'écriture réaliste.

En face de ces rapports très lâches et improvisés entre le sujet principal et les motifs anecdotiques — souplesse que vient d'ailleurs corriger de place en place le commentaire métadiscursif —, beaucoup d'articles d'aujourd'hui présentent un parcours beaucoup plus cohérent et ordonné. Ils s'apparentent davantage à la structure de l'ouvrage déjà cité d'Einstein et Infeld, où chaque récit s'inscrit dans une stratégie très explicite de mise en place des concepts. *L'évolution des idées en physique* privilégie délibérément la logique didactique. Son esthétique est, en quelque sorte, hyperclassique : l'agrément y est au service de l'éducation. Le pittoresque est savamment dosé : il véhicule la part exacte d'imaginaire qui permet la représentation sans la fixer dans une image trop prégnante. Ce sont des chambres, des ascenseurs, des voitures, mais sans couleur ni caractère. D'ailleurs, les auteurs recourent plusieurs fois à une série de petits récits pour mettre en place le concept, chaque récit chassant l'autre et soulignant son rôle de serviteur révocable de la pensée. Les auteurs écrivent par exemple :

> Considérons le cas de deux SC [systèmes de coordonnées] qui partent d'un point connu et se meuvent uniformément, l'un par rapport à l'autre, avec une vitesse connue. Celui qui préfère les images concrètes peut penser à un navire ou à un train se mouvant par rapport à la Terre[1].

Autre exemple : lorsqu'il s'agit d'évoquer le concept d'onde, plusieurs scènes sont mises en concurrence : la nouvelle qui traverse l'Atlantique, le vent sur le champ de blé et la pierre qui tombe dans un lac. Ce n'est pas que l'épaisseur imaginaire de ces récits soit nulle : ce sont trois grands thèmes épiques; mais cette épaisseur — à peine l'équivalent d'une récréation — est soumise à la primauté de l'organisation didactique.

On voit bien ce qu'on gagne et ce qu'on perd à cette évolution. Le texte de vulgarisation nouvelle manière est sans doute plus explicite, comme l'est un roman à thèse. Il fournit davantage au lecteur les moyens de s'approprier les notions et de dégager l'essentiel. Mais il est beaucoup plus strictement contrôlé par la philosophie de l'auteur et déborde moins de son projet explicite. On peut admirer l'organisation remarquable du livre d'Einstein et Infeld. On peut rendre grâce à ces auteurs d'avoir toujours fourni à leurs lecteurs les raisons de leurs choix. Mais on peut aussi juger assez affligeante la pauvreté extrême de ce monde d'ascenseurs, de navires et de dépêches, monde dans lequel personne ne tombe jamais mais personne n'arrive non plus jamais nulle part. En comparaison, l'univers de Figuier présente le même avantage superbe que les autres textes de son siècle : il déborde de tous les bruits et de

1. *Op. cit.*, p. 149.

toutes les fureurs du monde, échappant, dans son obsession de traquer le réel, au contrôle de son auteur.

Faut-il se rassurer du fait que les articles de vulgarisation sont aujourd'hui loin d'avoir tout à fait rompu avec la richesse foisonnante des récits de Figuier ? Faut-il le regretter ? En tout cas, la grande diversité des phénomènes impliqués par l'activité scientifique continue de se manifester dans la sinuosité des démarches.

Veut-on étudier les nouveaux dispositifs de télécommunications ? Cela ne peut se faire sans décrire les fonctions qu'ils sont censés remplir. Cette analyse fonctionnelle déborde, en amont, vers les principes de traitement de l'information qui sont en jeu et en aval, vers le marché et les attitudes des utilisateurs. D'un côté, il faut bien souvent revenir au paradigme numérique ; de l'autre, un minimum d'ergonomie est indispensable. Mais le secteur des télécommunications est à la croisée des stratégies de recherche, des politiques industrielles d'un secteur complexe, des réglementations nationales et internationales. Où peut-on s'arrêter ?

Veut-on rendre compte de l'apparition d'un traitement médical ? On ne peut guère y parvenir sans mentionner la controverse thérapeutique qui l'entoure ni sans retracer les étapes qui ont conduit à son élaboration. Pour cela, il faut décrire le processus de la maladie, qui ne se comprendra à son tour que si l'on évoque la biologie non pathologique ; il faut rappeler l'histoire des traitements et expliquer les insuffisances de ces traitements. Mais il est bien rare qu'on puisse rendre ces processus intelligibles sans mesurer l'impact de ces recherches et sans évoquer leur financement. Un chercheur entreprend de décrire une technique thérapeutique :

> L'autogreffe de la moelle osseuse, c'est-à-dire l'injection au patient, après un traitement approprié que nous détaillerons ci-après, d'une fraction de sa propre moelle prélevée antérieurement, est une technique récente qui apporte de nouveaux espoirs dans le traitement de certaines affections[1].

Cette première définition emboîte déjà trois amorces de récits, celui de la technique opératoire, celui des progrès de la recherche,

1. L'autogreffe de la moelle osseuse dans les cancers, *La Recherche,* n° 181, décembre 1984.

celui des formes de la maladie ; il en annonce un quatrième, celui du protocole de traitement. Il faut ensuite décrire les formes de la maladie, avant de reprendre le premier récit. Mais les choses ne sont pas encore simples :

> Nous allons voir plus précisément en quoi consiste cette technique et quels sont les espoirs qui s'y attachent, mais d'ores et déjà on peut imaginer que, dans les dix ans à venir, le développement des techniques d'épuration *in vitro* des moelles [...] permettra à l'autogreffe de devenir une thérapeutique de choix dans le traitement de certains cancers.

Ici, le récit didactique autorise subrepticement une anticipation (analepse) d'un tout autre caractère. L'auteur oscille entre sa mission didactique et son rôle de promotion d'une option médicale. Il s'avère ensuite que les nouvelles techniques chirurgicales ne peuvent être exposées sans un rappel, lui aussi narratif, de la façon dont les leucémies sont traitées d'ordinaire et de la destinée que connaît la maladie dans ce traitement traditionnel. La complexité de la structure narrative tient à la fois à la difficulté que comporte le pari de constituer tant de référents à la fois et aux ambiguïtés qui marquent la fonction de l'article.

Le discours de vulgarisation reste, le plus souvent, une sorte de slalom entre diverses formes de narrativité.

V

LA SCIENCE, LE SENS

La poétique de la vulgarisation nous présente les formes multiples d'un tissage de la science et de tout ce qui fait son altérité : subjectivité, narrativité, style. La vulgarisation « se tient, comme Charlot à la fin du Pèlerin, un pied de chaque côté de la limite interne de la science »[1]. Elle tire d'ailleurs son appartenance à la culture de ce jeu avec les frontières, qui mobilise concrètement les enjeux symboliques, cognitifs et idéologiques que nous avons pu repérer au fil de ce livre. C'est par le jeu avec l'altérité que la vulgarisation fait sens.

La vulgarisation ne tranche pas, comme on a pu le dire, en faveur de la lumière ou en faveur de la mystification. Elle ne verse pas clairement la science dans l'opinion, ni l'opinion dans la science. Que construit donc la vulgarisation ? Indissolublement, elle enrichit notre représentation du monde et affine les moyens que nous avons de le décrire, elle engendre des illusions, elle promeut des idées, elle insinue des idéologies. Le second temps de notre poétique s'emploie à scruter comment certaines perspectives de sens peuvent émerger de ces échanges instables. Nous disposons pour cela de deux procédés privilégiés, l'introduction des termes scientifiques et la métaphore, procédés qui incitent deux univers de pensée (celui que contrôle la méthode scientifique, celui que baigne la culture) à basculer l'un dans l'autre, en un mouvement incertain.

1. Jean-Claude Beaune, La vulgarisation scientifique, l'ombre des techniques, *in* D. Jacobi et B. Schiele (éd.), *Vulgariser la science, le procès de l'ignorance,* Champ Vallon, 1988, p. 75.

L'étude synthétique des articles présentant l'intelligence artificielle fournira l'occasion de mettre en perspective l'ensemble des thèmes abordés dans la poétique. En effet, la présentation de cette discipline émergente exhibe de façon particulièrement manifeste l'étendue des effets de sens qu'autorise la vulgarisation. Le cas particulier d'une discipline définie en tant que telle dans les termes même d'un discours de vulgarisation nous fournit un exemple radical (atypique ? emblématique ?) de mélange des genres, dans lequel la vulgarisation montre pleinement ce dont elle est capable.

Les pièges de la définition

Souvenons-nous des conclusions auxquelles avait abouti la critique du modèle de la traduction. Le discours de vulgarisation traite à la fois une différence linguistique, un écart cognitif et une distance sociale ; il ne le fait pas en traduisant des énoncés déjà là, mais en associant, au fil d'un discours doté d'une forme originale, des termes de spécialité et des termes d'usage courant (plus exactement : appartenant au vocabulaire attribué au lecteur) ; les termes scientifiques y mobilisent toute une valeur connotative, qui déborde la fonction opératoire que leur reconnaissent les chercheurs.

Ces hypothèses ont plusieurs conséquences. D'abord, ce qui se passe ici ne s'apparente pas au simple glossaire, qui permettrait de mettre en correspondance des termes équivalents. Introduire un terme spécialisé nécessite un mouvement particulier et complexe, destiné à en construire le sens. Ici, l'on mettra un terme en relation avec une donnée de l'expérience courante ; ailleurs, on lui choisira des synonymes empruntés à tel ou tel vocabulaire en usage dans la société ; ailleurs encore, on représentera métaphoriquement la structure conceptuelle dans laquelle il s'inscrit. Tantôt, l'on expliquera son origine, sa fonction, son statut ; tantôt l'on jugera de sa pertinence. Cette activité ne pourra se réaliser que de façon polyphonique, c'est-à-dire par le biais de plusieurs paroles différentes. Il y aura toujours, au moins, trois paroles convoquées : par exemple, les scientifiques disent *HIV*, vous, lecteur, dites *SIDA*, le médiateur vous dit qu'*HIV est le virus du SIDA*. Au moins trois, car avant que la communauté internationale baptise le virus *HIV*, il portait au sein de deux équipes les noms respectifs de *LAV* et *HTLV-III*... En outre, la définition ne doit pas être analysée seulement en termes de compréhension. La rencontre entre les termes de spécialité et les termes courants pourra aboutir à bien des effets de familiarité ou de distance : l'auteur pourra discrètement effacer les frontières, les souligner, établir des relations polémiques, etc. En somme, la vulgarisation comportera toujours une activité métalinguistique[1], explicite ou implicite, avec tous les effets de sens que comporte une telle activité.

Le contrat que propose traditionnellement le texte de vulgarisation à son lecteur repose sur les idées de pertinence de l'information et de linéarité d'un apprentissage. En fonction du destinataire qu'il se reconnaît, l'énonciateur sélectionne une part de la terminologie, celle qu'il juge exposable dans le cadre contraint du texte et de ses conditions de réception.

Notons d'abord que la définition des termes savants n'est qu'une des stratégies permettant de donner accès à une notion. Le choix du vulgarisateur peut être représenté ainsi : s'il imagine dans une première formulation un concept scientifique difficile, il pourra soit le définir, soit le contourner[2]. S'il le définit, il utilisera le *métalangage* au sens strict en juxtaposant l'expression scientifique et un

1. Jakobson avait proposé de reconnaître six fonctions du langage, à partir de la métaphore des télécommunications. Selon ce modèle, on nomme « métalinguistique » la fonction qui prend la langue elle-même pour objet (pour Jakobson : le code) pour permettre l'intercompréhension, celle qui conduit à préciser le sens des termes, fonction dont le dictionnaire est la réalisation systématique. Comme on le voit dans l'analyse de la vulgarisation, l'image du *Code* est inadéquate pour rendre compte de ces effets.
2. Ce modèle suppose que l'énonciateur travaille à partir de formulations successives (explicites ou implicites) partant de la façon qui lui est la plus spontanée de formuler le sujet et visant à s'adapter aux compétences linguistiques et épistémiques supposées du lecteur qu'il vise : le modèle proposé n'est donc pas celui d'une traduction d'un texte « source » déjà donné mais celui de la transformation graduelle d'un ensemble de textes. Il doit être adapté lorsque les conditions de production du texte s'éloignent de celles ici décrites. Le modèle choisi correspond en particulier à des situations pédagogiques pratiquées avec des élèves ingénieurs.

équivalent courant ; s'il le contourne, il utilisera les ressources propres de la langue qu'il attribue à son lecteur en imaginant une *paraphrase* du concept.

La littérature est très abondante sur les aspects syntaxiques du discours métalinguistique[1]. Les formes que peut prendre cette mise en équivalence des termes sont très riches, de la simple apposition au long commentaire introductif d'une définition. Voici un exemple particulièrement dense de cette procédure :

> Dans les cellules des lymphomes de Burkitt (cancers des lymphocytes B, globules blancs responsables de la synthèse des anticorps) les anomalies sont très bien répertoriées : dans 70 % des cas il s'agit du transfert d'une partie du chromosome 8 (une « translocation ») sur le chromosome 14 (anomalie dénommée par conséquent translocation *t* (8 ; 14) [...][2].

Selon des formes syntaxiques diverses (et nullement négligeables), une série de termes sont proposés comme équivalant les uns aux autres. Il y a ici un usage du métalangage au sens strict : les termes scientifiques sont cités et associés systématiquement à des tournures plus courantes, selon un principe de correspondance stricte, terme à terme. C'est une procédure bien distincte de celle qui consiste à faire l'économie de la terminologie savante et à expliquer, par exemple, que les cellules peuvent se « reconnaître » grâce à des molécules dont les formes s'emboîtent comme des « clés » dans des « serrures »[3]. Ici, le vulgarisateur exerce en permanence un choix. Tous les concepts sont susceptibles d'être paraphrasés comme le sont les notions de biochimie dans le dernier exemple.

1. Catherine Fuchs met en perspective le phénomène de la paraphrase par rapport aux hypothèses de la linguistique structurale et de l'analyse de discours et propose quelques exemples commentés de définitions (La paraphrase entre langue et discours, *Langue française,* n° 53, février 1982) ; Jacqueline Authier étudie le rôle que peut jouer la définition, ou la pseudo-définition, dans l'attribution des places et dans ce que j'ai nommé plus haut « contrat de communication » *(op. cit.).* On voit dans ces articles que la formulation syntaxique, les modalisateurs, l'usage des guillemets sont vecteurs de stratégies très variées et porteurs de significations très riches, en termes cognitifs et en termes dramaturgiques. Marie-Françoise Mortureux propose une revue de ces études dans La vulgarisation scientifique, parole médiane ou dédoublée, *Vulgariser la science, le procès de l'ignorance,* 1988.
2. Betty Dodet et Gilbert Lenoir, Anomalies chromosomiques et cancer, *La Recherche,* n° 149, novembre 1983.
3. Robert Hooge, Cancer : contrôle de la dissémination, *La Recherche,* n° 156, juin 1984.

J'aurais pu dans les lignes qui précèdent omettre les termes « métalangage » et « paraphrase » et parler seulement de présence ou d'effacement des termes de spécialité. Même les notions de philosophie des sciences peuvent être contournées. Einstein et Infeld proposent une paraphrase amusante du principe méthodologique de l'économie des théories :

> Bien que nous puissions appliquer le point de vue mécanique d'une manière constante dans le domaine des phénomènes électriques et magnétiques traités ici, il n'y a aucune raison d'en être particulièrement fier ou content. [...] La richesse des substances commence à devenir imposante [...] le prix payé pour cette simplicité est élevé ; c'est l'introduction de nouvelles substances sans poids[1].

C'est pourquoi il ne faut pas confondre strictement l'apprentissage d'une notion et la présence du concept scientifique dans le discours vulgarisateur. Une paraphrase formulée en langage courant pourra donner l'idée d'une démarche scientifique[2] — accompagnée de certaines associations métaphoriques — là où la définition maladroite ou fallacieuse d'un terme peut, comme on va le voir, ne produire que l'illusion du savoir. L'alternative mentionnée plus haut s'inscrit dans une stratégie d'écriture : dans un volume discursif limité, le vulgarisateur effectue des choix et procède à des éliminations. Mais ces choix ne sont pas dénués de sens, par rapport aux enjeux sociaux que mobilise la lecture de la vulgarisation. Si l'on contourne les termes de spécialité, on fait le choix de privilégier une façon de penser, au détriment du vocabulaire d'une discipline ; si l'on s'emploie à définir beaucoup de termes, on vise une compétence linguistique, on prépare le lecteur à en faire usage en diverses occasions, que ce soit pour briller dans la conversation, pour ne pas s'en laisser conter par un expert ou pour entreprendre d'autres lectures.

Bien entendu, les procédures de définition des termes ne peuvent se déployer que sur le fond d'un nombre considérable de

1. A. Einstein et L. Infeld, *op. cit.*, p. 81.
2. L'hypothèse reste celle qui a été exposée plus haut : que le discours de vulgarisation ne peut transmettre les concepts dans le sens qu'ils ont pour le scientifique, mais qu'un savoir réel peut être proposé sur la science.

termes non définis. Ces derniers appartiennent majoritairement au vocabulaire courant, mais bien souvent les textes de vulgarisation utilisent également un grand nombre de « termes scientifiques banalisés ». Dans la série de définitions citée plus haut, le lecteur est censé savoir ce qu'est une cellule, un chromosome, un anticorps, un globule blanc, etc. Si l'on se représente le traitement de l'hétérogénéité linguistique comme une stratégie de sélection de l'information on pourra donc considérer que le texte de vulgarisation s'inscrit dans un trajet orienté : on va du familier (la connaissance commune, le vocabulaire acquis) vers l'inconnu[1] (la connaissance scientifique, la terminologie savante).

Cette logique présuppose un champ cognitif marqué par une coupure nette entre connaissance commune et connaissance savante. C'est en partie affaire de contrat de communication : le lecteur est doté d'un capital linguistique qui, comme on vient de le voir, intègre une partie du vocabulaire scientifique. En deçà de l'explication, les choix lexicaux manifestent un *supposé connu,* constitué de termes mentionnés, mais non déterminés. Par exemple, dans la plupart des articles consacrés à l'intelligence artificielle, on trouvera, sans autre explicitation, des termes comme « informatique », « logiciel », « langage naturel ». A l'opposé du trajet de connaissance, nous pouvons repérer des termes *supposés inaccessibles,* termes que certains textes ne mentionnent pas (mais que nous trouvons dans les articles plus spécialisés) ou qu'ils mentionnent sans les déterminer — par exemple, dans le même ensemble d'articles, on lira : « chaînage avant », « 5e génération », « langage prolog ». Enfin, entre ces deux extrêmes, le corpus des termes déterminés dessine l'espace du *supposé essentiel* — par exemple, « règles », « heuristiques », « système expert ».

Linguistiquement, cette sélection de l'information se traduit par un système d'occurrences. Le fait le plus évident est la présence ou

1. Un « inconnu » déjà connu par certains, ceux qui, à la différence du lecteur, ont accès directement au savoir, à la différence de l'inconnu que rencontre la science, comme le rappelle Baudoin Jurdant (Vulgarisation scientifique et idéologie, *Communications,* n° 14, 1969).

l'absence d'un terme. Une lecture plus attentive nous permet de distinguer, parmi les termes supposés essentiels, ceux qui sont seulement définis, ceux qui sont illustrés par un ou plusieurs exemples, ceux qui font l'objet d'une comparaison ou d'une métaphore. Comme on va le voir, le type d'appropriation ne sera pas le même dans chacun de ces cas. Cette sélection de l'information pertinente est de la responsabilité du vulgarisateur : c'est lui qui reconstruit un itinéraire didactique. Bien souvent, d'un article à l'autre, une sorte de « vulgate » se constitue autour des termes les plus essentiels ; il n'y en a pas moins une assez grande variation dans les choix opérés par les journalistes.

Au-delà de cette alternative entre la juxtaposition et la substitution de deux lexiques constitués, y a-t-il création d'un vocabulaire spécifique du discours de vulgarisation ? C'est ce que laisse à penser l'analyse que fait Marie-Françoise Mortureux des phénomènes de synonymie dans les *Entretiens sur la pluralité des mondes.* Comme on l'a déjà dit, loin de constituer une traduction au sens strict, ce texte juxtapose un nombre important de termes pour désigner la même réalité. Mais parmi les termes qui désignent le mouvement planétaire, un verbe se détache par sa grande fréquence, en regard de termes plus rares à caractère plus technique (« faire sa révolution », « faire son tour », etc.) ou de mots dont le référent est clairement quotidien (« se mouvoir », « accompagner ») : ce terme, « tourner », qui est bien celui que nous employons couramment pour évoquer la querelle de l'héliocentrisme — qui oppose, dans notre imaginaire, ceux qui font *tourner le Soleil autour de la Terre* et ceux qui font *tourner la Terre autour du Soleil* — constitue peut-être l'exemple d'un vocabulaire de compromis, acceptable à la fois par les « sçavans » et « les personnes du monde ». Un autre exemple est celui des métaphores reprises sans cesse à propos des astres : au terme « étoiles fixes », rare dans les *Entretiens,* Fontenelle préfère la généralisation d'emploi du terme « soleils ». Le titre contient d'ailleurs une généralisation analogue, celle des « mondes ». Il s'agit, en somme, de métaphores privilégiées destinées à se fixer en un nouveau vocabulaire traditionnel. Il y a des catachrèses scientifiques.

Par exemple, Camille Flammarion, auteur d'un ouvrage intitulé, par une figure analogue, *Les Terres du ciel,* reprendra l'habitude de nommer « mondes » les différentes composantes de l'Univers. Il s'exclame par exemple dans un autre ouvrage : « Quelle inépuisable variété distingue les mondes les uns des autres ! », au début d'une énumération qui associera la Lune, Jupiter et Neptune[1].

Un vocabulaire du même type est sans doute présent dans la vulgarisation contemporaine, qui a répandu des images comme celle des « défenses » de l'organisme ou celle du « programme » d'un ordinateur. Mais un autre type de vocabulaire de vulgarisation est sans doute constitué par les termes scientifiques qui ont connu une large diffusion sans que leur signification soit nécessairement connue. Ces termes *naturalisés* sont traités comme appartenant à la langue commune, sans être accompagnés d'aucun signe de distance discursif (définition) ni typographique (italique, guillemets). C'est le cas, par exemple, en informatique, de termes comme « interface » ou « logiciel ». Ces termes, qui désignent dans le champ disciplinaire de l'informatique des objets techniques obéissant à des nécessités opératoires, sont ici simplement supposés connus. Dépourvus de définition, ils reçoivent dans ces textes un statut comparable à celui que Serge Moscovici reconnaissait au terme « libido » qui, dans les représentations de la psychanalyse, peut servir simplement à identifier la théorie : la libido, ça « fait » psy. N'occupant aucune place dans le système explicatif de la discipline, ils remplissent une fonction indicielle d'identification d'un « monde informatique », d'une « informaticité ».

Cette dernière remarque nous indique que nous n'avons jusqu'ici repéré que le mode le plus apparent de la question. La notion de sélection de l'information ne rend pas pleinement compte des effets de sens liés à l'appropriation des concepts scientifiques.

Il est d'abord nécessaire de ne pas s'enfermer dans le cadre microstructurel des occurrences de termes scientifiques, qui peut nous masquer des phénomènes plus essentiels liés à l'organisation

1. Camille Flammarion, *Astronomie populaire,* p. 17.

générale des discours scientifiques. Si l'on se livre à une lecture précise d'articles contemporains, on peut remarquer que la distance linguistique ne se manifeste pas seulement par l'ignorance ou la connaissance des termes scientifiques. L'analyse de l'article déjà cité de *La Recherche,* consacré au problème physique du comportement des états granulaires, fait apparaître toute la complexité du problème de l'incompréhension — ou de sa variante atténuée, la lassitude liée à la tension de l'effort pour comprendre — qui peut rendre un article inaccessible à certains lecteurs. En effet, pour le lecteur de cet article qui ne disposerait pas d'une formation scientifique de base, les difficultés sont multiples. D'une part, plusieurs dizaines de concepts physiques ou chimiques plus ou moins fondamentaux ne sont pas définis. Certains de ces concepts sont assez élémentaires, comme par exemple ceux que désignent des termes comme « densité », « molécule » ; d'autres sont des classiques de l'enseignement secondaire scientifique, tout en se situant à une distance plus grande de notre vocabulaire quotidien : ce sont par exemple les notions d' « états de la matière », de « particules », de « tectonique des plaques », de « conductivité électrique », de « polarisation lumineuse » ; d'autres formulations enfin supposent, par leur emploi, de réelles compétences scientifiques chez le lecteur : il s'agit par exemple de phrases comme celles-ci, faisant appel à des présupposés ou à un savoir d'arrière-plan non « triviaux » :

> « Leur agitation thermique (qu'il y ait écoulement ou non) est tellement faible que la température ne joue ici aucun rôle », « un tas étant constitué d'un grand nombre de particules, les méthodes de la mécanique statistique devraient être applicables », « à partir de ce volume, on peut définir une entropie (qui mesure le nombre de configurations géométriques compatibles avec le volume que l'on se donne) »[1].

Mais l'essentiel n'est pas dans ce phénomène qui confirme ce que nous avons déjà observé. La présence de ces termes spécifiquement scientifiques non définis n'est pas le seul signe de différence

1. Heinrich M. Jaeger et Sidney R. Nagel, La physique de l'état granulaire, *La Recherche,* n° 249, décembre 1992, vol. 23, p. 1383 (A).

linguistique. En effet, le texte contient beaucoup de termes courants à la fois dans le langage ordinaire et dans le vocabulaire scientifique, mais dotés ici et là de significations différentes. Tel est le terme bien connu de « masse », qui figure comme il se doit dans l'article ; mais on y entend parler aussi de « propriétés », de « milieux », de « contraintes », de « comportements », dans des sens déroutants pour celui qui n'a pas l'habitude de manier les raisonnements scientifiques, mais avec une technicité qui passe inaperçue pour l'initié, et peut-être, notamment, pour les auteurs de l'article, témoignant de ce que l'usage scientifique de ces termes est devenu pour eux comme une seconde nature.

Enfin, il y a comme une stylistique de la scientificité, qui conduit à des choix de vocabulaire ou à des tours qui sont autant d'idiotismes de métiers. On écrit qu'un phénomène « s'apparente à » un autre ; on cherche sa « spécificité » ; on juge un matériau « intrinsèquement hétérogène » ; on tente « une généralisation de la notion ». De temps en temps, on a recours à de tournures qui tiennent du « tic » langagier : « Considérons, nous dit-on, un récipient rempli soit de liquides, soit de grains. » Un littéraire aurait mis son point d'honneur à écrire « empli » au lieu de « rempli » ; le scientifique met le sien à considérer un phénomène plutôt que de le regarder simplement. On écrira de même : « Il n'est pas évident *a priori* » ou « la mécanique classique suffit pour traiter leur dynamique », ou encore « les empilements compacts désordonnés fournissent un cadre pour analyser la stabilité mécanique », non sans avoir mentionné au passage : « Il s'agit là d'une conjecture qui remonte à Kepler. » Ce sont ici quelques exemples d'expressions qui constituent, en réalité, un véritable tissu textuel, tissu qui authentifie la facture scientifique du texte.

L'ensemble de ces phénomènes rapidement évoqués ici contribue à dessiner la figure du lecteur capable de lire *La Recherche,* celui qui peut évoluer dans un tel texte en espace familier, plutôt que de buter, à chaque phrase, sur une qualité d'étrangeté qui lui rappelle discrètement, à l'insu des auteurs dans bien des cas, qu'il est lui-même étranger au domaine dont il est question. C'est, précisément, celui que nous révèlent les enquêtes sociologiques. On notera au passage qu'il ne s'agit pas seulement (pas principalement ?) de transmission d'information ni même de capital linguistique, mais de stratégies et de styles d'écriture. L'ensemble des questions linguistiques évoquées précédemment se trouve ici concrètement investi, de façon très discrète, dans la forme du texte.

Plus généralement, lorsqu'on met les procédures microtextuelles de la définition en relation avec l'économie générale des textes, lorsqu'on intègre à leur analyse les notions de point de vue et d'itinéraire présentées dans les chapitres précédents, on est conduit à contester radicalement l'idée d'un apprentissage linéaire. Que signifie aller du simple au complexe, ou du facile au difficile ? La comparaison de deux des articles consacrés à l'intelligence artificielle est éclairante sur ce point. L'un des textes, intitulé « systèmes experts : simuler l'intelligence », prend comme base les notions les plus courantes de l'informatique, sans en définir ni en illustrer aucune, et se consacre à la définition de termes qui appartiennent à la « vulgate » de cette nouvelle discipline : heuristique, cinquième génération, règles de production, etc. En effet, il s'agit dans cet article de permettre au lecteur d'évaluer les performances d'un certain nombre de systèmes et de porter un pronostic sur leur utilité. Le second article, intitulé « l'ordinateur et le cerveau ; questions posées par l'intelligence artificielle », combat le mythe d'une nouveauté radicale de la discipline. Son parti est très différent : il conduit graduellement d'une présentation des réalisations de « l'intelligence artificielle » à un questionnement de notions élémentaires jugées centrales, « informatique », « information » et « forme », renversant en quelque sorte l'itinéraire suivi par tous les autres articles. Dans le premier cas, le journaliste joue le jeu d'un parcours linéaire du simple au complexe ; dans le second cas, l'universitaire remonte peu à peu, de la terminologie à la mode vers les notions les plus essentielles de la discipline. Où est le simple, où est le complexe ? Deux lectures différentes de la discipline conduisent à ordonner inversement les termes. Si l'on croit à la nouveauté radicale de la discipline, on peut sans peine supposer connues les bases de l'informatique et présenter comme d'autres savoirs, d'un niveau plus élevé, les principes des systèmes experts. On accrédite alors l'idée que l'informatique « traditionnelle » est simple, que tout le monde sait ce qu'est un logiciel. A l'inverse, si l'on souhaite questionner la prétention à construire des systèmes intelligents, on pense que les données les plus traditionnelles de l'informatique sont les plus obscures, que l'approfondissement consiste précisément à les questionner de nouveau. L'ignorance masquée du lecteur est dans ce cas ce qui doit être au premier chef combattu. La simplicité et la facilité peuvent être des motifs idéologiques.

Une autre difficulté importante apparaît lorsqu'on se demande dans quelle mesure la définition des termes permet réellement au lecteur de s'approprier les notions. L'analyse des formes de la définition apporte un éclairage sur cette question que l'analyse philosophique ne pouvait clore définitivement.

On sait que les paraphrases de définition ne sont jamais des équivalences absolues : le décalage qu'elles instaurent peut être décrit en termes de figures de rhétorique[1]. Si l'on écrit « les lymphocytes (cellules du sang) », on propose en guise de définition une synecdoque, remplaçant la partie par le tout : en effet, les lymphocytes ne sont qu'une catégorie particulière de cellules, dont la spécificité est ici escamotée. Si l'on écrit « les leucocytes (cellules qui détruisent les organismes étrangers présents dans le sang) », on pratique la métonymie de l'effet : la cellule est ici définie par les conséquences de son action. Si l'on écrit « les leucocytes sont les défenseurs de l'organisme », on a recours à une évidente métaphore. C'est dire que la définition est toujours un discours, instaurant un décalage et présentant la notion d'un certain point de vue au détriment d'autres points de vue possibles. Daniel Jacobi donne des exemples dans lesquels on définit un terme par sa fonction, par une description anatomique, par analogie, par rattachement à une

1. Il s'agit en l'occurrence, le plus souvent, de tropes. Du Marsais définit ainsi les tropes : « Les tropes sont des figures par lesquelles on fait prendre à un mot une signification qui n'est pas précisément la signification propre de ce mot. »

catégorie plus générale, par évocation des causes de son existence[1] ; la liste n'est d'ailleurs pas close. Cela ne doit pas conduire à décider une fois pour toutes qu'en vulgarisation la définition ne peut être que mystifiante, mais plutôt à s'interroger sur le type d'appropriation qu'elle permet.

Dans certains cas, rien n'intervient qui serait réellement de nature à éclairer la démarche scientifique elle-même. La définition que donne Fabien Gruhier d'un langage informatique est un exemple de métonymie de l'effet :

> Le D-Prolog constitue l'interface longtemps rêvée entre le langage naturel et l'intelligence artificielle ; avec ses règles (réduites au strict minimum), l'ordinateur comprend enfin la langue des gens.

La définition du concept par ses résultats marque ici en creux l'absence d'une définition opératoire. Au moment précisément où le lecteur est censé accéder à une connaissance nouvelle, il est placé en face de sa propre incapacité à le faire. Une telle définition assigne au terme le sens d'être inaccessible : sa valeur sémantique est de s'opposer simplement à l'ensemble des termes maîtrisables par le lecteur.

Ici encore, le texte d'Einstein et Infeld nous fournit matière à observer quelques procédures originales dans la logique d'appropriation des concepts. Le premier de ces procédés consiste à solliciter très fréquemment le raisonnement inductif, en refaisant en quelque sorte fictivement avec le lecteur la construction du concept. Ainsi, la première occurrence du terme scientifique intervient après un ou plusieurs récits qui en ont préparé la définition. Prenons l'exemple de la loi de conservation de l'énergie. Sa présentation est préparée par l'évocation d'une expérience concrète, celle des montagnes russes, d'abord empiriquement relatée (observation), puis partiellement épurée (expérience idéalisée). Ensuite, une formulation très expérimentale est proposée, suivie de l'introduction de deux concepts essentiels :

> A son point le plus élevé, la vitesse de la voiture est zéro et elle se trouve à la hauteur de 30 m au-dessus du sol. Quand elle occupe le point le plus bas,

1. Daniel Jacobi, Le discours de vulgarisation, problèmes sémiotiques et formels, in *Vulgariser la science, le procès de l'ignorance*, p. 100-104.

aucune distance ne la sépare du sol et sa vitesse atteint le maximum. Ces faits peuvent être exprimés en d'autres termes. A son point le plus élevé, la voiture possède de l'énergie potentielle, mais pas d'énergie cinétique ou d'énergie de mouvement [...] [1].

D'autre part, la définition des concepts difficiles est plurielle : plusieurs images concrètes sont successivement proposées, le matériau sémiologique utilisé est varié. On a vu comment la notion d'onde était préparée par plusieurs petits récits différents. Le passage consacré à l'introduction de la notion de quanta est à cet égard un morceau de bravoure. Les auteurs proposent d'abord plusieurs exemples : la comparaison entre le train et le car (qui aux états-Unis s'arrête à n'importe quel point du parcours) puis la différence entre la quantité de charbon extraite dans une mine et le nombre des mineurs. Ces exemples permettent d'introduire l'opposition entre continu et discontinu. Puis le développement d'une autre image, relative au compte de l'argent, conduit à écrire : « La plus petite monnaie ou, comme nous voulons l'appeler, le "quantum élémentaire", est le cent. »[2] Le tour est joué. Le procédé ici utilisé par Einstein et Infeld porte en rhétorique le doux nom de « conglobation ». Laissons Fontanier en définir les vertus :

> La conglobation [...] est une figure par laquelle, au lieu d'un trait simple et unique sur un même sujet, on en réunit, sous un seul point de vue, un plus ou moins grand nombre, d'où résulte un tableau plus ou moins riche, plus ou moins étendu[3].

Les analyses qui précèdent concernent l'intelligibilité des définitions. Une ultime question mérite d'être évoquée, davantage parce qu'elle ne peut être éludée dans l'écriture ou la lecture d'un texte de vulgarisation, que pour y apporter une réponse générale, impossible ici. C'est celle de l'exactitude des définitions et des explications. On entend parfois dire : « Il ne peut être question de dire toute la vérité, mais il faut éviter d'être faux. » L'objectif est intéressant, mais la solution n'est guère réaliste. Le texte de vulgarisa-

1. A. Einstein et L. Infeld, *op. cit.*, p. 48.
2. *Ibid.*, p. 233-234.
3. *Les figures du discours*, Flammarion, 1968, p. 363.

tion ne doit pas être évalué à sa conformité à un virtuel texte scientifique mais dans ses effets d'apprentissage pour le lecteur. Ce choix ne conduit pas nécessairement à évacuer la problématique de l'exactitude ou, plus précisément, de la validité des informations données. Il y a toujours quelque inexactitude dans le discours de vulgarisation, aux yeux du spécialiste. Le jugement que nous pouvons porter sur les textes renvoie dès lors à notre représentation de ce qui est essentiel, de ce qui est éducatif, de ce qui est accessoire, et cette fois-ci, c'est notre point de vue de lecteur qui est engagé dans ce jugement. Par exemple, je considère comme particulièrement dangereuses les représentations du fonctionnement de l'ordinateur qui en font platement un équivalent du cerveau, comme c'est le cas dans certaines définitions citées plus haut ; mais c'est en fonction des enjeux que je crois pouvoir identifier dans cette idéologie.

Il y a inexactitude et inexactitude. Voici deux exemples tirés du commentaire d'une encyclopédie vidéo. Le premier concerne la description des fibres optiques. Le commentaire dit : « Chacune est entourée d'une gaine protectrice et le signal envoyé restera exactement le même jusqu'à la réception. »[1] Cet énoncé comporte deux inexactitudes[2] : la protection du signal est liée à la structure physique de la fibre et non à la gaine qui assure la protection contre l'environnement, le signal ne se conserve pas parfaitement mais se dégrade beaucoup moins qu'avec d'autres moyens de transmission. Toutefois, ces inexactitudes sont de l'ordre de la simplification acceptable dans un document destiné aux enfants : elles ne font pas obstacle à la compréhension des notions de transmission exposées. En revanche, la présentation de l'opposition digital/analogique est génératrice de graves confusions.

> Prenons les montres à aiguilles classiques et les montres digitales. Les montres à aiguilles utilisent un système d'horlogerie mécanique plus ou moins précis. Pendant des siècles et des siècles on a utilisé le bon vieux système mécanique mais aujourd'hui il y a des montres digitales, où les aiguilles ont été rempla-

1. Encyclopédie vidéo *Ordy, les grandes découvertes,* Globe-Trotter Network, 1991.
2. J'ai mené l'analyse de ce document avec Olivier Hudry, mathématicien à TELECOM Paris, à qui je dois la précision de ces critiques.

cées par des chiffres, selon le fabuleux système numérique [...] Ce sont des montres à quartz, tellement plus précises que la montre mécanique. De même les vieux téléphones à cadrans mécaniques, reliés à des centraux également mécaniques, dont les commutations sont très lentes et la qualité du son médiocre : ils sont remplacés par des téléphones à touches digitales reliés à des centraux électroniques.

Ici, les inexactitudes font obstacle à la compréhension. Les phénomènes les plus différents sont associés dans une logique confuse. Le choix du terme « digital » (plutôt que « numérique ») introduit une confusion que l'idée des « touches digitales » (?) renforce ; les méthodes d'affichage et de commande manuelle sont assimilées aux procédés de traitement et de transmission des informations ; les exemples se multiplient sans qu'aucun d'entre eux soit expliqué. En conséquence, de nombreuses assertions sont fausses. Cependant, le plus grave en l'occurrence n'est pas que l'enfant ne comprenne pas ici ce qu'on est censé lui expliquer, mais qu'il soit initié à une conception mystifiante de l'objet technique. Tout porte à croire que la technicité se définit de l'extérieur. L'extérieur de l'objet serait un indice de son intérieur. L'objet technique serait homogène : si son apparence est vétuste, son fonctionnement ne pourrait être que sommaire. Bien entendu, il n'en est rien. Une montre à aiguille peut contenir un mécanisme à quartz ; un récepteur à touches ultra-modernes peut être en prise sur un réseau vétuste. Ici, on apprend à changer sans cesse les objets quotidiens, sur la foi de leur apparence *high-tech*. La logique commerciale du *clean* s'est doucement substituée à l'initiation technique.

Les transports de la métaphore

Si le raisonnement analogique occupe en vulgarisation une place de choix, ce n'est pas en vertu d'une routine stylistique arbitraire. Les figures de l'analogie sont particulièrement aptes à répondre aux difficultés que nous avons rencontrées au fil de cette étude : en termes de trajet d'apprentissage, elles peuvent mettre les notions découvertes par le lecteur en rapport avec son expérience courante et son imaginaire ; en matière de contrat de communication, elles poursuivent d'une façon particulièrement efficace une démarche didactique mais familière ; d'un point de vue rhétorique, elles offrent des points de contact et de basculement entre l'organisation des discours de spécialité et les charmes de la littérature. C'est pourquoi nous avons sans cesse déjà rencontré l'analogie, en étudiant d'autres procédures de discours : les déclarations programmatiques sont souvent analogiques (témoin le livre de la nature), les récits historiques contiennent bien souvent une métaphore (témoins les prodiges guerriers du Copernic de Fontenelle), la comparaison prolifère au sein de l'explication la plus serrée (témoins les montagnes russes, trains et bus qui pullulent dans l'*Evolution des idées en physique*). L'analogie prend les formes les plus diverses, de la comparaison la plus contrôlée à la métaphore la plus furtive.

Le degré zéro de l'analogie est le changement d'échelle. Soit un phénomène incommensurable avec notre expérience courante : il suffit de le comparer explicitement avec une réalité d'échelle humaine pour en donner une idée. Voici deux beaux exemples de ce procédé, sans cesse repris, tirés de l'*Astronomie populaire* de Camille Flammarion. L'un joue sur les échelles de l'espace :

> Nous voguons donc dans l'immensité avec une vitesse onze cents fois plus rapide que celle d'un train express. Comme un tel train va onze cents fois plus vite qu'une tortue, si l'on pouvait lancer une locomotive à la poursuite de la Terre dans l'espace, c'est exactement comme si l'on envoyait une tortue courir après un train express[1].

L'autre jongle de façon spectaculaire avec le temps :

> Si la biologie y est réglée [sur Neptune] dans les mêmes proportions, une jeune fille de dix-sept ans sur Neptune a réellement vécu deux mille huit cent de nos années : elle vivait depuis déjà près de mille ans quand Jésus-Christ naquit en Judée ; elle a été contemporaine de Romulus, de Jules César, de Constantin, de Clovis, de Charlemagne, de François Ier, de Louis XIV, de

1. Camille Flammarion, *Astronomie populaire*, Marpon et Flammarion, Paris, t. 1, p. 12.

> Robespierre... et elle n'a encore que dix-sept ans ! Léthargique fiancée, elle épousera dans trois ou quatre cents ans le jeune homme de ses rêves, âgé lui-même de trois mille ans terrestres...[1].

A l'opposé de ce jeu affiché et comptabilisé de l'analogie se situe la métaphore, que son étymologie caractérise comme une sorte de déplacement : *métaphérein,* transporter, transposer. Du Marsais définit la métaphore comme « une figure par laquelle on transporte, pour ainsi dire, la signification propre d'un nom à une autre signification qui ne lui convient qu'en vertu d'une comparaison qui est dans l'esprit »[2]. La métaphore est la plus radicale des figures de l'analogie, puisqu'elle tait le comparé, le motif de la comparaison et sa marque syntaxique. La métaphore nous projette brutalement dans les effets complexes et subtils du décalage, effaçant en quelque sorte l'opération de comparer pour n'en laisser apparaître que le résultat.

Par-delà la variété des formes d'expression de l'analogie, la pensée métaphorique est présente dans la démarche vulgarisatrice, car elle est au cœur de l'effort pour relier des représentations sociales avec des concepts scientifiques. A cet égard, la vulgarisation ne fait qu'exploiter une ressource cognitive permanente. Le raisonnement métaphorique est en effet partout présent dans notre perception du monde, de la société et de notre vie psychique. Nous pensons que ce qui est essentiel se situe en bas (bases, fondements, assises), nous nous représentons l'esprit comme un réceptacle dont les pensées sont les contenus, nous appelons volontiers « grand » ce qui est important[3]. Ainsi comprise, la métaphore est omniprésente dans la vie courante, car nous ne pouvons nous dispenser de matérialiser nos idées, même de façon fugace, à l'aide des éléments concrets de notre expérience du monde : frontières de notre organisme, orientation dans l'espace, cadres de l'action, l'expérience du temps. Autant de thèmes que nous retrouvons sans surprise au fil des récits

1. Camille Flammarion, *Astronomie populaire,* Paris, t. 1, p. 17.
2. *Les tropes,* 1729, Genève, rééd. Slatkine Reprints, 1967, p. 155.
3. Une analyse précise de ces phénomènes est proposée dans l'ouvrage de Georges Lakoff et Mark Johnson, *Les métaphores dans la vie quotidienne,* éd. franç., Minuit, 1980.

vulgarisateurs, appliqués aux réalités les plus diverses. Mais, du fait de l'affinité non accessoire qui unit la figure de la métaphore et le projet vulgarisateur, les effets de sens liés à cette figure apparaîtront à la fois très riches et très révélateurs de la valeur de ce projet.

Si l'on se réfère ainsi à l'idée d'une pensée métaphorique, la distinction apparemment si évidente, dans les traités rhétoriques, entre la métaphore (elliptique) et la comparaison (explicite) se charge d'une singulière complexité. Le raisonnement analogique défini plus haut peut s'exprimer dans des formes textuelles diverses, qui exposent plus ou moins les « pièces » du dossier. Le lecteur est livré aux hypothèses les plus diverses pour comprendre pourquoi « la Terre est bleue comme une orange » (Eluard) ; en revanche, si le poète est semblable à l'albatros (Baudelaire), ou si le livre doit être lu comme un chien ronge un os à moelle (Rabelais), c'est en vertu d'un récit circonstancié qui guide davantage notre interprétation. Toutefois, à y regarder de près, la comparaison n'est jamais pleinement explicite, elle n'évacue pas tout à fait la métaphore : qui sont ces « hommes d'équipage » ?, que représente le « vol » du poète au milieu des « nuées » ?, la « moelle » de l'os doit-elle être prise au sérieux ou est-elle à entendre comme une nouvelle fantaisie ? Les interprétations multiples de ces deux textes[1] montrent à l'envi qu'une fois ouverte, la voie du déplacement ne saurait se clore si facilement.

Certes, le projet des vulgarisateurs est, le plus souvent, assez opposé aux tentatives littéraires pour favoriser une telle ouverture du sens et stimuler ainsi le jeu des associations. Ces auteurs se proposent de diffuser un savoir, ils n'ambitionnent pas de créer un univers original. Néanmoins, à regarder de près les textes des articles et des livres, anciens et récents, on acquiert assez vite la conviction que toutes les ruses sémantiques du raisonnement métaphorique s'y déploient, parfois à l'insu de l'auteur, parfois avec sa totale compli-

1. Michel Charles propose dans sa *Rhétorique de la lecture* (Editions du Seuil, 1977), sous le titre « Une rhapsodie herméneutique », une analyse très fouillée des effets d'ambiguïté dans le prologue de *Gargantua*.

cité. L'analogie est un mouvement discursif polysémique. Les analogies que propose le discours de vulgarisation peuvent faire l'objet d'interprétations diverses, formulées en outre de points de vue différents sur le texte. C'est en évoquant le tissage de ces diverses perspectives du sens que nous pourrons peut-être approcher le mieux la complexité et l'ambiguïté du discours vulgarisateur.

Une première lecture de la métaphore peut être proposée du point de vue littéraire. Le vulgarisateur émet la prétention d'être davantage que le maître de philosophie convoqué par M. Jourdain, qui n'aurait qu'à tourner dans un ordre élégant un discours déjà constitué : il se dit écrivain scientifique. On ne voit donc pas pourquoi son écriture n'aurait pas un style. Il y a même eu toute une poésie scientifique, « éclatante interprète » de la geste scientifique, au tournant du siècle philosophique et du siècle romantique, tradition illustrée notamment par *L'Invention* de Chénier[1]. On y lit le programme vulgarisateur exprimé dans les termes les plus grandiloquents, n'ayant rien à envier à l'épopée militaire ou religieuse. On y parle de sombres nuages, de rayons lumineux, de nature voilée, de vérités « dans un langage obscur saintement recélées ». Le savoir y soutient la civilisation comme les colonnes d'un temple et y brille comme un trésor caché au plus secret du désert. Sans doute le premier effet des métaphores est-il leur saveur, en l'occurrence très perceptible pour nous en vertu de sa désuétude : les champs lexicaux auxquels sont empruntées les métaphores apportent avec eux la charge connotative d'un type d'imaginaire, indiquent une tonalité de lecture, inscrivent l'écriture dans la continuité plus ou moins directe d'un genre. A l'opposé de la grandiloquence de Chénier, qui tonne comme les emphases révolutionnaires, se distille l'insinuation amoureuse de Fontenelle. Les mondes se font des clins d'œil, les mathématiques sont aussi insaisissables que l'amour, les savants font la cour aux nouvelles planètes pour savoir qui pourra se targuer de les avoir conquises. Autant d'effets qui inscrivent l'ex-

1. Pour un panorama de ce courant, lire Jean Dhombres, La gloire de la science : culture et poésie vers 1800, *Revue d'histoire moderne et contemporaine,* 39-4, octobre-décembre 1992.

posé scientifique dans le corps d'une littérature : ici, le roman galant, là, l'épopée à la française. D'ailleurs Voltaire, auteur d'une *Henriade* qui n'a rien à envier à Chénier, ne goûtera guère les dentelles et les pompons de Fontenelle[1]. Le critère esthétique n'est pas négligeable : il consiste à afficher la légitimité d'un type de discours, plus ou moins emprunté à la tradition littéraire, plus ou moins calqué sur l'écriture contrôlée de la communauté scientifique. Sans doute l'emprise de la rhétorique journalistique sur la vulgarisation contemporaine s'exprime-t-elle en grande partie dans le matériel métaphorique employé, qui fait grand usage, comme on l'a vu en analysant les titres, de l'effet de réduction prosaïque : on joue sur les objets et sur les activités les plus familiers, on propose le raccourci saisissant. On recherche dans cet esprit le dynamisme de l'image : on reconnaît en quelque sorte à la rhétorique le rôle d'agrémenter la pensée, mais on ne la laisse pas s'afficher comme une forme dotée d'autonomie ou comme un mouvement apte à atteindre le sublime. Les images proposées dans la presse pour illustrer les notions informatiques se rattachent à cette tradition : le lecteur est invité à se représenter un vote, à s'asseoir fictivement au volant d'une voiture.

Ces effets contribuent à définir le contrat de communication. La métaphore n'est d'ailleurs pas cantonnée à la simple apparition occasionnelle. Elle intervient dans les macrostructures du texte. Toute une tradition d'écriture présente par exemple l'initiation comme un voyage, un parcours dont le bénéfice serait le dépaysement ou l'accès aux phénomènes les plus cachés. C'est ce qu'indique la thématique de *L'Invention* de Chénier. Si le savant parvient à écarter le voile (épistémique et absolu) qui nous masque les phénomènes, son interprète, en l'occurrence le poète, pourra soulever à son tour le voile (technique et relatif) que constitue l'obscurité de la science pour le public. Aussi bien dans les deux cas s'agit-il d'ouvrir

1. Alain Niderst raconte la destinée malheureuse de la vulgarisation de Newton tentée par Voltaire dans *Les lettres anglaises* avec un style sobre et mâle (A. Niderst (éd.), La diffusion des sciences au XVIIIe siècle, *Revue d'histoire des sciences,* XLIV (3/4), juillet-décembre 1991).

un objet clos, de diffuser une clarté, d'interpréter un langage, de découvrir un trésor. Les nuages se mettent ici en perspective dans une composition en abyme : les génies travaillent sur la « nature trop voilée »[1], la poésie opère sur les vérités « dans un langage obscur saintement recélées »[2]. La dernière « porte, à travers leurs nuages plus sombres, des rayons lumineux qui dissipent leurs ombres »[3]. La métaphore du voyage a encore bonne presse. Par exemple, les frères Bogdanov proposent[4] un « périple au coeur de la matière » : on y est invité à « explorer », à « sauter », à « plonger » dans des « océans », à « pénétrer sous la face visible du réel » ; on peut ainsi atteindre un « fond rocheux » situé « de l'autre côté de la réalité observable ». Ce type de structure a connu avec les spectacles scientifiques télévisés un succès et un développement considérables. Eric Fouquier y voit même l'une des figures majeures du système des émissions récentes qu'il étudie, celle du « circulateur », figure qui trouve particulièrement à s'exprimer dans l'espace médiatique du parcours[5]. Il ne s'agit cependant que d'une tradition. Rien n'oblige en toute rigueur à se représenter l'apprentissage comme un voyage. L'image peut être concurrencée par d'autres constructions métaphoriques. Par exemple, diverses métaphores contribuent à présenter une vision plus controversée de la recherche scientifique. Jean-Gabriel Ganascia aborde les versions de l'intelligence artificielle comme les couches successives d'un terrain géologique[6]. Un article récent consacré à la sociologie de la famille propose de consulter « les minutes du procès de la famille qui se tient régulièrement dans les journaux, ou de manière implicite, dans les revues savantes »[7] : cette métaphore judiciaire permet d'exposer un état de la controverse : les démographes instruisent le

1. *L'Invention,* vers 111.
2. *Ibid.,* vers 204.
3. *Ibid.,* vers 215 sq.
4. J. Guitton, G. et I. Bogdanov, *op. cit.*
5. Eric Fouquier et Eliseo Veron, *op. cit.*
6. Jean-Gabriel Ganascia, *L'âme-machine. Les enjeux de l'intelligence artificielle,* Seuil, 1990.
7. François de Singly, L'amour coupable, *Sciences humaines,* n° 9, août 1991.

procès, les sociologues qui décrivent une famille instable jouent le rôle d'accusateurs, tandis que d'autres sociologues font fonction d'avocats d'une nouvelle liberté ; si le vrai coupable, l'amour, continue de courir, c'est sans doute qu'on n'a pas assez analysé son dossier... Freud utilise pour sa part la même métaphore du procès dans un autre esprit : cette image lui permet d'expliciter l'attitude du psychanalyste vis-à-vis du discours du patient, et de faire reconnaître le droit à l'hypothèse et au choix des interprétations[1].

Ce dernier exemple suggère une autre piste d'analyse de la pensée métaphorique. Celle-ci ne fournit pas seulement au discours vulgarisateur une forme générale, mais comporte un pouvoir didactique particulier. En effet, l'analogie est en l'occurrence le moyen de compléter la représentation d'une notion essentielle en psychanalyse, celle de l'interprétation : le modèle du procès vise à franchir un stade aporétique de l'exposé. Ayant choisi, comme on l'a dit, de donner la parole à des objecteurs fictifs, Freud a formulé une critique radicale de la démarche psychanalytique. Le psychanalyste aurait le pouvoir redoutable de croire l'analysant ou de soupçonner sa parole, selon ses propres préjugés. L'image du procès vise à lever cette difficulté en distinguant le cas où l'accusé avoue lui-même de celui où la vérité doit être cherchée dans les indices. Le raisonnement analogique permet ici d'accéder graduellement à un exposé des hypothèses méthodologiques de l'interprétation, thème très difficile et très abstrait. La responsabilité de l'analyste se trouve ainsi mieux approchée que dans une problématique strictement monologique de la sincérité. On notera d'ailleurs que si elle a une valeur argumentative, la comparaison employée par Freud donne également au lecteur attentif des moyens d'identifier les difficultés et les contradictions de la théorie. Le choix du procès (dont Freud concède au passage le caractère gênant) trahit sans doute une conception éthiquement contestable de l'interprétation.

Le raisonnement métaphorique joue dans de tels passages un rôle clairement didactique, plus spécifique de la vulgarisation que

1. Sigmund Freud, *Introduction à la psychanalyse*, Petite Bibliothèque Payot, p. 38-39.

les fonctions précédemment supposées. Ce rôle se déploie pleinement lorsque les vulgarisateurs proposent de véritables récits allégoriques, construits par le biais d'une analogie formelle réglée entre une structure conceptuelle et un équivalent approximatif tiré de l'expérience commune. L'allégorie est un discours dont le sens est dynamique, comme l'observait déjà du Marsais. Le récit offre d'abord « un sens propre, qui paroît tout autre chose que ce qu'on a besoin de faire entendre »[1]. Par exemple, un chapitre de roman nous raconte une noyade. Mais tout en ayant tous les caractères d'une narrativité accomplie dans ce premier sens, le discours laisse peu à peu percer une autre perspective signifiante, connotation du premier récit, qui se dévoile pleinement à la fin. La noyade se révèle un emblème métaphorique de la déchéance sociale[2]. Si la figure est parfaitement réussie, le lecteur aura pu parcourir deux fois le réseau signifiant, il aura eu une double pratique de lecture. Il aura été réellement tenu en haleine par la destinée du noyé, il aura pu transporter *(metapherein)* cette émotion dans son abord de la société. Au sein du discours de vulgarisation, cette sémantique à double détente a un caractère spécifique. Si le lecteur a pu se représenter une situation, s'il a pu s'y impliquer par la lecture, il dispose d'un référent pratique sur lequel peut se greffer l'explication d'une notion particulièrement absconse. Ce procédé est employé par Einstein et Infeld pour introduire l'idée très abstraite d'économie des substances en physique. Le premier récit est quotidien, pratique, intéressé, s'il en est : même Harpagon pourrait, à ce compte, devenir lecteur de vulgarisation[3].

> La chaleur, écrivent les physiciens, d'après notre conception, est une substance, comme la masse en mécanique. Sa quantité peut varier ou ne pas varier, comme la monnaie qu'on met de côté dans un coffre-fort ou qu'on

1. Du Marsais, *Les tropes,* p. 178.
2. Victor Hugo, *Les Misérables,* première partie, livre II, chap. 8 : « L'onde et l'ombre ».
3. La métaphore de la monnaie est classique en physique. Elle est employée par exemple par Jean Perrin (*Les atomes,* Alcan, 1913, p. II). Il s'agit d'une métaphore réversible du type de celles qui sont étudiées plus loin : tout un courant économique traite les échanges comme des phénomènes mécaniques ou énergétiques.

dépense. La somme d'argent dans un coffre-fort reste intacte aussi longtemps qu'il reste fermé, et il en sera de même de la quantité de masse et de chaleur dans un corps isolé[1].

Le modèle analogique est ici étayé sur une série d'équivalences : d'un côté un ensemble de données narratives (fermeture du coffre, prélèvements de fonds, caractère unique de la monnaie, inventaire des pièces, possibilité de cacher l'argent) ; de l'autre un ensemble d'hypothèses conceptuelles (autonomie du système calorique, échanges thermiques, spécificité de la substance « chaleur », méthode quantitative de mesure, existence d'une chaleur latente). De l'un à l'autre de ces ensembles, une correspondance terme à terme peut être établie. Cette allégorie sert donc de support à l'énoncé d'un modèle théorique, elle permet de mettre en évidence ses faiblesses et de donner une représentation concrète de son dépassement. Dans l'analyse critique de ce modèle, certaines hypothèses varieront, d'autres seront conservées, et l'émergence d'une nouvelle théorie pourra être exprimée avec la même métaphore.

Ce n'est pas la chaleur seule, mais celle-ci et les autres formes d'énergie prises ensemble qui sont indestructibles. C'est comme si un homme s'octroyait à lui-même une commission en francs pour avoir converti des dollars en livres et mettait cette monnaie aussi de côté, de sorte que la somme des dollars, des livres et des francs est un total fixe conformément à un certain cours des valeurs[2].

Le développement de ce type de récit allégorique est du grand art : une bonne allégorie conjugue les deux qualités d'être adéquate pour décrire le réseau conceptuel auquel elle renvoie et de trouver un écho dans la culture du lecteur. Si l'analogie est trop lointaine ou trop superficielle, la théorie est pervertie ou sacrifiée ; si l'exemple reste un cas d'école, il n'évoque nulle représentation. Risques symétriques de l'hermétisme (interdisant la première lecture de l'allégorie) et de la caricature (faisant obstacle au sens second).

On peut analyser cette fonction de la pensée métaphorique en termes argumentatifs, comme le moyen de lever un obstacle à la

1. Einstein et Infeld, *op. cit.*, p. 42.
2. Einstein et Infeld, *op. cit.*, p. 50.

compréhension des concepts. Mais la contribution de la métaphore à l'apprentissage n'est pas seulement didactique. Le procès invoqué par Freud comportait également une part militante, une composante de polémique contre l'erreur, pour citer un peu infidèlement Bachelard. Fontenelle se montre expert dans cet usage très particulier de l'analogie, qui ne tempère pas seulement l'obscurité des concepts, mais combat aussi les résistances d'un lecteur que n'enthousiasmerait pas la physique cartésienne. A-t-on du mal à admettre une « Terre portative », suspendue dans l'Univers ? Qu'on pense au lourd vaisseau qu'un souffle de vent déplace sans peine. Est-on convaincu que seule la Terre peut abriter la vie ? Qu'on se figure un bourgeois de Paris, toujours demeuré dans sa ville, qui n'imaginerait pas que Saint-Denis puisse exister. A-t-on quelque peine à se détacher de l'environnement terrestre ? Que pensera-t-on alors du « journal des sçavans » de Jupiter et des activités de ses « Christophes Colombs » ? La métaphore se conjugue ici subtilement avec le système d'énonciation pour former un dispositif argumentatif très efficace. Confrontée à ce mixte de familier et d'inouï, la marquise (figure du lecteur) ne peut résister de bonne foi. La métaphore est l'opérateur d'une ruse de la raison : l'image sensible combat le témoignage des sens et dissipe les préventions de l'imagination. On peut d'ailleurs lire ainsi l'allégorie de la caverne, dans la *République* de Platon : nous donnant de nous-mêmes l'image d'un groupe enfermé dans un lieu trompeur et livré à ses illusions, elle nous arrache au sentiment de l'évident pour nous ouvrir à la possibilité de l'incroyable.

Ici, nous touchons sans doute au cœur des débats sur le sens du discours de vulgarisation. Comme l'observent Lakoff et Johnson, la pensée métaphorique est sélective : elle gomme certains traits de l'objet et en met d'autres en évidence. La métaphore nous parle de beaucoup plus de choses que ce qu'elle dit le plus immédiatement. Aucun choix métaphorique n'est neutre, aucun effet métaphorique n'est clos. La figure a une symétrie apparente mais trompeuse. Elle semble remplacer un terme par un autre ; en pratique, elle ouvre la voie à une infinité d'associations. Le transport métaphorique n'est pas une simple substitution, mais plutôt une invasion ou une osmose. Reprenons quelques-uns des exemples précédemment cités. Présenter le génie et l'interprète de la science comme les opérateurs d'un dévoilement suggère toute une conception de la connaissance et légitime un type de rapport entre la recherche et la vulgarisation. Comparer les débats de la sociologie contemporaine à un procès invite à porter un regard moral sur les divers courants qui l'agitent. Assimiler l'analysant à un accusé pourrait placer la psychanalyse sous un éclairage éthique suspect. Choisir un coffre-fort comme modèle de l'énergétique dit quelque chose de la place exorbitante dans notre culture d'un modèle économique[1]. Le choix des thèmes métaphoriques peut sans doute être interprété de chacun des points de vue abordés au fil de ce livre. Les métaphores concernent le contenu des notions, la représentation du monde scientifique, la place du vulgarisateur et du lecteur, les rapports du savoir et de l'ignorance. Fontenelle propose à la marquise de regarder l'univers comme on regarde un théâtre. C'est un beau récit allégorique : vous vous remémorez les plaisirs du spectacle, vous pouvez imaginer grâce à cela une autre façon de voir le monde, vous détacher du plus naïf « spectacle de la nature ». Mieux : vous disposez d'un modèle pour accéder aux options méthodologiques de l'astronomie, en sachant par quelles hypothèses chaque philosophe aurait expliqué le vol de Phaéton, en réalité mû par des machines. Mais cette lecture didactique n'épuise pas le sens du récit. La mécanique du théâtre cache et révèle une pratique sociale et une hypothèse physique. D'un côté, c'est une attitude devant la science qui est suggérée. Certes, la mondaine a été prévenue que les leçons d'astronomie ne donneraient pas le plaisir qu'on peut avoir à une comédie de Molière. Mais elle reste spectatrice, bénéficiaire d'un agrément sans réel effort mais sans réelle pratique. L'astronomie mondaine est une distraction convenable, qui n'a rien à voir avec la condi-

1. Cf. pour une analyse plus détaillée des fonctions argumentatives de la métaphore en vulgarisation, notamment en termes de conceptions de la science et de la vulgarisation, Yves Jeanneret, Le choc des mots : pensée métaphorique et vulgarisation, *Communication et langages*, n° 93, 3e trimestre 1992.

tion, peu enviable, car besogneuse, du savant. D'un autre côté, ce sont les limites mêmes de la physique cartésienne qui s'affichent à l'insu de Fontenelle dans le choix de la comparaison. L'Univers y est copernicien, mais presque par occasion. Il reste essentiellement mécanique. En ce sens, l'image des machineries est trompeur : la Lune n'est pas accrochée au fil qui tient Phaéton, ni d'ailleurs au tourbillon qui en constitue une version plus élaborée. On le voit bien sur cet exemple, le rôle didactique de la métaphore est indissolublement mêlé à sa valeur argumentative. C'est par le même mouvement, pourrait-on dire, que l'image nous donne à saisir et qu'elle nous saisit.

C'est sans doute pourquoi les scientifiques dénoncent le gauchissement des notions, et leur emprunt hors de propos, y compris quand ils ont été les premiers à promouvoir de telles simplifications. « La métaphore n'a pas bonne presse en épistémologie. »[1] Cette inquiétude trouve ses fondements dans le fait que le rapprochement de deux réalités ne va pas sans postuler secrètement une équivalence ontologique. Bachelard formule ainsi la difficulté, à propos de l'image de la colle appliquée à l'électricité :

> Si l'on n'intériorisait pas cette métaphore, il n'y aurait que demi-mal ; on pourrait toujours se sauver en disant qu'il ne s'agit là que d'un moyen de traduire, d'exprimer le phénomène. Mais on ne se borne pas à décrire un mot, on explique par une pensée. On pense comme on voit, on pense ce qu'on voit : une poussière colle à la paroi électrisée, donc l'électricité est une colle, une glu[2].

La question ne concerne pas que la vulgarisation, elle est essentielle, comme en témoigne précisément l'analyse de Bachelard, dans le mouvement de la recherche elle-même, qui n'est jamais abstrait de tels attachements métaphoriques. Lucien Sfez évoque par exemple les grandes métaphores actuellement attachées à l'idée de communication, monde de présupposés inaperçus qui façonnent notre appréhension du monde[3] ; un ensemble d'études récentes montrait la cir-

1. Dominique Terré-Fornacciari, *Les sirènes de l'irrationnel. Quand la science touche à la mystique,* Albin Michel, 1991, p. 174.
2. Gaston Bachelard, *La formation de l'esprit scientifique,* p. 103.
3. Lucien Sfez, *Critique de la communication,* Editions du Seuil, 1988.

culation de « concepts nomades » dont l'emploi métaphorique est à la source de la fécondité de certaines disciplines, mais aussi à l'origine de certaines habitudes méthodologiques implicites[1]. Toutefois ces études montrent également la difficulté de distinguer — en science et en vulgarisation — ce qui serait un emploi valide et conceptuel de ces transports et ce qui serait un usage envahissant de l'analogie facile. Dominique Terré-Fornacciari[2] envisage quelques-unes des lignes de partage possibles entre l'emprunt raisonné et la métaphore mystifiante. On peut s'employer à distinguer la métaphore didactique, explicitement utilisée pour l'explication, de la chimère envahissante, qui nous suggère peu à peu une identification entre deux réalités étrangères l'une à l'autre. On peut reconnaître à la métaphore une vertu heuristique mais lui refuser le droit d'intervenir dans le processus de la preuve. On peut opposer les métaphores produites par le chercheur et celles de la vulgarisation, comme le mouvement créatif à la dogmatisation d'un savoir. La difficulté de ces distinctions tient sans doute au fait que l'analyse du sens des figures ne peut faire l'économie d'une rhétorique de la lecture. Plutôt que de trancher juridiquement entre deux usages de la métaphore, on peut alors distinguer deux attitudes d'interprétation, celle qui consiste à prendre l'image au pied de la lettre et celle qui conserve la conscience du déplacement et la mémoire de la figure. De ce point de vue, les articles qui utilisent furtivement un jeu incessant de métaphores ne suggèrent pas la même attitude de lecture que ceux qui explicitent les limites des modèles qu'ils proposent. Edmond Marc commente par exemple une analyse sur l'interaction en ces termes :

> [pour Goffman] la vie sociale peut être comparée à une scène où les acteurs se donnent en représentation et interprètent des rôles en accord avec la situation [...] Cette métaphore n'implique nullement que la vie sociale soit factice et que les acteurs soient nécessairement conscients de « jouer » ; au contraire, ils sont le plus souvent fortement impliqués dans le jeu et le ressentent comme spontané[3].

1. Isabelle Stengers (éd.), *D'une science à l'autre. Des concepts nomades,* Editions du Seuil, 1991.
2. *Op. cit.,* p. 173 sq.
3. E. Marc, Interaction et communication, *Sciences humaines,* n° 4, mars 1991.

Ainsi conçue, la vulgarisation peut espérer faire davantage que transmettre le savoir : elle entend participer, selon les termes de Bachelard, à sa psychanalyse. Mais le lecteur reste maître de ses interprétations et le vulgarisateur ne peut prétendre refermer l'espace des associations qu'il a ouvert avec la métaphore qu'il a proposée[1].

Ces distinctions ont leur intérêt ; aucune ne fournit toutefois le moyen de contrôler les effets de sens d'un élément de discours dont la fécondité tient précisément au fait qu'il est incontrôlable. Nous avons ici une aporie de la vulgarisation. Mais sans doute est-ce une aporie de l'entreprise scientifique.

L'un des aspects les plus importants de cette question est lié à la réversibilité des métaphores. Le rapprochement des thèmes scientifiques et triviaux autorise deux lectures extrêmes. D'un côté, la métaphore tend à plaquer la nouveauté d'une théorie scientifique sur la banalité d'une idéologie dominante. Dans ce cas, la figure joue le rôle de pur ornement : les signifiants scientifiques ne sont que des façons apparemment nouvelles de formuler des idées éculées. De l'autre côté, les modèles fournis par les sciences formelles acquièrent une prétention à rendre compte des réalités quotidiennes auxquelles nous sommes confrontés. La métaphore se retourne alors par rapport à ce qui a été décrit plus haut comme son fonctionnement didactique. Sans doute cette instillation des modèles scientifiques dans le social est-elle l'une des dimensions de sens les plus fortes de la vulgarisation. C'est ici peut-être que la prétention de Condorcet trouve sa réponse la plus profonde. Les sciences informent le monde, mais cette information est à la fois une richesse et un obstacle. Les concepts des sciences de la nature alimentent notre imaginaire social. Les nombreuses métaphores dont le présent livre est parsemé en sont le témoignage. Nos métaphores

1. Une difficulté radicale que rencontrent les critiques de la métaphore est celle du sens propre. Les théoriciens classiques des figures pouvaient définir très précisément la nature des tropes, dans la mesure où ils considéraient ces figures comme un changement du sens propre. Cette idée d'un primat du sens propre n'est plus guère défendue. On ne peut guère aujourd'hui définir l'écart rhétorique que par rapport à une attente.

sont souvent empruntées à des sciences et techniques anciennes, mais nos discours s'enrichissent peu à peu de nouvelles notions arrachées à leurs conditions rigoureuses d'emploi, selon une pratique que j'ai nommée « infra-vulgarisation ». Cela se fait peu à peu dans divers milieux, selon divers rythmes. Certains écrivains s'emploient à exploiter systématiquement ce transport métaphorique. Michel Serres évoque la fractalité du temps, exploite les théories mathématiques de la communication ; Bruno Latour parle d'une sociologie relativiste qui n'aurait pas d'éther.

Dans ces derniers cas, la question que pose cette exploitation des termes scientifiques est celle de la pertinence d'un tel discours chatoyant en ce qui concerne les pratiques historiques et sociales, question d'ailleurs posée par le second auteur au premier dans un livre d'entretiens récents[1]. Faut-il accepter un libre jeu de la métaphore au nom de l'élégance des démonstrations les plus rapides dont se targuent les mathématiciens ? Faut-il défendre au contraire les médiations qui conduisent à fonder un discours dans la considération des spécificités de l'objet ? Faut-il considérer que ce style d'écriture, qui aurait le mérite d'avoir importé en philosophie un mode d'argumentation mathématique, témoigne platement de ce que le prestige des sciences exactes continue de faire obstacle à une analyse autonome des faits humains ? En tout cas, dans ce style philosophique, nous trouvons un équivalent noble de la vulgarisation, une pensée qui tire sa vivacité d'avoir radicalisé, avec une grande précision, les effets les plus audacieux de la métaphore scientifique.

Il en va tout autrement avec les effets pâteux d'une plate importation (cataphore ?) des termes scientifiques dans l'analyse des faits de société. Ici, les effets peuvent être terribles. Susan Sontag a étudié avec précision le jeu symétrique de la maladie et de ses images sociales. La tuberculose et le cancer rongent et consument. Ils apparaissent comme des châtiments du malheur, la première en rapport avec l'étiolement de l'être, le second en signe d'un trop-plein de pulsion. L'une et l'autre maladies sont représentées comme

1. Michel Serres, *Eclaircissements,* entretiens avec Bruno Latour, François Bourin, 1992.

un combat. Cette constellation métaphorique est de nature à nous indiquer que le discours sur la maladie est aussi un discours sur autre chose que la science.

> La tuberculose et le cancer, écrit Susan Sontag, ont servi à exprimer non seulement (comme la syphilis) des fantasmes grossiers en matière de contamination, mais aussi des sentiments particulièrement complexes à l'égard de notions telles que la force et la faiblesse, ou encore l'énergie[1].

La victime de la tuberculose dispose d'une énergie limitée : c'est l'économie de cette énergie qui est en jeu, comme dans les sociétés de pénurie. Le cancéreux est au contraire le sujet de l'anarchie liée à une expansion désordonnée. Deux images qui peuvent être rapprochées, comme leur formes pathologiques, des modèles économiques de l'épargne et de l'expansion, modèles correspondant aux fantasmes successifs de la phtisie et du cancer. C'est précisément en rapport avec ces thèmes que la métaphore a pu se retourner : on a parlé, dans divers courants idéologiques, de maladies sociales, d'infections intellectuelles, de cancer bureaucratique. Simples polémiques, jusqu'à ce que cette rhétorique trouve brutalement une actualisation monstrueuse.

Tous les basculements de la métaphore scientifique n'ont pas le même caractère spectaculaire ni la même destinée tragique. Mais la question de la liberté est en jeu dès lors qu'au nom de la légitimité d'un discours attesté par la communauté scientifique un phénomène physique est plaqué, sans autre médiation, sur la vie sociale. Un exemple discret et original de ce phénomène nous est donné aujourd'hui par les théories de la communication. Les concepts de l'ingénierie de l'information ont connu une publicité très large, sous une forme vulgarisée, en dehors de leur domaine d'application : théorie mathématique de l'information, modèles de la communication entre automates, théories de l'asservissement et des systèmes. Il s'agit d'un type de vulgarisation très particulier. Des équipes pluridisciplinaires se sont constituées aux lendemains de la guerre aux Etats-Unis : la fascination pour la complexité et la rigueur des modèles sys-

1. Susan Sontag, *La maladie comme métaphore*, Editions du Seuil, 1979, p. 75.

témiques, la manifeste fécondité dont ils pouvaient faire preuve dans l'analyse des rapports de communication entre les hommes ont conduit à une tentative de métaphore systématique de leurs concepts[1]. Roman Jakobson a proposé un modèle du langage très explicitement fondé sur les composants d'un système technique de télécommunication : on y trouve par exemple employés, avec un sens métaphorique, les termes de « code », de « message » et de « contact ». Le succès extraordinaire de ce modèle, et de modèles analogues, au sein des sciences humaines, a propagé une sorte de vulgarisation indirecte des théories de la télécommunication, appréhendées directement par beaucoup de lecteurs comme destinées à s'appliquer à la vie sociale. On a ainsi abouti à un phénomène inédit et étrange : un ensemble de concepts et de démarches liés à une discipline particulière, qui restait très mal connue en tant que telle, pénétrait de façon métaphorique dans la vie sociale et participait à l'élaboration d'une nouvelle forme de sociologie. A la lecture des textes innombrables qui procèdent de cette logique (articles de chercheurs en sciences humaines, manuels scolaires, ouvrages de formation continue, etc.), on a le sentiment que la validité des concepts va de soi, portée par l'efficacité stupéfiante de la métaphore. Pris au pied de la lettre, ce modèle est porteur d'une conception totalitaire du social. De nombreux chercheurs ont averti sur les dangers qu'il comportait[2]. Mais ça marche. Nous sommes dans l'ivresse de ce qu'on appelait autrefois un transport. L'ouvrage de Paul Watzlawick, Janet Beavin et Don Jackson, *Une logique de la communication*, propose un exemple frappant de ce phénomène. Les premières parties de ce livre, souvent cité, constituent en effet un type de texte très particulier, fait d'un va-et-vient entre la vulgarisation de concepts liés aux télécommunications et à l'informatique et le récit de situations auxquelles il est possible, au prix d'un décalage plus ou moins important, d'appliquer les mêmes notions. On nous propose « une brève digression dans la théo-

1. Cf. Philippe Breton et Serge Proux, *L'explosion de la communication, la naissance d'une idéologie*, La Découverte, 1989.
2. Cf. notamment la critique du modèle de Jakobson dans le livre de François Flahaut, *La parole intermédiaire*, Seuil, 1978.

rie des nombres » avant de qualifier de « fonction » une description des relations actuelles entre les personnes ; on nous raconte l'histoire de l'émergence du paradigme de l'information avant de caractériser comme des rétroactions *(feed-backs)* certains types de dialogue ; on qualifie respectivement de « digital » et d' « analogique » le langage et les expressions du corps, non sans avoir préalablement fourni quelques aperçus sur le comportement des neurones puis sur le fonctionnement des ordinateurs. Le traité sociologique prend ici la forme d'un slalom entre des articles de vulgarisation et des récits de vie quotidienne[1]. L'initiative d'appeler *code digital* le langage ou *feed-back* un acte de dialogue comporte ici trois effets. Elle apporte le confort d'un modèle éprouvé et légitime dans le champ de disciplines très contestées, comme la linguistique, l'anthropologie et la psychiatrie. Elle permet de produire à peu de frais du nouveau en rebaptisant l'ensemble des notions d'une discipline. Elle conduit, par une série de glissements, à poser la validité d'un modèle du social sans avoir à en discuter, comme c'est l'usage, les fondements. L'adoption par de nombreux acteurs des thèses de l' « école de Palo-Alto » montre l'efficacité de la manœuvre.

Une discipline de sens commun

Lorsqu'il entreprend de rendre compte de l'émergence d'une discipline comme l'intelligence artificielle, le vulgarisateur voit sa tâche habituelle amplifiée, pour deux raisons. La nouveauté des recherches[2] lui donne une grande liberté — et une grande respon-

1. La critique ici formulée de cet ouvrage ne vaut pas comme une condamnation du paradigme interactionniste. Des ouvrages comme ceux d'Erving Goffman, constamment précis sur les conditions de validité des notions, échappent totalement à la critique ici formulée.
2. La discipline dispose déjà d'un passé lorsque les journalistes en rendent compte, au milieu des années quatre-vingt ; mais c'est l'époque où elle se trouve projetée dans l'espace public, en vertu de ses réalisations concrètes et au bénéfice d'un engouement pour l'excellence et la matière grise.

sabilité — dans le point de vue qu'il peut adopter sur la discipline. La capacité évocatrice de cette discipline particulière le place de surcroît d'emblée en prise directe avec les thèmes imaginaires les plus évocateurs.

Le constat le plus immédiat que suggère la comparaison entre les divers articles est le lien très fort qui existe entre contrat de communication, type de démarche d'exposition et approche de la discipline[1]. De ce point de vue, la segmentation des lectorats s'exprime très clairement dans des textes fortement contrastés. L'article de grande presse *(Le Nouvel Observateur)* propose une sorte de jeu avec la science, dans un style qui évoque la conversation badine. Son lecteur n'est pas très averti, mais il ne semble pas trop désireux non plus de le devenir. Les termes techniques ne sont pas définis, ils sont plutôt tournés, retournés et détournés comme des jouets. Il y a des « faux cerveaux », des « puces ultra-hyper-concentrées », des « cervelles de silicium ». Le mouvement textuel procède de la libre association, du chatoiement des objets et des signes. Plusieurs articles se donnent, dans une logique sensiblement différente, un lecteur assez compétent mais plus intéressé par l'impact industriel de l'intelligence artificielle que mû par une curiosité scientifique. C'est le cas de *L'Usine nouvelle,* mais aussi de *Sciences et avenir.* Ce qui prévaut dans ces textes, c'est l'inventaire et le défi. On montre que la discipline aboutit à des réalisations ; on passe en revue les aspects de l'intelligence (ou du savoir-faire professionnel) qu'elle tente de s'approprier ; on ne répugne pas à signifier son sérieux par un vocabulaire technique ; mais le texte s'organise davantage comme une façon de balayer divers domaines d'application que comme un approfondissement ou une explication méthodique. Les termes sont le plus souvent rapidement définis, mais quelques réalisations sont décrites de façon très concrète. La science est ici immergée dans un contexte social et économique fort. Le ton est valorisant, sans enthousiasme délirant. Les textes les plus savants, écrits par des chercheurs *(Pour la science, Encyclopedia universalis)* prennent

1. Je dois une partie de cette analyse à Pascal Cheung et Stéphane Martineau, étudiants à TELECOM Paris.

leurs distances par rapport à toute définition trop globale de l'intelligence artificielle : ils s'intéressent plus à divers types de difficultés dans la conception des logiciels qu'à une définition générale de la discipline. La logique de ces textes est pleinement didactique. Le lecteur occupe à peu près la place d'un élève, à qui on adresse un exposé structuré en plusieurs parties nettement distinctes. Le texte est très analytique. L'exemple développé est l'ingrédient essentiel de l'explication. Enfin, comme on l'a vu, l'un des textes prend nettement ses distances avec le discours dominant sur la discipline *(L'homme futur)*. L'universitaire qui l'écrit, Jacques Arsac, fait pleinement œuvre d'auteur : il compose une dissertation à partir d'une question explicitement formulée, celle du lien entre la nature de l'informatique et le projet d'imiter l'intelligence humaine. Son lecteur est considéré comme le participant d'une controverse. Il est invité à se former un avis sur une question jugée philosophiquement essentielle.

Ces exemples montrent bien la responsabilité du vulgarisateur et le travail productif, bien distinct d'une traduction, auquel il se livre. Choisissant un type de public, privilégiant des objectifs, proposant un regard sur le travail scientifique, chaque auteur engage d'emblée un type de rapport avec la discipline naissante. Aucun ne dit tout ; aucun ne tient un discours dénué de valeur culturelle.

Toutefois, le sens et les limites de ces choix sont marqués par le fait que l'intelligence artificielle n'est pas une discipline scientifique comme les autres. Imaginons en effet un génie génétique qui s'intitulerait « création continuée » ou une chimie qui se dirait « nouvelle matérialité »... « Intelligence artificielle » : le nom ne désigne pas un objet défini ni une méthode spécifique, selon l'usage en science ; il émet en quelque sorte une prétention. C'est pourquoi on peut trouver radicalisés à propos de cette discipline les effets de sens ; c'est pourquoi on peut y lire comme grossi l'impact possible d'un discours de vulgarisation. Nous rencontrons le cas unique — le premier d'une longue série ? — d'une discipline qui, par le jeu des annonces spectaculaires de certains chercheurs et sous l'effet de la pression commerciale des fabricants de programmes, a pu se définir, de l'extérieur de l'éthique scientifique, en termes de vulgarisation. On ne peut pas rêver mieux en matière de science démonstrative. D'une certaine façon même, le flux traditionnel de l'information scientifique s'inverse alors : ce sont les scientifiques qui se trouvent en situation d'avoir à rattacher, tant bien que mal, leurs activités aux espoirs qu'engendre le nom donné à la discipline par certains chercheurs médiatiques. Jusque dans l'enseignement, ils ne peuvent éviter la définition anthropomorphique de leur travail — lorsqu'ils le souhaitent — qu'au prix d'un effort d'explication. Aussi la discipline entretient-elle un lien particulier avec la vulgarisation, qui n'a pas à y insérer comme de coutume ses préoccupations, mais les y trouve déjà présentes. Cet effet de la complexité des enjeux de la « communication scientifique publique » est très lisible dans la façon dont les journalistes s'emploient à définir la discipline.

Toute moderne qu'elle se veuille, faisant volontiers, au moins à ses débuts, table rase de la tradition philosophique et des sciences humaines, l'intelligence artificielle peut se définir ainsi dans le mythe fort ancien d'une humanité qui se produirait elle-même par la médiation de la technique. Elle ne cesse de susciter la référence aux personnages surnaturels, les plus prestigieux comme Héphaïstos[1], forgeron d'esclaves mécaniques et les plus inquiétants comme le Golem ou la créature de Frankenstein. Le texte de vulgarisation investit habituellement la science d'une perspective de sens et d'intérêt à laquelle elle est elle-même indifférente. Or, si l'intelligence artificielle est bien une discipline scientifique, elle a ceci d'original que, par son nom même, elle est toujours-déjà dans la perspective du sens et de l'intérêt. Les chercheurs pourront protester de ce que ce qu'ils font n'a rien à voir avec les fantasmes romantiques ou qu'ils ne réécrivent pas l'histoire de Pygmalion : le nom même de la science à laquelle ils se livrent est là pour les désavouer. Leur discipline tire son ambiguïté, mais aussi son prestige, de ce lien avec le mythe. C'est même le mythe qui explique qu'on puisse financer des recherches à caractère très spéculatif sans tomber sous la critique de la gratuité.

1. Homère, *Iliade,* chant XVIII.

Le mythe est là. La difficulté ne consiste pas dans le pari classique de la vulgarisation, qui est de proposer l'initiation à un domaine *a priori* inconnu, initiation qui permettrait d'atténuer la coupure entre spécialiste et non spécialiste. Elle réside plutôt dans la capacité à se situer par rapport à la considérable charge imaginaire du mythe.

De fait, chacun des articles se place ouvertement dans la perspective du discours mythique, que ce soit pour le reprendre ou pour le contester. « Quand les puces nous dépasseront », titre Fabien Gruhier[1]. Eric Seyden annonce : « systèmes experts, simuler l'intelligence » : il joue après d'autres au passage de l'ambiguïté du terme « simuler » qui peut désigner un procédé technique, mais aussi une sorte d'illusion ou d'imposture — on sait que Turing définissait la machine intelligente comme apte à se faire passer pour humaine. Dominique Commiot commence par rappeler le rêve de « construire des machines à l'image de l'homme ». Douglas Lenat demande : « Les ordinateurs seront-ils un jour assez intelligents pour faire de même ? » Jacques Arsac juxtapose d'entrée de jeu « l'ordinateur, le cerveau ». Jacques Antoine pose une question qui contient une réponse : « Sans entrer dans le débat "la machine peut-elle penser ?" posé depuis un quart de siècle (pour l'instant, elle ne sait que comprendre et raisonner)... »

Davantage, les discours sont pris dans la problématique du mythe. Ils doivent s'accommoder de trois présupposés majeurs : le présupposé d'une *comparaison,* selon lequel la machine pourrait imiter, égaler voire surpasser les facultés de l'intelligence humaine ; le présupposé d'une *frontière* traversant la discipline informatique et distinguant des opérations « intelligentes » et des opérations qui ne le seraient pas (innommables, comme on le verra plus tard) ; le présupposé d'un *pari* : est-ce possible ?

1. Par commodité, on indique ici le nom de l'auteur, mais titrer un article de presse est un acte négocié, de façon plus ou moins explicite : le titre renvoie au moins autant à la « ligne éditoriale » d'une revue et aux traditions dans lesquelles elle s'inscrit qu'à la logique d'écriture de l'auteur. Cette remarque vaut pour l'ensemble des analyses proposées dans ce chapitre.

Cela ne signifie pas qu'il n'y aurait pas de marge de manœuvre. Tous les auteurs ne se situent pas de la même façon par rapport au mythe[1]. Pour l'essentiel, les articles s'organisent à cet égard autour de quatre positions majeures. L'une des solutions consiste à exploiter pleinement le mythe, comme un motif d'écriture : c'est ce que fait Fabien Gruhier qui saisit toute occasion d'entretenir l'ambiguïté entre l'homme et l'ordinateur. A l'autre extrême, certains textes s'emploient à oublier le mythe : ils s'accrochent à une définition très pragmatique et très didactique de la discipline et décrivent un ensemble de procédures. Beaucoup de textes jouent d'un regard ambigu : tantôt, ils cèdent au rêve de la machine intelligente, tantôt ils en marquent les limites. Ils s'accommodent, pourrait-on dire, de ce que le mythe existe et s'arrangent des divers effets qu'il autorise. Enfin, un article prend pour thème le mythe lui-même, l'énonce et en observe les échos dans la presse et dans les débats de recherche, pour le soumettre à une critique, au sens philosophique du terme.

Ces choix sont très importants : le vulgarisateur, comme le chercheur, a d'abord à se situer par rapport à des discours qui existent indépendamment de son initiative et qui font écho à toute une culture. Ici, au moment où la science prétend le plus inventer du radicalement nouveau, elle se trouve confrontée à toute une histoire culturelle. Mais la plupart des articles taisent cette histoire et l'enfouissent. Bien entendu, qu'il le veuille ou non, aucun des auteurs ne pourra tout à fait s'affranchir du mythe.

La première difficulté est dès lors de définir la discipline. La familiarité se retourne ici en gêne : comment le médiateur pourrait-il appréhender, comme un objet défini, une science de sens commun ? Comme on a pu le noter plus haut, l'étendue des thèmes évoqués pour décrire l'intelligence artificielle est très grande, mais le noyau commun aux divers articles est très réduit. Une grande variété d'abords caractérise tout corpus de vulgarisation consacré à

1. Cette analyse s'inspire du travail de Laurence Théaud Le Blanc, étudiante à TELECOM Paris.

une même discipline. Mais ici, ce qui est frappant, c'est que l'ensemble de thèmes communs n'est pas pertinent pour définir intrinsèquement une *discipline* scientifique[1]. Il est impossible de dégager du corpus une définition commune de la discipline, référée à ses propres concepts opératoires. La plupart des articles laissent entendre qu'il s'agit de formes particulières de *logiciels* ; mais presque tous évoquent des *matériels* nouveaux et l'un des articles fait des « puces » électroniques l'objet de la discipline. Le terme « systèmes experts » est parfois présenté comme un synonyme d' « intelligence artificielle », mais certains articles réservent une place de choix au projet d'ordinateurs dits « de cinquième génération ». Un autre clivage oppose des définitions par l'effet (réaliser des tâches habituellement effectuées par des experts) à des définitions par les procédures (suivre des logiques algorithmiques nouvelles). Le domaine présenté par les articles constitue en somme un ensemble de pratiques qui doit sa seule cohérence au fait qu'il peut être qualifié d' « intelligent ».

Ceci ne lève pas l'aporie. Que signifie ici « intelligent » ? Sur le plan linguistique, la situation est très paradoxale par rapport au modèle saussurien du sens, selon lequel la valeur d'un signe se comprend grâce au système d'opposition dans lequel il est pris. « Intelligence » et « artifice » sont curieusement dépourvus d'antonymes. Il n'est nulle part ici question d'informatique bête, et les références à une intelligence « naturelle » sont rares et tiennent davantage du jeu de mots que de l'explication. La frontière qui sépare, au sein de l'informatique, ce qui est intelligent et ce qui ne l'est pas, se tient en somme d'elle-même ; chaque auteur la fait d'ailleurs passer en un point différent.

Flottant entre leur acception technique et leur usage commun, les termes clefs qui renvoient à la pratique des chercheurs, à la manière du verbe « simuler » évoqué précédemment, doivent être

1. Sans doute ce trait est-il particulièrement sensible au moment où la presse doit s'emparer d'un thème encore assez neuf. Peut-être obtiendrait-on aujourd'hui une définition plus « officielle » de la discipline ; mais d'autres sources de clivages apparaîtraient également.

compris à la fois comme spécifiques à la discipline et inscrits dans la langue. Nous sommes à l'extrême de l'ambiguïté qui existe toujours entre l'emploi technique des termes et leur valeur signifiante. Le relevé des occurrences de trois termes, « intelligence », « artificiel » et « naturel », met en évidence ce phénomène. Ces termes sont très majoritairement employés dans un syntagme figé : « intelligence artificielle », « langage naturel ». Mais malgré cet usage, qui renvoie à une définition interne à la discipline et opératoire, les termes restent disponibles pour des emplois marginaux, peu nombreux, mais très liés à la thématique du mythe. On peut jouer sur les robots intelligents et sur les êtres humains intelligents ; on parlera à l'occasion de coïncidences artificielles ou d'hommes artificiels.

Ces termes, qui ont le double statut d'appartenir à la fois à l'espace disciplinaire et à la langue commune, sont le signe que l'énonciateur des textes est confronté à la tâche d'avoir à définir l'une par l'autre une discipline informatique et une essence de l'intelligence humaine.

En l'absence d'une référence à des traits internes à la discipline ou d'une sémantique oppositionnelle, le lecteur devra recourir à une définition implicite, portée par le mouvement du texte, de ce qui est intelligent dans l'informatique. Les textes oscillent entre deux versions d'une telle définition « en creux ». La première, empirique, a un caractère négatif : l'intelligence artificielle, c'est ce que ne savait pas faire l'informatique jusqu'à présent. Une telle définition est pleinement historique : elle consiste à faire de l'actuel le moment d'une épiphanie (mystérieuse). L'autre définition, analogique, ne peut faire l'économie d'une définition implicite de l'intelligence humaine : dans ce cas, la discipline fonctionne comme métaphore d'une psychologie (spontanée).

C'est cette seconde version qui retiendra ici plus particulièrement notre attention, dans la mesure où l'on peut y apercevoir la source des effets idéologiques du discours de vulgarisation. A l'analyse du détail du texte, dont plusieurs passages ont déjà été cités au fil du livre, nous retrouvons, chargé d'enjeux particulièrement forts, le nœud de toute écriture de vulgarisation. Il est impossible de dissocier clairement les aspects techniques du discours de vulgarisation et sa charge idéologique. Les paradoxes de l'explication et la prégnance de l'idéologie sont indissolublement liés.

Nous pouvons nous en convaincre en comparant par exemple plusieurs récits qui définissent une même notion informatique, celle de l'explosion combinatoire :

> Version 1 — L'optimisme des chercheurs a vite été tempéré par l'explosion combinatoire résultant du nombre colossal de cas à envisager dès que l'on dépasssait le contexte du simple puzzle pour maquette de labo[1].
> Version 2 — Que le lecteur se rappelle comment la légende dit que l'inventeur du jeu d'échecs avait demandé à être récompensé : « Mettez un grain de blé sur la première case, deux sur la seconde, et ainsi de suite, en doublant chaque fois, jusqu'à la soixante-quatrième case... » Tout le blé du monde n'y aurait pu suffire... C'est ce qu'on a appelé l' « explosion exponentielle »[2].
> Version 3 — Par une belle soirée d'été, vous traversez la Bretagne pour aller à Brest et vous arrivez soudain à un carrefour dépourvu de panneau indicateur. Devant vous, à gauche, à droite, des champs d'artichauts s'étendent à perte de vue. Sans carte ni boussole, vous pourriez tirer à pile ou face [...] Avec beaucoup de chance et beaucoup de temps, il n'est pas impossible que vous arriviez un jour à Brest, mais vous allez consommer beaucoup d'essence[3].

Par rapport à la première version, énoncé abstrait d'une définition seulement agrémenté d'une métaphore furtive, les deux autres textes présentent l'avantage de permettre au lecteur de participer au simulacre d'une pratique. Il s'agit de récits allégoriques, comparables aux modèles précédemment cités de l'opéra et du coffre-fort. De ce point de vue, le troisième texte est d'ailleurs sans doute le plus formateur : il repose en effet sur un modèle sous-jacent, si bien qu'on peut faire correspondre, terme à terme, à chaque élément du récit allégorique une notion applicable aux problèmes informatiques. La multiplicité des carrefours évoque les alternatives logiques, l'absence de panneau désigne le caractère aléatoire de la recherche, le carburant est un équivalent concret du temps de calcul exigé des machines. Mais ce modèle si évocateur est également celui qui

1. Eric Seyden, Systèmes experts, simuler l'intelligence, *Sciences et techniques*, n° 4, mai 1984.
2. Jacques Arsac, L'ordinateur, le cerveau, questions posées par l'intelligence artificielle, *L'homme futur*, n° 7, juillet 1986.
3. D. Lenat, Les logiciels et l'intelligence artificielle, *Pour la science*, novembre 1984.

introduit le plus fortement le thème anthropomorphique dans l'explication. Il assimile d'emblée — ce modèle est l'*incipit* d'un article — le fonctionnement de la machine au comportement humain. C'est ici que nous retrouvons la double face de la métaphore : très agréable et très commode puisqu'elle permet de contourner les aspects techniques de l'écriture des logiciels, elle est secrètement véhicule de confusion.

Dans le cas qui vient d'être cité, le modèle est assez explicitement didactique pour que cet effet soit limité. Mais l'essentiel du texte est constitué de récits fonctionnels qui présupposent simplement une *équivalence* ontologique. En voici un exemple :

> Pour effectuer un diagnostic ou proposer une décision, l'homme met en œuvre des « heuristiques » — du grec *Eureka* : j'ai trouvé —, processus semi-intuitifs qui guident les choix parmi différentes possibilités, en fonction de connaissances généralement empiriques.

Le concept est ici détaché de sa nécessité théorique au sein du raisonnement informatique pour être affecté à l'homme comme un élément de sa propre conduite, emblématiquement illustrée par l'une des plus populaires anecdotes classiques.

Compte tenu de la problématique annoncée par les articles, celle d'une comparaison raisonnée entre les procédures informatiques et les raisonnements humains, il n'est pas étonnant de trouver un grand nombre de tels récits plaçant en position d'agent, tantôt le système informatique, tantôt la personne humaine. Mais les récits cohérents qui attribuent chaque étape au même agent ne sont pas les seuls représentés : beaucoup de récits opèrent comme le dernier extrait cité : ils font intervenir, dans l'exposé d'un même processus, deux ou plusieurs agents de nature différente. Lorsque les agents se succèdent dans un même récit, toutes les associations sont possibles entre tournures impersonnelles, agents humains et « sujets automatiques », la tournure impersonnelle occupant le plus souvent — mais pas systématiquement — une place transitionnelle. La confusion est alors totale entre l'objet technique et l'homme.

D'autre part, les multiples qualifications qui sont attribuées à l'ordinateur lui confèrent un caractère anthropomorphique affirmé.

La collection des attributs de l'ordinateur est impressionnante : il s'agit de qualités et de dispositions humaines indiquées furtivement ou présupposées au fil de l'explication. Ces attributs se laissent assez bien ranger dans les catégories de la psychologie classique, celles que mobilisent les pièces de Molière, les *Caractères* de La Bruyère ou le *Traité des Passions*. L'ordinateur ne dispose pas seulement d'aptitudes intellectuelles : il a une condition, des occupations réglées et un mérite personnel qui le définiraient assez bien comme un aristocrate ou comme un bourgeois distingué. Sa psychologie ne se réduit pas au *problem solving* : elle comporte des desseins stratégiques et une affectivité. Son entendement réalise des activités fort complexes, impliquant le jugement et l'intuition. Les comportements qu'on lui attribue correspondent surtout à des actes de communication, dans un sens bien plus large que la seule transmission d'information, puisque la machine est capable d'initiative... et peut-être même d'insistance.

Au chapitre de la condition et de la destinée, on observe qu'un programme informatique peut *s'enrichir,* être *armé,* avoir la *prééminence* et même être *champion du monde.* Il dispose d'ailleurs d'une *carte de visite.* Les occupations d'un tel système sont multiples : il *travaille* (beaucoup), il *contrôle* (pas mal), il tient un *agenda* ; chargé de *missions,* il peut aussi bien *obéir* que *commander.* Son mérite est très diversement qualifié : il est *capable* de beaucoup de choses, il *mérite* d'être jugé *souple, apte* ou *intelligent,* mais tout n'est pas *à sa portée,* si bien qu'on peut parfois le dire *ignorant* voire *stupide.*

Les facultés dont il est doté sont complètes : il *voit,* il est doué d'*imagination* et d'*intuition,* il a de la *mémoire, juge* et use du *langage,* et surtout il *comprend* très souvent. Il est néanmoins soumis aux passions de l'âme : il peut être *désarmé,* subir la *fatigue,* il a des *amis* et des *ennemis,* il est *sensible* à certaines considérations, il *souhaite, espère, s'intéresse.* Mais c'est aussi un être d'intentions : il a très souvent une *stratégie* : il *s'adapte, s'oriente,* poursuit des *objectifs, s'engage* sur une *piste,* adopte un *plan d'action.*

Il n'y a donc pas lieu de s'étonner de ce que les opérations de son esprit soient d'une diversité étonnante. Il serait fastidieux de les énumérer toutes. Occasionnellement il *diagnostique, tire des conséquences, trouve, vérifie, étudie, conçoit.* Mais certains modes de pensée ne sont pas seulement occasionnels. Pour deux auteurs il *déduit, décide, examine, envisage*; plusieurs le voient *analyser, découvrir, chercher*; presque tous lui attribuent le pouvoir de *raisonner,* de *reconnaître* et d'*utiliser.*

C'est par les multiples comportements de communication que l'activité d'un logiciel informatique se distingue le plus éminemment. Il lui arrive de *converser,* de *suggérer,* de *recommander,* de se *renseigner,* et même de *réclamer.* Mais ses initiatives les plus remarquées sont de *dialoguer,* d'*interroger,* d'*expliquer* et d'*aider.*

Les récits fonctionnels et les logiques de qualification nous proposent ainsi une version double de l'ordinateur, à la fois artefact et sujet. On peut même aboutir au cas limite d'énoncés paradoxaux, qui attribuent à la machine le pouvoir d'être à la fois sujet et objet de son action. « Au cours de son exécution, le programme dialogue avec l'utilisateur », écrit par exemple Douglas Lenat. « A tout moment, précise Jacques Antoine, le système peut expliquer son raisonnement, notamment à l'expert qui voudrait le contrôler. »

On notera, sans s'en étonner, que dans ce cadre la trivialisation produit ses effets : chargée de bien des fardeaux, l'informatique se trouve privée de ce qui fait son efficience : de calcul, fort peu, de lignes de programme, point. A cet égard, nous tenons avec cet exemple un cas particulièrement parlant d'un phénomène plus général. La difficulté technique de l'explication se trouve ici secrètement mêlée aux effets idéologiques de l'imaginaire. Les discrètes métaphores anthropomorphiques sont un moyen efficace de contourner la description des procédures fastidieuses et complexes du calcul. Elles sont en quelque sorte un substitut de la structure logique du programme ou des lignes de code que produit le développeur. Mais ce discours analogique introduit, de façon imperceptible et récurrente, l'idée d'une équivalence entre description du psychisme et production d'une technique informatique. Ce fait est structurel : omniprésent dans la plupart des articles, il n'est absent d'aucun texte, même de ceux qui se défendent contre le mythe.

C'est dire qu'il est la marque, non des seules intentions d'un auteur, mais des contraintes mêmes de l'explication vulgarisée. Seul l'article de l'encyclopédie peut éviter de présenter ainsi un logiciel sous les traits, plus ou moins masqués, d'un être humain. Mais il n'y parvient qu'en utilisant le formalisme informatique. C'est ainsi que le plus souvent le vulgarisateur répond, de fait, positivement, à une question qu'il n'a pas posée : l'ordinateur est-il une copie de l'intelligence humaine ?

La distribution généreuse d'attributs humains à la machine ne va pas sans une violence symétrique faite aux termes de la langue. Les termes courants reçoivent systématiquement des sens appauvris — ou décalés —, qu'il s'agisse de « dialogue », de « stratégie », de « fatigue » ou d' « apprentissage ». Nous sommes dans un système rhétorique de métaphore et de métonymie généralisées : un rêve, en somme...

La réversibilité des effets est alors manifeste, et c'est sans doute ce qui nous intéresse au premier chef : s'il est vrai qu'une explication vulgarisée de l'informatique ne peut se développer qu'en miroir d'une psychologie spontanée, le modèle électronique sera lui-même autorisé à représenter l'intelligence humaine. En témoignent les passages où la métaphore se renverse :

> On n'ira jamais aussi vite que le cerveau naturel. Pourquoi ? Parce que celui-ci ne fonctionne pas en séquentiel, mais en parallèle : les foules d'information ne font pas la queue. Le message global est analysé, décomposé [...] Résultat : quelques millièmes de seconde suffisent à votre ordinateur — pardon, votre cerveau — pour reconnaître dans la pénombre de l'escalier le visage de votre concierge.

Cette formule paradoxale, qui présuppose l'équivalence au moment même où elle thématise la différence, résume assez bien la logique d'un discours dont les effets échappent à la seule dimension de l'opinion ou de l'exactitude.

Nous sommes autorisés à lire ces textes comme la promotion d'un modèle particulier de l'intelligence humaine. En d'autres termes, dans une société où les recherches en sciences humaines sont peu diffusées, les articles sur l'intelligence artificielle constituent pour certains lecteurs le seul discours psychologique et social portant sur l'intelligence et la culture qui soit doté d'une crédibilité scientifique. En marge d'une explication de l'informatique se déploie, ou plutôt s'insinue, une conception de la psychologie ancrée principalement, comme on l'a vu, sur les modèles de l'âge classique. Ce n'est pas que l'intelligence soit réduite, comme on l'a dit, au raisonnement : les références à l'affectivité et à l'interaction sociale sont prolixes. Mais le monde psychologique mobilisé par ces métaphores est antérieur à la philosophie moderne : il ne comporte ni l'inconscient, ni le conflit, ni le rôle structurant de l'histoire. Un seul élément connote la modernité du matériel imaginaire convoqué. Les activités intellectuelles sont marquées par l'omniprésence de la notion de connaissances acquises, stockées, à la manière de marchandises. La clôture du monde culturel n'interdit pas qu'on lui donne une physionomie réticulaire et fluide.

Les ordinateurs sont les personnages d'un théâtre humaniste. Mus par une psychologie éternelle et archétypique de l'action, bien ou mal nés, ils apportent le soutien de la modernité à un monde arrêté dans le fatalisme du destin et consacré à la perfection de son accomplissement.

Car voici une dernière ambiguïté, celle qui concerne l'usage social qu'on peut faire de l'intelligence. L'intelligence humaine désigne-t-elle ici une faculté propre à l'homme comme espèce (voire commune avec des animaux) et donc applicable aux actes les plus courants ? C'est ce que laisserait entendre l'idée d'une simulation des facultés humaines inscrite dans le mythe. Mais la chose n'est pas évidente. L'intelligence, c'est aussi ici l'intelligence des êtres les plus intelligents par rapport aux « autres ». Plusieurs passages des articles étudiés jouent de cette ambiguïté d'une façon plus que contestable.

> Les êtres humains intelligents, écrit un premier auteur — et les concepteurs de logiciel le sont —, mettent également en œuvre une autre stratégie puissante : ils décomposent un problème complexe en une série de sous-problèmes plus simples et appliquent ainsi le vieil adage « diviser pour régner »[1].

1. Douglas Lenat, art. cité.

La confusion des plans est ici totale. Premier niveau de lecture : la machine est un analogue de l'être humain (par nature, intelligent, puisque humain) dont elle s'emploie à singer les formes de raisonnement mais aussi les méthodes de gouvernement. Fort bien. Mais la référence aux concepteurs de logiciel — l'incursion du groupe d'appartenance de l'auteur — vient brouiller les cartes : s'il y a lieu de mentionner des informaticiens comme êtres humains intelligents (ceux, parmi les êtres humains, qui sont intelligents), c'est que la machine nous fournit ici un critère de distinction. La même idée sera affirmée avec plus de force par un autre auteur.

> L'ordinateur actuel, écrit ce dernier, est à celui de cinquième génération ce qu'un caissier de supermarché est à Beethoven : il ne sait que compter. Incapable de comprendre les langages naturels, d'avoir intuition ou imagination, de raisonner par analogie, de se servir de son expérience passée[1].

On peut commenter de deux façons cette déclaration un peu étonnante et assez révoltante. A un premier niveau de lecture — technique — on observe que le journaliste illustre une distinction délicate en faisant appel à deux stéréotypes expressifs. Mais selon une autre lecture — critique — l'informatique apporte ici sa caution, successivement, à une hiérarchie sociale des activités et à un amalgame entre la fonction et la dignité d'un être humain. En l'occurrence, le discours sur la science cautionne l'énoncé du pire discours politique : celui qui s'autorise de ce que l'histoire impose pour justifier une infériorité ontologique. De mon point de vue, c'est là que réside, dans les marges de l'explication et probablement à l'insu de l'auteur, le sens le plus décisif de l'article.

L'incohérence logique que comporte le dernier extrait (un caissier de supermarché comprend les langues « naturelles ») et l'incursion inattendue de la subjectivité du chercheur dans le précédent sont signe d'un dérapage brutal dans l'idéologique. Il me paraît important, pour comprendre l'enjeu de ces procédures discursives, de noter qu'elles se produisent, très probablement hors de toute intention idéologique manifeste, aussi bien dans le plus journalistique des textes et

1. Fabien Gruhier, art. cité.

dans l'exposé signé, pour la publication la plus légitime, par un chercheur spécialiste de la question. Cet effet didactique-idéologique surgit de la rencontre entre la difficulté d'expliquer la nouveauté de l'inouï et la prégnance d'un imaginaire chargé d'histoire. Cela ne signifie pas bien sûr que la lucidité ne puisse permettre de l'éviter.

Nous retrouvons les thèmes déjà évoqués de l'ouverture du discours et de sa clôture. L'effet ici décrit me semble être inévitable dans le cadre d'une explication qui se donne pour objet de transcrire, dans sa nouveauté radicale, la problématique, essentiellement technique, d'une discipline naissante. L'illusion de la nouveauté radicale condamne le vulgarisateur à un contrat de communication naïf : en termes de point de vue sur la science, il reste strictement cantonné dans le champ conceptuel des acteurs de la discipline ; en termes de démarche d'apprentissage, il choisit des notions élaborées et les trivialise pour en permettre la représentation ; en termes de rôles dans le processus de communication, il se place en médiateur témoin et invite le lecteur à une révélation. En somme, le jeu ici décrit combine la clôture explicite du conceptuel sur l'inouï (la pratique des chercheurs de la discipline) et la béance spontanée du référentiel sur l'idéologique. L'article qui se défend le mieux de ces assimilations (sans tout à fait y échapper) ne peut le faire qu'au prix d'une triple ouverture. Il ne se fixe pas sur le radicalement nouveau : parler de l'intelligence artificielle requiert selon lui de réfléchir sur les notions les plus essentielles de l'informatique, la plus ancienne comme la plus récente. Il ne s'enferme pas dans les seules préoccupations de la discipline : pour aborder des questions qui concernent le langage, il vulgarise des notions appartenant à la philosophie du langage et à la linguistique. Enfin, par le biais de ces deux considérations, il articule explicitement l'analyse de l'actualité avec une histoire.

Les basculements du sens n'ont sans doute pas un caractère fatal, au moins dans les versions extrêmes commentées plus haut. Mais peut-être faut-il considérer, sur cet exemple actuel, particulier mais significatif, qu'un discours sérieux sur la science destiné à des non-spécialistes ne peut s'envisager sans un recours explicite à la formulation d'une réflexion philosophique.

En l'absence d'une telle réflexion, dans tous les textes, le plus savant comme le plus médiatique, le recours sauvage à une opposition entre « naturel » et « artificiel » — qu'il s'agisse de langage ou d'opérations de pensée — évacue sans même la mentionner la question philosophique essentielle, celle qui met en relation une nature avec une culture. Le lecteur vigilant — mais lui seul — observe la double absence radicale des deux termes de « désir » et « culture ». Un ensemble de textes qui se propose de parler de l'intelligence s'accorde ainsi implicitement sur une conception de la spécificité de l'humain dont se trouvent exclues et l'historicité d'une construction sociale et la charge affective d'une subjectivité. En s'engluant dans les fantasmes de la machine vivante, la science se serait-elle imperceptiblement prise à son propre mythe, celui d'une langue et d'une pensée sans subjectivité ni histoire ?

MARGINALE ET EMBLÉMATIQUE

La vulgarisation n'est pas un genre noble. C'est sans doute ce qui explique qu'on ait accordé si peu d'attention à son style d'écriture, à ses ressources structurelles, à sa tradition esthétique. C'est pourquoi on l'aborde de l'extérieur, comme l'écho de quelque chose *qui compterait vraiment.* Le plus souvent, quand on la considère pour elle-même, on l'observe de très loin, pour se demander si elle devrait exister ou on la scrute de très près, à la recherche du guillemet ou du chiffre significatif. On jauge à distance l'entreprise dans sa virtualité et son impuissance ; on traque, à l'inverse, les indices récurrents qui en trahiraient la nature, au détriment des styles, des auteurs, des projets. Ces regards sont justifiés, mais pourquoi seraient-ils les seuls ?

Dans les pages qui précèdent, j'ai entrepris de lire la vulgarisation comme on lit les textes estimables, à une *distance d'intérêt,* à la recherche des grandes options et des structures synthétiques qui donnent sens à une écriture. Dès qu'on prend la peine de lire ainsi, on est frappé à la fois par la richesse de ce genre littéraire et par l'étonnement de le voir si peu reconnu comme tel (mérite-t-il ce nom ?). Le vulgarisateur, comme tout auteur, est soumis à des contraintes et exerce sa responsabilité. La vulgarisation, comme tout projet littéraire, tisse des usages rhétoriques et des trouvailles. On croit si souvent enfermer la vulgarisation dans une formule. Les textes de vulgarisation sont-ils seulement de ceux qu'on diagnostique ?

Pourtant la vulgarisation est, à certains égards, particulièrement révélatrice du statut des pratiques de communication dans notre société. Croire à une « société de communication » c'est trop souvent penser que la communication peut, en quelque sorte, résumer le social : la circulation des signes, la symétrie des statuts, l'uniformisation des référents, l'aplanissement des conflits inaugureraient une nouvelle modernité. La vulgarisation rêvée embrasse volontiers, on l'a vu, cette utopie ; la vulgarisation écrite lui résiste sans cesse, par l'impossibilité où elle nous place de dissocier le social, le cognitif et le symbolique et par le constat qu'elle nous impose que rien ne va *de soi.*

C'est donc parce qu'elle est particulièrement marginale — ni assez littéraire pour être littéraire, ni assez scientifique pour être scientifique — que cette écriture est particulièrement emblématique. Veut-on dissiper le conflit par la parole ? — Mais parlons-nous la même langue ? Veut-on asseoir la décision dans le consensus ? — Mais comprenons-nous les mêmes choses ? Veut-on étayer le débat dans la rationalité ? — Mais à quelle rationalité avons-nous accès ? Veut-on ramener la politique à la pédagogie ? — Mais que s'agit-il d'apprendre ?

La vulgarisation cristallise les difficultés de la communication comme nouvelle perspective politique, parce qu'elle en exhibe sans cesse les espaces limites. Si vraiment on doit s'entendre, dit l'utopie, on doit le faire par le savoir unanimement partagé, par la langue universellement limpide, par le désir sagement conduit, par la médiation partout triomphante. Si l'opération réussit là où les distances sont les plus grandes, c'est le signe le plus sûr qu'elle peut triompher partout. Les vulgarisateurs et les encyclopédistes ont été les premiers théoriciens spontanés de la communication thaumaturgique. Mais, bien sûr, rien n'est ainsi. Le discours sur la science ne peut pas davantage que tout autre discours se déprendre des illusions dont il s'inspire, des enjeux qui le traversent, des ambiguïtés qui l'habitent, de l'initiative qu'il exige, du risque qu'il comporte.

Aussi la vulgarisation est-elle aujourd'hui candidate au rôle de double noir de la communication. Celle-ci est partout à sa place, celle-là n'est nulle part convenable. Aucune ne mérite pourtant ni excès d'honneur ni cette indignité.

La vulgarisation ne peut être saisie que si nous jetons un regard plus prudent sur la communication. Les enjeux sont multiples, les savoirs sont pluriels, les mots sont ambigus. Il n'y a pas de médiation qui ne soit aussi autre chose qu'une médiation : l'affirmation d'un point de vue, la définition d'un rapport social, la scrutation d'une condition, la matérialisation d'un ensemble d'enjeux, la création d'un rapport au monde. Cela ne signifie pas que le dialogue soit inutile, que l'ignorance soit fatale, que la différence soit insurmontable ou que le langage soit menteur. Mais nos pratiques symboliques ne peuvent échapper à l'alternative entre l'illusoire (la toute-puissante « communication ») et l'infamant (l'obscène « vulgarisation ») que si nous en acceptons le pouvoir réel, mais limité. C'est à quoi peut nous aider une meilleure compréhension des formes culturelles marginales, celles que nous appréhendons davantage comme la réécriture des œuvres que comme de véritables créations : la vulgarisation en est, comme la conversation, la littérature populaire, la lecture critique, et plus généralement toutes les formes du commentaire.

A partir de là, les pistes qui restent ouvertes pour une meilleure compréhension des phénomènes liés à la vulgarisation sont nombreuses.

D'abord, notre tradition nous échappe largement. Les études historiques ont entrepris de permettre un accès aux textes. Elles ne l'ont fait que partiellement jusqu'à présent. Il faut poursuivre cet inventaire, mais aussi l'ancrer dans des problématiques. Le statut de la science dans les différentes cultures nationales peut être éclairé par la lecture de ces réappropriations sociales ; en particulier, les philosophies ordinaires de la science — et, par la science, on l'a vu, du monde et de la société — sont un aspect trop négligé de l'identité européenne. Nous pouvons, en lisant ces textes, appréhender autrement que par le fantasme le rôle qu'a joué dans nos sociétés l'émergence d'une légitimité des approches scientifiques ; nous pouvons mieux comprendre comment les cultures populaires se sont confrontées aux nouveaux savoirs et à leurs effets, se sont tissées avec eux et les ont plus ou moins intégrés.

L'histoire de la vulgarisation mérite d'être rattachée au projet d'une culture populaire et à son avatar contemporain, la culture de masse. Son histoire est en prise avec les ambiguïtés de ce projet : culture d'essence populaire ou culture à destination du peuple, culture pédagogique ou culture consommatoire ? Son développement a rencontré les mêmes difficultés et les mêmes réalités. Peut-être des rapprochements peuvent-ils être tentés, par-delà la différence des objectifs et des contextes, avec les études sur la littérature populaire, la culture non académique, l'éducation sociale, la culture petite-bourgeoise.

Il ne faut toutefois pas traiter seulement les textes comme des pourvoyeurs d'information. Comme on l'a vu, il existe des traditions d'écriture diverses, des modes d'approche de la connaissance distincts, des façons multiples d'écrire la science. Les traits d'une poétique de la vulgarisation — dont les éléments donnés ici ne constituent qu'un aspect — gagnent à être replacés dans une histoire, reliés à des enjeux, organisés en configurations. Outre l'intérêt que représente en lui-même cet ensemble de stratégies d'écriture (plus d'un texte mériterait d'être lu en classe comme le sont les « grandes œuvres »), cette enquête permettrait de mieux comprendre les cadres avec lesquels nous continuons de saisir le savoir et nous donnerait une chance de les subir d'une façon moins naïve. D'autre part, une telle étude nous permettrait sans doute d'adhérer de façon moins passive à une certaine rhétorique de la presse et à ses modèles actuels, pour disposer de davantage de liberté et inventer de nouvelles formes d'écriture scientifique.

La vulgarisation scientifique renvoie, à ce titre, à une réflexion plus générale sur les formes de la culture non académique. Il s'agit de ne pas sous-estimer, au sein de ce que nous nommons « culture », l'importance des phénomènes liés à la réception, à la réécriture et à la réappropriation des discours et des œuvres. A cet égard, la problématique de la vulgarisation rencontre celle de la lecture des œuvres littéraires et plus généralement celle de l'interprétation sociale des faits culturels. Nous savons très mal comment se construit cette réappropriation, comment divers publics lisent les romans ou se situent par rapport à des spectacles. L'idée d'un schéma simpliste dans lequel seule compterait la production des idées et des œuvres a fait son temps. Mais les études sont trop peu nombreuses sur ce point. En particulier, l'étude statistique des lectorats ne fournit en la matière, comme on l'a vu, que de premières estimations.

Enfin, les bases matérielles de l'entreprise vulgarisatrice restent encore mal connues. C'est vrai en ce qui concerne l'économie, ancienne et récente, des secteurs de l'édition et du spectacle qui ont pris en charge une vulgarisation rentable. C'est vrai en matière d'organisation des activités non lucratives, publiques ou associatives. C'est vrai pour ce qui regarde les nouvelles formes de la communication scientifique, terrain privilégié pour analyser les ressources et les pouvoirs des nouveaux médias de communication et pour comprendre les formes d'interpénétration du politique, du culturel et de l'économique qui se mettent en place. C'est vrai des situations de quasi-vulgarisation qui se développent dans la vie professionnelle et dont les enjeux en termes de rapports de travail, d'innovation technique et d'économie sont cruciaux.

Sur toutes ces questions, des travaux de recherche sont en cours. Plusieurs d'entre eux ont été évoqués dans les pages qui précèdent. Il est à souhaiter que ces recherches pourront se développer à la mesure de l'importance de la vulgarisation, malgré la marginalité de son statut culturel. Elles doivent éclairer les responsables et les acteurs impliqués dans les initiatives destinées à permettre une appropriation, certes relative, mais décisive, des savoirs. En effet, la démocratie ne peut pas s'offrir le luxe de s'autoriser de ce que l'entreprise est difficile pour renoncer à la poursuivre.

INDICATIONS BIBLIOGRAPHIQUES

Ne sont indiqués ici que les ouvrages et articles les plus importants concernant la vulgarisation. Une bibliographie plus complète peut être constituée à partir des références mentionnées au fil des chapitres. Les ouvrages sont classés selon leur thème essentiel.

ÉTUDES HISTORIQUES ET DESCRIPTIVES

Béguet B. (éd.), *La science pour tous. La vulgarisation scientifique en France de 1850 à 1914,* Editions du CNAM, 1990.

Bensaude-Vincent B. et Blondel C. (éd.), Vulgariser les sciences (1919-1939), acteurs, projets, enjeux, *Cahiers d'histoire et de philosophie des sciences,* 1988, n° 24.

Bensaude-Vincent B. (éd.), Sciences pour tous, *Romantisme,* n° 65 (1989-III).

Jacques J. et Raichvarg D., *Savants et ignorants, une histoire de la vulgarisation scientifique,* Editions du Seuil, 1991.

Langlois C. et Poirier J. (éd.), *Médecine et vulgarisation, XVIII*e*-XIX*e *siècles,* Université Paris - Val-de-Marne, 1991.

Langlois C. et Poirier J. (éd.), *Raspail et la vulgarisation médicale,* Paris, Vrin, 1988.

Laszlo P., *La vulgarisation scientifique,* PUF, « Que sais-je ? », 1993.

Lévy-Leblond J.-M. (éd.), Science et culture en Europe, *Alliage,* n° 16-17, été-automne 1993.

Marchand J. (éd.), Tout sur tout, 490 encyclopédies, *Raison présente,* n° 75, 3e trimestre 1985.

Niderst A., *Fontenelle,* Plon, 1991.

Niderst A. (éd.), La diffusion des sciences au XVIIIe siècle, *Revue d'histoire des sciences,* XLIV (3/4), juillet-décembre 1991.

Proust J., *Diderot et l'Encyclopédie,* Slatkine, 1982.

Rebérioux M. (éd.), Mise en scène et vulgarisation : l'Exposition universelle de 1889, *Le Mouvement social,* n° 149, octobre-décembre 1989.

Spurgeon D. (éd.), La vulgarisation scientifique, son histoire, ses succès, ses échecs, *Impact, science et société,* Unesco, n° 144, 1986.

Bensaude-Vincent B., Un public pour la science : l'essor de la vulgarisation au XIXe siècle, *Réseaux,* nº 58, mars-avril 1993.
Bird W. L., A suggestion concerning James Smithson's concept of increase and diffusion, *Technology and Culture,* avril 1983, vol. 24, nº 2, p. 246-255.
Cardot F., présentation, *in* L. Figuier, *Les merveilles de l'électricité,* Association pour l'histoire de l'électricité en France, 1985.
Glaser C., L'émergence d'un discours ordonnateur : la vulgarisation scientifique au XIXe siècle, *Sociocriticism,* IV, 1 (nº 7).
Hurwic J., Les méthodes de vulgarisation scientifique dans les pays de l'Est, Académie polonaise des sciences, Centre scientifique de Paris, *Conférences,* fasc. 22, 1961.
Roux B., La médiatisation de la science et de la technologie aujourd'hui, *Humanisme et entreprise,* 1991.
Sheets-Pyenson S., Popular science periodicals in Paris and London. The emergence of scientific culture, 1820-1875, *Annals of Science,* nº 42, 1985, p. 549-572.
Thuillier P., Un débat fin de siècle, la faillite de la science, *La Recherche,* nº 234, juillet-août 1991.

IMPACT DE LA VULGARISATION

Borne E. (éd.), *Savoir et vulgarisation,* Recherches et débats du Centre catholique des intellectuels français, cahier nº 39, Fayard, 1962.
Caro P., *La roue des sciences. Du savant à la société, les itinéraires de la connaissance,* Albin Michel, 1993.
Dickinson J. P., *Science et chercheurs dans la société moderne,* Unesco, 1988.
Fayard P., *La communication scientifique publique, de la vulgarisation à la médiatisation,* Chronique sociale, Lyon, 1988.
Goodlad J., *Science for non-scientists, an examination of objectives and constraints in the presentation of science to non-specialists,* Oxford University Press, 1973.
Guénon R., *Le règne de la quantité et les signes des temps,* Gallimard, 1945.
Guénon R., *Initiation et réalisation spirituelle,* Editions Traditionnelles, 1990.
Jagtenberg T., *The social construction of science,* Reidel, 1983.
Lévy-Leblond J.-M., *L'esprit de sel. Science, politique, culture,* Seuil, coll. « Points », 1984.
Lévy-Leblond J.-M., *Mettre la science en culture,* Nice, ANAIS, 1986.
Moscovici S., *La psychanalyse, son image et son public,* PUF, 2e éd. 1976.
Roqueplo P., *Le partage du savoir. Science, culture, vulgarisation,* Paris, Editions du Seuil, 1974.
Roqueplo P., *Penser la technique. Pour une démocratie concrète,* Paris, Editions du Seuil, 1983.

Ackermann W. et Dulong R., Un nouveau domaine de recherche : la diffusion des connaissances scientifiques, *Revue française de sociologie,* XII, 1971, p. 378-405.
Barbichon G., La diffusion des connaissances scientifiques et techniques, aspects

psychosociaux, in *Introduction à la psychologie sociale,* Moscovici S. (éd.), Paris, Larousse, 1973.
Canguilhem G., Nécessité de la diffusion scientifique, *Revue de l'enseignement supérieur,* 1961.
Guénon R., La diffusion de la connaissance et l'esprit moderne, *Etudes traditionnelles,* mai 1940.
Jurdant B., La vulgarisation scientifique, *La Recherche,* n° 53, février 1975.
Moles A. et Oulif J.-M., Le troisième homme. Vulgarisation scientifique et radio, *Diogène,* n° 58, 1967.

SIGNES, LANGAGE, RHÉTORIQUE

Barthes R., *Les planches de l'Encyclopédie de Diderot et d'Alembert vues par Roland Barthes,* Musée de Pontoise.
Beacco J. C. (éd.), Ethnolinguistique de l'écrit, *Langages,* n° 105, mars 1992.
Decrosse A. et Natali J.-P. (éd.), *Sciences et médias : penser, imaginer, connaître,* Didier Erudition, 1988.
Gastel B., *Presenting science to the public,* Philadelphia, ISI Press, 1983.
Giordan A. et Martinand J.-L. (éd.), *Signes et discours dans l'éducation et la vulgarisation scientifiques,* Z'Editions, 1988.
Hamburger J., *Introduction au langage de la médecine,* Flammarion, 1982.
Jacobi D., *Diffusion et vulgarisation, itinéraires du texte scientifique,* Annales littéraires de l'Université de Besançon, Les Belles Lettres, 1986.
Jacobi D., *Textes et images de la vulgarisation scientifique,* Peter Lang, 1987.
Latour B. (éd.), Les vues de l'esprit, *Culture technique,* n° 14, 1985.
Laurian A.-M. (éd.), Les discours scientifiques, *Etudes de linguistique appliquée,* 1983.
Marmier A.-M. (éd.), *Livre ta science,* Panoramas annuels de la production éditoriale pour la jeunesse, publiés par le Centre régional de promotion de la culture scientifique, technique et industrielle, Villeneuve-d'Ascq, 1989, 1990, 1992.
Mortureux M.-F., *La formation et le fonctionnement d'un discours de vulgarisation scientifique au XVIIIe siècle à travers l'œuvre de Fontenelle,* Université Lille III, Didier Erudition, 1983.
Mortureux M.-F. (éd.), La vulgarisation, *Langue française,* n° 53, février 1982.
Noblet J. de (éd.), Images, techniques, sociétés, *Culture technique,* n° 22, janvier 1991.
Pradal J., *La vulgarisation scientifique par l'écrit,* Strasbourg, Conseil de l'Europe, 1968.
Proust J., *L'Encyclopédie de Diderot et d'Alembert, planches et commentaires,* Comité national du bicentenaire Diderot, Hachette, 1985.
Schiele B. (éd.), *Faire voir, faire savoir, la muséologie scientifique au présent,* Québec, Musée de la civilisation, 1989.

Jeanneret Y., Le choc des mots, pensée métaphorique et vulgarisation, *Communication et langages,* n° 93, 3e trimestre 1992.

Jurdant B., Vulgarisation scientifique et idéologie, *Communications,* n° 14, 1969.
Pestre D., La science du texte au contexte, *Le Français dans le monde,* septembre 1990.

MÉDIAS, PRESSE

Allemand E., *L'information scientifique à la télévision,* Paris, Editions Anthropos, 1983.
Blum S. et Dumas F. (éd.), Science et télévision, *Dossiers de l'audiovisuel,* n° 31, mai-juin 1990.
Farago P., *Science and the media,* Oxford University Press, 1976.
Fouquier E. et Veron E., *Les spectacles scientifiques à la télévision,* Documentation française, 1986.
Goldsmith M., *The science critic,* Routledge & Kegan Paul, 1986.
Jacquinot G., *Image et pédagogie. Analyse sémiotique du film à intention didactique,* PUF, 1977.
Krieghbaum H., *Science and the mass media,* New York University Press, 1967.
Meusy J. J. (éd.), La science à l'écran, *Cinémaction,* 38, 1986.
Nelkin D., *Selling science,* Freeman, 1987.

OUVRAGES PLURIDISCIPLINAIRES

Aït El Hadj S. et Belisle C. (éd.), *Vulgariser : un défi ou un mythe ?,* Chronique sociale, Lyon, 1985.
Cassen B. (éd.), *Quelles langues pour la science ?,* Forum de la communication scientifique et technique, La Découverte, 1990.
Dagognet F. (éd.), La vulgarisation, *in* Sfez L. (éd.), *Dictionnaire critique de la communication,* PUF, 1993, vol. 2.
Jacobi D. et Schiele B. (éd.), *Vulgariser la science, le procès de l'ignorance,* Champ Vallon, 1988.
Laetsch W. M. (éd.), *Communicating science to the public,* Ciba Fondation Conference, 1967.
Shinn T. et Whitley R. (éd.), Expository science : forms and functions of popularization, *Sociology of the Sciences,* vol. IX, Reidel, 1985.

ENQUÊTES ET RAPPORTS

Allant R., *Le public de la médiathèque de la Cité des sciences et de l'industrie,* Médiathèque de la Cité des sciences et de l'industrie, 1990.
Boltanski L., Maldidier P., *La vulgarisation scientifique et son public,* Ecole des hautes études en sciences sociales, Centre de sociologie européenne, 1977.
Boss J. F. et Kapferer J. N., *Les Français, la science et les media,* La Documentation française, 1978.

Decrosse A. et Davallon J., *Sémiotique et sémiologie de la transformation du discours scientifique dans l'exposition,* Mission du parc-musée de La Villette, 1986.

Fayard P., *Sciences aux quotidiens. L'information scientifique et technique dans les grands quotidiens européens,* Z'Editions, 1993.

Grize J. B., Silem A. et Vergès P. (éd.), *Les salariés face aux nouvelles technologies,* Paris, Editions du CNRS, 1987.

Kunth D., *La place du chercheur dans la vulgarisation scientifique,* Délégation à l'information scientifique et technique, ministère de la Recherche et de l'Espace, 1992.

Lévy J.-C., *Les publications du secrétariat d'Etat chargé de l'Environnement : quelle politique éditoriale, au service de quelle politique d'information ?,* Secrétariat d'Etat chargé de l'Environnement, 1989.

Sfez D., *La culture scientifique, technique et industrielle : place dans l'entreprise et dans les lieux de recherche,* ministère de l'Environnement et de la Prévention des risques majeurs, 1991.

Sewerski M., *Spoleczna rola literatury populananaukowej (Le rôle social de la littérature populaire scientifique),* Wroclaw, 1968.

Usages de la médiathèque de la Cité des sciences et de l'industrie, Médiathèque de la Cité des sciences et de l'industrie, 1993.

Boltanski L. et Maldidier P., Carrière scientifique et vulgarisation, *Information sur les sciences sociales,* juin 1970, IX, 3.

Jacobi D., Auteurs et lecteurs de la recherche; une illustration de la thèse de la continuité, *Bulletin des bibliothèques de France* (29), 6, 1984.

DÉBATS ET COLLOQUES DE L'ASSOCIATION DES ÉCRIVAINS SCIENTIFIQUES DE FRANCE (AESF)

Palais de la Découverte

1958 : « La vulgarisation scientifique ».
1960 : « Peut-on vulgariser toute la science ? ».
1962 : « Qui doit vulgariser la science ? ».
1964 : « Le sensationnalisme dans la vulgarisation scientifique ».
1966 : « Enseignement et vulgarisation ».
1968 : « La langue de la vulgarisation scientifique ».
1970 : « L'illustration de la vulgarisation scientifique et technique ».
1972 : « Les sciences et les techniques à la radio et à la télévision ».

INDEX

Imprimé en France
Imprimerie des Presses Universitaires de France
73, avenue Ronsard, 41100 Vendôme
Avril 1994 — N° 40 129

COLLECTION
SCIENCE, HISTOIRE ET SOCIÉTÉ

Mohamed Larbi Bouguerra, *La Recherche contre le Tiers Monde.*

Zorka Domić, *L'Etat cocaïne* (Préface de Claude Olievenstein).

Yona Friedman, *L'univers erratique* (Préface de Dominique Lecourt).

Yves Jeanneret, *Ecrire la science.*

Dominique Lecourt, *L'Amérique entre la Bible et Darwin.*

Georges Schapira, *Le malade moléculaire* (Préface de Jean Bernard).

Bernard Seytre, *Sida : les secrets d'une polémique* (Préface de Wil Rosenbaum).